江苏省高等学校精品教材建设立项项目
21世纪高等院校电气信息类系列教材

过程控制系统

郭一楠 常俊林 赵 峻 樊晓虹 编著
关新平 费树岷 审

机械工业出版社

本书详细讨论了过程控制系统的结构、原理、特点、系统分析和应用，并与实际工程应用相结合。在内容安排上，既强调了过程建模、参数测量与变送、简单和先进控制策略等基础知识，又增加了过程计算机控制软硬件及网络控制等新技术内容。考虑到行业需求，书中加入了涉及系统安全性的防爆知识。

让读者从应用的角度，理解过程控制问题的本质，掌握分析和设计过程控制系统的方法。

本书可作为高等院校自动化及相近专业本科生教材，也可供煤炭、冶金、电力、化工等部门从事过程控制工作的工程技术人员参考。

图书在版编目（CIP）数据

过程控制系统/郭一楠等编著．—北京：机械工业出版社，2009.2
(2025.6重印)
江苏省高等学校精品教材建设立项项目
（21世纪高等院校电气信息类系列教材）
ISBN 978-7-111-25042-5

Ⅰ. 过… Ⅱ. 郭… Ⅲ. 过程控制—自动控制系统—高等学校—教材 Ⅳ. TP273

中国版本图书馆 CIP 数据核字（2008）第 188840 号

机械工业出版社（北京市百万庄大街 22 号　邮政编码 100037）
策划编辑：时　静　责任编辑：郝建伟　版式设计：霍永明
责任校对：陈立辉　责任印制：刘　媛
北京富资园科技发展有限公司印刷
2025 年 6 月第 1 版第 9 次印刷
184mm×260mm・18.5 印张・456 千字
标准书号：ISBN 978-7-111-25042-5
定价：36.00 元

电话服务　　　　　　　　　网络服务
客服电话：010-88361066　　机 工 官 网：www.cmpbook.com
　　　　　010-88379833　　机 工 官 博：weibo.com/cmp1952
　　　　　010-68326294　　金 书 网：www.golden-book.com
封底无防伪标均为盗版　　　机工教育服务网：www.cmpedu.com

出 版 说 明

随着科学技术的不断进步，整个国家自动化水平和信息化水平的长足发展，社会对电气信息类人才的需求日益迫切、要求也更加严格。在教育部颁布的"普通高等学校本科专业目录"中，电气信息类（Electrical and Information Science and Technology）包括电气工程及其自动化、自动化、电子信息工程、通信工程、计算机科学与技术、电子科学与技术、生物医学工程等专业。这些专业的人才培养对社会需求、经济发展都有着非常重要的意义。

在电气信息类专业及学科迅速发展的同时，也给高等教育工作带来了许多新课题和新任务。在此情况下，只有将新知识、新技术、新领域逐渐融合到教学、实践环节中去，才能培养出优秀的科技人才。为了配合高等院校教学的需要，机械工业出版社组织了这套"21世纪高等院校电气信息类系列教材"。

本套教材是在对电气信息类专业教育情况和教材情况调研与分析的基础上组织编写的，期间，与高等院校相关课程的主讲教师进行了广泛的交流和探讨，旨在构建体系完善、内容全面新颖、适合教学的专业教材。

本套教材涵盖多层面专业课程，定位准确，注重理论与实践、教学与教辅的结合，在语言描述上力求准确、清晰，适合各高等院校电气信息类专业学生使用。

机械工业出版社

序

　　流程工业（Process Industry）是指连续不间断或半连续批量的生产过程，在石油、电力、冶金、煤矿、化工、造纸、橡胶、陶瓷、玻璃、制药等行业中大量存在，对国民经济有着举足轻重的作用。流程工业是一类高度复杂的工业系统，不仅伴随有物理、化学反应过程，还有物质、能量的传递和转换过程，其系统特征多表现为大范围连续性和不确定性、高度非线性和强耦合性，给控制好这类工业系统的品质带来相当的难度。

　　过程控制系统（Process Control System）是针对流程工业的特点而构成的自动控制系统，涉及的研究范畴包括过程动态特性、传感与变送、检测信号调理、控制器与控制规律、执行机构、控制参数调整、系统组成与投运等，并涉及计算机硬件技术和软件工程。它是保障流程工业安全、高效生产，节能减排，优质高产，增加经济效益，降低生产成本的重要手段。

　　本书是作者多年教学经验和科研实践的积累，具有自己特有的教学套路，适量结合了煤矿行业的特色，按过程控制系统的组成与设计思路组织编写的。首先，概要论述了过程控制系统的组成、性能指标及流程对象共有特征的环节特性，包括难控的纯迟延环节和自衡与非自衡惯性环节，以建立起过程控制的基本概念；其次，有选择性地讨论了流程对象的建模方法，为过程控制系统的整定和高等过程控制方法的应用做了铺垫；接着，用明显的篇幅阐述了过程参数的检测、变送和控制器的设计，以及控制执行机构和系统本安防爆技术，尤其突出讨论了 PID 控制规律及其整定方法，同时介绍了一些高等控制方法和复杂控制系统的组成，包括串级控制系统、前馈控制系统、大滞后控制系统、比值控制系统、分程控制系统等；之后，又简明介绍了计算机过程控制系统的组成和原理，包括集散控制系统、现场总线控制系统、网络控制系统等；最后，重点分析了一些典型生产过程和部分煤矿工业过程控制系统的设计。全书知识覆盖面广，内容介绍有轻有重，契合当前技术发展的趋势。

　　根据作者的教学经验，本书可用于自动化专业、电气工程及自动化专业或其他相关专业本科生"过程控制系统"课程的教学，学时数可以为 30～56 不等，其中课堂教学不少于 30～44 学时，同时配置 2～12 学时的实验教学。如果选用本书作为教材，教师需要根据不同的专业和不同的学时，有选择地讲授本书内容。

　　"过程控制系统"是一门工程性很强的课程，教学过程要注意工程性内容的引入，理论联系实际，充分利用计算机技术，为培养学生的工程概念和能力创造实验和设计条件。授课应该突出基本概念，遵循"由浅入深，由特殊到一般"的认识规律，减少繁琐的公式推导，增加工程实例分析，体现"厚基础，重实践"的教学原则。可能的情况下利用本书附录介绍的监控组态软件，使课程的抽象理论形象化。监控组态软件是伴随集散控制系统的出现走进控制应用领域的，它犹如"应用软件生成器"，借助它可以神工般地生成特定的应用程序，提高了过程控制系统的开发速度，保证了过程控制应用的成熟性和可靠性。掌握一种以上主流的监控组态软件似乎已成为公认的衡量控制应用能力的重要标志，"过程控制系统"的课程教学要注意到这种人才需求。

要教好"过程控制系统"这门课，教师需要融会理论知识，并积累一定的工程经验。这样才能驾驭课堂，默默地将学生引入过程控制知识领域，并让学生陶醉其中。书本只是知识的载体，照本宣科一定乏味，要让知识的灵魂活现，这考验教师的基本功。

信奉学生一定有学习能力，但不一定都能学好"过程控制系统"这门课。如果学生能就有关知识点提出质疑，那说明开始掌握这些知识了。作为学生一定要学会挖掘知识的关联和应用，这才是真正学到了东西。

通读全书，受益颇深，心中暗暗惊讶——一本书已经容纳不下过程控制系统的知识内容了。

萧德云教授
2008 年 12 月于清华大学

前　言

根据自动化专业的培养计划和教学要求，过程控制是继自动控制原理、控制理论基础、检测技术与装置、微机原理及应用之后开设的一门专业必修课。通过本课程的学习，学生可以从系统和工程的角度理解过程控制系统，重点掌握系统分析、设计、参数整定和实现方法，了解工业应用中必须注意的安全性、可靠性问题，从而提高控制系统设计与分析的能力。本书内容由浅入深，组织结构合理、条理清晰、实例丰富、与生产生活紧密结合，具有启发性，结构体系更符合现代教育理念和创新型人才培养需求。本书内容具有以下特点：

1) 从时代的要求出发，强调理论联系实际、工艺结合控制、基础知识融合新型技术。增加了近年来在过程控制领域应用日益广泛的计算机过程控制内容及相关新技术，如网络控制系统，使读者在掌握过程控制课程基本内容的同时，对其发展进程和趋势能有一个深入了解。引入了大量应用实例和研究成果，特别是作者在过程控制领域中的部分科研成果，使之更适合当前工程实际的发展需要。

2) 强调行业特色，优化教材内容结构。考虑到目前大部分高等工科院校都独立开设了"智能控制"和"计算机集成制造系统"课程，本书删除了有关智能控制和整厂控制的内容。针对煤炭、冶金、化工等行业对生产安全性要求高的特点，增补了防爆技术的有关内容。

3) 章节安排模块化，拓宽适用面。不同层次授课对象或读者可以根据自身需求，合理组合或跳过某些章节，不会对授课体系和阅读的连续性造成过大影响。全书遵循"建模 – 分析与综合 – 实现"的过程控制系统设计原则，由简单到复杂排列各个知识点。

本书是面向自动化、电气工程及自动化、工业工程等本科专业的一门必修专业课教材，适用于56学时，亦适用于48学时、32学时。既可供从事过程控制工作的广大工程技术人员参考，也可作为相关专业师生的参考教材。

本书由中国矿业大学郭一楠副教授主编，完成了各章节主要内容的编写和全书统稿、定稿；常俊林副教授参与了第6章和第7、8章部分内容的编写；赵峻老师参与了第4章和第3、10章部分内容的编写；平顶山工学院樊晓虹副教授参与了第10章部分内容的编写。本书的电子教案可在 www.cmpedu.com 上下载。全书由燕山大学关新平教授、东南大学费树岷教授审核。在本书编写过程中，得到了中国矿业大学教务处、信息与电气工程学院的关心和帮助，该书的顺利完成得益于江苏省精品教材建设项目和中国矿业大学课程建设项目的支持。在此一并向关心和支持本书出版的所有单位和个人表示最诚挚的感谢！

由于时间仓促和作者水平有限，错漏之处在所难免，请读者不吝指正。

作 者

于中国矿业大学

变量说明

n	衰减比		R	电阻
ψ	衰减率		v	速度
m	衰减度		c_p	比热容
σ	超调量		ρ	密度
$e(\infty)$	余差		g	重力加速度
t_s	调节时间		l	调节阀阀芯位移
e	偏差		δ	比例带
y	被控量		δ_K	临界比例带
z	被控量测量值		δ_s	衰减比例带
q	控制量		K	比值系数
u	控制信号		K_c	比例增益
f	干扰量		K_I	积分增益
r	设定值		K_D	微分增益
x_q	零点		K_o	被控过程静态增益
B_x	量程		K_v	调节阀静态增益
δ_A	实际相对误差		K_m	检测传感单元静态增益
δ_x	示值相对误差		T_o	广义过程时间常数
δ_B	引用相对误差		τ_o	广义过程滞后时间常数
η	灵敏度		T_I	积分时间常数
h	液位		T_D	微分时间常数
T	温度		T_s	衰减振荡周期
q	流量		T_c	采样周期
q_v	体积瞬时流量		F	相互干扰系数
q_g	重量瞬时流量		ξ	阻尼比
q_m	质量瞬时流量		ω	角频率
I	电流		Δ	增量
U	电压		k	采样序号
E	电势		t	时间
p	压力		$G_c(s)$	控制器的传递函数
p_{atm}	环境大气压力		$G_v(s)$	执行器的传递函数
p_g	表压		$G_m(s)$	检测变送器的传递函数
p_v	真空度		$G_f(s)$	干扰通道的传递函数
C	电容		$G_o(s)$	控制通道的传递函数
L	电感			

目 录

出版说明

序

前言

第1章 绪论 1
1.1 典型过程控制问题 1
1.1.1 连续过程 1
1.1.2 间歇过程 2
1.2 过程控制性能要求 3
1.2.1 时域控制性能指标 3
1.2.2 积分控制性能指标 5
1.3 过程控制系统组成 6
1.4 过程控制系统发展概况 7
1.4.1 过程控制系统体系结构的发展 7
1.4.2 过程控制检测仪表和执行机构的发展 8
1.4.3 过程控制策略的发展 9
1.5 过程控制系统的分类 9
1.6 本章小结 11
1.7 习题 11

第2章 被控过程特性及其数学模型 12
2.1 被控过程的特性 12
2.2 被控过程的数学模型 14
2.2.1 被控过程数学模型的类型 15
2.2.2 过程建模的基本方法 15
2.3 解析法建立过程的数学模型 16
2.3.1 解析法建模的一般步骤 16
2.3.2 单容过程的建模 17
2.3.3 多容过程的建模 21
2.4 实验辨识法建立过程的数学模型 24
2.4.1 实验辨识法建模的基本步骤与方法 24
2.4.2 响应曲线法辨识过程的模型 25
2.4.3 最小二乘法辨识过程的模型 33
2.5 本章小结 36
2.6 习题 36

第3章 过程参数检测与变送仪表 39
3.1 概述 39
3.2 检测仪表的工作特性 40
3.3 测量误差 41
3.3.1 测量误差的基本概念 41
3.3.2 检测仪表的性能指标 42
3.4 温度检测与变送 44
3.4.1 温度检测方法 45
3.4.2 热电偶 46
3.4.3 热电阻 50
3.4.4 温度变送器 53
3.4.5 温度检测仪表的选型 58
3.5 压力检测与变送 59
3.5.1 压力的概念及其检测 59
3.5.2 弹性式压力检测仪表 60
3.5.3 电气式压力检测仪表 61
3.5.4 压力变送器 62
3.5.5 压力检测仪表的选用 66
3.6 流量检测与变送 66
3.6.1 流量的概念及其检测 66
3.6.2 典型流量检测仪表 67
3.7 物位检测与变送 72
3.7.1 物位检测的基本方法 72
3.7.2 常用物位检测仪表 73
3.8 智能检测仪表 75
3.8.1 智能流量积算仪 76
3.8.2 智能温度变送器 78
3.9 煤矿常用检测仪表 80
3.10 本章小结 83
3.11 习题 83

第4章 执行器 85
4.1 执行器的工作原理与分类 85
4.2 电动执行机构 86
4.2.1 工作原理 86
4.2.2 伺服放大器 87
4.2.3 执行机构 87

4.3 气动执行机构 ………………………… 88
4.4 调节机构 ……………………………… 89
  4.4.1 调节阀的结构 ………………… 89
  4.4.2 调节阀特性 …………………… 91
4.5 电-气转换器 …………………………… 96
4.6 阀门定位器 …………………………… 97
4.7 执行器的选择 ………………………… 97
4.8 本章小结 ……………………………… 99
4.9 习题 …………………………………… 99

第 5 章 仪表本安防爆技术 …………… 101
5.1 防爆基础理论 ………………………… 101
  5.1.1 爆炸性物质分类 ……………… 101
  5.1.2 危险场所防爆技术 …………… 102
5.2 本质安全防爆技术 …………………… 103
5.3 安全栅 ………………………………… 104
  5.3.1 安全栅的基本形式 …………… 104
  5.3.2 输入式安全栅 ………………… 105
  5.3.3 输出式安全栅 ………………… 108
5.4 本安防爆系统设计要求 ……………… 108
  5.4.1 本安防爆系统设计的一般要求 …… 109
  5.4.2 现场总线本安防爆技术 ……… 110
5.5 本章小结 ……………………………… 111
5.6 习题 …………………………………… 112

第 6 章 PID 控制器设计及参数整定 ………………………………… 113
6.1 PID 控制原理 ………………………… 113
  6.1.1 比例（P）控制算法 ………… 113
  6.1.2 比例积分（PI）控制算法 …… 114
  6.1.3 比例微分（PD）控制算法 …… 117
  6.1.4 PID 控制算法 ………………… 119
  6.1.5 比例-积分-微分控制算法的选择 ………………………………… 120
6.2 PID 控制参数的整定方法 …………… 121
  6.2.1 PID 参数整定的一般原则 …… 121
  6.2.2 临界比例度法 ………………… 122
  6.2.3 衰减曲线法 …………………… 122
  6.2.4 反应曲线法 …………………… 123
  6.2.5 三种常用工程整定方法的比较 …… 126
  6.2.6 PID 参数的自整定 …………… 128
6.3 DDZ-Ⅲ型 PID 控制器 ……………… 129
  6.3.1 输入电路 ……………………… 131

6.3.2 比例微分电路 ………………… 132
6.3.3 比例积分电路 ………………… 133
6.3.4 输出电路 ……………………… 135
6.3.5 控制器的传递函数 …………… 136
6.3.6 手动操作电路及自动—手动切换 ……………………………… 137
6.3.7 指示电路 ……………………… 139
6.4 本章小结 ……………………………… 140
6.5 习题 …………………………………… 140

第 7 章 复杂过程控制系统 …………… 142
7.1 串级控制系统 ………………………… 142
  7.1.1 串级控制的基本原理 ………… 142
  7.1.2 串级控制系统的特点与分析 … 144
  7.1.3 串级控制系统的设计 ………… 148
  7.1.4 串级控制系统的参数整定 …… 152
  7.1.5 串级控制系统的应用范围 …… 153
7.2 前馈控制系统 ………………………… 156
  7.2.1 前馈控制的基本原理 ………… 156
  7.2.2 前馈控制的特点及局限性 …… 157
  7.2.3 前馈控制系统的主要结构形式 ……………………………… 158
  7.2.4 前馈控制系统的选用原则及应用 ……………………………… 161
7.3 大滞后过程控制系统 ………………… 163
  7.3.1 大滞后对控制品质的影响 …… 163
  7.3.2 史密斯预估补偿控制 ………… 164
  7.3.3 改进型史密斯预估补偿控制 … 165
  7.3.4 内模控制 ……………………… 166
7.4 比值控制系统 ………………………… 168
  7.4.1 比值控制的常见类型 ………… 168
  7.4.2 比值控制系统的设计 ………… 170
7.5 选择性控制系统 ……………………… 174
  7.5.1 选择性控制的常见类型 ……… 175
  7.5.2 选择性控制系统的设计 ……… 177
7.6 分程控制系统 ………………………… 178
  7.6.1 分程控制系统的基本原理 …… 178
  7.6.2 分程控制系统的设计 ………… 179
  7.6.3 分程控制系统的应用 ………… 180
7.7 本章小结 ……………………………… 182
7.8 习题 …………………………………… 182

第 8 章 先进过程控制系统 …………… 185

8.1 预测控制 ………………………… 185
  8.1.1 预测控制的基本原理 ……… 185
  8.1.2 预测模型 …………………… 186
  8.1.3 参考轨迹 …………………… 189
  8.1.4 控制算法 …………………… 189
8.2 自适应控制 ……………………… 191
  8.2.1 自适应控制的基本原理 …… 191
  8.2.2 自校正控制系统 …………… 192
  8.2.3 模型参考自适应控制系统 … 193
8.3 统计过程控制 …………………… 194
  8.3.1 统计过程控制的基本原理 … 194
  8.3.2 质量控制图 ………………… 194
  8.3.3 其他统计过程控制技术 …… 195
8.4 控制系统故障诊断和容错控制 … 196
  8.4.1 故障检测和诊断的基本概念 … 196
  8.4.2 故障检测和诊断的主要方法 … 197
  8.4.3 容错控制 …………………… 199
8.5 软测量和推理控制系统 ………… 200
  8.5.1 软测量技术 ………………… 200
  8.5.2 推理控制系统 ……………… 202
8.6 本章小结 ………………………… 204
8.7 习题 ……………………………… 204

第9章 计算机过程控制系统 ……… 205
9.1 计算机过程控制系统 …………… 205
  9.1.1 计算机过程控制系统结构 … 205
  9.1.2 数据采集及数据转换 ……… 208
  9.1.3 控制系统软件体系 ………… 211
  9.1.4 数字PID控制算法 ………… 213
9.2 集散控制系统 …………………… 215
  9.2.1 集散控制系统组成 ………… 215
  9.2.2 集散控制系统的递阶结构 … 217
  9.2.3 集散控制系统的通信网络 … 220
  9.2.4 集散控制系统的设计 ……… 221
9.3 现场总线控制技术 ……………… 223
  9.3.1 现场总线简介 ……………… 223
  9.3.2 常见现场总线 ……………… 225
  9.3.3 现场总线控制系统 ………… 229
9.4 工业以太网控制系统 …………… 232
  9.4.1 工业以太网技术 …………… 233
  9.4.2 工业以太网与现场总线 …… 234
  9.4.3 基于网络的控制系统 ……… 235

9.5 本章小结 ………………………… 237
9.6 习题 ……………………………… 238

第10章 过程控制系统设计及应用
   实例 ……………………………… 239
10.1 过程控制系统设计概述 ……… 239
  10.1.1 过程控制系统设计的一般
       要求 ………………………… 239
  10.1.2 过程控制系统设计的基本方法与
       开发步骤 …………………… 240
  10.1.3 控制方案的确定 …………… 242
  10.1.4 系统的工程设计 …………… 249
10.2 干燥过程的控制系统设计 …… 252
  10.2.1 干燥过程的工艺要求 ……… 252
  10.2.2 控制方案设计 ……………… 252
10.3 电厂燃煤锅炉控制 …………… 254
  10.3.1 电厂生产过程及控制要求 … 254
  10.3.2 锅炉锅筒水位控制 ………… 256
  10.3.3 锅炉燃烧过程控制 ………… 258
  10.3.4 过热蒸汽温度控制系统 …… 262
  10.3.5 机炉协调控制 ……………… 263
10.4 选煤过程控制 ………………… 264
  10.4.1 选煤生产过程及控制要求 … 265
  10.4.2 跳汰机自动控制系统 ……… 266
  10.4.3 重介质选煤监测与控制系统 … 268
  10.4.4 真空过滤机液位控制系统 … 271
10.5 本章小结 ……………………… 272
10.6 习题 …………………………… 272

附录 ……………………………… 274
附录A 仪表分度表 ……………… 274
  A.1 铂铑$_{10}$-铂热电偶分度表 …… 274
  A.2 镍铬-镍硅（镍铝）热电偶分度表 … 274
  A.3 铂铑$_{30}$-铂铑$_6$热电偶分度表 … 275
  A.4 工业铂热电阻分度表 ………… 276
  A.5 工业铜热电阻分度表 ………… 276
附录B 常用监控软件介绍 ……… 277
  B.1 iFIX组态软件 ………………… 279
  B.2 InTouch组态软件 …………… 280
  B.3 组态王软件 …………………… 281

参考文献 ………………………… 283

第 1 章 绪 论

在工业生产过程中，为保证生产安全，达到优质高产，提高经济效益和劳动生产率，节约能源，改善劳动条件和保护环境，必须对生产过程的各种参数，例如温度、压力、流量、物位、粘度、湿度、酸碱度以及各种物料的成分等进行自动控制。因此，保持生产过程中各种参数处于期望的运行工况，安全经济运行，且满足环境和质量的要求，是过程控制系统的主要任务。目前，过程控制技术已广泛应用于石油、化工、冶金、机械、电力、轻工、纺织、建材以及航空航天等工业部门。

1.1 典型过程控制问题

过程控制（Process Control）是指工业生产过程中连续的或按一定周期程序运行的生产过程自动化。过程控制的基础是对生产过程的理解。所谓过程（Process），就是采用化学和物理方法将原料加工成产品的过程，它涉及过程操作和设备运行两个方面。根据过程特性，可以将其划分为连续、间歇两种形式。

1.1.1 连续过程

连续过程是指稳态条件下连续完成生产任务的生产过程。下面举例加以说明：

1）贮液罐。在石油、化工、轻工和食品等工业生产过程中，有许多储存原料、半成品的贮液罐。前一道工序的成品或半成品不断地流入下一道工序的贮液罐进行加工和处理，为保证生产过程能连续地正常进行，必须对贮液罐的液位 h 进行控制，如图 1-1a 所示。液位高度可以通过调节液体输入量或液体输出量来加以控制。

2）管式热交换器。热交换器中管道内的物料被管道外的蒸汽加热，如图 1-1b 所示。物料出口温度 θ 可以通过操纵蒸汽量来加以控制。同时，入口温度和物料流量的变化影响着热交换器的运行。

3）热裂解炉。原油受热后被裂解为若干较轻的石油馏分。裂解过程所需热量由燃料和空气混合燃烧提供。炉温可以通过调整燃料与空气之比来加以控制。原油组分和燃料热值的波动都会影响炉温和裂解效果。

上述过程控制实例中，过程变量可以划分为三类：

1）被控量（Controlled Variable），即被控制的过程变量，例如液位高度、物料出口温度等。被控量的期望值称为设定值。

2）操作量（Manipulated Variable），即用来保持被控量等于或接近设定值的过程变量。例如液体输入流量、蒸汽量等。

3）干扰量（Disturbance Variable），即能够影响被控量的过程变量。干扰量往往与过程操作环境的变化有关，如环境温度、物料入口温度等。一些干扰量可以在线测量，但大多数则无法测量，如图 1-1c 中热裂解炉的原油组分。

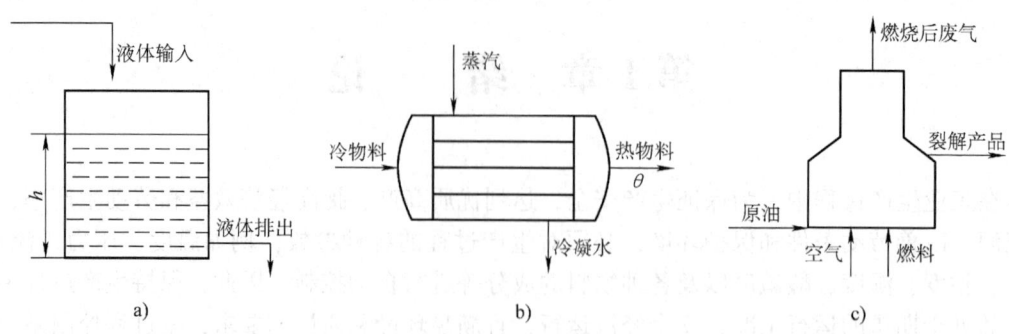

图 1-1 典型连续过程
a) 贮液罐 b) 管式热交换器 c) 热裂解炉

1.1.2 间歇过程

在间歇生产中存在一系列操作工序,无论发生在一个设备还是多个设备,都需要按照预定的顺序来执行,从而生产出指定数量的产品。每个批次的产品产量通常很小,大额产量往往要按照预定的生产计划重复操作工序完成。由于产品产量比连续生产过程产量小,所以间歇生产的设备往往能通过不同组合来生产多种产品,如图 1-2 所示。

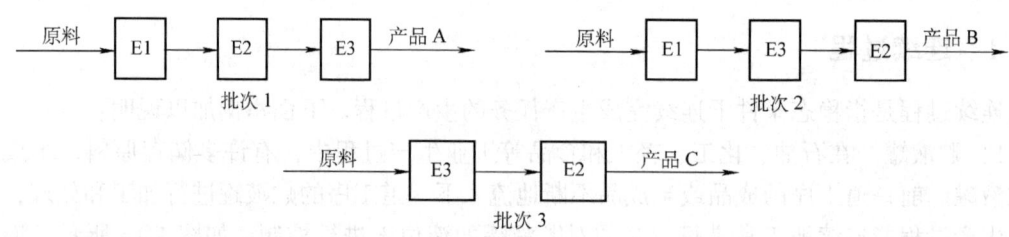

图 1-2 间歇过程(E1-E3 为生产设备)

间歇过程在产品频繁改变且生产的数量很少时,能满足多产品生产所需的灵活性。其生产所需库存较小,生产不同产品的设备的调整时间较短。间歇过程的核心在于如何保证在合格生产多个产品的同时使设备利用率最大。目前,间歇过程已用于微电子、制药、特殊化学和发酵工业等工业领域。

连续生产过程与间歇生产过程相比较而言,存在的差别如表 1-1 所示。

表 1-1 连续过程与间歇过程之间的差别

类 型	间歇过程	连续过程
生产过程	按预定顺序进行	连续生产
设备的使用	能生产多种产品,任意组合	生产给定的一种产品
输出产品	批量	连续
工艺条件	可变化	稳态、一般不变化

综上所述,在工业生产过程中,由于生产规模大小、工艺要求不同,生产品种多种多样,因此,被控过程形式也多种多样。

1.2 过程控制性能要求

过程控制涉及工业生产的各个领域,不同的工艺过程控制有不同的性能要求。一般而言,过程控制系统要求:在设定值发生变化或受到外界扰动作用时,被控量应能平稳、迅速和准确地趋近或回复到设定值上。因此,稳定性、快速性、准确性是一个控制系统性能好坏的集中反映。

控制系统性能的首要指标是稳定性;快速性是指当控制系统受到干扰影响时,控制系统能尽快地做出响应,改变控制量,使被控量与设定值之间有偏差的时间尽可能短;准确性描述控制系统的被控量与设定值之间的偏差,即静态偏差应尽可能小。除上述性能指标外,控制系统的偏离度也是重要的控制系统性能指标,它表示在控制系统运行过程中被控量偏离设定值的离散程度。

一个控制系统的控制性能指标应根据工艺过程的控制要求确定。不同的工艺过程对控制性能的要求不同,例如,液位控制系统一般要求保证液位不溢出或排空,而精馏塔温度控制系统的控制精度达到正负零点几度。不同类型的控制系统,其控制性能指标也不同,例如,随动控制系统的衰减比建议调整在10:1以上,而定值控制系统的衰减比则建议调整在4:1。

过程控制系统稳定性、快速性、准确性可以采用时域指标或积分指标加以描述。

1.2.1 时域控制性能指标

阶跃输入信号作用下,控制系统的输出响应曲线所表示的控制系统性能指标称为时域性能指标,主要包括衰减比、最大动态偏差与超调量、余差、振荡频率和调节时间、偏离度等。下面结合图1-3,具体阐述各时域性能指标。

1. 衰减比 n

衰减比(Subsidence Ratio)是控制系统的稳定性指标,用它衡量一个振荡过程的衰减程度。它是相邻同方向两个波峰的幅值之比,即

$$n = \frac{y_1}{y_2} \quad (1-1)$$

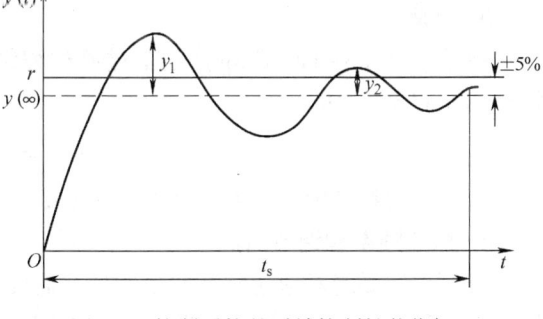

图1-3 控制系统的时域控制性能指标

衰减比 $n = 1:1$ 表明控制系统的输出呈等幅振荡,系统处于临界稳定状态;$n < 1:1$ 表明控制系统输出发散,系统处于不稳定状态;$n > 1:1$ 表明控制系统输出衰减,系统处于稳定状态。衰减比越大,系统越稳定。

另一个衡量衰减程度的指标是衰减率 ψ,它是指每经过一个周期后,波动幅度衰减的百分数,即

$$\psi = \frac{y_1 - y_2}{y_1} \times 100\% \quad (1-2)$$

为了保证系统有足够的稳定度,通常取 $\psi = 0.75 \sim 0.9$,建议随动控制系统的衰减比为10:1,定值控制系统的衰减比为4:1。

二阶系统常用衰减度 m 表示衰减的程度，它与衰减比 n、阻尼比 ξ 的关系为

$$n = e^{2\pi m}$$

$$m = \frac{\xi}{\sqrt{1-\xi^2}} \tag{1-3}$$

衰减比与衰减率、衰减度之间的对应关系，如表 1-2 所示。

表 1-2　控制系统的时域控制性能指标

衰 减 比	衰 减 率	衰 减 度	衰 减 比	衰 减 率	衰 减 度
1:1	0	0	4:1	0.75	0.2206
2:1	0.5	0.1103	10:1	0.9	0.3665

2. 最大动态偏差与超调量

最大动态偏差（Maximum Dynamic Error）是指设定值阶段响应中，过渡过程开始后第一个波峰超过其新稳态值的幅度，即图 1-3 中的 y_1。最大动态偏差占被控量稳态变化幅度的百分数为超调量 σ（Overshoot），记作

$$\sigma = \frac{y_1}{y(\infty)} \times 100\% \tag{1-4}$$

式中　$y(\infty)$——被控量的最终稳态值。

对于二阶振荡过程，超调量与阻尼比、衰减比具有以下对应关系

$$\sigma = \frac{1}{\sqrt{n}} \times 100\% \tag{1-5}$$

超调量和最大动态偏差表征在过渡过程中被控量偏离设定值的超调程度，它反映了控制系统的稳定性。在某些生产工艺中限制最大偏差不允许超出某一数值。

3. 余差

余差（Steady-state Error）是指过渡过程结束后，被控量稳态值与设定值 r 之间的最终稳态偏差 $e(\infty)$，即

$$e(\infty) = r - y(\infty) \tag{1-6}$$

定值控制系统中，$r = 0$，因此 $e(\infty) = -y(\infty)$。余差衡量控制系统的稳态准确性。

4. 振荡频率和调节时间

过渡过程要绝对地达到新的稳态值，需要无限长的时间。因此，用被控量从过渡过程开始到进入稳态值 ±5% 或 ±2% 范围内的时间作为过渡过程的调节时间 t_s（Setting Time）。调节时间衡量控制系统的快速性。

过渡过程的振荡频率 ω 与振荡周期 T 的关系是

$$\omega = \frac{2\pi}{T} \tag{1-7}$$

在相同衰减比下，振荡频率越高，调节时间越短；在相同振荡频率下，衰减比越大，调节时间越短，快速性越好。因此，振荡频率也可作为衡量控制系统快速性的指标。

5. 偏离度

偏离度描述控制系统中被控量的统计特性，它通常遵循正态分布。若采用被控量的均值

a 作为设定值,则偏离度 σ 采用其标准差进行度量,如图 1-4 所示。

图 1-4 中,均值为 0,曲线 1 的标准差为 0.5,曲线 2 的标准差为 1,则曲线 1 的偏离度较小。根据正态分布曲线的特性,在 $a \pm 2.85\sigma$ 范围内时,被控量落在该范围的概率为 99%;在 $a \pm 1.96\sigma$ 范围内时,被控变量落在该范围的概率为 95%。

以造纸工业中的纸张定量控制为例说明偏离度。复印纸的定量为 70g,如果偏离度小,为使 95% 的产品满足定量控制要求,设定值可设置为 $a \pm 1.96 \times 0.5 =$ 70.98g;如果偏离度大,同样为使 95% 的产品合格,

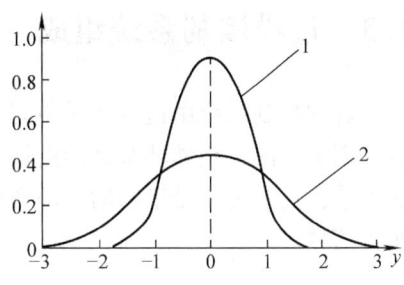

图 1-4 控制系统的偏离度

则要将设定值设置在 $a \pm 1.96 \times 1 = 71.96$g。可见,控制系统的偏离度越大,纸浆原料的消耗越多。

必须指出,上述各项性能指标是相互联系又相互制约的,例如,要使系统具有较高稳态精度,动态性能会有所降低,甚至不稳定。同时满足系统中各项性能指标要求是很困难的,因此,应根据生产工艺的具体要求,分清主次,统筹兼顾,保证优先满足主要的性能指标。

1.2.2 积分控制性能指标

除上述单项性能指标外,常采用偏差的积分性能指标来衡量控制系统的性能,它是系统的综合性能指标。积分性能指标常用于分析系统的动态响应性能,主要包含以下几种:

1. 偏差平方积分 *ISE* (Integral of the Squared Error)

$$ISE = \int_0^\infty e^2(t)\mathrm{d}t \tag{1-8}$$

该积分性能指标的缺点是系统响应会产生振荡。

2. 绝对偏差积分 *IAE* (Integral of the Absolute Value of Error)

$$IAE = \int_0^\infty |e(t)|\mathrm{d}t \tag{1-9}$$

该积分性能指标的缺点是最小系统偏差的确定有困难。

3. 时间与绝对偏差乘积积分 *ITAE* (Integral of the Time by Absolute Value of Error)

$$ITAE = \int_0^\infty t|e(t)|\mathrm{d}t \tag{1-10}$$

它是常用的一种积分性能指标。通常,该积分性能指标最小的系统具有较好的响应性能。但该积分性能指标的解析解不易获得。

不同积分性能指标对控制系统优良程度的侧重点不同。*ISE* 侧重于抑制系统的较大偏差,系统的衰减比可能较大;*ITAE* 侧重于抑制过长的调节时间,但系统的振荡可能较大。

总之,一个过程控制系统正常运行的重要准则是负反馈准则和稳定运行准则。

(1) 负反馈准则:控制系统成为负反馈的条件是该控制系统各开环增益之积为正。

(2) 稳定运行准则:在干扰量作用下或设定值变化时,控制系统静态稳定运行条件是控制系统各环节增益之积基本不变;控制系统动态稳定运行条件是控制系统总开环传递函数

的模基本不变。

1.3 过程控制系统组成

过程控制系统由检测变送单元、控制器、执行器和被控过程（对象）组成，如图1-5所示。图中，两个相邻环节之间的箭头连线表示其相互关系和信号传递方向，并不表示物料传输关系；信号传递是单向的，即各环节的输入信号会影响其输出信号，而输出信号不会影响输入信号。

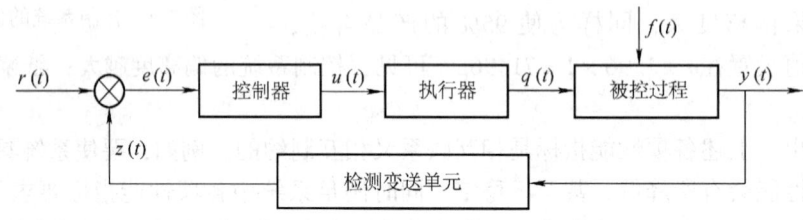

图1-5 过程控制系统框图

(1) 检测变送单元（Sensor and Transmitter）

被控量往往是非电参数物理量。检测变送单元用于检测被控量 $y(t)$，并将检测到的信号转换为标准电信号输出，例如：热电偶或热电阻实现温度信号的检测，温度变送器实现检测后非标准信号向标准信号的转换。目前，主要采用两种标准电信号：一种是 DC 0～10mA 电流信号；另一种是 DC 4～20mA 电流信号或 DC 1～5V 电压信号。通常，采用 ⓛ、ⓟ、ⓣ 分别表示液位、压力、温度检测变送单元。

(2) 执行器（Actuator）

执行器用于操作控制量变化。在收到控制器的输出控制信号 $u(t)$ 后，它通过改变执行器节流元件的流通面积来改变控制量 $q(t)$。本书列举的很多控制系统都采用调节阀表示执行器。

(3) 被控过程

被控过程就是需要控制的设备、装置或流程，如1.1节所述。常见的被控设备有加热炉、锅炉、分馏塔、反应釜、压缩机等生产设备，或者储存物料的槽、罐以及传送物料的传输管路等。

(4) 控制器（Controller）

控制器根据检测变送单元的输出信号 $z(t)$ 与设定值信号 $r(t)$ 之间的偏差 $e(t)$，按一定控制规律计算得到相应的控制信号 $u(t)$，并经变化和放大后推动执行器。控制器形式多样，可以采用模拟仪表实现，也可以采用微处理器或工业控制计算机实现数字控制。根据被控过程特点，既有单变量控制，又有多变量控制。控制策略也十分丰富，从传统的 PID 控制到自适应控制、预测控制等先进控制策略。通常，采用 ⓛ、ⓟ、ⓣ 分别表示液位、压力、温度控制器。

为了便于理解，下面用两个典型过程控制系统，说明过程控制系统的组成。

1. 液位控制系统

图1-6中，贮液罐流出液体的流量、流入液体的压力等干扰量的变化会引起液位变化，

偏离设定值。检测变送单元 LT（这里采用差压变送器）测量液位实际高度，并转换成便于远传的统一信号 $z(t)$；$z(t)$ 与设定值 $r(t)$ 比较得到液位偏差 $e(t) = r(t) - z(t)$；控制器 LC 根据 $e(t)$，按一定控制规律操控调节阀开度，改变流入液体的流量 $q(t)$，最终达到使液位稳定在设定值上的目的。可见，控制作用就是要克服干扰 $f(t)$ 对被控量 $y(t)$ 的影响，保证其尽快回到设定值。

其中，贮液罐的液位为被控量 $y(t)$；流入液体的流量为控制量 $q(t)$；贮液罐和输液管道共同构成被控过程。

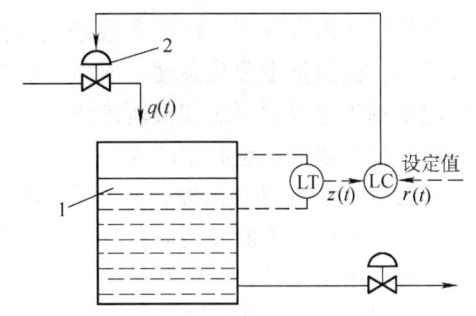

图 1-6　液位控制系统
1—贮液罐　2—调节阀
LT—差压变送器　LC—液位控制器

2. pH 控制系统

在石油、化工、印染和造纸等生产过程中会产生大量的污水。若不经过处理直接排放到江河湖泊，必将造成环境污染，破坏生态平衡，危及人民身体健康。根据国家有关规定，必须对污水进行处理，只有当酸碱度 pH = 7 时，才符合排放标准。实现污水处理的就是 pH 控制系统，如图 1-7 所示。

当 pH 值偏离设定值时，经检测变送器 pHT 和控制器 pHC 控制调节阀的开度作相应的变化，改变酸液流量，最终使污水的 pH 值稳定在设定值。

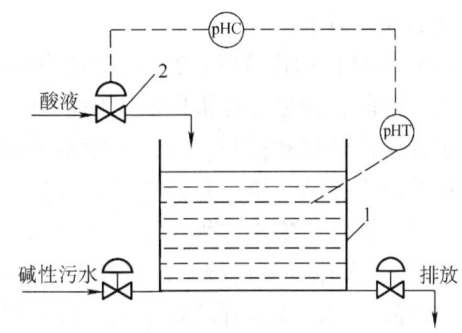

图 1-7　pH 控制系统
1—液槽　2　调节阀
pHT—pH 测量变送器　pHC—pH 控制器

图 1-7 中，pH 值为被控量 $y(t)$，进入液槽的酸液流量为控制量 $q(t)$，液槽为被控过程，显然此过程为典型化学反应过程。

从系统组成上可以看出，过程控制系统可以划分为过程仪表、控制策略和被控对象三部分，其中，过程仪表包括检测变送单元和执行器。

1.4　过程控制系统发展概况

随着现代工业生产的迅速发展，作为自动控制技术重要部分的过程控制技术也得到迅猛发展。工业生产过程控制的发展历程，可以根据其组成划分为体系结构、检测仪表和执行机构、控制策略三部分。

1.4.1　过程控制系统体系结构的发展

回顾工业生产自动化的发展历程，过程控制体系结构大致经历三个发展阶段。
(1) 仪表化与局部自动化阶段：20 世纪 50～60 年代

仪表化与局部自动化阶段的主要特点是：采用的过程检测和控制仪表主要为基地式仪表和部分单元组合仪表，而且多数是气动仪表；过程控制系统实现单输入—单输出的单回路定值控制；被控量主要是温度、压力、流量和液位等生产过程中的热工参数；系统设计和分析的理论基础是以频率法和根轨迹法为主体的经典控制理论。这一阶段的控制目的主要是保持上述工艺参数的稳定和生产安全。

（2）综合自动化阶段：20 世纪 60~70 年代

工业生产的不断发展对过程控制提出了新的要求，电子技术的发展也为生产过程自动化的发展提供了条件。在这一阶段，出现了一个车间乃至一个工厂的综合自动化，其主要特点是：大量采用单元组合仪表（包括气动和电动）和组装式仪表。同时，计算机也开始应用于过程控制领域，实现直接数字控制（Direct Digital Control，DDC）和设定值控制（Set Point Control，SPC）。在过程控制系统的结构方面，为提高控制品质，满足一些特殊控制要求，相继出现了各种复杂控制系统，如串级控制、前馈-反馈控制及比值、均匀、分程控制等。过程控制系统分析与设计的理论基础，从经典控制理论发展到现代控制理论，以满足更为复杂的控制需求。

（3）全盘自动化阶段：20 世纪 70 年代至今

这一阶段，微型计算机广泛应用于过程控制领域，实现了整个工艺流程、全工厂乃至整个企业的操作管理和控制。过程控制系统结构从单变量单回路的仪表控制系统发展到多变量多回路的微机控制系统，并经历了直接数字控制、集中控制、分散控制和集散控制几个发展阶段，进入计算机集成过程控制系统（Computer Integrated Process Control，CIPC）阶段。所谓 CIPC 是指利用计算机技术，对整个企业的运行过程进行综合管理和控制，包括生产计划调度、产品分配、成本管理和工艺过程控制、优化等。

20 世纪 90 年代，随着计算机技术、网络技术和通信技术的迅猛发展，出现了现场总线控制系统（Fieldbus Control System，FCS），它是上述技术与自动控制技术相结合的产物。控制系统中的各种仪表单元随之也进入了网络时代，并深刻地改变了传统过程控制系统一对一的基本结构和连接方式，从而构成一种全分散、全数字化、智能化、双向、互联、多变量、多点和多站的通信和控制系统，它是过程控制系统的发展方向。

1.4.2 过程控制检测仪表和执行机构的发展

过程控制检测仪表和执行机构的发展是与其体系结构的发展相适应的。

（1）基地式仪表

基地式仪表是把检测、显示和控制等环节放在一个表壳内，可就地安装的仪表。它以指示、记录仪表为主体，附加控制机构而组成，不仅能对某变量进行指示或记录，还具有控制功能。基地式仪表功能较完全，可以减少管线连接所导致的滞后，常用于中小企业里数量不多或分散的就地控制系统和单机的局部控制系统。

（2）单元组合式仪表

单元组合式仪表是根据控制系统中各个组成环节的不同功能和使用需求，将仪表做成能实现某种功能的独立单元，包括：变送单元、转换单元、控制单元、运算单元、显示单元、执行单元、给定单元和辅助单元。上述各单元之间采用统一的标准信号彼此联系。这些单元可以进行灵活组合，构成功能多样的自动检测和控制系统。这类仪表使用灵活、通用性强，适用于中、小型企业的自动化系统。

（3）智能仪表

以微处理器为核心，采用先进传感器与电子技术的智能变送器和智能阀门定位器是新型现场变送类和执行类仪表，其精度、稳定性与可靠性均比模拟式仪表优越。它们可输出全数字信号或模拟数字混合信号，并且可以通过现场总线通信网络与计算机相连接，能满足集散系统和现场总线控制系统的应用要求。

1.4.3 过程控制策略的发展

（1）经典控制策略：20世纪50年代以前

这个阶段以微分方程和传递函数为基础，采用时域分析方法、S域分析方法和频域分析方法对系统进行研究。PID控制策略是这一阶段的主要成果。PID控制规律原理简单、易于实现，适用于没有时间延迟的单回路控制系统。在该阶段，通常将一个复杂过程分解为若干个简单的过程，再采用由单个传感器、控制器和执行器构成的单输入-单输出控制系统完成控制任务。随着生产过程的大型化、控制对象的复杂化，这种简单控制模式已不能满足系统要求，迫切需要新的理论支撑。

（2）现代控制策略：20世纪60年代以后

在该阶段，以状态空间作为分析基础的现代控制理论为新的控制技术发展提供了理论基础。主要包括以最小二乘法为基础的系统辨识、以极小值原理和动态规划为基础的最优控制、以卡尔曼滤波理论为核心的最优估计等。上述分析方法深刻揭示了系统的内在变化规律，为实现全局最优控制提供实现依据。

（3）复杂控制策略：20世纪70年代以后

为解决大规模复杂系统的优化与控制问题，以系统分解与协调、多级递阶优化与控制为核心思想的大系统理论成为研究热点。控制理论研究重心也逐渐从有限维系统转向无穷维系统，从确定性系统转向不确定性和随机性系统，从线性系统转向非线性系统，从可用微分方程描述的系统转向离散事件动态系统。相应出现了非线性控制、自适应控制、随机控制、分布参数系统等众多研究方向。同时，以专家系统、模糊控制、人工神经网络控制、学习控制等为代表的智能控制策略也在该阶段得到迅猛发展。

1.5 过程控制系统的分类

过程控制系统的分类方法很多，按被控参数特性，可划分为温度、压力、流量、液位、成分等控制系统；按控制量和被控量数目，可划分为单变量和多变量控制系统；按系统完成的特定工艺要求，可划分为比值、均匀、分程和选择性控制系统等。此外，系统还可以按结构和信号特点进行划分。

1. 按过程控制系统的结构特点分类

（1）反馈控制系统

反馈控制系统是最常用、最基本的一种控制结构形式。它根据被控量与设定值之间的偏差进行控制，最终达到消除或减小偏差的目的。其特点在于控制作用的产生只与偏差有关，即只有当被控量偏离设定值后才会产生校正作用。图 1-1 所示的控制系统均为反馈控制系统。由于该系统由被控量的反馈构成一个闭合回路，故又称为闭环控制系统。反馈信号也可能有多个，构成一个以上闭环回路，称为多回路反馈控制系统。

(2) 前馈控制系统

前馈控制系统是根据干扰量的大小实施控制，即在被控量偏离设定值之前就采取校正措施，如图 1-8 所示中虚线所示。在理想情况下，校正措施可以抵消干扰对被控量的影响。可见，扰动是控制的依据。前馈控制系统测量的是干扰量，不是被控量，不构成被控量的反馈，因此，本质上是一种开环控制系统，无法检查控制效果，故不能单独应用。

(3) 前馈-反馈复合控制系统

图 1-8 所示的前馈-反馈复合控制系统，是在反馈控制系统中引入前馈控制，利用前馈控制迅速及时克服主要扰动对被控量的影响，同时利用反馈控制克服其他扰动，检查控制效果，使被控量迅速而准确地稳定在设定值上，提高控制系统的控制质量。

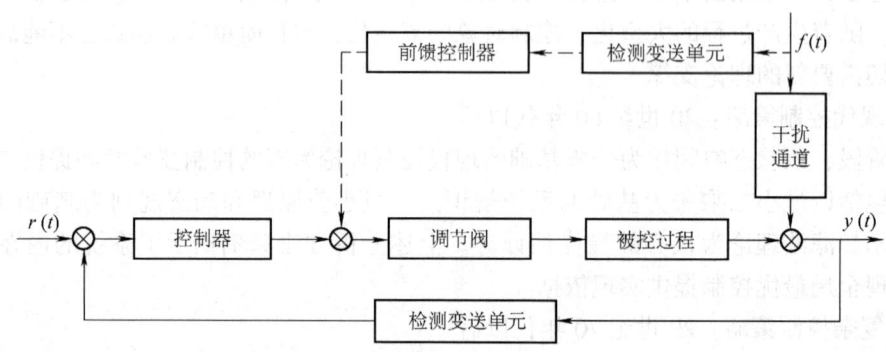

图 1-8　前馈-反馈复合控制系统

2. 按设定值信号的特点分类

过程控制主要研究反馈控制系统的特性，按设定值形式的不同，可将过程控制系统划分为三类。

(1) 定值控制系统

由于工业生产过程中大多数工艺要求系统的被控量能稳定在某一设定值上，因此，定值控制系统是应用最多的一种过程控制系统。系统设定值一般来说是固定不变的，但在生产工艺条件允许的情况下，可以在小范围内变化。定值控制系统主要目的是克服干扰对被控量的影响，使被控量稳定在设定值。

(2) 随动控制系统

随动控制系统是被控量的设定值随时间任意变化的控制系统。其控制作用的核心为使被控量能及时、准确地跟踪设定值的变化。例如，锅炉燃烧过程控制系统中，为达到最佳燃烧状态，要求空气量随燃料量的变化而成比例地变化。由于燃料量是随负荷变化的，因此该系统为随动控制系统。

(3) 顺序控制系统

顺序控制系统中，被控量的设定值是按预定的时间程序变化的。控制的目的是使被控变量按规定的程序自动变化。例如，退火炉温度控制系统的设定值是按升温、保温与逐次降温等程序自动变化的，控制作用应按此预先设定的程序实施。

1.6 本章小结

本章主要介绍过程控制系统所涉及的基本概念，阐述描述系统响应特性的性能指标，举例说明构成一个过程控制系统的必备部分。旨在通过学习该部分内容，使读者对过程控制系统有一个基础的认识，为后续章节阐述奠定基础。

本章要求重点掌握过程控制性能指标和系统组成，了解过程控制的发展过程。

1.7 习题

1-1 什么是过程控制系统？

1-2 简述过程控制的发展概况及各个阶段的主要特点。

1-3 常用过程控制系统可分为哪几类？

1-4 过程控制系统时域响应性能指标包括哪些，它们分别反映系统哪方面性能？

1-5 图1-6为液位控制系统。试画出该控制系统的框图。简述其工作原理，并指出该系统中的被控过程、被控量、控制量和干扰量。

第 2 章 被控过程特性及其数学模型

被控过程的特性分析及其数学模型的建立,是分析和设计过程控制系统的基本依据,对实现生产过程的高质量、优化控制具有重要意义。

2.1 被控过程的特性

过程的动态特性多种多样,有些被控对象容易控制,而有些则很难控制;有些控制过程响应较快,而有些则响应较慢。只有全面了解和掌握被控过程的动态特性,才能合理设计控制方案,选择合适的自动化仪表,整定控制器参数。

被控过程不同,其过程的特性也不同。一般可以划分为自衡(Self-regulating)特性与无自衡(Non-self-regulating)特性、单容特性与多容特性、振荡与非振荡特性等。下面以被控过程的阶跃响应将典型的工业过程动态特性分为下列 4 类:

1. 自衡的非振荡过程

图 2-1 所示的液体储罐液位系统,其进料量等于出料量,过程处于平衡状态。如果增大进料阀开度,会使进料量发生阶跃增加,进料量大于出料量,过程原来的平衡状态将被打破,液位上升。随着液位的上升,出料阀前的静压也随之增加,出料量也不断增加,使液位的上升速度变慢,最终导致进料量等于出料量,液位趋于新的平衡状态。这种在原平衡状态出现干扰时,无需外加任何控制作用,被控过程能够自发地趋于新的平衡状态的过程,称为自衡特性过程。在过程控制系统中,具有该特性的被控过程比较常见。

自衡非振荡特性过程在阶跃输入信号作用下,输出响应曲线能够没有振荡地从一个稳态趋向于另一个稳态,如图 2-2 所示。自衡的非振荡过程常用下列传递函数加以描述:

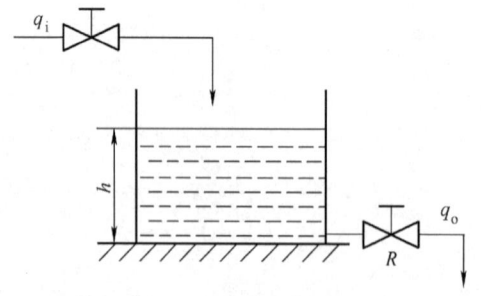

图 2-1 具有自衡特性的液位过程

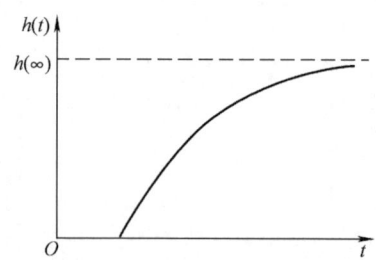

图 2-2 自衡非振荡过程的响应曲线

1)具有纯滞后的一阶惯性环节:$G_o(s) = \dfrac{K}{Ts+1}e^{-\tau s}$

2)具有纯滞后的二阶非振荡环节:$G_o(s) = \dfrac{K}{(T_1 s+1)(T_2 s+1)}e^{-\tau s}$

3) 具有纯滞后的高阶非振荡环节：$G_o(s) = \dfrac{K}{(Ts+1)^n}e^{-\tau s}$

式中 K——过程的静态增益（或放大系数）；

T——过程的时间常数；

τ——过程的纯滞后时间。

2. 无自衡的非振荡过程

图 2-3 所示的液体储罐液位系统与图 2-1 中结构相似，区别在于出料阀改成了抽水泵。由于抽水泵的出料量不随液位的变化而变化；只要泵的转速不变，则出料量恒定。如果改变进料阀开度，进料量发生增加或减小，如果不改变泵的转速，当进料量大于出料量时，储罐液位会一直升高，直到溢出；或者当进料量小于出料量时，储罐液位会一直降低，直到抽干，无法达到新的平衡状态。这种在原平衡状态出现干扰时，没有外加任何控制作用，被控过程就不能重新到达新的平衡状态的过程，称为无自衡特性过程。

无自衡非振荡特性过程在阶跃输入信号作用下，输出响应曲线会没有振荡地从一个稳态一直上升或下降，不能达到新的稳态，如图 2-4 所示。无自衡的非振荡过程可以采用下列传递函数加以描述：

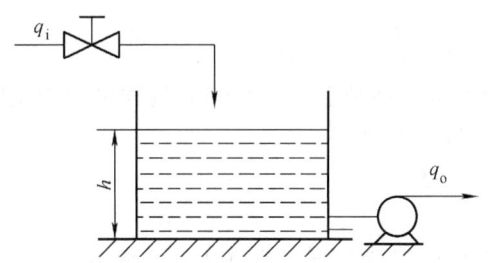
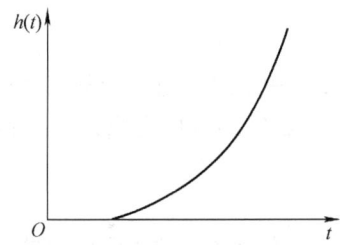

图 2-3 具有无自衡特性的液位过程　　图 2-4 无自衡非振荡过程的响应曲线

1) 具有纯滞后的一阶积分环节：$G_o(s) = \dfrac{1}{Ts}e^{-\tau s}$

2) 具有纯滞后的二阶非振荡环节：$G_o(s) = \dfrac{1}{T_1 s(T_2 s+1)}e^{-\tau s}$

3) 具有纯滞后的高阶非振荡环节：$G_o(s) = \dfrac{1}{T_1 s(Ts+1)^{n-1}}e^{-\tau s}$

3. 自衡的振荡过程

如图 2-5 所示，在阶跃输入信号作用下，输出响应曲线呈现衰减振荡特性，最终被控过程趋于新的稳态值，则称该类过程具有自衡能力。其传递函数描述如下

$$G_o(s) = \dfrac{K}{T^2 s^2 + 2\xi Ts + 1}e^{-\tau s}, (0 < \xi < 1)$$

显然，该类过程具有位于 s 左半平面的共轭复极点。

4. 具有反向特性的过程

在阶跃输入信号作用下，被控过程的输出先降后升或先升后降，即过程响应曲线在开始的一段时间内变化方向与以后的变化方向相反，则称该过程具有反向特性。

在锅炉燃烧-给水系统中，锅炉锅筒水位的变化过程

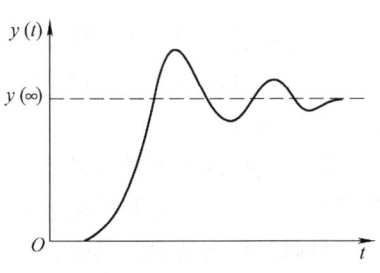

图 2-5 有自衡的振荡过程

就是一个典型的具有反向特性的过程，如图 2-6 所示。

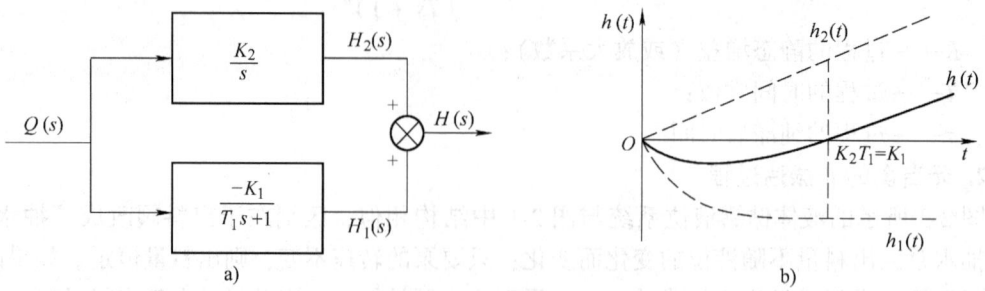

图 2-6 具有反向特性的过程

当供给锅炉的冷水量出现阶跃增加时，在燃料供热和蒸汽负荷均不变的情况下，锅筒内液位发生的变化如图 2-6b 中实线所示。下面具体分析其变化机理：

1) 冷水量的增加引起锅筒内水的沸腾突然减弱，蒸发率降低。由于锅筒中为水汽混合状态，其水位与水中的气泡含量有关，所以锅炉蒸发率的降低意味着水中气泡的减少，于是导致锅筒水位下降。其响应过程呈现为一阶惯性特性，如图 2-6b 中虚线 $h_1(t)$ 所示。其传递函数表示为

$$G_0(s) = \frac{-K_1}{T_1 s + 1} \tag{2-1}$$

2) 由于进水量大于蒸汽负荷量，所以导致水位逐渐上升，其响应过程呈现为正向积分特性，如图 2-6b 中虚线 $h_2(t)$ 所示。其传递函数表示为

$$G_0(s) = \frac{K_2}{s} \tag{2-2}$$

3) 在上述两种相反作用的影响下，输出响应曲线呈现为虚线 $h_1(t)$ 和虚线 $h_2(t)$ 的叠加，如图 2-6b 中实线 $h(t)$ 所示。则系统的总传递函数为

$$G_0(s) = \frac{K_2}{s} - \frac{K_1}{T_1 s + 1} = \frac{(K_2 T_1 - K_1)s + K_2}{s(T_1 s + 1)} \tag{2-3}$$

当 $K_2 T_1 < K_1$ 时为响应初期，$\frac{-K_1}{T_1 s + 1}$ 占主导地位，水位呈现反向特性；而当 $K_2 T_1 \geq K_1$ 时为响应中、后期，水位呈现正向特性；当 $K_2 T_1 = K_1$ 时，输出响应曲线过零点。显然，具有反向特性的过程传递函数中总具有一个正的零点，属于非最小相位过程。

2.2 被控过程的数学模型

建立被控过程的数学模型的目的在于：设计过程控制系统、整定控制器参数；指导生产工艺及其设备的设计；被控过程及新型控制策略的仿真分析和研究；工业过程的故障检测与诊断系统设计。

被控过程的数学模型描述过程的输入变量与输出变量之间的定量关系。这里，输入变量包括作用于过程的控制作用和干扰作用；输出变量为过程的被控变量。输入变量到输出变量的信号联系称为通道。其中，控制作用到输出变量的信号联系为控制通道；干扰作用到输出变量的信号联系为干扰通道。

数学模型的基本要求是简单、能正确可靠地反映过程输入和输出之间的动态关系。根据用途不同，对所建立数学模型的要求也不同。例如，用于先进控制、在线控制的数学模型要有具有较高的精确度；而简单控制系统中数学模型的精确度要求不高。

2.2.1 被控过程数学模型的类型

按时间特性，过程动态数学模型可分为连续和离散两大类；按模型描述，可分为传递函数、状态空间、微分方程和差分方程等模型；按过程类型，可分为集中参数、分布参数和多级过程模型等；按建模的输入信号，可分为非周期函数、周期函数、非周期性随机函数和周期性随机函数建立的模型等。工业生产过程中，常采用阶跃输入信号作用下过程的响应表示过程的动态性能。

被控过程的数学模型可以分为静态（稳态）数学模型和动态数学模型。静态数学模型描述过程在稳态时的输入变量和输出变量之间的数学关系，用于工艺设计和系统最优化等；动态数学模型描述输出变量与输入变量之间随时间而变化的动态关系，用于控制系统的设计和分析，确定工艺设计和操作条件等。

一般可以采用两种形式表示被控过程的数学模型：

1）用参量形式表示模型，包括微分方程、差分方程、状态方程、传递函数、脉冲传递函数等。

常用参量形式模型的具体描述如下：

微分方程：$a_n y^{(n)}(t) + \cdots + a_1 y'(t) + y(t) = b_m u^{(m)}(t-\tau) + \cdots + b_1 u'(t-\tau) + b_0 u(t-\tau)$

传递函数：$G_0(s) = \dfrac{Y(s)}{U(s)} = \dfrac{b_0 + b_1 s + \cdots + b_m s^m}{1 + a_1 s + \cdots + a_n s^n} e^{-\tau s}$

差分方程：$a_n y(k-n) + \cdots + a_1 y(k-1) + y(k) = b_m u(k-m-d) + \cdots + b_1 u(k-1-d) + e(k)$

脉冲传递函数：$y(k) = \dfrac{b_0 + b_1 z^{-1} + \cdots + b_m z^{-m}}{1 + a_1 z^{-1} + \cdots + a_n z^{-n}} z^{-d} u(k)$

2）用非参量形式表示模型，如曲线、数据表格等。

2.2.2 过程建模的基本方法

建立过程数学模型的基本方法主要有三种：解析法、实验辨识法和混合法。

1. 解析法

也称为机理演绎法或白箱法。它是根据被控过程的内在机理，运用已知的静态和动态平衡关系（如物料平衡关系、能量平衡关系、动量平衡关系、相平衡关系、物理化学定律等），用数学推理的方法建立数学模型。该方法的特点是在系统设计之前完成数学模型推导，模型不但给出了系统输入、输出变量之间的关系，也给出了系统状态和输入输出之间的关系，有利于系统方案的分析与设计。但是采用解析法建模的首要条件是对被控过程的特性和机理有较深入的理解，能准确地加以数学描述，对于内在机理复杂、难以完全了解内部变化情况的被控过程的数学模型建立存在困难。

2. 实验辨识法

也称为系统辨识与参数估计法或黑箱法。它根据被控过程输入、输出的实验测试数据，通过过程辨识和参数估计建立过程的数学模型，确定模型结构和参数。该方法完全由系统外部的输入-输出特性来构建数学模型。对于内在机理复杂的被控过程，它比机理建模相对容易。但是受数据所对应工况的限制，模型往往难以对外推广。

3. 混合法

也称为灰箱法。它是将机理演绎法和实验辨识法相结合来建立过程的数学模型。通常采用两种方式：

1）对被控过程中机理比较清楚的部分采用机理演绎法推导其数学模型，对机理不清楚或不确定的部分采用实验辨识法获得其数学模型。该方法适用于多级被控过程。

2）先通过机理分析确定过程模型的结构形式，然后利用实验辨识法确定模型中的参数。显然，混合法是将机理知识与实验数据相结合，比实验辨识法具有更好的推广能力，比机理模型简单。

2.3 解析法建立过程的数学模型

2.3.1 解析法建模的一般步骤

解析法建模的一般步骤为：

1. 明确过程的输入变量、输出变量和中间变量

根据被控过程的特性和建模需求，确定过程的输入量和输出量；提取一些与输入、输出量相关的关键参数作为中间变量。这些变量可以采用绝对值、增量和无量纲形式表示，其中增量形式得到广泛的应用。该描述形式便于对非线性系统进行线性化。

2. 根据建模对象和模型使用目的做出合理假设

任何一个数学模型都是有假设条件的，不可能完全精确地用数学公式客观地描述出来。因此，在满足模型要求的前提下，根据掌握的建模对象特性，忽略次要因素。对同一个建模对象，根据模型的使用场合和模型的不同要求，假设条件也有所不同，最终得到的模型也不相同。例如：对某加热炉系统建模，如果假设加热炉中每点温度一致，则得到用微分方程描述的集中参数模型；若假设加热炉中每点温度非均匀，则得到用偏微分方程描述的分布参数模型。

3. 根据过程的内在机理，建立静态和动态平衡关系方程

在采用解析法建立被控过程数学模型时，需要建立过程的静态和动态平衡关系。静态平衡关系是指单位时间内进入被控过程的物料或能量应等于单位时间内从被控过程流出的物料或能量；动态平衡关系是指单位时间内进入被控过程的物料或能量与单位时间内流出被控过程的物料或能量之差应等于被控过程内物料或能量储存量的变化率。

4. 消去中间变量，求取过程的数学模型

过程的静态和动态平衡关系方程中往往包含一些反映关键因素的中间变量，要得到反映输出量与输入量关系的数学模型就必须消去这些中间变量。

5. 模型简化

采用解析法获得的数学模型一般比较复杂，为满足模型简单、正确的要求，需要对模型进行简化。模型简化的常用方法有三种：

1）开始推导时就引入简化假设，使推导出的方程在反映被控过程主要特性的基础上，尽可能的简单；

2）在得到较复杂的原始模型后，用低阶的微分或差分方程来近似该模型，即模型降阶处理；

3）求解原始方程或用计算机仿真，得到一系列响应曲线（阶跃响应或频率特性），依据这些特性，用低阶的传递函数去近似模型。

2.3.2 单容过程的建模

所谓单容过程，是指只有一个贮蓄容量的过程，如具有一个贮罐的液位系统、具有一个电容或电感的电路系统。下面举例说明其建模过程。

例 2-1 某单容液位过程如图 2-7 所示。假设贮罐的横截面积不变，表示为 A。该过程中，贮罐中的液位高度 h 为被控变量，也是过程的输出量；流入贮罐的液体体积流量 q_1 为过程的输入量，q_1 的大小通过改变阀门 1 的开度来调节；流出贮罐的液体体积流量 q_2 为过程的中间量，也是过程的干扰，q_2 的大小可以根据用户的需求，通过阀门 2 的开度来调节。

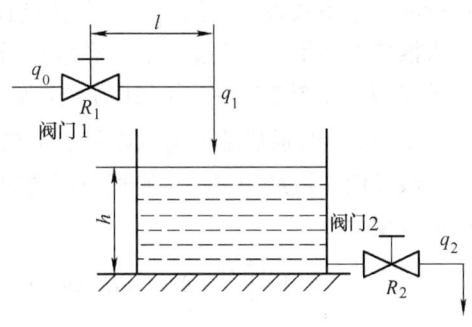

图 2-7 单容液位过程

要求：确定过程输出 h 与输入 q_1 之间的数学关系。

解：1）根据动态物料平衡关系，即：贮罐中液体贮存量的变化率 = 单位时间内液体流入量 – 单位时间内液体流出量，则有

$$q_1 - q_2 = A \frac{dh}{dt} \tag{2-4}$$

若用增量形式描述为

$$\Delta q_1 - \Delta q_2 = A \frac{d\Delta h}{dt} \tag{2-5}$$

式中 Δq_1、Δq_2、Δh——偏离某平衡状态 q_{10}、q_{20}、h_0 的增量。

静态时液位不发生变化，即 $\frac{dh}{dt} = 0$，则有 $q_1 = q_2$。

2）当 q_1 发生变化时，液位 h 随之改变，使贮罐出口处的静压发生变化，q_2 也发生相应变化。假设 q_2 与 h 近似呈线性正比关系，与阀门 2 处的液阻 R_2（近似为常量）呈反比关系，则有

$$\Delta q_2 = \frac{\Delta h}{R_2} \tag{2-6}$$

3）消除中间变量，将式（2-6）代入式（2-5）中，经整理可得

$$R_2 A \frac{d\Delta h}{dt} + \Delta h = R_2 \Delta q_1 \tag{2-7}$$

式（2-7）即为单容液位过程的微分方程增量表示形式。对该式进行拉普拉斯变换，得到过程的传递函数

$$G(s) = \frac{H(s)}{Q_1(s)} = \frac{R_2}{R_2 As + 1} \tag{2-8}$$

将上式一般化为

$$G(s) = \frac{H(s)}{Q_1(s)} = \frac{K}{Ts + 1} \tag{2-9}$$

其中 $T = R_2 C, K = R_2, C = A$。

式中 T——被控过程的时间常数；

K——被控过程的静态增益；

C——被控过程的容量系数，或称为过程容量。

在工业过程中，被控过程一般都有一定的贮存物料或能量的能力，贮存能力的大小通过容量或容量系数表示，描述引起单位被控量变化时被控过程贮存量变化的大小。

推广 1：有些被控过程中，经常会遇到纯滞后问题，如物料的传送带运输过程、管道输送过程等。在图 2-7 中，如果以 q_0 作为过程的输入量，则当进水阀 1 开度变化时，q_0 需流经长度为 l 的管道后才能流入贮罐，对液位产生影响。

假设液体流经长度为 l 的管道需要时间为 τ_0，则将上述模型推广得到具有纯滞后的单容过程模型为

$$R_2 A \frac{d\Delta h}{dt} + \Delta h = R_2 \Delta q_0(t - \tau_0) \tag{2-10}$$

$$G(s) = \frac{H(s)}{Q_1(s)} = \frac{R_2}{R_2 As + 1} e^{-\tau_0 s} = \frac{K_0}{T_0 s + 1} e^{-\tau_0 s} \tag{2-11}$$

其中 $T_0 = R_2 C, K_0 = R_2$。

式中 T_0——被控过程的时间常数；

K_0——被控过程的静态增益；

τ_0——被控过程的纯滞后时间。

在阶跃输入作用下，单容过程的响应曲线如图 2-8b 所示。显然，是否具有纯滞后不会改变阶跃响应曲线形状，但是纯滞后会使曲线滞后一段时间。

推广 2：如果将阀门 2 换成定量泵，由 2.1 节已知在这种情况下，流出贮罐的液体体积流量 q_2 不受液位静压力影响，则有

$$\Delta q_2 = 0 \tag{2-12}$$

将式（2-12）代入式（2-5），得到过程的增量化方程为

$$\Delta q_1 = A \frac{d\Delta h}{dt} \tag{2-13}$$

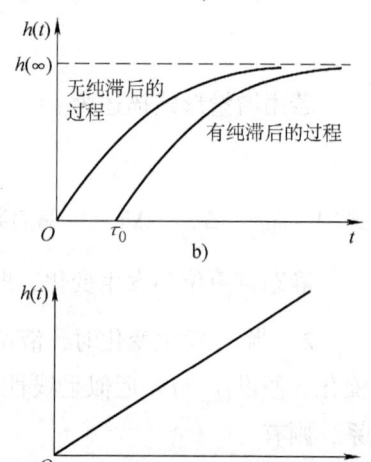

图 2-8 单容过程的响应曲线

对该式进行拉氏变换，得到过程的传递函数为

$$G(s) = \frac{H(s)}{Q_1(s)} = \frac{1}{Ts} \tag{2-14}$$

式中 $T(=C)$——过程的积分时间常数，即过程容量。

此时，被控过程的阶跃响应曲线如图 2-8c 所示。由于输出流量不变，导致在输入流量发生阶跃变化后，贮罐液位会一直升高，直到溢出。

例 2-2 图 2-9 为一个气体压力贮罐。气体经阀 1 进入贮罐，然后经阀 2 流出贮罐。假设贮罐压力为 p，进口阀前气压为 p_1，出口阀后气压为 p_2，贮罐容积为 V，且温度 T 假定为恒定不变。

要求：以 p 为被控变量建立该气压过程的数学模型。

解：假设贮罐内无化学反应；贮罐与周围环境传热良好；忽略进出口管线的阻力损失。

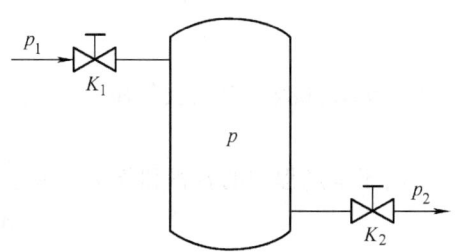

图 2-9 气体压力贮罐

1) 根据动态物料平衡关系，可得到增量方程为

$$\Delta q_{m1} - \Delta q_{m2} = \frac{\mathrm{d}\Delta M}{\mathrm{d}t} \tag{2-15}$$

式中 q_{m1}——经阀 1 进入贮罐的气体质量流量；
q_{m2}——经阀 2 流出贮罐的气体质量流量；
M——贮罐内气体质量。

2) 通过阀门的气体流量与两侧的气压差之间是非线性关系，表示为

$$q_{m1} = K_1 K_0 \sqrt{(p_1 - p)p} \tag{2-16}$$

$$q_{m2} = K_2 K_0 \sqrt{(p - p_2)p_2} \tag{2-17}$$

式中 K_1、K_2——进口阀、出口阀的气体流量系数，取决于阀门的开度；
K_0——反映气体流量，在恒温情况下是常数。

对上式在工作点 p_0，p_{10}，p_{20}，K_{10}，K_{20} 附近进行线性化处理，得其增量方程为

$$\Delta q_{m1} = \frac{\partial q_{m1}}{\partial K_1}\bigg|_{p_1,p} \cdot \Delta K_1 + \frac{\partial q_{m1}}{\partial p_1}\bigg|_{K_1,p} \cdot \Delta p_1 + \frac{\partial q_{m1}}{\partial p}\bigg|_{K_1,p_1} \cdot \Delta p$$

$$= K_0\sqrt{(p_{10}-p_0)}\Delta K_1 + \frac{K_0 K_{10} p_0}{2\sqrt{(p_{10}-p_0)p_0}}\Delta p_1 + \frac{K_0 K_{10}(p_{10}-2p_0)}{2\sqrt{(p_{10}-p_0)p_0}}\Delta p$$

$$= \frac{q_{m10}}{K_{10}}\Delta K_1 + \frac{q_{m10}}{2(p_{10}-p_0)}\Delta p_1 + \frac{q_{m10}(p_{10}-2p_0)}{2(p_{10}-p_0)p_0}\Delta p \tag{2-18}$$

令 $\dfrac{p_0}{p_{10}} = \varphi_1$，则有

$$\Delta q_{m1} = \frac{q_{m10}}{K_{10}}\Delta K_1 + \frac{q_{m10}}{2(1-\varphi_1)p_{10}}\Delta p_1 + \frac{q_{m10}(1-2\varphi_1)}{2(1-\varphi_1)p_0}\Delta p \tag{2-19}$$

同理，假设 $\dfrac{p_{20}}{p_0} = \varphi_2$，可以得到

$$\Delta q_{m2} = \dfrac{q_{m20}}{K_{20}}\Delta K_2 + \dfrac{q_{m20}}{2(1-\varphi_2)p_0}\Delta p + \dfrac{q_{m10}(1-2\varphi_2)}{2(1-\varphi_2)p_{20}}\Delta p_2 \tag{2-20}$$

如果阀门上的压降小于临界值，则 $(1-2\varphi_1) \leq 0$，$(1-2\varphi_2) \leq 0$。

3) 当气罐中压力不高时，气体服从理想气体状态方程

$$pV = \dfrac{M}{\mu}RT \tag{2-21}$$

式中 $R = 0.082$（升·大气压/克分子·度）——气体常数；

μ ——克分子量。

由于本过程中的容积和气温均恒定不变，所以式（2-18）转化为增量形式为

$$\dfrac{d\Delta M}{dt} = \dfrac{V\mu}{RT}\dfrac{d\Delta p}{dt} \tag{2-22}$$

将式（2-22）、式（2-20）、式（2-19）代入式（2-15），经整理后得到过程的数学模型为

$$T_p \dfrac{d\Delta p}{dt} + \Delta p = K_{V_1}\Delta K_1 + K_{V_2}\Delta K_2 + K_{p_1}\Delta p_1 + K_{p_2}\Delta p_2 \tag{2-23}$$

式中

$$K_{V_1} = \dfrac{q_{m0}}{K_{10}} \cdot \dfrac{2p_0}{\beta}, \quad K_{V_2} = -\dfrac{q_{m0}}{K_{20}} \cdot \dfrac{2p_0}{\beta}$$

$$K_{p_1} = \dfrac{\varphi_1}{1-\varphi_1} \cdot \dfrac{q_{m0}}{\beta}, \quad K_{p_2} = \dfrac{2\varphi_2 - 1}{\varphi_2(1-\varphi_2)} \cdot \dfrac{q_{m0}}{\beta}$$

$$T_p = \dfrac{V\mu}{RT} \cdot \dfrac{2p_0}{\beta}, \quad \beta = q_{m0}\left(\dfrac{\varphi_1}{1-\varphi_1} + \dfrac{\varphi_2}{1-\varphi_2}\right)$$

对式（2-20）进行拉氏变换，得到气体压力贮罐数学模型的传递函数为

$$P(s) = \dfrac{K_{V_1}}{T_p s + 1}K_1(s) + \dfrac{K_{V_2}}{T_{p_2} s + 1}K_2(s) + \dfrac{K_{p_1}}{T_p s + 1}P_1(s) + \dfrac{K_{p_2}}{T_{p_1} s + 1}P_2(s) \tag{2-24}$$

例 2-3　图 2-10 为单容加热过程。采用电能加热方式给容器输入热流量 q_1。容器的热容为 C，容器中液体的比热容为 C_p。流量为 q 的液体以 T_1 的入口温度流入，在发生热交换后，以 T_2 的出口温度流出。容器所在环境的温度为 T_0。

要求：该过程的输出量 T_2 与热流量 q_1、液体入口温度 T_1 以及环境温度 T_0 之间的数学关系。

解：分析过程中的输入热流量包括：电能加热提供的热流量 q_1；流入容器的液体所具有的热流量 qC_pT_1。

过程中的损失热流量包括：流出容器的液体所带走的热流量 qC_pT_2；容器向周围环境所散发的热量，它与容器散热面积 A、容器壁的传热系数 K_r 和容器内外的温差 (T_1-T_0) 有关。

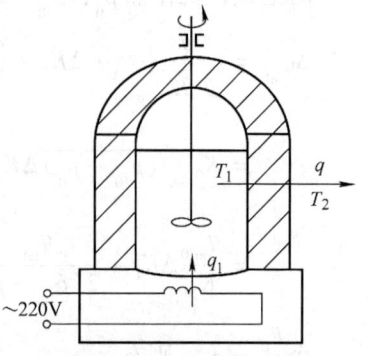

图 2-10　单容加热过程

根据能量动态平衡关系，即：容器内热量的变化率 = 单位时间内进入容器的热量 − 单位

时间内流出容器的热量，则有

$$q_1 + qC_pT_1 - qC_pT_2 - K_rA(T_2 - T_0) = C\frac{dT_2}{dt} \tag{2-25}$$

若用增量形式可描述为

$$\Delta q_1 + qC_p\Delta T_1 - qC_p\Delta T_2 - K_rA(\Delta T_2 - \Delta T_0) = C\frac{d\Delta T_2}{dt} \tag{2-26}$$

令 $K_p = qC_p$ 为液体的热量系数；$R = \frac{1}{K_rA}$ 为热阻。上式经整理得

$$C\frac{d\Delta T_2}{dt} + K_p\Delta T_2 = \Delta q_1 + K_p\Delta T_1 - \frac{1}{R}(\Delta T_2 - \Delta T_0) \tag{2-27}$$

对上式进行拉氏变换，得到该热力过程的数学模型为

$$T_2(s) = \frac{\frac{R}{K_pR+1}}{\frac{R}{K_pR+1}Cs+1}Q_1(s) + \frac{\frac{K_pR}{K_pR+1}}{\frac{R}{K_pR+1}Cs+1}T_1(s) + \frac{\frac{1}{K_pR+1}}{\frac{R}{K_pR+1}Cs+1}T_0(s) \tag{2-28}$$

如果容器绝热，且流入容器的液体温度 T_1 为常数，则根据式（2-28）可以得到液体的出口温度与输入热流量之间的数学关系为

$$G(s) = \frac{T_2(s)}{Q_1(s)} = \frac{\frac{R}{K_pR+1}}{\frac{R}{K_pR+1}Cs+1} \tag{2-29}$$

2.3.3 多容过程的建模

在过程控制系统中，常碰到由多个容积组成的被控过程，称为多容过程。下面以具有自衡能力的双容过程为例，说明多容过程的建模方法。

例 2-4 图 2-11a 是一个分离式双容液位过程。假设两个贮罐的容量系数分别为 C_1、C_2。该过程中，第二个贮罐的液位高度 h_2 为过程的输出量；流入第一个贮罐的液体体积流量 q_1 为过程的输入量。不计第一个与第二个贮罐之间液体输送管道所造成的时间延迟。

要求：确定过程输出 h_2 与输入 q_1 之间的数学关系。

解：根据动态物料平衡关系，列出增量方程为

$$\Delta q_1 - \Delta q_2 = C_1\frac{d\Delta h_1}{dt} \tag{2-30}$$

$$\Delta q_2 - \Delta q_3 = C_2\frac{d\Delta h_2}{dt} \tag{2-31}$$

$$\Delta q_2 = \frac{\Delta h_1}{R_2} \tag{2-32}$$

$$\Delta q_3 = \frac{\Delta h_2}{R_3} \tag{2-33}$$

式中 q_1、q_2、q_3——流过阀门1、阀门2、阀门3的流量；

h_1、h_2——流过贮罐1、贮罐2的液位；

R_2、R_3——阀门2、阀门3的液阻。

对式（2-30）至式（2-33）进行拉氏变换，整理后得到过程的传递函数为

$$G(s) = \frac{Q_2(s)}{Q_1(s)} \cdot \frac{H_2(s)}{Q_2(s)} = \frac{1}{T_1 s + 1} \cdot \frac{R_3}{T_2 s + 1} \tag{2-34}$$

其中，$T_1 = R_2 C_1$，$T_2 = R_3 C_2$。

式中　T_1——贮罐1的时间常数；

T_2——贮罐2的时间常数。

在阶跃输入作用下，分离式双容液位过程的响应曲线如图2-11b所示。显然，该液位过程具有自衡特性。由图可见，与自衡单容过程的阶跃响应曲线1相比，双容过程的阶跃响应曲线2一开始变化较慢。这是因为两个贮罐之间存在液体流通阻力，延缓了被控变量的变化。连接容器越多，过程容量越大，时间延迟就越大。

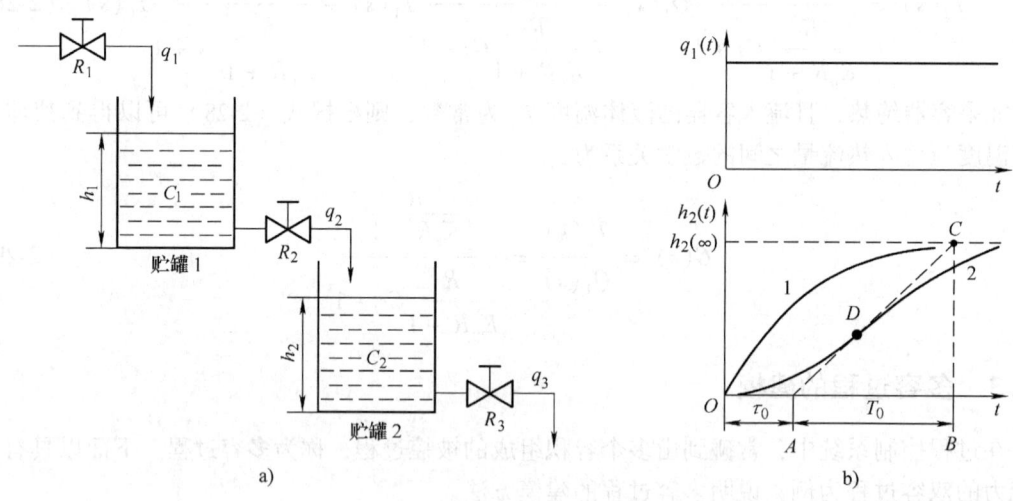

图2-11　分离式双容液位过程

a）双容液位过程　b）阶跃响应曲线

模型简化：双容过程可以用单容过程来近似。具体方法为：通过h_2响应曲线的拐点作切线，与时间轴交于A，与稳态平衡值$h_2(\infty)$交于C，C点在时间轴上的投影为B。此时，双容过程可以用有纯滞后的单容过程来近似，表示为

$$G(s) = \frac{H_2(s)}{Q_1(s)} \approx \frac{R_3}{T_0 s + 1} e^{-\tau_0 s} \tag{2-35}$$

其中，$\tau_0 = \overline{OA}$，$T_0 = \overline{AB}$。

推广1：如果过程中有n个容器依次分离连接，则该多容过程的传递函数为

$$G(s) = \frac{K_0}{(T_1 s + 1)(T_2 s + 1) \cdots (T_n s + 1)} \tag{2-36}$$

式中　K_0——过程的总放大系数；

$T_1, \cdots, T_n$——各单容过程的时间常数。

如果各个单容过程的容量系数相同，各阀门的液阻相同，则各单容过程的时间常数相

同。由此得到

$$G(s) = \frac{K_0}{(T_0 s + 1)^n} \tag{2-37}$$

推广 2：如果考虑两个贮槽之间管道传输所产生的时间延迟 τ_1，则该多容过程的传递函数为

$$G(s) = \frac{R_3}{(T_1 s + 1)(T_2 s + 1)} e^{-\tau_1 s} \tag{2-38}$$

推广 3：如果将阀门 3 改为排水泵，由 2.1 节已知在这种情况下，q_3 不受 h_2 的静压力影响，则该多容过程具有无自衡特性，其传递函数为

$$G(s) = \frac{1}{(T_1 s + 1) C_2 s} \tag{2-39}$$

例 2-5 图 2-12 所示是一个串接并联式双容液位过程。与图 2-11a 相比，该过程中的 q_2 不仅与贮罐 1 的液位 h_1 有关，还与贮罐 2 的液位 h_2 有关。假设相关参数与例 2-4 中相同。

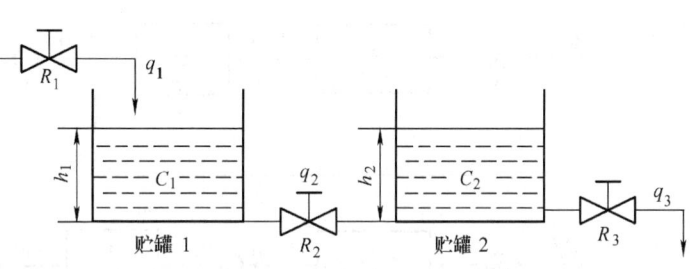

图 2-12 并联式双容液位过程

要求：确定过程输出 h_2 与输入 q_1 之间的数学关系。

解：根据动态物料平衡关系，列出增量方程为

$$\Delta q_1 - \Delta q_2 = C_1 \frac{d\Delta h_1}{dt} \tag{2-40}$$

$$\Delta q_2 - \Delta q_3 = C_2 \frac{d\Delta h_2}{dt} \tag{2-41}$$

$$\Delta q_2 = \frac{\Delta h_1 - \Delta h_2}{R_2} \tag{2-42}$$

$$\Delta q_3 = \frac{\Delta h_2}{R_3} \tag{2-43}$$

消去中间变量，对式（2-40）至式（2-43）进行拉氏变换，整理后得到过程的传递函数为

$$G(s) = \frac{H_2(s)}{Q_1(s)} = \frac{K_0}{T_1 T_2 s^2 + (T_1 + T_2 + T_{12}) s + 1} \tag{2-44}$$

其中，$T_1 = R_2 C_1$，$T_2 = R_3 C_2$，$T_{12} = R_3 C_1$，$K_0 = R_3$。

式中 T_1——贮罐 1 的时间常数；

T_2——贮罐 2 的时间常数；

T_{12}——贮罐 1 与贮槽 2 的关联时间常数；

K_0——过程的放大系数。

推广：上述过程也具有自衡特性，因此其阶跃响应曲线也是单调上升的。采用与例 2-4 类似的近似方法，得到其等效传递函数为

$$G(s) = \frac{H_2(s)}{Q_1(s)} = \frac{K_0}{(T_A s + 1)(T_B s + 1)} \tag{2-45}$$

其中，等效时间常数为

$$T_A = \frac{2T_1T_2}{(T_1+T_2+T_{12}) - \sqrt{(T_1-T_2)^2 + T_{12}(2T_1+2T_2+T_{12})}}$$

$$T_B = \frac{2T_1T_2}{(T_1+T_2+T_{12}) + \sqrt{(T_1-T_2)^2 + T_{12}(2T_1+2T_2+T_{12})}}$$

上述双容液位过程中各变量关系如图 2-13 所示。图 2-13a 为分离式双容液位过程，图 2-13b 为并联式双容液位过程。可见，在分离式双容液位过程中，前一过程会影响后一过程，后一过程不会影响前一过程；而在并联式双容液位过程中，前一过程会影响后一过程，后一过程也会影响前一过程，两个过程相互关联。

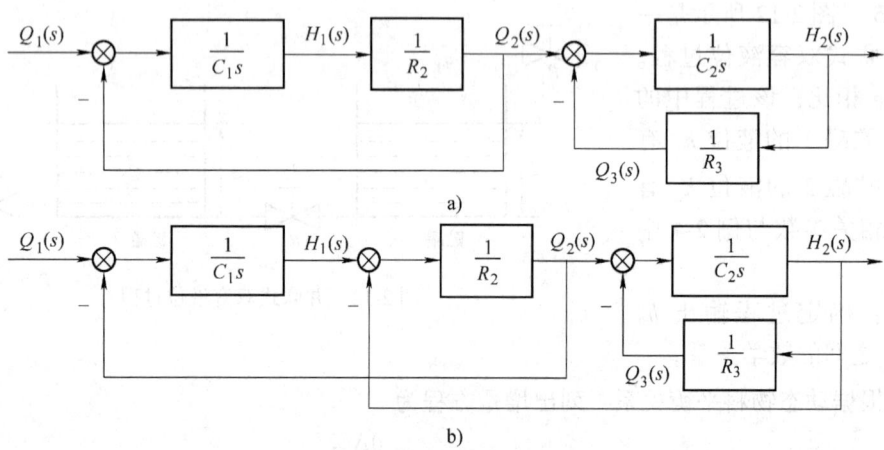

图 2-13　双容液位过程框图
a）分离式双容液位过程　b）并联式双容液位过程

2.4　实验辨识法建立过程的数学模型

实验辨识法常用于内在结构和变化机理比较复杂、难以用解析法建立数学模型的工业过程。

2.4.1　实验辨识法建模的基本步骤与方法

实验辨识法建模的一般步骤如图 2-14 所示。

1）目的：指数学模型的应用目的和相应要求。应用目的不同，模型的表达形式与要求也不同。

2）验前知识：主要来自于对过程内在机理的了解和已有运行数据的分析结论，如过程是否接近线性、纯滞后时间和时间常数的大小等。验前知识越丰富，辨识工作就越容易进行，越能迅速得到正确的结果。

3）实验设计：指确定输入信号的幅值和频谱、采样周期、总的测试时间以及信号产生和数据存储方法；选择计算工具；确定离线或在线辨识方法、信号滤波方法等。值得注意的是，信号幅值大小要顾及测量数据的精度要求和工艺过程的容许限度。

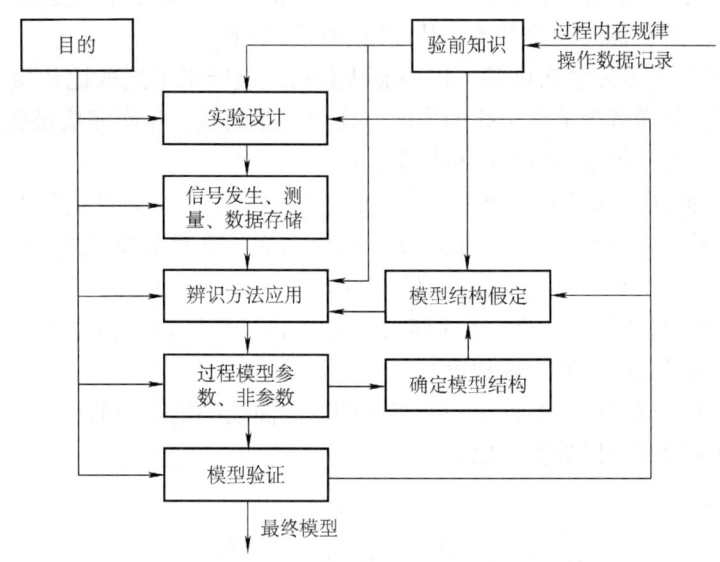

图 2-14 实验辨识法建模的一般步骤

4）辨识方法：采用阶跃响应法、频率响应法、相关分析法等经典辨识方法，还是最小二乘法、梯度校正法、极大似然法等现代辨识法来建立过程的数学模型。

5）过程模型：模型采用参量形式，还是非参量形式描述。如果是参量形式，则要确定模型结构，包括模型形式、阶次和纯滞后情况等。

6）模型验证：包括两种方法，一是自身验证，即在测试时将同一输入作用下的过程输出与依照模型计算出的输出进行对比，以判断模型的有效性。但是该模型不能验证其他输入情况下的模型；二是交叉验证，即在实验时将不同输入作用下的过程输出与依照模型计算出的输出进行对比，以判断模型的有效性。一般来说，交叉验证方式比自身验证方式更可靠。

7）重复修正：如果按照上述步骤得到的模型不能满足精度要求，则要重新修正实验设计或模型结构，直到满足要求为止。

实验辨识法一般包含经典辨识法和现代辨识法两大类。经典辨识法包括阶跃响应法、频域响应法和相关分析法。它采用阶跃函数、脉冲函数、正弦波函数或是随机函数作为输入信号作用于过程，得到的输出为阶跃响应、脉冲响应、频率特性、相关函数或谱密度。输出采用图形或数据集方式记录。由于该方法不需要事先确定模型的具体结构，所以得到广泛使用。现代辨识法中以最小二乘法最为常用。下面着重讨论响应曲线法和最小二乘法两种辨识方法。

2.4.2 响应曲线法辨识过程的模型

响应曲线法是指通过操作调节阀，使被控过程的控制输入产生一个阶跃变化或方波变化，得到被控量随时间变化的阶跃响应曲线（输出数据）或脉冲响应曲线（输出数据）；根据输入-输出数据来辨识输入-输出之间的数学关系。

1. 阶跃响应曲线法

用阶跃响应曲线法建立过程的数学模型时，为了能够得到可靠的测试结果，做实验时需要注意以下几点：

1）试验测试前，被控过程应处于某一相对稳定的工作状态，否则会使被控过程的其他变化与试验所得的阶跃响应彼此混淆，从而影响辨识结果。

2）在相同条件下重复多次试验，以便能从多次试验结果中选取比较接近的两个响应曲线作为分析依据，从而减少随机干扰的影响。需要注意的是，每次完成试验后，应将被控过程恢复到原来的工况并稳定一段时间再做第二次试验。

3）合理选择阶跃输入信号的幅度。输入的阶跃幅度太大，会对正常生产进行产生不利影响；输入的阶跃幅度过小，其他干扰影响的比重较大，会对试验结果造成影响。因此，阶跃变化的幅值一般取正常输入信号最大幅值的10%左右。

4）考虑到被控过程的非线性，分别对正、反方向的阶跃输入信号进行试验，并比较两次试验结果，以衡量过程的非线性程度。

在完成阶跃响应试验后，根据试验所得到的响应曲线确定模型的结构。对于大多数过程而言，其数学模型通常可以近似为以下几种。

自衡特性过程

$$G_o(s) = \frac{K_0}{T_0 s + 1}, G_o(s) = \frac{K_0}{T_0 s + 1} e^{-\tau s}$$

$$G_o(s) = \frac{K_0}{(T_1 s + 1)(T_2 s + 1)}, G_o(s) = \frac{K_0}{(T_1 s + 1)(T_2 s + 1)} e^{-\tau s}$$

无自衡特性过程

$$G_o(s) = \frac{1}{T_0 s}, G_o(s) = \frac{1}{T_0 s} e^{-\tau s}$$

$$G_o(s) = \frac{1}{T_1 s (T_2 s + 1)}, G_o(s) = \frac{1}{T_1 s (T_2 s + 1)} e^{-\tau s}$$

被控过程的数学模型还可以采用更高阶或复杂的结构形式。但是相应的待估计模型参数也有所增加，使辨识难度增大。因此，在保证满足模型精度要求的前提下，数学模型的结构要尽可能的简单。

（1）根据阶跃响应确定一阶惯性环节的参数

如果过程的阶跃响应曲线如图2-15所示，在$t=0$时曲线的斜率最大，随后斜率逐渐减小，当上升到稳态值$y(\infty)$时斜率为零。那么，该响应曲线就可以用一阶惯性环节来近似。

设一阶惯性环节的输入、输出关系为

$$y(t) = K_0 x_0 (1 - e^{-\frac{t}{T_0}}) \tag{2-46}$$

式(2-46)中需要确定的参数有两个：过程的放大系数K_0和过程的时间常数T_0。其确定方法通常有两种：直角坐标图解法和半对数坐标图解法。

① 直角坐标图解法

一阶惯性环节的阶跃响应曲线如图2-15所示。需要注意的是，由于实验一般是在过程正常工作状态下进行的，即只是在原来输入的基础上叠加了x_0的阶跃变化量，所以式(2-46)所表示的是对应于阶跃输入前的系统输出值基础上的输出增

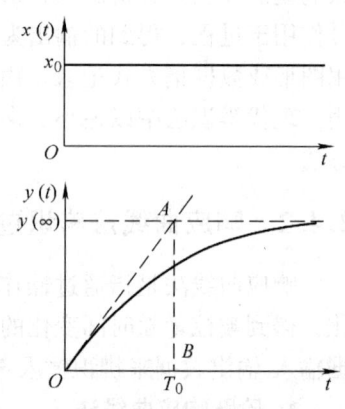

图2-15 一阶惯性环节阶跃响应曲线

量表达式。因此,为便于分析,图 2-15 中的阶跃响应曲线是以原来的稳态工作点作为坐标原点的增量变化曲线。

在趋于新的稳态时,式(2-46)为

$$y(t)|_{t\to\infty} = y(\infty) = K_0 x_0 \tag{2-47}$$

则有

$$K_0 = \frac{y(\infty)}{x_0} \tag{2-48}$$

在 $t=0$ 处的曲线斜率为

$$\frac{dy}{dt}\bigg|_{t=0} = \frac{K_0 x_0}{T_0} \tag{2-49}$$

以此斜率在 $t=0$ 处作切线,斜线表达式为 $\frac{K_0 x_0}{T_0} t$。当 $t=T_0$ 时,则有

$$\frac{K_0 x_0}{T_0} t \bigg|_{t=T_0} = K_0 x_0 = y(\infty) \tag{2-50}$$

可见,根据阶跃响应曲线确定模型的参数 K_0 和 T_0 的方法为:首先由阶跃响应曲线(图2-15)确定 $y(\infty)$,根据式(2-48)确定 K_0 的取值;然后在阶跃响应曲线的起点 $t=0$ 处作切线,该切线与 $y(\infty)$ 的交点所对应的时间就是 T_0,即 $T_0 = \overline{OB}$。

推广:根据试验数据直接计算 T_0。

根据式(2-46)和式(2-47)可得

$$y(t) = y(\infty)(1 - e^{-\frac{t}{T_0}}) \tag{2-51}$$

计算可得

$$t = \frac{1}{2}T_0 \text{ 时}, \quad y(\frac{1}{2}T_0) = 39\% y(\infty)$$

$$t = T_0 \text{ 时}, \quad y(T_0) = 63\% y(\infty)$$

$$t = 2T_0 \text{ 时}, \quad y(2T_0) = 86.5\% y(\infty)$$

据此,在阶跃响应曲线上分别求得上述三点所对应的时间 t_1、t_2、t_3。根据上述关系,可以分别计算出 T_0 值,但 T_0 值之间可能存在差异,可以通过求取平均值的方法对 T_0 进行修正。

直角坐标图解法虽然简单、快捷,但是由于阶跃响应在起始阶段数值较小,切线方向不易确定,因此会产生较大误差。另外,该方法很难判断过程是否存在纯滞后。

② 半对数坐标图解法

半对数坐标图解法中 K_0 的确定方法与上述方法相同,参见式(2-48)。T_0 的确定方法有所不同。

对式(2-46)变形,并在两边取自然对数,可得

$$\ln[y(\infty) - y(t)] = \ln K_0 x_0 - \frac{t}{T_0} \tag{2-52}$$

可见,如果以 $\ln[y(\infty) - y(t)]$ 为纵坐标,t 为横坐标,则上式可以表示为一条直线,如图 2-16 所示。为方便绘图,将自然对数转换为常用对数,即 $\ln y = 2.3026 \lg y$,则式

(2-52) 记为

$$\lg[y(\infty) - y(t)] = \lg K_0 x_0 - 0.4343\frac{t}{T_0} \quad (2\text{-}53)$$

由此得到用半对数坐标图解法确定模型参数 T_0 的方法为：首先根据试验数据从阶跃响应曲线上获得 $[y(\infty) - y(t)]$；然后绘制其半对数坐标曲线；若绘出的曲线是一条直线，且该直线与横坐标交于 B，与纵坐标交于 A，则

$$T_0 = 0.4343\frac{\overline{OB}}{\overline{OA}} \quad (2\text{-}54)$$

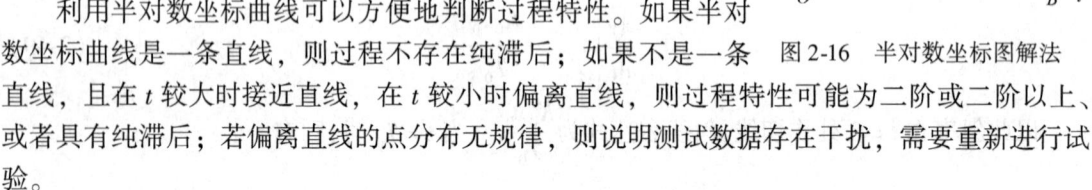

图 2-16 半对数坐标图解法

利用半对数坐标曲线可以方便地判断过程特性。如果半对数坐标曲线是一条直线，则过程不存在纯滞后；如果不是一条直线，且在 t 较大时接近直线，在 t 较小时偏离直线，则过程特性可能为二阶或二阶以上、或者具有纯滞后；若偏离直线的点分布无规律，则说明测试数据存在干扰，需要重新进行试验。

(2) 根据阶跃响应确定具有纯滞后的一阶惯性环节参数

如果过程的阶跃响应曲线如图 2-17 所示，在 $t = 0$ 时曲线的斜率几乎为零，随后斜率逐渐增大，到达某点（称为拐点）后斜率逐渐减小，趋于稳态值，即曲线呈现 S 形状。那么，该响应曲线就可以用具有纯滞后的一阶惯性环节来近似。

具有纯滞后的一阶惯性环节中需要确定的参数有三个：过程的放大系数 K_0、过程的时间常数 T_0 和纯滞后时间 τ_0。其中，K_0 的确定方法与前述方法相同。T_0 和 τ_0 的确定方法有以下几种。

① 确定 T_0 和 τ_0 的图解法

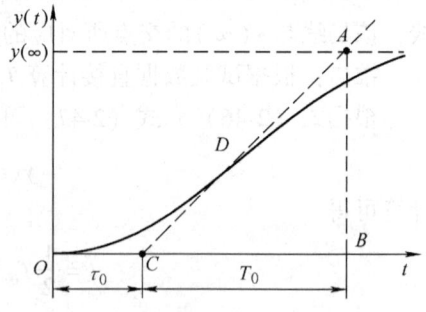

图 2-17 具有纯滞后的一阶惯性环节阶跃响应曲线 1

如图 2-17 所示。在阶跃响应曲线斜率最大处，即拐点 D 处，作一切线。该切线与时间轴交于 C 点，与输出响应的稳态值 $y(\infty)$ 交于 A 点，且 A 点在时间轴上的投影为 B 点，则 CB 段即为 T_0 的大小，OC 段即为 τ_0 的大小。

该方法虽然直接，但是由于曲线本身存在拟合误差；且在阶跃响应曲线上很难准确找到拐点 D 并通过该点作切线，所以往往会存在较大误差。

② 计算法确定 T_0 和 τ_0

将阶跃响应输出 $y(t)$ 转化为相对值 $y_0(t)$，即

$$y_0(t) = \frac{y(t)}{y(\infty)} \quad (2\text{-}55)$$

则相应的阶跃响应表示为

$$y_0(t) = \begin{cases} 0 & t < \tau_0 \\ 1 - e^{-\frac{t-\tau_0}{T_0}} & t \geq \tau_0 \end{cases} \quad (2\text{-}56)$$

由此，依据式 (2-55) 将图 2-17 转换为图 2-18。在图 2-18 中，选取两个不同的时间点

t_1 和 $t_2(\tau < t_1 < t_2)$，分别对应 $y_0(t_1)$ 和 $y_0(t_2)$。根据式（2-56），有

$$\begin{cases} y_0(t_1) = 1 - e^{-\frac{t_1 - \tau_0}{T_0}} \\ y_0(t_2) = 1 - e^{-\frac{t_2 - \tau_0}{T_0}} \end{cases} \quad (2\text{-}57)$$

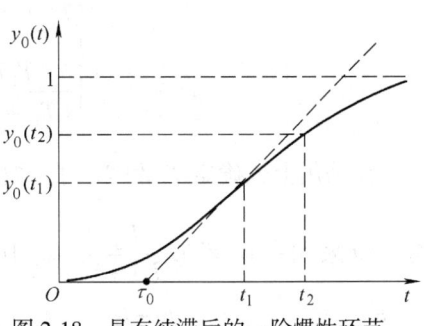

图 2-18　具有纯滞后的一阶惯性环节阶跃响应曲线 2

对上式两边取自然对数有

$$\begin{cases} \ln[1 - y_0(t_1)] = -\dfrac{t_1 - \tau_0}{T_0} \\ \ln[1 - y_0(t_2)] = -\dfrac{t_2 - \tau_0}{T_0} \end{cases} \quad (2\text{-}58)$$

联立上述方程求解，可得

$$\begin{cases} T_0 = \dfrac{t_2 - t_1}{\ln[1 - y_0(t_1)] - \ln[1 - y_0(t_2)]} \\ \tau_0 = \dfrac{t_2 \ln[1 - y_0(t_1)] - t_1 \ln[1 - y_0(t_2)]}{\ln[1 - y_0(t_1)] - \ln[1 - y_0(t_2)]} \end{cases} \quad (2\text{-}59)$$

为了使求得的 T_0 和 τ_0 更加精确，可以在 $y_0(t)$ 曲线上多选取几个点。以两个点为一组求取 T_0 和 τ_0，再将各组求得的 T_0 和 τ_0 值进行平均计算，获得最终的 T_0 和 τ_0。值得注意的是，如果不同组之间获得的 T_0 和 τ_0 值相差较大，则说明采用该模型结构不合理，可以选用二阶模型结构近似。

（3）根据阶跃响应确定二阶环节的参数

设二阶环节的输入、输出关系为

$$y(t) = K_0 x_0 \left(1 - \frac{T_1}{T_1 - T_2} e^{-\frac{t}{T_1}} + \frac{T_2}{T_1 - T_2} e^{-\frac{t}{T_2}}\right) \quad (2\text{-}60)$$

式中，需要确定的参数有三个：过程的放大系数 K_0 和过程的时间常数 T_1 和 T_2。K_0 的确定方法与一阶环节的方法相同，时间常数 T_1 和 T_2 的确定采用两点法。

两点法就是根据式（2-60），利用阶跃响应曲线上的两个点的数据 $(t_1, y(t_1))$ 和 $(t_2, y(t_2))$ 来确定 T_1 和 T_2。假设选取 $y(t)$ 分别为 $0.4y(\infty)$ 和 $0.8y(\infty)$，这里 $y(\infty) = K_0 x_0$，则从图 2-19 的阶跃响应曲线上可以确定相应的 t_1 和 t_2，并得到联立方程

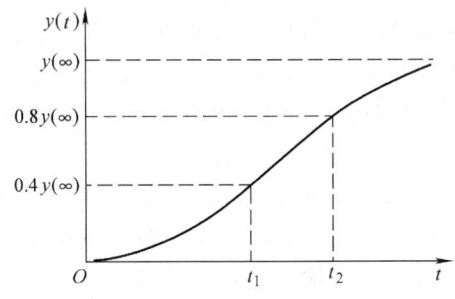

图 2-19　二阶环节阶跃响应曲线

$$\begin{cases} \dfrac{T_1}{T_1 - T_2} e^{-\frac{t_1}{T_1}} - \dfrac{T_2}{T_1 - T_2} e^{-\frac{t_1}{T_2}} = 0.6 \\ \dfrac{T_1}{T_1 - T_2} e^{-\frac{t_2}{T_1}} - \dfrac{T_2}{T_1 - T_2} e^{-\frac{t_2}{T_2}} = 0.2 \end{cases} \quad (2\text{-}61)$$

由此，得到近似解为

$$\begin{cases} T_1 + T_2 \approx \dfrac{1}{2.16}(t_1 + t_2) \\ \dfrac{T_1 T_2}{(T_1 + T_2)^2} \approx \left(1.74\dfrac{t_1}{t_2} - 0.55\right) \end{cases} \quad (2\text{-}62)$$

在采用上式确定 T_1 和 T_2 时,要满足 $0.32 < \dfrac{t_1}{t_2} < 0.46$ 的条件。因为,当 $\dfrac{t_1}{t_2} = 0.32$ 时,模型应采用一阶环节 $\dfrac{K_0}{T_0 s + 1}$,其中 $T_0 = \dfrac{t_1 + t_2}{2.12}$;当 $\dfrac{t_1}{t_2} = 0.46$ 时,模型应采用二阶环节 $\dfrac{K_0}{(T_0 s + 1)^2}$,其中 $T_0 = \dfrac{t_1 + t_2}{4.36}$;当 $\dfrac{t_1}{t_2} > 0.46$ 时,模型应采用二阶以上环节。

推广:对于 n 阶环节的传递函数 $\dfrac{K_0}{(T_0 s + 1)^n}$,其时间常数 T_0 可以按照式(2-63)近似求出

$$T_0 \approx \dfrac{t_1 + t_2}{2.16 n} \quad (2\text{-}63)$$

式中, n 根据 t_1/t_2 比值的大小确定,如表 2-1 所示。

表 2-1 n 与 t_1/t_2 的对应关系

n	1	2	3	4	5	6	7	8	10	12	14
t_1/t_2	0.32	0.46	0.53	0.58	0.62	0.65	0.67	0.685	0.71	0.735	0.75

两点法的特点是只根据两个孤立点的数据来确定时间常数,没有充分利用整个阶跃响应曲线的信息。另外,从阶跃响应曲线上读取两个数据点所对应的时间可能存在误差,因此,采用两点法得到的结果需要进行仿真验证。

(4)根据阶跃响应确定具有纯滞后的二阶环节参数

具有纯滞后的二阶环节的传递函数为

$$G_o(s) = \dfrac{K_0}{(T_1 s + 1)(T_2 s + 1)} e^{-\tau_0 s} \quad (2\text{-}64)$$

式中,需要确定的参数有 4 个:过程的放大系数 K_0、过程的时间常数 T_1 和 T_2、纯滞后时间 τ_0。其中, K_0 的确定方法与前述方法相同,参见式(2-48)。时间常数和纯滞后时间根据阶跃响应曲线,通过图解法获得。

二阶过程的阶跃响应曲线如图 2-20 所示。在曲线上,通过拐点 F 作切线。该切线与时间轴交于 B 点,与输出响应的稳态值 $y(\infty)$ 交于 C 点,且 C 点在时间轴上的投影为 D 点,拐点 F 在时间轴上的投影为 E 点,则由图示可以确定 $T_A = \overline{BD}$、 $T_C = \overline{ED}$、 $\tau_C = \overline{AB}$、 $\tau_A = \overline{OA}$。

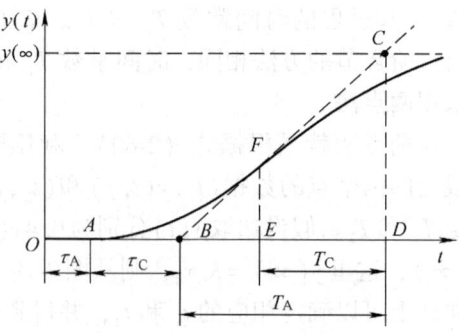

图 2-20 二阶纯滞后环节的阶跃响应曲线

纯滞后时间为 $\tau_0 = \tau_A + \tau_C$。

已证明, $\dfrac{T_1}{T_2}$ 与 $\dfrac{T_A}{T_C}$ 之间存在以下关系

$$\frac{T_A}{T_C} = (1+x)x^{\frac{x}{1+x}} \tag{2-65}$$

其中，$x = T_1/T_2$，$T_C = T_1 + T_2$。

在 $T_C = T_1 + T_2$ 约束下求解式（2-65），就可得到 T_1 和 T_2。

根据式（2-65）求解 T_1 和 T_2 比较复杂。为求解方便，根据式（2-65）绘制曲线如图 2-21 所示。根据在图 2-20 中得到的 T_C/T_A 值，在图 2-21 中在该值处向上作垂线，与曲线 1 交于 A 点和 B 点。这时，A 点所对应的纵坐标即为 T_1/T_A 的数值，B 点所对应的纵坐标即为 T_2/T_A 的数值，由此即可求出 T_1 和 T_2。

图 2-21 中的曲线 2 可以用来检测图 2-20 中的切线是否通过拐点。根据 T_C/T_A 向上作垂线，与曲线 2 交于 C 点，C 点所对应的纵坐标即为 τ_C/T_A。将由图 2-21 获得的 τ_C 与图 2-20 获得的 τ_C 进行比较，如果两者相差较大，则说明图 2-20 中的切线没有真正通过拐点，需要重新确定拐点；重复此过程，直到两者获得的 τ_C 满足要求为止。

（5）根据阶跃响应确定无自衡特性过程的参数

无自衡特性的阶跃响应随时间 $t \to \infty$ 而无限增大，其变化速度逐渐趋于恒定，如图 2-22 所示。

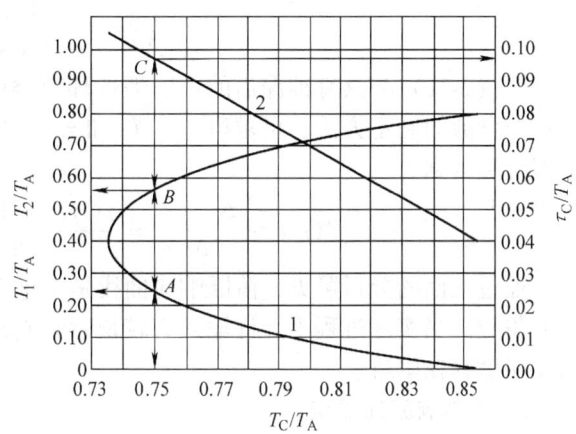

图 2-21 二阶环节中时间常数的图解法

① 确定 T_0 和 τ_0 的图解法

如果无自衡过程的传递函数为 $G_o(s) = \dfrac{1}{T_0 s}$，相应的微分方程为

$$T_0 \frac{dy(t)}{dt} = x(t) \tag{2-66}$$

变形为

$$\frac{dy(t)}{dt} = \frac{1}{T_0} x(t) \tag{2-67}$$

当阶跃输入为 $x(t) = x_0 \cdot 1(t)$ 时，由式（2-67）可知，输出的变化速度是一个常数 x_0/T_0。如果在图 2-22 中阶跃响应的变化速度最大处作切线，该切线与时间轴交于 A 点，且测得的切线斜率为 $\tan\alpha$，则有

$$T_0 = \frac{x_0}{\tan\alpha} \approx \frac{x_0}{y_1/\Delta t} \tag{2-68}$$

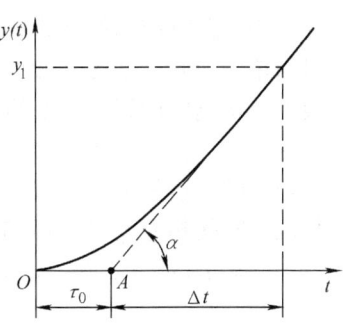

图 2-22 无自衡特性的阶跃响应曲线

根据上式就可以近似得到 T_0。如果过程具有纯滞后，则纯滞后时间 $\tau_0 = \overline{OA}$。

② 计算法确定 T_1、T_2 和 τ_0

如果无自衡过程的传递函数为 $G_o(s) = \dfrac{1}{T_1 s(T_2 s + 1)} e^{-\tau_0 s}$，相应的微分方程为

$$T_1 \dfrac{\mathrm{d}}{\mathrm{d}t}\left[T_2 \dfrac{\mathrm{d}y(t)}{\mathrm{d}t} + y(t) \right] = x(t - \tau_0) \tag{2-69}$$

令 $y'(t) = \dfrac{\mathrm{d}y(t)}{\mathrm{d}t}$，则上式转换为

$$T_1 T_2 \dfrac{\mathrm{d}y'(t)}{\mathrm{d}t} + T_1 y'(t) = x(t - \tau_0) \tag{2-70}$$

如果以 $y'(t)$ 作为输出量，$x(t)$ 作为输入量，则进行拉氏变换后的传递函数为

$$\dfrac{Y'(s)}{X(s)} = \dfrac{1/T_1}{T_2 s + 1} e^{-\tau_0 s} \tag{2-71}$$

式（2-71）与具有纯滞后的一阶惯性环节类似，则参照图 2-18 中具有纯滞后的一阶惯性环节参数的确定方法，可求得 T_1、T_2 和 τ_0。这里，$y'(t)$ 可以通过等分阶跃响应曲线 $y(t)$ 近似计算得到

$$y'(t_i) \approx \dfrac{\Delta y(t_i)}{\Delta t} = \dfrac{y(t_i) - y(t_i - 1)}{\Delta t}, i = 1, 2, \cdots, n \tag{2-72}$$

通过上面的分析可见，阶跃响应曲线是在过程的正常输入基础上，通过叠加一个阶跃变化而得到。当实际过程不允许输入有较长时间或较大幅度的阶跃变化时，上述阶跃响应过程的使用就存在困难。

2. 脉冲响应曲线法

为了能够施加比较大幅度的输入而又不严重影响正常生产，可以用矩形脉冲输入代替阶跃输入。脉冲响应曲线法是在正常输入的基础上，给过程施加一个矩形脉冲输入，通过测取相应的输出变化曲线来估计过程参数。这里，矩阵脉冲的幅度和宽度的确定，要根据生产过程的实际允许情况而定。一般而言，矩形脉冲的宽度要窄一些，幅度要高一些。

由于阶跃响应曲线法中模型结构和参数的确定相对简单，为此，通常将测取的矩形脉冲响应曲线转换为阶跃响应曲线，然后再按照阶跃响应曲线法确定相关参数，如图 2-23 所示。

矩形脉冲信号可以看成是由两个极性相反、幅值相同、时间相差 t_0 的阶跃信号叠加而成，即

$$u(t) = u_1(t) + u_2(t) = u_1(t) - u_1(t - t_0) \tag{2-73}$$

如果被控过程为线性系统，则其输出也可以看成是由两个极性相反、形状相同、时间相差 t_0 的阶跃响应叠加而成，即

$$y(t) = y_1(t) + y_2(t) = y_1(t) - y_1(t - t_0) \tag{2-74}$$

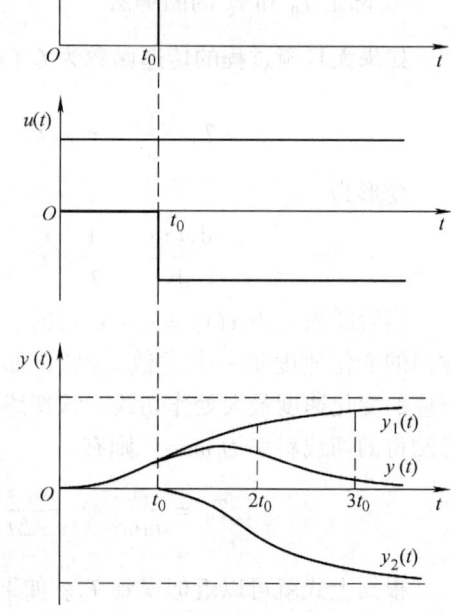

图 2-23 矩形脉冲响应曲线确定阶跃响应

由图 2-23 可见，当 $t=0 \sim t_0$ 时，阶跃响应曲线与脉冲响应曲线重合，即 $y(t)=y_1(t)$；当 $t>t_0$ 时，某时刻 t_i 的阶跃响应值为 $y_1(t_i)=y(t_i)+y_1(t_i-t_0)$，依次类推，就可以由脉冲响应曲线 $y(t)$ 获得阶跃响应曲线 $y_1(t)$。

2.4.3 最小二乘法辨识过程的模型

如果被控过程的数学模型的阶次和纯滞后时间已知，根据输入-输出数据来确定模型参数的过程，称为参数估计。常用的参数估计方法有最小二乘法（Least-square Identification）、广义最小二乘法、辅助变量法等。

1. 被控过程的离散化模型

由 2.2.2 节中给出的被控过程连续模型，可以得到与其相应的离散化模型。

（1）采用差分方程表示的离散时域模型

假设采样周期为 T，对被控过程的输入 $u(t)$ 和输出 $y(t)$ 进行采样，得到一组输入信号离散序列 $\{u(t)\}$ 和输出信号离散序列 $\{y(t)\}$，相应的差分方程为

$$a_n y(k-n) + \cdots + a_1 y(k-1) + y(k) = b_m u(k-m-d) + \cdots + b_1 u(k-1-d) \tag{2-75}$$

其中，$a_1, a_2, \cdots, a_n, b_1, b_2, \cdots, b_m$ 为待辨识参数

式中　　　k——采样次数；

　　　　n 和 m——待辨识模型阶次。

（2）采用脉冲传递函数表示的离散频域模型

$$G(z^{-1}) = \frac{Y(z^{-1})}{U(z^{-1})} = \frac{(b_0 + b_1 z^{-1} + \cdots + b_m z^{-m})}{(1 + a_1 z^{-1} + \cdots + a_n z^{-n})} \tag{2-76}$$

2. 参数的最小二乘估计方法

最小二乘估计法是指：利用输入-输出测试数据来确定式（2-76）中的参数 $a_1, a_2, \cdots, a_n, b_1, b_2, \cdots, b_m$，使基于这些参数得到的模型对输入-输出数据的拟合误差最小。

假设 $A(z^{-1}) = 1 + a_1 z^{-1} + \cdots + a_n z^{-n}$，$B(z^{-1}) = b_0 + b_1 z^{-1} + \cdots + b_m z^{-m}$，$e(k)$ 为测量噪声，则过程模型为

$$A(z^{-1}) y(k) = B(z^{-1}) u(k) + e(k) \tag{2-77}$$

将上式展开后写成最小二乘形式为

$$y(k) = \boldsymbol{h}^T(k) \hat{\boldsymbol{\theta}} + e(k) \tag{2-78}$$

式中　$\boldsymbol{h}(k)$——由 $y(k)$ 和 $u(k)$ 构成的观测数据向量；

　　　$\hat{\boldsymbol{\theta}}$——待估计参数。

具体表示为

$$\boldsymbol{h}(k) = [-y(k-1), \cdots, -y(k-n), u(k-1), \cdots, u(k-m)]^T \tag{2-79}$$

$$\hat{\boldsymbol{\theta}} = [a_1, a_2, \cdots, a_n, b_1, b_2, \cdots, b_m]^T \tag{2-80}$$

假设经实验采集到的输入-输出数据为 L 组。为保证方程组有解，要求 $L > n + m$。最小二乘法就是基于这 L 组测试数据，寻找使目标函数 J 最小的 $\hat{\boldsymbol{\theta}}$，即

$$J(\hat{\boldsymbol{\theta}}) = \sum_{k=1}^{L} [y(k) - \boldsymbol{h}^T(k) \hat{\boldsymbol{\theta}}]^2 \tag{2-81}$$

这里，$h^T(k)\hat{\theta}$ 表示过程的输出预报值。因此，$J(\hat{\theta})$ 反映模型输出与实际过程输出之间的接近程度。它越小，由估计参数 $\hat{\theta}$ 构成的模型对过程输出的预报能力越好。

最小二乘法一般有两种求解方法：一次完成算法和递推算法。前者适合理论研究，后者适合计算机在线辨识。

(1) 一次完成算法

由 L 组测试数据构成的向量方程为

$$Y_L = H_L \hat{\theta} + e_L \quad (2\text{-}82)$$

其中

$$Y_L = [y(1), y(2), \cdots, y(L)]^T \quad (2\text{-}83)$$

$$e_L = [e(1), e(2), \cdots, e(L)]^T \quad (2\text{-}84)$$

$$H_L = \begin{bmatrix} h^T(1) \\ h^T(2) \\ \vdots \\ h^T(L) \end{bmatrix} = \begin{bmatrix} -y(0) & \cdots & -y(1-n) & u(0) & \cdots & u(1-m) \\ -y(1) & \cdots & -y(2-n) & u(1) & \cdots & u(2-m) \\ \vdots & & \vdots & \vdots & & \vdots \\ -y(L-1) & \cdots & -y(L-n) & u(L-1) & \cdots & u(L-m) \end{bmatrix}$$

$$(2\text{-}85)$$

由此，将目标函数 J 写成二次型形式为

$$J(\hat{\theta}) = (Y_L - H_L \hat{\theta})^T (Y_L - H_L \hat{\theta}) \quad (2\text{-}86)$$

设估计参数 $\hat{\theta}$ 使得 $J(\hat{\theta})|_{\hat{\theta}} = \min$，则有

$$\left.\frac{\partial J(\hat{\theta})}{\partial(\hat{\theta})}\right|_{\hat{\theta}} = \left.\frac{\partial}{\partial \hat{\theta}}(Y_L - H_L \hat{\theta})^T(Y_L - H_L \hat{\theta})\right|_{\hat{\theta}} = -2H_L^T Y_L + 2(H_L^T H_L)\hat{\theta} = \theta^T \quad (2\text{-}87)$$

可以得到正则方程为

$$H_L^T Y_L = (H_L^T H_L) \hat{\theta} \quad (2\text{-}88)$$

若 $(H_L^T H_L)$ 为非奇异矩阵，可得

$$\hat{\theta} = (H_L^T H_L)^{-1} H_L^T Y_L \quad (2\text{-}89)$$

按照式 (2-89) 计算估计参数 $\hat{\theta}$ 是在测取一批输入-输出测试数据后一次计算完成的，所以称为一次完成算法。其计算实现流程如图 2-24 所示。该方法虽然简单，却只适用于离线辨识。如果获得新的测试数据，需要将其附加在已有测试数据后，再重新根据所有测试数据计算 $\hat{\theta}$。因此，随着测试次数增加，计算量也随着增大。

(2) 递推算法

在递推算法中，每次计算只需采用 $k+1$ 时刻的输入-输出数据来修正 k 时刻的参数估计值，既实现了参数估计值的不断更新，又避免了对已有数据的重复计算，适用于在线辨识。

假设基于 L 组输入-输出数据，采用一次完成算法得到的估计参数为 $\hat{\theta}(L)$。当新增加一对观测数据 $[u(L+1), y(L+1)]$ 时

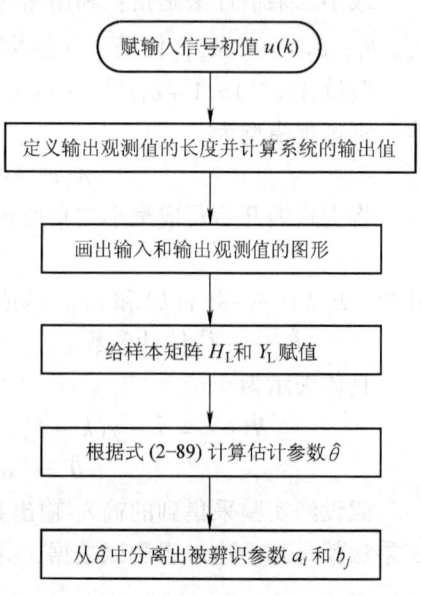

图 2-24 一次完成算法实现参数估计

$$\hat{\boldsymbol{\theta}}(L+1) = (\boldsymbol{H}_{L+1}^T \boldsymbol{H}_{L+1})^{-1} \boldsymbol{H}_{L+1}^T \boldsymbol{Y}_{L+1} \tag{2-90}$$

令 $\boldsymbol{P}(k) = (\boldsymbol{H}_k^T \boldsymbol{H}_k)^{-1}$，则有

$$\boldsymbol{P}^{-1}(k) = \boldsymbol{H}_k^T \boldsymbol{H}_k = \sum_{i=1}^{k} h(i) h^T(i) \tag{2-91}$$

其中 $\boldsymbol{H}_k = [h^T(1), h^T(2), \cdots, h^T(k)]^T$。由上式可得

$$\begin{aligned}\boldsymbol{P}^{-1}(k+1) &= \boldsymbol{H}_{k+1}^T \boldsymbol{H}_{k+1} = \sum_{i=1}^{k+1} h(i) h^T(i) \\ &= \sum_{i=1}^{k} h(i) h^T(i) + h(k+1) h^T(k+1) = \boldsymbol{P}^{-1}(k) + h(k+1) h^T(k+1)\end{aligned} \tag{2-92}$$

由于 $\hat{\boldsymbol{\theta}}(k) = (\boldsymbol{H}_k^T \boldsymbol{H}_k)^{-1} \boldsymbol{H}_k^T \boldsymbol{Y}_k = \boldsymbol{P}(k) \left[\sum_{i=1}^{k} h(i) y(i) \right]$，则有

$$\boldsymbol{P}^{-1}(k) \hat{\boldsymbol{\theta}}(k) = \sum_{i=1}^{k} h(i) y(i) \tag{2-93}$$

由式 (2-92) 和式 (2-93) 可得

$$\begin{aligned}\hat{\boldsymbol{\theta}}(k+1) &= (\boldsymbol{H}_{k+1}^T \boldsymbol{H}_{k+1})^{-1} \boldsymbol{H}_{k+1}^T \boldsymbol{Y}_{k+1} = \boldsymbol{P}(k+1) \left[\sum_{i=1}^{k+1} h(i) y(i) \right] \\ &= \boldsymbol{P}(k+1) [\boldsymbol{P}^{-1}(k) \hat{\boldsymbol{\theta}}(k) + h(k+1) y(k+1)] \\ &= \boldsymbol{P}(k+1) \{ [\boldsymbol{P}^{-1}(k+1) - h(k+1) h^T(k+1)] \hat{\boldsymbol{\theta}}(k) + h(k+1) y(k+1) \} \\ &= \hat{\boldsymbol{\theta}}(k) + \boldsymbol{P}(k+1) h(k+1) [y(k+1) - h^T(k+1) \hat{\boldsymbol{\theta}}(k)]\end{aligned} \tag{2-94}$$

若令 $\boldsymbol{K}(k+1) = \boldsymbol{P}(k+1) h(k+1)$，式 (2-94) 转化为

$$\hat{\boldsymbol{\theta}}(k+1) = \hat{\boldsymbol{\theta}}(k) + \boldsymbol{K}(k+1) [y(k+1) - h^T(k+1) \hat{\boldsymbol{\theta}}(k)] \tag{2-95}$$

式 (2-92) 变为

$$\begin{aligned}\boldsymbol{P}(k+1) &= [\boldsymbol{P}^{-1}(k) + h(k+1) h^T(k+1)]^{-1} \\ &= \boldsymbol{P}(k) - \boldsymbol{P}(k) h(k+1) h^T(k+1) \boldsymbol{P}(k) [h^T(k+1) \boldsymbol{P}(k) h(k+1) + 1]^{-1} \\ &= \left[\boldsymbol{I} - \frac{\boldsymbol{P}(k) h(k+1) h^T(k+1)}{h^T(k+1) \boldsymbol{P}(k) h(k+1) + 1} \right] \boldsymbol{P}(k)\end{aligned} \tag{2-96}$$

将上式整理后，可得最小二乘参数估计递推算法为

$$\begin{cases} \hat{\boldsymbol{\theta}}(k+1) = \hat{\boldsymbol{\theta}}(k) + \boldsymbol{K}(k+1) [y(k+1) - h^T(k+1) \hat{\boldsymbol{\theta}}(k)] \\ \boldsymbol{K}(k+1) = \boldsymbol{P}(k) h(k+1) [h^T(k+1) \boldsymbol{P}(k) h(k+1) + 1] \\ \boldsymbol{P}(k+1) = [\boldsymbol{I} - \boldsymbol{K}(k+1) h^T(k+1)] \boldsymbol{P}(k) \end{cases} \tag{2-97}$$

可见，$k+1$ 时刻的估计参数 $\hat{\boldsymbol{\theta}}(k+1)$ 是对前一时刻参数估计值的修正。修正项表示当增加了一组输入-输出数据后对输出的估计误差。这里，$\boldsymbol{K}(k+1)$ 是对这个估计误差的加权。

递推算法在计算时，首先根据 k 时刻及以前的观测数据获得 $\boldsymbol{P}(k)$ 和 $\hat{\boldsymbol{\theta}}(k)$；然后根据下一时刻的观测数据构造 $h(k+1)$，并依次计算出 $\boldsymbol{K}(k+1)$ 和 $\hat{\boldsymbol{\theta}}(k+1)$；最后就可以根据得到的相关量计算出下一时刻计算所需的 $\boldsymbol{P}(k+1)$。上述过程逐次递推和迭代计算，直到满意为止。其计算实现流程如图 2-25 所示。

在递推算法中，首先要选择初始参数 $\boldsymbol{P}(0)$ 和 $\hat{\boldsymbol{\theta}}(0)$。一般采用两种方法获得：根据一批测试数据采用一次完成算法获得；直接计算获得。获得的参数如下

$$\begin{cases} P(0) = \alpha^2 I & \alpha \text{ 为充分大的实数} \\ \hat{\theta}(0) = \varepsilon & \varepsilon \text{ 为充分小的实向量} \end{cases} \quad (2-98)$$

3. 模型阶次和纯滞后时间的确定

模型阶次 n 的确定方法有很多，最简单实用的方法是采用数据拟合度检验法，或称损失函数检验法。其本质是通过比较不同阶次的模型输出与实际过程的输出拟合程度来决定模型的阶次。

一般，通过误差平方和函数来评价相邻阶次的模型与观测数据之间的拟合程度，定义为

$$J_n = (Y - H\hat{\theta}_n)^T(Y - H\hat{\theta}_n)$$
$$J_{n+1} = (Y - H\hat{\theta}_{n+1})^T(Y - H\hat{\theta}_{n+1}) \quad (2-99)$$

数据拟合度检验法的具体过程为：在设定的不同阶次下计算参数估计值 $\hat{\theta}_n$；然后根据式（2-99）评定各阶次模型的拟合优劣。如果 J_{n+1} 明显小于 J_n，则阶次升高，直到阶次增加对 J 没有明显影响为止，得到的模型阶次就是 n。

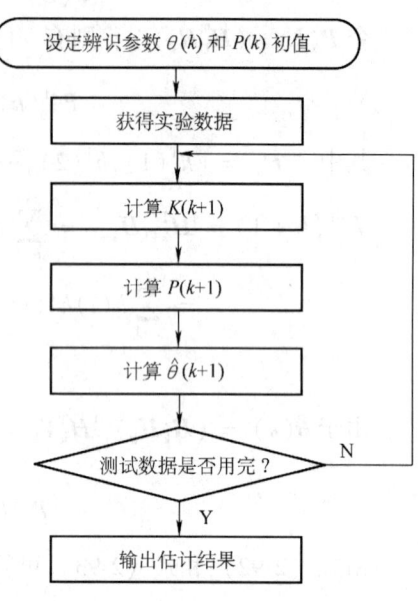

图 2-25 递推算法实现参数估计

纯滞后时间可以采用阶跃响应曲线法获得，也可以利用数据拟合度检验法，通过比较不同的 τ 值所获得的损失函数来确定。

2.5 本章小结

本章主要阐述被控过程建模的基本理论，包括数学模型的分类及其构建方法。对工业生产中被控过程所具有的特性给予详细分析。基于对被控过程机理的掌握程度，给出数学模型建立的三种基本方法。结合应用实例，详细阐述单容和多容过程的机理建模步骤。对响应曲线法和最小二乘法两类典型实验辨识法的基本原理和实现方法给予系统阐述。

本章要求重点掌握单容和多容过程的机理建模方法，以及阶跃响应曲线法的建模过程；熟悉被控过程的自衡和无自衡特性；了解最小二乘法的建模原理。

2.6 习题

2-1 什么是被控过程的特性？什么是被控过程的数学模型？目前研究过程数学模型的主要方法有哪些？

2-2 如何判断一个过程是自衡过程还是无自衡过程？

2-3 图 2-26 所示液位过程的输入量为 q_1，流出量为 q_2、q_3，液位 h 为被控变量，C 为容量系数，并设 R_1、R_2、R_3 均为线性液阻。要求：

1）列写该过程的微分方程组。

2）画出该过程框图。

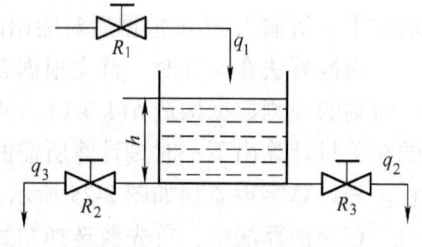

图 2-26 液位过程

3）求该过程的传递函数 $G_o(s) = \dfrac{H(s)}{Q_1(s)}$。

2-4 采用响应曲线法辨识过程数学模型时，一般应注意哪些问题？

2-5 阶跃响应曲线法可以直观、形象地反映过程特性，为何要采用矩形脉冲响应曲线？如何根据脉冲响应曲线获得阶跃响应曲线？

2-6 请阐述最小二乘法实现数学模型参数估计的基本原理。

2-7 最小二乘法的一次完成算法和递推算法有什么区别？

2-8 两只串联工作的水箱如图 2-27 所示，其输入量为 q_1，流出量为 q_2、q_3，两个水箱的液位分别为 h_1、h_2，C_1、C_2 分别为两个水箱的容量系数。假设 R_1、R_2、R_{12}、R_3 均为线性液阻。如果以 h_2 作为被控变量。要求：

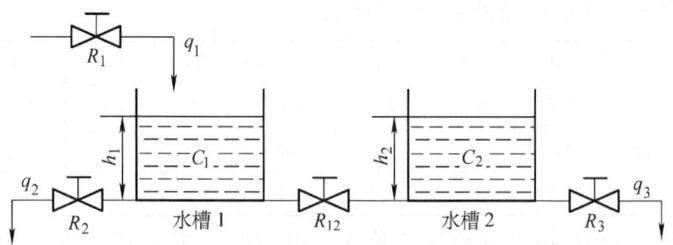

图 2-27 液位过程

1）列写该过程的微分方程组。
2）画出该过程框图。
3）求该过程的传递函数 $G_o(s) = \dfrac{H_2(s)}{Q_1(s)}$。

2-9 某水槽水位阶跃响应的试验记录为：

t/s	0	10	20	40	60	80	100	150	200	300	…	∞
h/mm	0	9.5	18	33	45	55	63	78	86	95	…	98

其中，阶跃扰动量 Δu 为稳态值的 10%。要求：

1）画出水位的阶跃响应标幺值曲线。
2）若该水位对象用一阶惯性环节近似，试确定其静态增益 K 和时间常数 T。

2-10 已知某温度对象的阶跃响应实验结果如下：

t/s	0	10	20	30	40	50	60	70	80	90	…	∞
$T/\text{°C}$	0	0.16	0.65	1.15	1.52	1.75	1.88	1.94	1.97	1.99	…	2.00

其中，阶跃扰动量 Δu 为阶跃响应稳态值的 10%。要求：

1）画出温度的阶跃响应标幺值曲线。
2）试用二阶环节或更高阶环节来构建该温度对象的数学模型。

2-11 已知某换热器的被控变量为物料出口温度 T，控制变量为蒸汽流量 q。当蒸汽流量发生阶跃变化时，其物料出口温度的阶跃响应曲线如图 2-28 所示。

请用计算法求取该被控过程的数学模型。

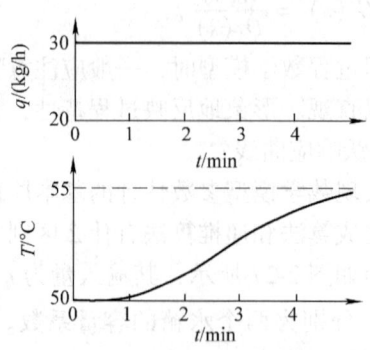

图 2-28 物料出口温度的阶跃响应曲线

2-12 某水槽水位的矩形脉冲响应实验结果为：

t/s	0	10	20	40	60	80	100	120	140	160	180
h/mm	0	0	0.2	0.6	1.2	1.6	1.8	2.0	1.9	1.7	1.6
t/s	200	220	240	260	280	300	320	340	360	380	400
h/mm	1	0.8	0.7	0.7	0.6	0.6	0.4	0.2	0.2	0.15	0.15

其中，矩形脉冲幅值 $\Delta\mu$ 为阶跃响应稳态值的 10%，脉冲宽度 $\Delta t=20\mathrm{s}$。要求

1) 试将脉冲响应曲线转换为阶跃响应曲线。

2) 若将该水位对象用具有纯滞后的一阶惯性环节近似，试分别用作图法和计算法确定其静态增益 K、时间常数 T 和纯滞后时间 τ，并分析比较其结果。

2-13 对于某给定质量的气体，其体积 V 和压力 p 之间的关系为 $pV^{\alpha}=\beta$，其中，α 和 β 为待估计参数。通过实验获得一组测试数据为

V/cm^3	54.3	61.8	72.4	88.7	118.6	194.0
p/（Pa/cm^2）	61.2	49.5	37.6	28.4	19.2	10.1

试用最小二乘法的一次完成算法确定参数 α 和 β。

第 3 章　过程参数检测与变送仪表

在工业生产中，为了正确地指导生产，确保生产过程安全、稳定，使生产过程的工况最优化，必须及时、准确地掌握描述生产过程特性的各种参数。因此，对生产过程的关键参数进行实时、可靠的自动检测，是实现对生产过程有效自动控制的首要条件。检测仪表正是用于完成对过程参数的有效检测。

3.1　概述

检测仪表是过程控制系统的重要组成部分，它实现对温度、压力、流量、物位、成分等过程参数的实时、可靠检测。检测仪表的检测精度直接影响系统的控制精度，而检测仪表的基本特性和各项性能指标又是衡量检测精度的基本要素。因此，掌握检测仪表的基本特性和构成原理，分析检测仪表的性能指标是正确使用检测仪表、更好完成检测任务的重要前提。

过程参数检测仪表通常由敏感元件和变送单元构成，如图 3-1 所示。敏感元件直接感受被测参数变化，并将其转换为相应的物理量提供给变送单元，经变送单元转化为标准信号输出。

敏感元件，也称为传感器，是检测过程的首要部分。它利用物理或化学敏感的部件或材料，直接与被测过程发生联系，感受被测参数的变化，并按照一定的规律将其转换为可用输出信号（一般是电信号，即电压、电流、电阻、电感、电容等）。

图 3-1　过程参数检测仪表结构

传感器通常具有以下基本特性：独立，即被测物理量不会受到传感器的影响；敏感，即被测参数的微小变化就可以引起传感器输出信号的明显变化；稳定，即传感器的输出信号与被测参数之间是稳定的单值比例关系。

变送单元，也称为变送器，其将传感器的输出信号放大并转换成便于应用和传送的统一标准信号。这里所说的统一标准信号主要包括标准电动信号（如 DDZ-Ⅱ型电动组合仪表采用的 DC 0～10mA 和 DC 0～20V 标准；DDZ-Ⅲ型电动组合仪表采用的 DC 4～20mA 和 DC 1～5V 标准）和标准气动信号（如 QDZ 型气动组合仪表采用的 0.02～0.1MPa 标准）等。该标准输出信号可以被送往显示记录仪表进行显示记录，也可以被送往控制器实现对被控参数的控制。一方面，由于传感器的输出信号与被测参数之间往往是非线性关系，所以变送器要实现对敏感元件这种转换特性的矫正；另一方面，传感器在测量过程中往往不可避免的会受到环境因素的影响，从而不能正常工作，如：热电偶的"冷端"会随环境温度的变化而变化，从而使热电偶工作的相对温度发生变化，从而影响热电偶的测温准确性。因此，针对这种情况，变送器要实现对环境因素影响的补偿。

3.2 检测仪表的工作特性

检测仪表的工作特性是指能满足被测参数测量和系统运行需要而应具有的仪表输入/输出特性,主要通过量程与零点的调整与迁移来实现。

1. 量程

量程是指与检测仪表的规定输出范围相对应的被测参数(仪表输入)范围,也即被测参数的上限值 x_{max} 与下限值 x_{min} 之差,记为

$$B_x = x_{max} - x_{min} \tag{3-1}$$

2. 零点

零点是指被测参数的下限值 x_{min},即与仪表输出下限值 y_{min} 相对应的被测参数最大值,记作 x_q。

3. 仪表工作特性

检测仪表的输入是被测参数,输出是变送器的标准化输出信号。仪表工作特性反映了该输出与输入之间的关系,即

$$k_m = \frac{y_{max} - y_{min}}{x_{max} - x_{min}} = \frac{B_y}{B_x} \tag{3-2}$$

其中,y_{max} 和 y_{min} 分别为检测仪表输出的统一标准信号的上限值和下限值。如图 3-1 所示,检测仪表的理想工作特性是一条单值线性直线。由于其输出信号为统一标准信号,所以纵轴所对应的信号变化范围一般而言是固定的。例如:对于 DDZ-Ⅲ型检测仪表的输出信号范围为 DC 4~20mA 或 DC 1~5V,则 $B_y = 20 - 4 = 16$mA 或 $B_y = 5 - 1 = 4$V。

根据仪表工作特性,可以由变送器输出的任一信号大小,确定该信号所对应的被测参数值,其对应关系为

$$x = \frac{1}{k_m}(y - y_{min}) + x_{min} \tag{3-3}$$

例 3-1:一个 DDZ-Ⅲ型温度检测仪表,其测温范围为 50~150℃。用其检测一个物体温度,测得与其配接的变送器输出信号为 12mA,请问该物体温度是多少?

解:已知 DDZ-Ⅲ型检测仪表的 $B_y = 16$mA,检测仪表量程为 $B_x = 150 - 50 = 100$℃,则仪表工作特性为

$$k_m = \frac{B_y}{B_x} = \frac{16}{100} = 0.16 \text{mA/℃}$$

根据式(3-3)计算被测温度为

$$x = \frac{1}{k_m}(y - y_{min}) + x_{min} = \frac{1}{0.16}(12 - 4) + 50 = 100℃$$

此时,被测物体温度为 100℃。

4. 量程调整与零点迁移

当被测参数的测量范围发生改变时,可以通过量程调整或零点迁移的方法来改变检测仪表的工作特性,以满足测量要求。

量程调整是指在零点不变的情况下,将检测仪表的输出信号上限值与被测参数的上限值

相对应，如图 3-2 所示。当测量范围缩小时，与输出信号 y_{max} 相对应的被测参数上限值由 x_{max} 变化为 x'_{max}，则量程由 B_x 缩小为 B'_x。

零点迁移是指将与 y_{min} 所对应的测量参数下限值由 0 迁移到某一数值（正值或负值），如图 3-3 所示。其中，若将被测参数的下限值由 0 迁移到某一正值时，称为正迁移，如图 3-3 中工作特性 2 所示，有 $x'_q > 0$；反之，若将被测参数的下限值由 0 迁移到某一负值时，称为负迁移，如图 3-3 中工作特性 3 所示，有 $x''_q < 0$。

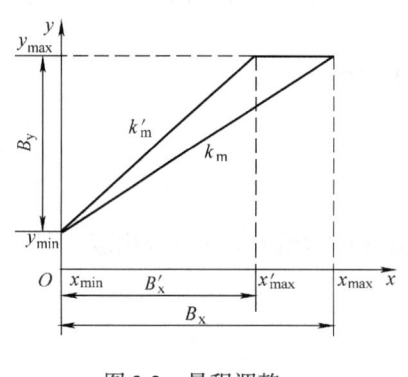

图 3-2 量程调整

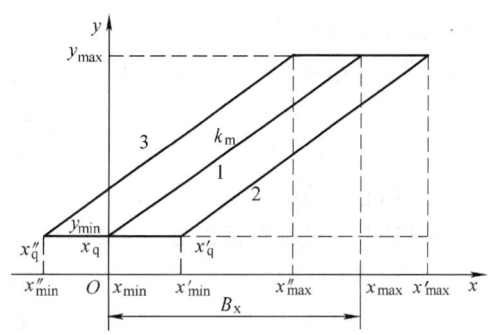

图 3-3 零点迁移

由图 3-2、图 3-3 可见，量程调整和零点迁移都可以达到改变检测仪表测量范围的目的。但量程调整只改变被测参数的量程和检测仪表的工作特性斜率，不改变零点；而零点迁移则不改变量程和仪表工作特性斜率。在实际应用中，量程调整和零点迁移通常配合使用，以满足测量需求。

3.3 测量误差

在测量过程中，由于所选仪表精度和检测技术水平限制、实验手段不完善、环境中各种干扰的存在，会导致仪表测量值与真实值之间存在一定的差值，即误差。任何测量过程都存在误差。通过研究测量误差，一方面有利于制造测量更精确的仪表；另一方面可以指导仪表的合理选择和使用。

3.3.1 测量误差的基本概念

测量误差按照表达方式不同，可以划分为绝对误差和相对误差。

1. 绝对误差

绝对误差是指测量值与被测参数真值之间的差值，即

$$\Delta x = x - A \tag{3-4}$$

式中 Δx——绝对误差；
  x——测量值；
  A——被测参数的真值。

对于一个仪表而言，在其量程范围内，各点读数的绝对误差是指各点的仪表实际读数与真值之差。由于任何检测仪表是不可能绝对精确的，所以被测参数的真值是无法通过测量得

到的。于是,真值一般采用约定真值来代替。例如,法定计量机构的设备检测值作为工业应用级检测仪表的约定真值。

基于各读数的绝对误差,可以得到该仪表的最大绝对误差 $\Delta x_{\max}$ 为

$$\Delta x_{\max} = \max(x - A) \tag{3-5}$$

2. 相对误差

绝对误差不能确切地反映测量值偏离真值程度的大小,为此引入相对误差。相对误差是绝对误差与真值的百分比。根据所引用的约定真值不同,相对误差有以下三种表示方法:

(1) 实际相对误差

实际相对误差是绝对误差 Δx 与被测参数的真值 A 的百分比值,即

$$\delta_A = \frac{\Delta x}{A} \times 100\% \tag{3-6}$$

(2) 示值相对误差

示值相对误差是绝对误差 Δx 与被测参数的测量值(即示值) x 的百分比值,即

$$\delta_x = \frac{\Delta x}{x} \times 100\% \tag{3-7}$$

(3) 引用相对误差

引用值相对误差是绝对误差 Δx 与量程范围的百分比值,即

$$\delta_B = \frac{\Delta x}{B_x} \times 100\% \tag{3-8}$$

若仪表测量下限为零,则引用相对误差为绝对误差与仪表测量上限的百分比值。

测量误差按照其性质不同,可以划分为系统误差、随机误差和粗大误差。

1. 系统误差

系统误差是指检测仪表本身或其他原因引起的有规律的误差。它反映了测量值偏离真值的程度。其来源主要有:仪表的示值不准(如刻度分度差错),零值误差(如零点漂移),仪表的结构误差(如电子元器件老化)等,由仪表引入的系统误差;由实验者造成的服从一定规律的误差;由于实验条件不能满足理论公式或测量方法产生的误差。

系统误差可以通过实验的方法或引入修正值的方法予以修正;或重新调整检测仪表来消除系统误差;或通过求多次测量的平均值来消除。

2. 随机误差

在相同条件下对同一被测参数进行多次重复测量,各测量值之间存在差异,这种误差的绝对值及符号是不确定的,称为随机误差。它服从一定的统计规律,因此可以通过增加测量次数,利用概率论和统计学方法,对测量结果进行统计处理,从而减小其对测量结果的影响。

3. 粗大误差

粗大误差是由于仪表产生故障、操作者疏忽或较大外界干扰所引起的显著偏离实际值的误差。该误差对测量结果的影响较大,因此一般作为异常值被剔除。

3.3.2 检测仪表的性能指标

通常采用允许误差、仪表精度、灵敏度等来评定一个检测仪表性能的优劣。

1. 允许误差

在国家规定的标准使用条件下，仪表应满足的相对误差，称为允许误差。它一般采用在标准使用条件下的最大相对误差来表示，即

$$\delta_{允} = \frac{\Delta x_{\max}}{B_x} \times 100\% \tag{3-9}$$

式中 $\Delta x_{\max}$ ——仪表允许的最大绝对误差。

2. 仪表精度

仪表的精度描述测量结果的可靠程度，它是将国家统一规定的允许误差划分成若干个等级；根据仪表的允许误差，确定仪表的精度等级。如果一个检测仪表的允许误差为 0.2%，则该仪表的精度等级为 0.2。根据国家标准，我国常用的精度等级为 0.005，0.02，0.05，0.1，0.2，0.4，0.5，1.0，1.5，2.5，4.0 等，数字越小，表明仪表的精度越高。0.05 级以上的仪表，通常作为标准表，工业生产中一般采用 1.0 ~ 4.0 精度等级的仪表。一个仪表的精度等级通常以 ⓪.₅ 和 △₀.₅ 的形式标明在仪表的面板上。

3. 灵敏度

灵敏度反映检测仪表对被测参数变化的灵敏程度，表示为检测仪表的输出变化 $\Delta\alpha$ 与相应的被测参数变化量 Δx 的比值，即

$$\eta = \frac{\Delta\alpha}{\Delta x} \tag{3-10}$$

增加放大系统的放大倍数可以提高检测仪表的灵敏度。但是，单纯提高仪表的灵敏度并不能提高仪表的精度，反而可能会出现精度下降的虚假现象。为了防止这种虚假灵敏度，常规定仪表读数标尺的分格值不能小于仪表允许误差的绝对值。

4. 动态误差

仪表的精度、灵敏度、允许误差都是仪表的静态误差，即被测参数不随时间变化而产生的误差。当被测参数随时间迅速变化时，由于检测元件中的各种运动惯性和能量转换，使检测仪表的测量值不能及时跟随被测参数的变化而产生的误差，称为动态误差。

由于检测仪表工作在闭环控制系统中，所以其动态特性会直接影响到整个系统的控制品质。若检测仪表的惯性比被控对象的惯性还要大，它就不能及时记录被控变量的变化，从而可能对生产过程造成严重的损失。

5. 可靠性

可靠性是反映检测仪表在规定条件下，在规定时间内是否耐用的一种综合质量指标。常用的可靠性指标有以下几种。

1）平均无故障工作时间：指两次故障之间时间差的平均值。

2）平均修复时间：指排除故障所花费时间的平均值。

3）有效度：指平均无故障时间与平均无故障时间及平均修复时间之和的比值。

例 3-2：某 DDZ-Ⅲ型测温仪表的测温范围为 200 ~ 1200℃，出厂前校验时各点的测量结果如下：

被校表读数/℃	200	300	400	500	600	700	800	900	1000	1100	1200
标准表读数/℃	201	298	403	501	599	601	798	902	1001	1098	1202

请问：

1）试求该仪表的最大绝对误差。

2）确定该仪表的精度等级、量程和仪表的工作特性。

3）现有该仪表和 0.5 级 200~800℃ 两个测温仪表，要测量 600℃ 的温度，试问采用哪一个测温仪表较好？

解：1）根据上述测量结果，得到绝对误差为

被校表读数	200	300	400	500	600	700	800	900	1000	1100	1200
标准表读数	201	298	403	501	599	701	798	902	1001	1098	1202
绝对误差	−1	+2	−3	−1	1	−1	2	−2	−1	2	−2

由此，得到该仪表的最大绝对误差为 $\Delta x_{\max} = -3℃$。

2）仪表的相对误差为

$$\delta = \frac{\Delta x_{\max}}{B_x} \times 100\% = \frac{-3}{1200-200} \times 100\% = 0.3\%$$

由此，得到仪表精度为 0.3。由于国家规定的精度等级中没有 0.3 级仪表，同时该仪表的相对误差大于 0.2 级的允许误差，所以该仪表的精度等级选取为 0.4 级。

该仪表的量程为 $B_x = 1200 - 200 = 1000℃$。

由于该仪表为 DDZ-Ⅲ型仪表，所以仪表输出的统一标准信号为 DC 4~20mA。由此，得到该仪表的工作特性为

$$k_m = \frac{y_{\max} - y_{\min}}{B_x} = \frac{20-4}{1000} = 0.016 \text{mA}/℃$$

3）采用该仪表测量时，可能出现的最大示值相对误差为

$$\delta_x = \frac{\Delta x}{x} \times 100\% = \frac{1000 \times 0.4\%}{600} \times 100\% = 0.667\%$$

采用 0.5 级 200~800℃ 测温仪表测量时，可能出现的最大示值相对误差为

$$\delta_x = \frac{\Delta x}{x} \times 100\% = \frac{600 \times 0.5\%}{600} \times 100\% = 0.5\%$$

可见，用量程范围选取适当的 0.5 级仪表进行测量，能得到比用量程范围大的 0.4 级仪表更准确的结果。因此，在选用仪表时，应根据被测参数的大小，在满足被测参数测量范围的前提下，尽可能选择量程小的仪表，并使测量值大于所选仪表满刻度的三分之二。

3.4 温度检测与变送

温度是工业生产过程和生活中最常见、最基本的参数之一。许多物理变化和化学反应都与温度有关，大多数生产过程都要求在一定温度范围内进行。因此，温度的检测和控制是保证生产过程正常进行的重要任务之一。

温度是表征物体冷热程度的物理量。通常采用摄氏、华氏和开尔文（绝对）三种温标进行度量。其中，摄氏 0℃ 对应华氏 32℉、绝对温标为 273.15K。

3.4.1 温度检测方法

温度检测方法很多，按照测温元件是否与被测介质接触，可分为接触式测温和非接触式测温两大类。

接触式测温是指测温元件直接与被测介质接触，通过热交换达到热平衡，此时通过测温元件的某一物理量与被测介质温度相对应。这种测温方法要求测温元件对被测物理量的灵敏度高、线性关系好、重复性好、范围宽，而且不与待测介质发生反应，元件本身因受热而发生变化微小。其优点在于简单、可靠、测温精度高；缺点是测温元件会影响被测温度场的分布，热交换过程使测温存在延迟。因此，接触式测温不适用于温度太高的场合，以及运动物体和腐蚀性介质的温度测量。

非接触式测温是指测温元件不直接与被测介质接触，通过热辐射实现热交换。因此，该方法具有较高的测温上限，且热惯性小，适用于运动物体和快速变化的温度检测。但它受信号传输距离、发射功率、烟尘和水汽环境等外界因素的影响较大，存在较大测量误差。

基于上述两种温度检测方法，可以将温度检测仪表划分为以下形式，如表3-1所示。

表3-1 常用温度检测仪表分类及其特点

类型	形式	原理	测温范围/℃	准确度/℃	特点	常用种类
接触式	膨胀式	膨胀	-200~650	0.1~5	结构简单，响应速度慢，适于就地测量	汞温度计 双金属式温度计
	压力式	压力	-20~600	0.5~5	具有防爆能力，响应速度慢，测量精度低，适于远距离传送	液体压力温度计 蒸汽压力温度计
	热电阻	热阻效应	-200~850	0.01~5	响应速度较快，测量精度高，适于低、中温度测量，输出信号能远距离传送	铂电阻温度计 铜电阻温度计 热敏电阻温度计
	热电偶	热电效应	-200~1800	2~10	响应速度快，测量精度高，线性度差，适于中、高温度测量，输出信号能远距离传送	N型、K型、E型、J型、T型、B型等
非接触式	辐射式	热辐射	100~3000	1~20	响应速度快，线性度差，适于中、高温度测量，测量精度易受环境影响	辐射温度计 光电高温计 红外测温计

1. 膨胀式温度计

膨胀式温度计是基于物体受热时体积产生膨胀的原理构成，包括液体膨胀式和固体膨胀式两类。体温计、U型管等属于液体膨胀式温度计，双金属式温度计属于固体膨胀式温度计。

如图3-4所示，双金属式温度计是用两种膨胀系数不同的金属片叠焊在一起，制成螺旋形，一端固定的双金属片受热后，由于两金属片的膨胀长度不同而在另一端产生弯曲，从而将热能转化为机械能，并带

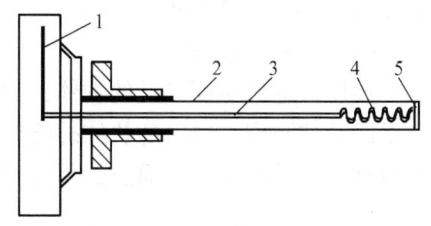

图3-4 双金属式温度计
1—指针 2—保护管 3—指针轴
4—双金属感温元件 5—固定端

动连接着螺旋形双金属片的指针旋转，最终在刻度盘上指示出相应的温度数值。温度越高，产生的膨胀长度差越大，因而引起的弯曲角度越大。

2. 压力式温度计

压力式温度计是根据处于封闭系统中的液体或气体受热后，体积或压力会产生变化这一原理制成的。其特点是简单可靠，抗震性好且具有良好的防爆性；但动态性能差，测量滞后较大，不宜测量迅速变化的温度。

压力式温度计由温包、毛细管和弹簧管组成，在组成的封闭系统内充以液体或气体。温包直接与被测介质接触以感受温度的变化，封闭系统中的压力随被测介质温度变化而变化。由于弹簧管内腔与毛细管相通，随着压力的变化，其自由端产生角位移，通过拉杆、齿轮机构带动指针偏转，从而在刻度盘上指示出被测温度。

3. 辐射式温度检测仪表

该类温度检测仪表利用热辐射原理，无需直接接触就可以实现物体之间的热能传递。其优点在于测温上限原则上不受限制，测温速度快且不会对被测温度场产生大的影响，可用于测量运动物体、腐蚀性介质等的温度。其缺点在于容易受外界因素（如烟尘、水汽、距离等）的影响而导致较大测量误差，且结构复杂、价格昂贵。

辐射式温度检测仪表主要由光学系统、检测元件、转换电路和信号处理电路等组成。根据物体的热辐射特性，物体的辐射能通过光学系统中的透镜聚焦到检测元件，再通过热敏元件或光敏元件将其转换成电信号，经过信号处理电路的放大、修正后，输出与被测温度相对应的响应信号，从而实现对不同温度范围的测量。工业上常用的有高温辐射温度计、低温辐射温度计、光电温度计和红外测温仪等。

（1）高温辐射温度计

高温辐射温度计由光学玻璃透镜实现能量聚集，通过硅光电池完成信号转换。光学透镜的光通带波长为 $0.7 \sim 1.1 \mu m$，测温范围为 $700 \sim 2000$℃，硅光电池接受辐射能所产生的电压信号为 $0 \sim 20 mV$。其基本误差在1500℃以下时为 ±0.7%，在1500℃以上时为1%，到达99%稳态值的响应时间小于1ms。因此，该类温度计适用于高温测量。

（2）低温辐射温度计

该类温度计由锗滤光片或锗透镜和半导体热敏电阻构成。它接受波长为 $2 \sim 15 \mu m$ 的辐射能，测温范围为 $0 \sim 200$℃。其基本误差为 ±1%，响应时间为1s。

（3）光电温度计

光电温度计由光学玻璃与硫化铅光敏电阻构成。光学透镜的光通带波长为 $0.6 \sim 2.7 \mu m$，测温范围为 $400 \sim 800$℃；基本误差为 ±1%，响应时间为1.5s。

（4）红外测温仪

温度在绝对零度以上的物体，都会因自身的分子运动而辐射出红外线，而且温度越高，分子运动越剧烈，辐射的热红外能量越大；反之，辐射的能量越小。红外测温仪就是利用红外线这种电磁波辐射，通过红外探测器将物体辐射的功率信号转换成电信号。

3.4.2 热电偶

热电偶在热电测温中广泛用于 $-200 \sim 1300$℃ 的温度测量。它结构简单、准确度高、测温范围广，适用于远距离测量和自动控制。

1. 工作原理

热电偶基于热电效应，实现温度检测。如图 3-5 所示，两种不同材质的导体或半导体 A 和 B 的两端可靠接触，构成闭合回路。触点 1 一般置于被测介质中，称为热端；触点 2 的温度通常恒定，称为冷端。当两个接触点温度 t 和 t_0 不同时，就在闭合回路中产生热电动势，这种把热能转换成电能的现象称为热电效应。由两个导体组成并将温度转换为热电动势的传感器称作热电偶。

热电偶回路中的热电动势包含两种导体的接触电动势和单一导体的温差电动势两部分。接触电动势是由两种不同材质的导体 A 和 B 在接触时产生的电子扩散形成，记为 $E_{AB}(t)$。两种导体材质不同，自由电子浓度不同，在接触后，会产生电子的扩散，从而在接触点形成一定电位差。接触电动势大小取决于两种导体的材料和接触点的温度。温度越高，自由电子越活跃，接触电动势也越高。温差电动势是指同一导体由于两端温度不同而导致电子具有不同的能量所产生的电动势差，记为 $E_A(t,t_0)$。由图 3-5 可知，热电偶的总热电动势为接触电动势和温差电动势之和，记为

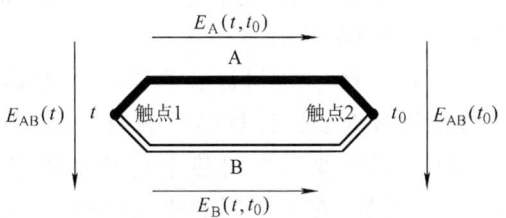

图 3-5 热电偶的热电效应

$$E_{AB}(t,t_0) = E_{AB}(t) - E_{AB}(t_0) + E_B(t,t_0) - E_A(t,t_0) \tag{3-11}$$

当热电偶材质确定且冷端温度恒定时，热端温度与热电动势之间呈单值函数关系，称为热电偶的热电特性，该特性可以通过实验方法获得。国际电工委员会在 $t_0 = 0℃$ 时，通过实验测定了不同材质所构成的热电偶的热电特性，并以表格形式加以记录，构成仪表的分度表，常用标准热电偶的分度表详见附录 A。

可见，热电偶在实际使用中，只要保持冷端温度为 t_0，根据仪表测得热电动势 $E_{AB}(t,t_0)$，就可由 $t = E_{AB}^{-1}(t,t_0)\big|_{t_0}$ 计算出被测温度 t，或者通过分度表查出所对应的被测温度 t。

2. 中间导体定律

为了检测热电动势，必须在热电偶回路的冷端接入中间导体（第三导线）C 和测量仪表，如图 3-6 所示。在热电偶回路中接入第三导体时，其总热电动势为

$$E_{ABC}(t,t_0) = E_{AB}(t) + E_{BC}(t_0) + E_{CA}(t_0) \tag{3-12}$$

若 $t = t_0$，则有

$$E_{ABC}(t_0,t_0) = E_{AB}(t_0) + E_{BC}(t_0) + E_{CA}(t_0) = 0 \tag{3-13}$$

合并上述式（3-12）和式（3-13），可得

$$E_{ABC}(t,t_0) = E_{AB}(t) - E_{AB}(t_0) \approx E_{AB}(t,t_0) \tag{3-14}$$

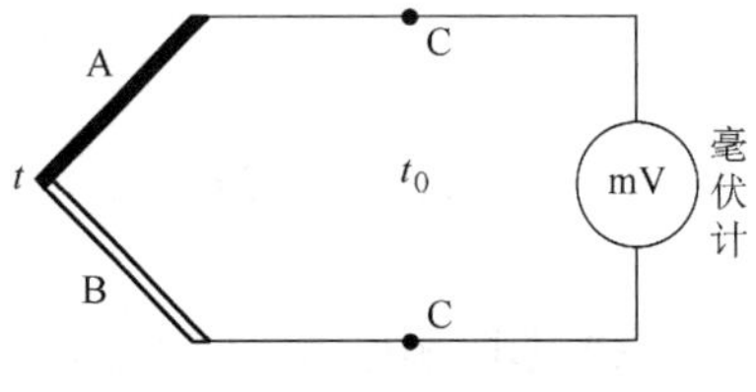

图 3-6 接入第三导体的热电偶

显然，只要第三导体的两个接点温度相同，则接入第三导体对热电偶回路中的总热电动势没有影响。这一性质被称为中间导体定律。中间导体定律为实际应用时，热电偶回路中各种仪表和导线的连接提供了理论依据。

3. 冷端温度补偿

热电偶只有在冷端温度保持不变时，才能保证热电动势与被测温度之间呈单值函数关

系。另外，热电偶的分度表一般是在冷端温度 $t_0=0$℃ 情况下测定的。因此，热电偶的冷端必须保持恒定（0℃），以避免测量误差。一般采用冷端温度补偿来实现上述目的。常用的冷端温度补偿方法有以下几种。

（1）冷端恒温法

将热电偶的冷端置于能保持恒温的冰水混合物中，或将冷端补偿导线引至电加热的恒温器内，以保证冷端温度稳定在 0℃ 或某一恒定温度，如图 3-7 所示。

若 $t_0=0$℃，则可以在测得热电动势后，直接查阅分度表，计算出被测温度。若 $t_0=t_c\neq 0$℃，则先要对测得热电动势加以修正。设 $E_{AB}(t,t_c)$ 为在 t_c 测得的热电动势，通过查分度表求得 $E_{AB}(t_c,0$℃$)$，从而获得总热电动势为

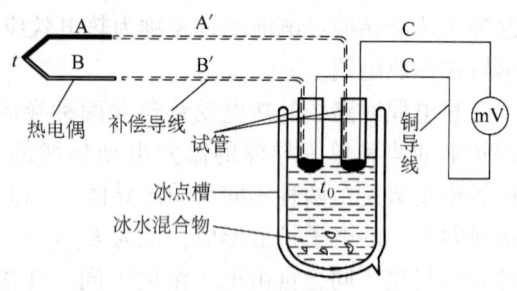

图 3-7 热电偶冷端恒温法

$$E_{AB}(t,0℃)=E_{AB}(t,t_c)+E_{AB}(t_c,0℃) \tag{3-15}$$

通过查阅分度表，即可得到被测温度。

（2）电桥补偿法

其原理是采用不平衡电桥，利用电桥中某桥臂电阻随温度变化而产生的附加电压，补偿热电偶冷端温度的变化而引起的热电动势变化，如图 3-8 所示。

图 3-8 中，R_3 为电源内阻；E 为桥路直流稳压电源；桥臂电阻 R_1、R_2 为阻值恒定的锰铜电阻；R_p 为可调电阻；R_{Cu} 为铜电阻，其阻值随温度变化而变化，测量时将其置于与热电偶冷端相同的温度场中，即

$$R_{Cu}=R_0(1+\alpha(t_0-\tilde{t}_0)) \tag{3-16}$$

其中，$R_0=R_{Cu}(t_0)|_{t_0=0}$，$\tilde{t}_0=0$℃。

设置电桥在 t_0 时平衡，输出为 $U_{ab}=0$；当 t_0 变化时，电桥不平衡，输出不平衡电压

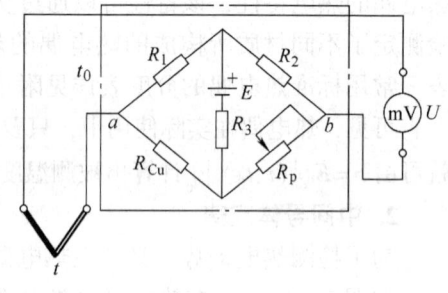

图 3-8 热电偶冷端补偿电桥

$$U_{ab}=\frac{E}{2R_3}[R_0(1+\alpha t_0)-R_p] \tag{3-17}$$

此时，回路总电动势为

$$U=E_{AB}(t,t_0)+U_{ab}(t_0) \tag{3-18}$$

只要选取铜电阻，使 $U_{ab}=E_{AB}(t_0,0)$，则无论冷端温度如何变化，电桥产生的不平衡电压正好补偿冷端温度变化，引起的热电动势变化值，使回路电动势 $U=E_{AB}(t,0)$ 只与被测温度 t 有关，实现了冷端温度的自动补偿。

（3）补偿导线法

补偿导线是用热电性质与热电偶相近的材料制成的导线。根据中间导体定律，用补偿导线将热电偶的冷端延长至控制室等需要的地方，可以使热电偶的冷端远离热源，从而保证冷端稳定，不会对热电偶回路引入超出允许的附加测量误差。

补偿导线法在使用时需要注意：补偿导线只能与相应型号的热电偶配套使用，可参考国际电工委员会制定的标准；补偿导线与热电偶连接处的两个接点温度应相同；连接补偿导线时要注意区分正、负极，使其分别与热电偶的正、负极对应连接；补偿导线连接端的工作温度范围不能超出 0～100℃，否则会给测量带来误差。

例 3-3：用镍铬-镍硅（K 型）热电偶测量炉温。当热电偶的冷端温度为 40℃ 时，测得的热电动势为 35.72mV，试问：被测炉温为多少？

解：查阅 K 型热电偶分度表，可知 $E_{AB}(40,0℃) = 1.611\text{mV}$。

已知冷端温度为 40℃ 时，测得的热电动势为 $E_{AB}(t,40℃) = 35.72\text{mV}$，则 $E_{AB}(t,0℃) = E_{AB}(t,40℃) + E_{AB}(40,0℃) = 35.72 + 1.611 = 37.331\text{mV}$。

再反向查阅分度表，可知 37.331mV 所对应的温度 $t = 900.1℃$，即被测炉温为 900.1℃。

4. 常用工业热电偶类型

常用工业热电偶可分为标准热电偶和非标准热电偶两大类。所谓标准热电偶是指国家标准规定了其热电动势与温度的关系、允许误差并有统一的标准分度表的热电偶，它有与其配套的显示仪表可供选用。非标准化热电偶在使用范围或数量级上均不及标准化热电偶，一般也没有统一的分度表，主要用于某些特殊场合的测量。按照国际电工委员会制订的国际标准，标准热电偶具有以下 8 种，其特性如表 3-2 所示。

表 3-2 标准热电偶

热电偶名称	分度号	测温范围/℃	特　点	适用场合
铂铑$_{10}$-铂	S	0～1700	热电性能稳定，抗氧化性强，测温范围广，测量精度高；但线性差，价格高	精密测量；有氧化性、惰性气体环境
铂铑$_{30}$-铂铑$_6$	B	0～1700	测温上限高，稳定性好，抗氧化性强；但线性较差，价格高	高温测量；不适用于还原性气体环境
镍铬-镍硅	K	−200～+1300	测温范围宽、线性好、热电动势大，价格低；但稳定性较 B 型或 S 型热电偶差	中高温测量
镍铬-康铜	E	−200～+1000	热电动势较大，耐磨蚀，价格低，中低温测量稳定性好	中低温测量；有氧化性、惰性气体环境
铁-康铜	J	−200～+1300	价格便宜，热电动势较大	化工过程温度测量
铜-康铜	T	−200～+400	精度高，价格低；但铜易氧化	低温测量
镍铬硅-镍硅	N	−200～+1300	在相同条件下，尤其在 1100～1300℃ 的高温条件下，高温稳定性及使用寿命较 K 型热电偶好，性能与 S 型热电偶近似，但价格较低	在测温范围内，有全面代替廉价金属热电偶和部分 S 型热电偶的趋势
铂铑$_{13}$-铂	R	0～1700	与 S 型热电偶性能近似，热电动势较大	S 型热电偶相似环境

一般，廉价导体热电偶不适用于氧化和腐蚀性环境中；贵重导体热电偶不适用于还原性

环境中。

5. 热电偶结构

根据热电偶用途和安装位置的不同，可以分为普通型、铠装型、薄膜型、表面型和浸入型热电偶等。无论何种结构，都具有热电极、绝缘管、保护套管和接线盒，以实现密封和隔离，保证在恶劣的工业现场中，热电偶可以可靠地工作。下面着重讨论最常用的普通型和铠装型热电偶。

1）普通型热电偶结构如图 3-9 所示。热电极的直径决定于材料的价格、机械强度、电导率及其测温范围。直径过小，测量电路的电阻值增大；直径过大，能提高热电偶测温范围和寿命，但会延长测温响应时间。绝缘管用于防止两根热电极短路。保护套管要求耐高温、耐腐蚀、不透气，且导热系数高，以保护热电极不受化学腐蚀和机械损伤。在接线盒连接补偿导线，保证密封性。

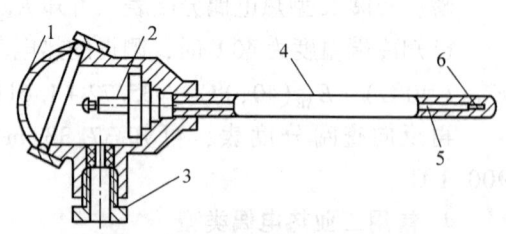

图 3-9 普通型热电偶结构
1—接线盒 2—接线柱 3—引线口
4—保护套管 5—绝缘管 6—热电极

2）铠装型热电偶是将热电极和陶瓷绝缘材料一起紧压在金属保护套管中，三者经组合加工成可弯曲的坚实组合体。该类热电偶响应速度快、能弯曲、耐高温，适用于狭窄或复杂的测量场合。

6. 热电偶选型

实际使用中，首先了解被测对象特性，其次根据热电偶测温范围和适用环境选取热电偶，并确定热电极的直径和长度。基本选型方法如表 3-3 所示。

表 3-3 热电偶基本选型方法

使用条件	被测介质				冷端温度	
	氧化性环境		真空、还原性环境			
温度范围/℃	<1300	≥1300	<950	≥1600	<1000	≥1000
热电偶类型	N 型热电偶 K 型热电偶	铂铑热电偶	J 型热电偶	钨铼热电偶	镍钴-镍铝热电偶	B 型热电偶
使用条件	使用温度					
温度范围/℃	<1000	-200~+300	1000~1400	1400~1800	≥1800	
热电偶类型	廉价热电偶 K 型热电偶	T 型热电偶 E 型热电偶	R 型热电偶 S 型热电偶	B 型热电偶	钨铼热电偶	

3.4.3 热电阻

热电阻适用于 <500℃ 的中、低温度测量。它测量精度高、性能稳定、灵敏度高，不需要进行冷端补偿；输出为电信号，可以实现远距离传送和自动控制。

1. 工作原理及其特点

热电阻是利用金属导体或半导体的电阻值随温度变化而改变的性质来实现温度测量的。热电阻阻值随温度变化的大小可用电阻温度系数来表示，定义为

$$\alpha = \frac{R_t - R_{t_0}}{R_{t_0}(t - t_0)} = \frac{1}{\Delta t}\frac{\Delta R}{R_{t_0}} \tag{3-19}$$

式中 R_t、R_{t_0}——温度 t、t_0 时热电阻的电阻值。

可见，电阻温度系数 α 描述温度每变化 1℃时热电阻阻值的相对变化量。对于金属热电阻，$\alpha \geq 0$，即电阻值随着温度的升高而增加。工业上常用的金属热电阻有铜电阻和铂电阻。而对于半导体热电阻，其温度系数 α 可正可负，且线性度差。

热电阻具有很多与热电偶不同的特性：热电阻测量的是较大空间的平均温度，而热电偶测量的是点温度。因此，在同一被测温度下，热电阻具有较高灵敏度；热电阻不需要冷端温度补偿，但须与桥式电路配接才能将随温度变化的电阻值转化为可测电信号；同类材料制成的热电阻不如热电偶测温上限高，但在中、低温区稳定性好、准确度高；感温元件结构复杂，体积较大，热惯性大，不适用于测量体积小和温度瞬变对象的温度。

2. 常用金属热电阻

选作热电阻温度传感器的金属导体需要具有以下特性：电阻温度系数较大且稳定，以提高对温度的灵敏度；电阻率大，从而在相同灵敏度下减小元件的尺寸；电阻值与温度之间呈单值关系；具有化学稳定性和耐热性。

（1）金属热电阻类型

工业上常用的金属热电阻有铂电阻、铜电阻、镍电阻等，其材质、分度号、测温范围和特点如表 3-4 所示。

表 3-4 工业常用金属热电阻

材 质	分 度 号	温度测量范围/℃
铂	Pt10	0 ~ 850
	Pt100	-200 ~ 850
铜	Cu50	-50 ~ 150
	Cu100	
镍	Ni100	-60 ~ 180
	Ni300	
	Ni500	

① 铂电阻

铂电阻由贵金属铂构成，具有精度高、稳定性好、性能可靠、耐氧化能力强、测温范围宽等特点。但是其电阻温度系数比较小，电阻值与温度之间呈非线性关系，且价格较贵。

在 -200 ~ 0℃温度范围内，铂电阻与温度的关系为

$$R_t = R_0[1 + At + Bt^2 + C(t - 100)t^3] \tag{3-20}$$

在 0 ~ 850℃温度范围内，铂电阻与温度的关系为

$$R_t = R_0[1 + At + Bt^2] \tag{3-21}$$

式中 $A = 3.90802 \times 10^{-3}/℃$；
$B = -5.802 \times 10^{7}/℃$；
$C = -4.2735 \times 10^{-12}/℃$；
R_t、R_0——温度为 t℃、0℃时电阻值。

由于铂电阻具有非线性特性，因此在设计测温电路时要进行线性补偿。

② 铜电阻

铜电阻价格便宜，具有较高的电阻温度系数，而且电阻值与温度之间是线性关系。其电阻与温度的关系描述为

$$R_t = R_0(1 + \alpha t) \tag{3-22}$$

其中，$\alpha = 4.25 \sim 4.29 \times 10^{-3}/℃$，一般取 $\alpha = 4.28 \times 10^{-3}/℃$。

由于铜易氧化、电阻率较小，所以铜电阻的体积大、热惯性大，适宜在测量精度要求不高、温度较低、无水分及无腐蚀性的环境下工作。

（2）热电阻的结构

与热电偶类似，工业热电阻主要由感温元件、绝缘体、保护套管和接线盒等组成。但是热电阻的感温元件、引线方式与热电偶不同，热电阻丝按照中间对折双绕方式缠绕在由陶瓷或玻璃构成的绝缘骨架上，如图 3-10 所示。

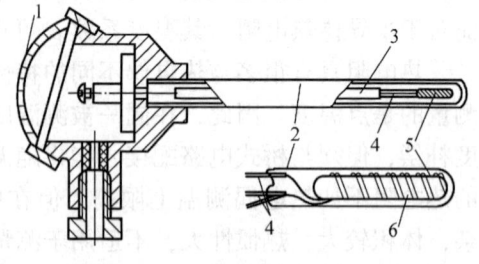

图 3-10　工业热电阻结构
1—接线盒　2—保护套管　3—绝缘管
4—引线　5—电阻丝　6—绝缘骨架

热电阻中的引线用于连接热电阻丝和外部测量电路。引线方式不合理，会对测量结果造成较大影响。目前常用的引线方式有二线制、三线制和四线制三种。

① 二线制

在热电阻感温元件的两端各连接一根导线的引线方式为二线制，如图 3-11 所示。该方式简单、费用低，但是引线电阻以及引线电阻的变化会带来附加误差。

回路电流理想值为：$\bar{I} = \dfrac{E}{R(t)}$

回路实际电流值为：$I = \dfrac{E}{R(t) + r}$

则反映在显示仪表的回路电流误差为：$\gamma = \dfrac{\bar{I} - I}{\bar{I}} = \dfrac{1}{1 + \dfrac{R(t)}{r}}$

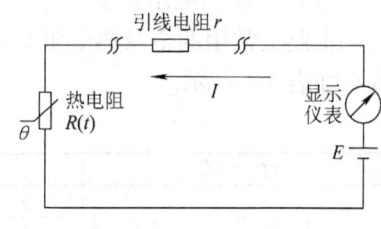

图 3-11　二线制

可见，二线制引线方式不能避免引线电阻对电路的影响。因此，该方式适用于引线不长、测温精度要求较低的场合。

② 四线制

在热电阻感温元件的两端各连接两根导线的引线方式称为四线制，如图 3-12 所示。其中，两根引线为热电阻提供恒流源；在热电阻上产生的压降通过另两根引线引至电位计进行测量。这种方式能完全消除引线电阻的附加误差，且在连接导线阻值相同时，还可消除连接导线的影响。因此，它主要用于高精度的温度检测。

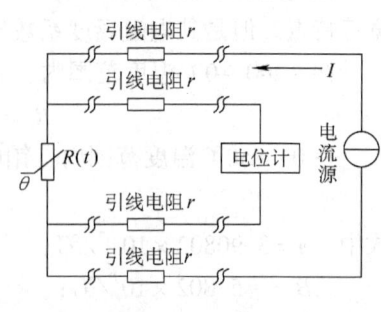

图 3-12　四线制

③ 三线制

在热电阻感温元件的一端连接两根导线，另一端连接一根导线的引线方式称为三线制，

如图 3-13 所示。

热电阻的两根引线分别置于相邻两桥臂内,则当电桥平衡时,有 $[R(t)+r+R_3]R_1=(r+R_2)R_4$。由此,得到热电阻阻值为

$$R(t)=\frac{R_4}{R_1}(r+R_2)-r-R_3 \quad (3-23)$$

当 $R_1=R_4$ 时,$R(t)=R_2-R_3$。可见,引线电阻不会对电桥产生影响。这种引线方式可以较好地消除引线电阻所导致的附加误差,测量精度较高,因此得到了广泛的应用。

值得注意的是,无论是三线制还是四线制,引线都必须从热电阻感温元件的根部引出,而不能从热电阻的接线端子上分出。工业热电阻通常采用三线制接法,尤其是在测温范围窄、导线长、架设铜导线途中温度发生变化等情况,必须采用三线制接法。

3. 半导体热敏电阻

半导体热敏电阻是由多种金属氧化物按比例烧结成的半导体而构成。根据材质和工艺技术不同,可以分为正温度系数(PTC)、负温度系数(NTC)和临界温度系数(CTR)三种,其特性曲线如图 3-14 所示。

NTC 型热敏电阻在 0~200℃ 测温范围内接近线性,适用于测量较宽范围内连续变化的温度。CTR 型和 PTC 型热敏电阻在某个温度段内其电阻值随温度上升而急剧下降或上升,利用其在特定温度下的高灵敏度特性,可以构成温度开关元件。

半导体热敏电阻的电阻温度系数大,灵敏度高,且体积小,热惯性小,响应快;但是元件的稳定性和互换性不够理想,非线性较严重。因此,其通常用于家电和汽车等领域的温度检测。

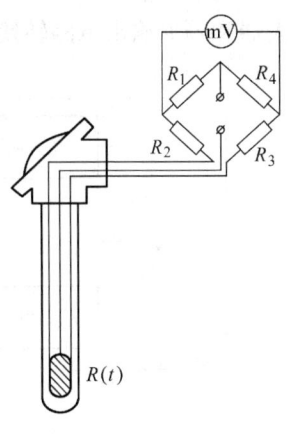

图 3-13 三线制

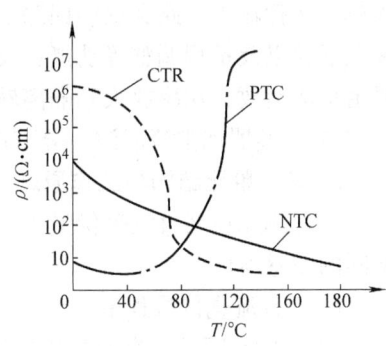

图 3-14 半导体热敏电阻特性

3.4.4 温度变送器

温度变送器用于与热电偶、热电阻等敏感元件配接,将敏感元件的输出信号转换为统一标准信号。目前,国内外主流变送器为输出信号采用 DC 4~20mA 的 DDZ-Ⅲ 型温度变送器。该类变送器具有以下特点:

1)采用低漂移、高增益的线性集成运算放大器,提高了仪表的可靠性、稳定性和其他性能指标。

2)采用通用模块与专用模块相结合的单元体系结构,使用灵活、方便。

3)在热电偶和热电阻的接入模式中,设置了线性化电路,从而使变送器的输出信号和被测温度之间成线性关系,方便了变送器与系统的配接。

4)采用统一的 DC 24V 集中供电,变送器内无电源,实现"二进制"接线方式。

5)采用安全火花防爆措施,适用于具有爆炸危险场所的温度或直流毫伏信号的检测。

1. DDZ-Ⅲ型温度变送器结构原理

变送器由量程单元和放大单元两部分构成,如图 3-15 所示。图中,双线表示供电回路,

单线表示信号回路。毫伏输入信号 u_i 来自于传感器、反映温度大小的输入信号,它与桥路部分的输出信号 u_z 及反馈信号 u_f 相叠加,送入集成运算放大器进行电压放大,再由功率放大器和隔离输出电路转换成统一的 DC 4~20mA 电流输出和 DC 1~5V 电压输出。

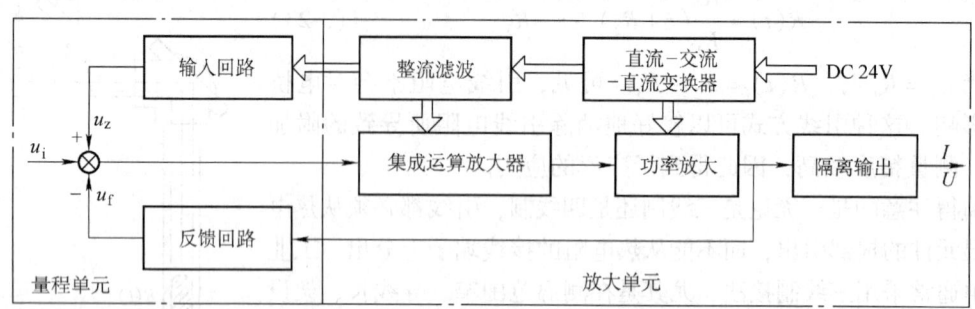

图 3-15 DDZ-Ⅲ型温度变送器结构框图

根据与传感器配接电路的不同,量程单元具有热电偶、热电阻和毫伏输入三种形式。量程单元包括输入回路和反馈回路。输入回路实现热电偶的冷端补偿、热电阻的三线制接入、零点迁移以及量程调整等功能;反馈回路实现热电偶和热电阻的非线性校正等。放大单元主要由集成运放、功率放大和隔离输出等电路构成,具有通用性。DC 24V 外部电源经直流-交流-直流变换器和整流滤波,分别向输入回路、集成运放和功率放大供电。

2. 量程单元结构与工作原理

量程单元包括直流毫伏量程单元、热电偶量程单元和热电阻量程单元三种,分别适用于不同的传感器件。

(1) 直流毫伏量程单元

如图 3-16 所示,直流毫伏量程单元由虚线隔开的三部分电路构成:①输入电路;②零点调整迁移电路;③反馈电路。

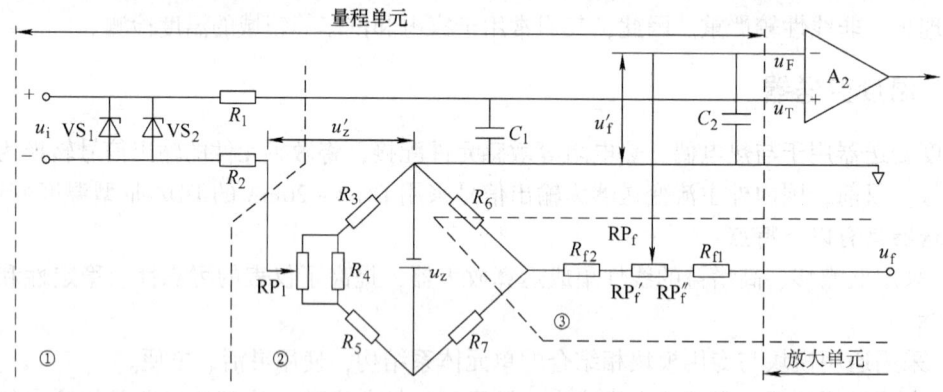

图 3-16 直流毫伏量程单元

输入电路是一个限流、滤波电路。直流毫伏信号 u_i 可以由任何敏感元件提供。电阻 R_1、R_2 及稳压管 VS_1、VS_2 起限流作用,使流入危险场所的电能量限制在安全限额以下。R_1、R_2 与电容 C_1 组成低通滤波器,用以滤去输入信号 u_i 中的交流分量,减小交流干扰。

零点调整迁移电路中,电位器 RP_1 用于零点迁移,其滑动点所取电压为 u'_z。u'_z 与输入信

号 u_i 相加后,送至集成运放 A_2 的同相输入端 u_T。电桥供电电源 u_z 由集成稳压电源提供。

反馈电路由 R_{f1}、R_{f2} 和电位器 RP_f 组成,其输入电压 u_f 由放大单元的输出经隔离输出电路提供。RP_f 用于量程调整,其滑动点所取的电压 u_f' 作用于集成运放 A_2 的反相输入端 u_F。

假设"$\|$"为并联符号,且电路中元件满足以下条件

$$\begin{cases} R_5 \gg R_3 + (RP_1 \| R_4) \\ R_5 = R_7 \\ R_7 \gg R_6 \\ R_1 \gg R_2 + RP_f \end{cases} \tag{3-24}$$

则根据叠加原理和以上分析,有

$$u_F = \frac{R_6 + R_{f2} + RP_f'}{R_6 + R_{f2} + RP_f + R_{f1}} u_f + \frac{R_6}{R_5} u_z \tag{3-25}$$

$$u_T = u_i + \frac{R_3 + RP_1'}{R_5} u_z \tag{3-26}$$

假设集成运放 A_2 为近似理想的,即 $u_F = u_T$;且令 $\frac{RP_1' + R_3}{R_5} = \mu$,$\frac{RP_f' + R_6 + R_{f2}}{RP_f + R_6 + R_{f2} + R_{f1}} = \beta$,$\frac{R_6}{R_5} = \gamma$,将其代入式 (3-25) 和式 (3-26) 中,并根据放大单元的输出电压 u_0 与反馈输入电压 u_f 之间的关系,整理得到

$$u_0 = 5u_f = 5\beta[u_i + (\mu - \gamma)u_z] \tag{3-27}$$

由式(3-27)可知:

1)根据统一标准信号的规定,当 $u_i = u_{imin} \sim u_{imax}$ 时,$u_o = DC\ 1 \sim 5V$ 若 γ 确定,则可以通过联合调节 RP_1 和 RP_f,实现零点迁移和量程调整;

2)式(3-27)中的 $(\mu - \gamma)u_z$ 项为调零项。若 $\mu > \gamma$,则 $RP_1' + R_3 > R_6$,实现负迁移,反之,若 $RP_1' + R_3 < R_6$,为正迁移;

3)调节 RP_f,可以改变比例系数 β,实现量程调整。

(2)热电偶量程单元

热电偶量程单元结构与直流毫伏量程单元相似,如图 3-17 所示,其中,RP_1 和 RP_f 实现零点迁移和量程调整。但也存在三点不同:

1)输入电路的电桥中增加了铜电阻 R_{Cu},用于实现热电偶的冷端温度补偿,原理见 3.4.2 节。

2)输入信号为热电偶的热电动势信号 E_i。

3)在反馈电路中增加了由集成运放 A_2、稳压管 $VS_3 \sim VS_5$ 等构成的线性化电路,以补偿热电偶的温度-热电动势特性之间的非线性关系,实现输入温度 t 与输出电压或电流之间的线性关系。

热电偶量程单元采用分段线性化拟合其非线性特性和负反馈的方法实现线性化,原理如图 3-18 所示。可见,变送器输出与温度之间的关系为

$$\frac{u}{t} = f_a(\cdot) \frac{K_A}{1 + K_A f_b(\cdot)} \tag{3-28}$$

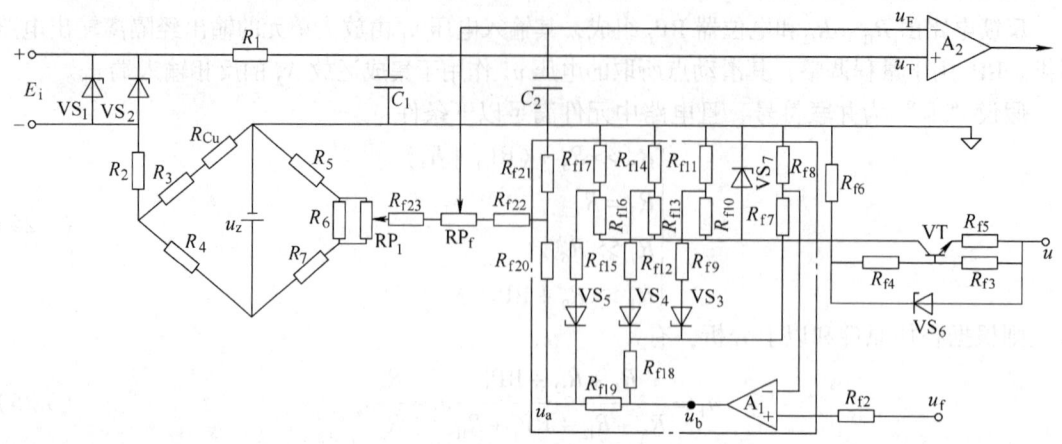

图 3-17 热电偶量程单元

针对热电偶温度-热电动势的非线性特性 $f_a(\cdot)$，只要通过设计 $f_b(\cdot)$，使满足 $f_b(\cdot) \approx f_a(\cdot)$，在理想运算放大器条件 $K_A \to \infty$ 下，有 $u \approx t[f_a(\cdot)/f_b(\cdot)] \approx t$，即 u-t 之间呈线性关系。

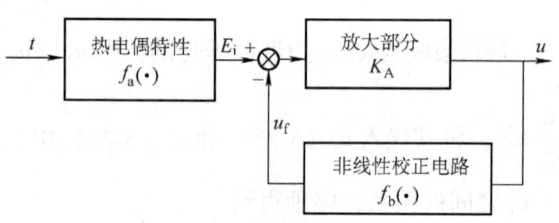

图 3-18 热电偶量程单元线性化实现框图

$f_b(\cdot)$ 对非线性关系 $f_a(\cdot)$ 的逼近采用分段线性化方法。图 3-17 中的虚线框内电路实现对 $f_a(\cdot)$ 的四段线性逼近，如图 3-19 所示。

1) 当 $u_f = 0$ 时，$u_a = 0$。随着 u_f 增大，u_a 也随之增大。当 u_a 的值未达到稳压管 $VD_3 \sim VD_5$ 的击穿电压 u_{am1} 时，其不导通，则 u_b 经 R_{f18} 和 R_{f7} 支路反馈到 A_1 的反相端，形成比例关系

$$u_b = \left(1 + \frac{R_{f18} + R_{f7}}{R_{f8}}\right) u_f \tag{3-29}$$

u_a 与 u_b 构成分压关系

$$u_a = \frac{R_{f20} + R'_{f21}}{R_{f20} + R'_{f21} + R_{f19}} u_b \tag{3-30}$$

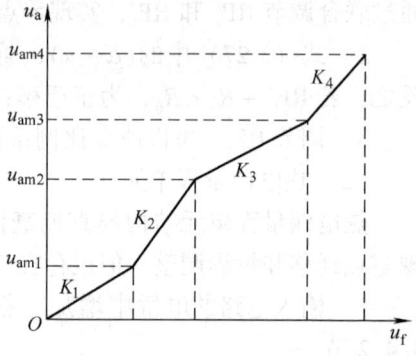

图 3-19 $f_a(\cdot)$ 的四段线性逼近折线

由此得到 u_a 与 u_f 之间的关系为

$$u_a = K_1 u_f \tag{3-31}$$

显然，此阶段是斜率为 K_1 的线性关系。

2) 当 $u_{am1} \leq u_a < u_{am2}$ 时，VS_3 导通，u_b 经 R_{f18}、R_{f7} 支路和 R_{f18}、R_{f9}、R_{f11}、R_{f8} 支路反馈到 A_1 的反相端，使反馈强度减弱，即

$$u_b = \left[\frac{R_{f18} + (R_{f7} + R_{f8})(1 + R_{f18}/R_{f9})}{R_{f8}}\right] u_f \tag{3-32}$$

但是 u_a 与 u_b 之间的分压关系不变，则此阶段 u_a 与 u_f 之间的关系为：$u_a = K_2 u_f$，且有 $K_2 > K_1$。

3）当 $u_{am2} \leqslant u_a < u_{am3}$ 时，VS_5 导通，u_b 与 u_f 之间的比例关系不变，但 u_a 与 u_b 之间的分压关系由于 R_{f15}、R_{f16}、R_{f17} 支路的并入而降低，则此阶段 u_a 与 u_f 之间的关系为：$u_a = K_3 u_f$，且有 $K_3 < K_2$。

4）当 $u_{am3} \leqslant u_a < u_{am4}$ 时，VS_4 导通。与 2）相似，u_a 与 u_b 之间的分压关系不变，但 u_b 与 u_f 之间的比例关系增大，则有：$u_a = K_4 u_f$，且有 $K_4 > K_3$。

上述分段拟合特性中，可以通过增加转折点或改变折线斜率及转折点电压的方法，改变拟合折线形状，从而适应不同热电偶的非线性特性。

（3）热电阻量程单元

如图 3-20 所示，热电阻量程单元的零点调整迁移电路和反馈电路与直流毫伏量程单元相似。但输入电路却存在较大差异：

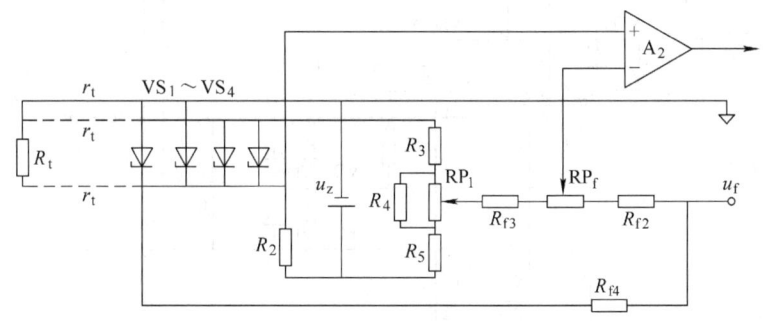

图 3-20　热电阻量程单元

1）热电阻采用三线制接入法，以消除引线电阻引起的误差。

2）由 A_2、R_{f4} 等元件构成的正反馈线性化电路可以对铂电阻等实现非线性校正。

R_{f4} 与 R_t 串联构成分压器，反馈电压 u_f 在 R_t 上分压输入集成运放 A_2 的同相端，构成正反馈。在采用铂电阻时，由于其分度特性为单调"类饱和"特性，所以随着 t 的升高，R_t 上的电压值增长趋势减小，但正反馈却使其增长趋势增加，形成下凹形特性。两种特性相互作用，使 A_2 的输出电压随温度的增长呈线性特性。在采用铜电阻时，由于其在测温范围内具有良好的线性特性，所以无需采用线性化措施。

3. 放大单元结构与工作原理

放大单元是为上述三种量程单元统一设计的单元电路，由集成运放电路、功率放大电路、输出电路、反馈电路和直流-交流-直流变换电路 5 部分组成，如图 3-21 所示。其作用是将量程单元送来的毫伏信号进行电压放大和功率放大，输出统一的 DC 4～20mA 电流信号和 DC 1～5V 电压信号；同时，将转换后的反馈电压 u_f 送至量程单元。

功率放大电路由晶体管 VT_{a1}、VT_{a2} 构成，其输出电流在 T_{r1} 的二次侧交流方波的激励下，在 T_{r2} 的一次侧产生交流电流，经过变压器 T_{r2}，在二次侧经 $VD_{01} \sim VD_{04}$ 整流和 R_{01}、C_{01} 滤波，产生 DC 4～20mA 电流输出，并在电阻 R_{02} 上产生 DC 1～5V 电压输出；经变压器 T_{r3} 的二次侧，并通过 $VD_{f1} \sim VD_{f4}$ 整流和 R_{f1}、C_{f1} 滤波，在端子 5、11 产生直流电压 u_f，反馈到量程单元。

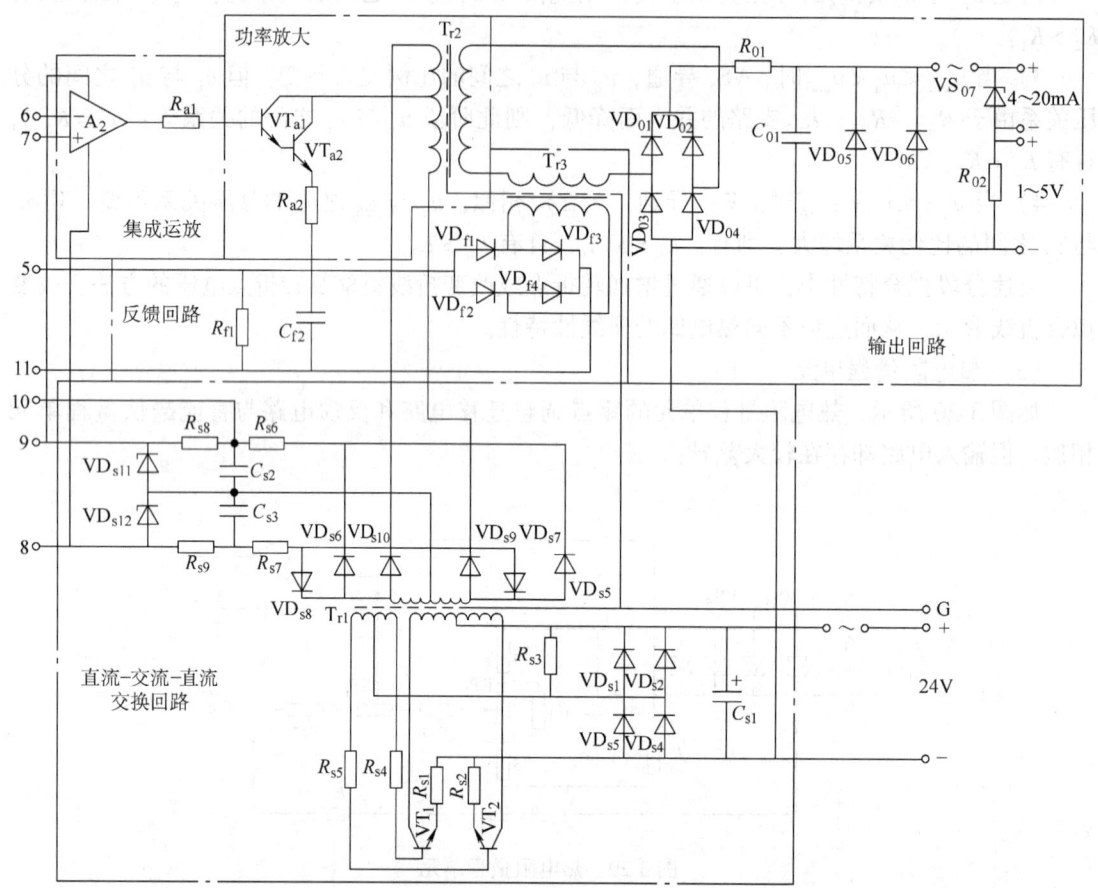

图 3-21 放大单元原理图

直流-交流-直流变换电路用于阻断高电平的共模电压干扰信号沿信号线窜入仪表信号系统；通过变压器将输入、输出、电源三者进行隔离，使有效信号以差模方式经磁耦合进行顺利传递，从而降低信号传递通道上的能量水平，确保仪表的安全防爆。外部集中供电的 DC 24V 电源电压经由 VT_1、VT_2 和变压器 T_{r1} 构成的多谐振荡器，转换成方波型交流电压；由 T_{r2} 的二次侧将交流信号经整流、滤波和稳压后，由端子 8、9 作为集成运放 A_1 的供电电源；由端子 5、10 送往各量程单元的集成稳压器，为电桥电路提供电源电压，并为集成运放 A_2 和功率放大器 VT_{a1}、VT_{a2} 提供电源。

3.4.5 温度检测仪表的选型

由于温度检测范围较宽且应用范围较广，所以选用合适的温度检测仪表很有必要。一般选取温度检测仪表时，要注意以下几方面：

1）仪表精度等级应符合工艺参数的误差要求。

2）选用的仪表应操作方便、运行可靠、经济、合理，在同一工程中应尽量减少仪表的品种和规格。

3）仪表的测温范围应大于工艺要求的实际测温范围。工程上一般要求实际测温范围为仪表测温范围的90%。但仪表测温范围也不能过大,若实测温度低于仪表刻度的30%,会使实际运行误差高于仪表精度等级。

4)由于热电偶的优良性能,所以其是温度检测仪表的首选。但是由于热电阻在低温范围线性特性较优,且无需冷端补偿,所以在低温测量时多选用热电阻。

5)测温元件的保护套管耐压等级应不低于所在管线或设备的耐压等级,其材料应根据最高使用温度及被测介质特性来选取。

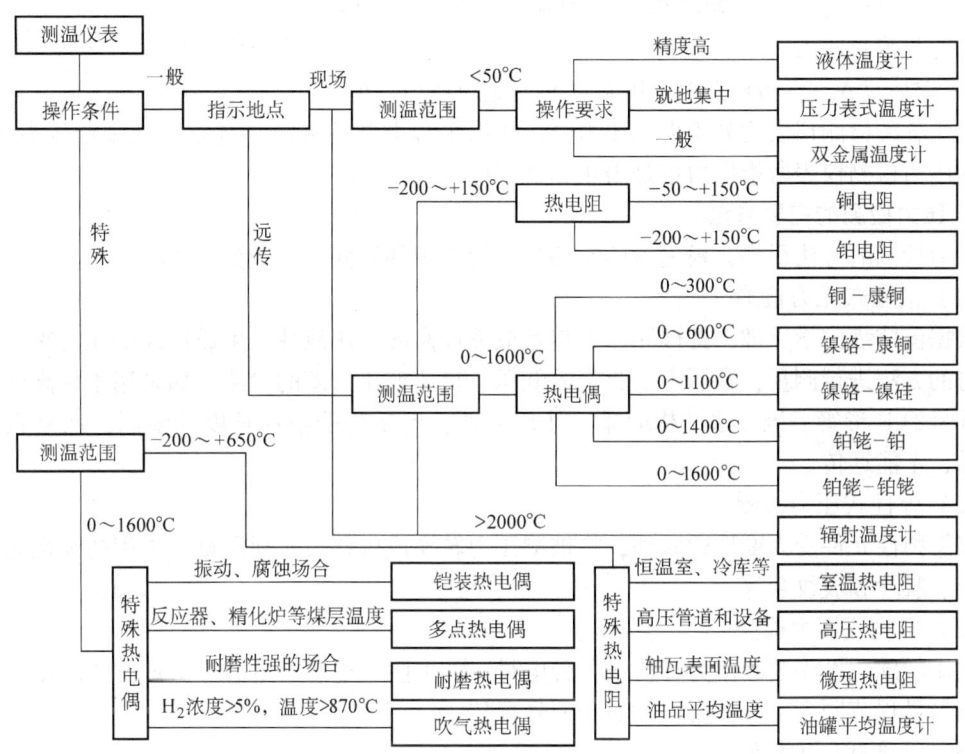

图 3-22　工业测温仪表的选用原则

3.5　压力检测与变送

压力是工业生产过程中重要的过程参数之一。许多工业过程中的压力可以直接测量,如锅炉的炉膛压力、烟道压力、加热炉压力、化学反应釜压力等。此外,有些过程参数如温度、流量、液位等往往要通过压力来间接测量。所以压力的检测在生产过程自动化中具有特殊的地位。

3.5.1　压力的概念及其检测

1. 压力的概念

在工程上,压力是指均匀垂直作用于单位面积上的力。采用国际单位制,压力的单位是帕斯卡,简称帕(Pa),$1Pa = 1N/m^2$。其他在工程上使用的压力单位有:工程大气压(at)、标准大气压(atm)、毫米汞柱(mmHg)和毫米水柱(mmH_2O)等。

由于检测中选择的参考点不同，工程上常将被测压力表示如下。

1) 绝对压力：指相对于绝对真空所测得的压力。环境大气压力（p_{atm}）就是绝对压力。

2) 表压（p_g）：指高于大气压力的绝对压力与大气压力之差。

3) 真空度（p_v）：当测点绝对压力低于大气压力时，大气压力与绝对压力之差。

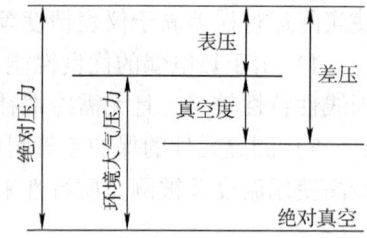

图 3-23　各类压力之间关系图

4) 差压（Δp）：指任意两个测点之间的绝对压力差值。

由于各种检测仪表均处于大气压力中，所以工程上常用表压和真空度来表示压力大小，一般的压力检测仪表所指压力也是表压和真空度。

2. 压力检测的主要方法

压力检测的方法很多，根据敏感元件和转换原理的不同，一般分为 4 类。

（1）液柱式压力检测

根据流体静力学原理，把被测压力转换成液柱高度，用液柱产生或传递的压力来平衡被测压力的方法进行测量，常用于实验室的低压、负压或压力差的检测。如采用水柱高度作为输出信号的 U 形管。该方法结构简单、使用方便；但量程受液柱长度的限制，而且只能就地显示，不能远传。

（2）弹性式压力检测

根据弹性元件受力变形的原理，将被测压力转换成位移来实现测量。常用的弹性元件有弹簧管、膜片和波纹管等。

（3）电气式压力检测

利用敏感元件将被测压力转换成各种电量，如电阻、电感、电容等。该方法动态响应较快、测量量程范围大、线性度好，便于信号远传。

（4）活塞式压力检测

基于静力平衡原理，通过液压传递进行压力测量。该方法结构简单、准确度高，广泛用于作为标准仪器对弹簧管压力表进行校验和标定。

3.5.2　弹性式压力检测仪表

弹性式压力检测仪表是利用各种形式的弹性元件在外力作用下产生的形变来测量压力。它结构简单、价格低廉、准确度高、测量范围广，在工业生产中得到广泛应用。

弹性元件是弹性式压力仪表的敏感元件，其材料、工艺不同，测压范围也不同。弹性元件种类繁多，工业上常用的有弹性膜片（膜盒）、波纹管、弹簧管等，如图 3-24 所示。

1. 弹性膜片

膜片是一种沿外缘固定在壳体上的片状圆形薄板或薄膜。当膜片受到压力作用时，产生微位移输出。由于它的灵敏度较低、位移较小，所以一般用于微压和低压的测量。

2. 波纹管

波纹管是一种轴对称的波纹状薄壁金属筒体，如图 3-24b 所示。当它受到轴向压力作用

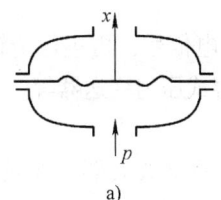  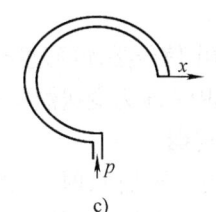 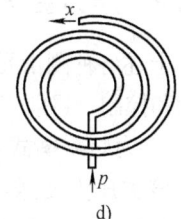

图 3-24　弹性元件示意图

a) 弹性膜片　b) 波纹管　c) 弹簧管　d) 多圈弹簧管

时，能使自由端沿轴向产生较大的伸长或收缩位移。它灵敏度较高，常用于较低压力的检测。

3. 弹簧管

弹簧管是由一根弯成圆弧形的空心金属管子构成，其横截面呈扁圆形或椭圆形。它的固定端开口，并与被测介质相连通；自由端封闭，如图 3-24c 所示。被测压力从固定端进入并充满整个弹簧管内腔，由于弹簧管的非圆横截面（a-b），使它有变成圆形（a'-b'）并伸直的趋势，产生的力矩使自由端发生位移，中心角发生改变（$\varphi \rightarrow \varphi'$），如图 3-25 所示。被测压力越大，弹簧管自由端的位移越大。因此，通过测量自由端的位移量就可以反映被测压力的大小。

弹簧管有单圈和多圈两种形式，后者比前者的自由端位移变化量大。不同材料的弹簧管，其特性不同，如不锈钢、磷青铜的弹簧管刚性大，常用来测高压；黄铜的弹簧管刚性小，可用以测低压。

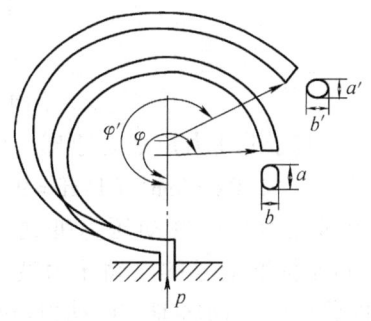

图 3-25　弹簧管测量原理图

3.5.3　电气式压力检测仪表

电气式压力检测仪表是利用压力敏感元件，将被测压力转换成各种电信号，如电阻、频率、电压等来实现测量的。该类仪表动态性能好、线性度好、检测范围宽、输出信号适合远传，适用于压力动态变化和超高压的测量。

1. 压电式压力检测仪表

该类仪表利用晶体的压电效应。晶体在压力作用下产生机械变形，引起垂直于变形方向两个表面上的电荷分离，形成电压输出。压电式压力检测仪表结构简单、工作可靠、线性度好、频率响应快、量程范围大，适用于脉冲压力的测量。

2. 电阻式压力检测仪表

电阻式压力检测仪表通过电阻应变片，将被测压力转换为电阻的变化量，再通过测量电路将电阻变化量转化为便于输出测量的电流或电压信号，从而实现压力的检测。

电阻应变片是该类仪表的核心。工程上常采用金属电阻应变片和半导体应变片两类。前者工作性能稳定、精度高，因此得到广泛应用，但灵敏度较低；后者灵敏度相对较高，是金属电阻应变片的 50～80 倍，且动态性能较好，因此在动态压力检测中优势显著。

3.5.4 压力变送器

上述各种测量元件的输出信号必须经过压力变送器转换为标准的统一电信号,再进行传输、显示和控制。目前工业上常用的压力变送器有力矩平衡式压力变送器、电容式压力变送器等。

1. 力矩平衡式压力变送器

该类压力变送器采用力矩平衡原理,由测量部分、杠杆系统、位移检测放大器、波纹管(用于气动压力变送器)或电磁反馈机构(用于电动压力变送器)等构成,如图3-26所示。测量部分将被测压力(差压)Δp转换成相应的作用力F,该力与反馈机构输出的反向作用力F_f共同作用于杠杆系统,使杠杆产生微小位移,再经过位移检测放大器将其转换成标准的统一气压或电流输出信号;当F_f与F对杠杆产生的力矩大小相等时,杠杆平衡。

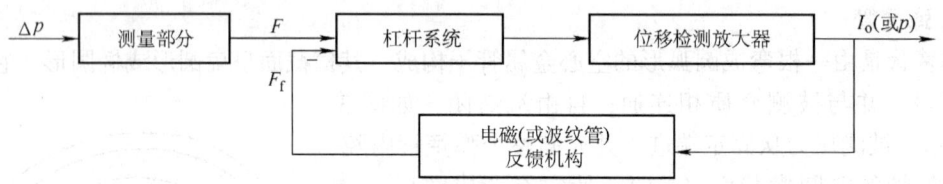

图3-26 力矩平衡式压力变送器组成图

基于上述力矩平衡原理,可以构成以 $0.2 \sim 1.0 \text{kgf/cm}^2$($1\text{kgf} = 9.80665\text{N}$)为标准信号的气动压力变送器或 $4 \sim 20\text{mA}$ 标准信号的电动压力变送器。下面着重说明DDZ-Ⅲ型电动力矩平衡式压力变送器,其结构如图3-27所示。

被测压力p作用在测量膜片上,通过膜片的有效面积产生作用在主杠杆上的作用力F,并以轴封膜片为支点,将力F转换成对矢量机构的作用力F_1。矢量机构以量程调整螺钉为轴,将力F_1通过连杆作用于副杠杆,使副杠杆逆时针转动,并带动衔铁,改变其与差动变压器的距离,从而使变压器二次侧绕组输出电压改变,并经位置检测放大器转换为 DC $4 \sim 20\text{mA}$ 的电流I_0;同时,该电流流过反馈绕组时,产生电磁反馈力F_f作用于副杠杆,使副杠杆顺时针转动。当反馈力矩与F作用下副杠杆的驱动力矩相平衡时,位置检测放大器输出稳定电流I_0,且与被测压力成正比。

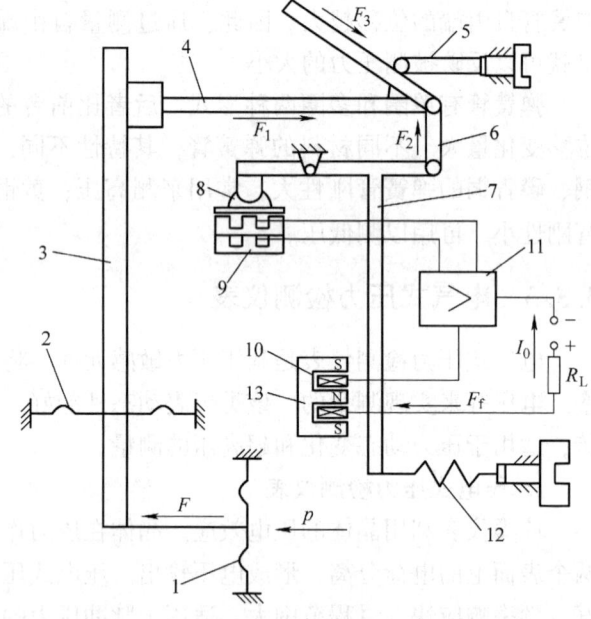

图3-27 力矩平衡式压力变送器示意图
1—测量膜片 2—轴封膜片 3—主杠杆 4—矢量机构
5—量程调整螺钉 6—连杆 7—副杠杆 8—衔铁 9—差动变压器
10—反馈绕组 11—放大器 12—调零弹簧 13—永久磁钢

位置检测放大器是力矩平衡式压力变送器的重要部件,它将副杠杆上的微小位移转换为输出电流信号,它由差压变压器与振荡电路、整流滤波及功率放大器等构成。

差动变压器如图 3-28 所示。上、下铁心的心柱之间留有一个固定气隙 δ;上铁心与衔铁之间的气隙 d 随着衔铁位置的变化而变化。当在变压器的一次侧加上一交流励磁电压 $u_{\sim i}$ 时,二次侧将产生感应电压 $u_{\sim o}$。该电压的大小取决于磁路磁阻的大小,即 $u_{\sim o} = e_2 - e'_2$。当 $u_{\sim i}$ 一定时,e_2 随衔铁位置改变,则有 $u_{\sim o} = u_{\sim o}(d)$。当衔铁与上铁心的距离 $d = d_0$ 时,上、下磁路磁阻相同,则 $u_{\sim o} = 0$;当距离 d 偏离 d_0 时,感应电压 $u_{\sim o}$ 将会随之改变。

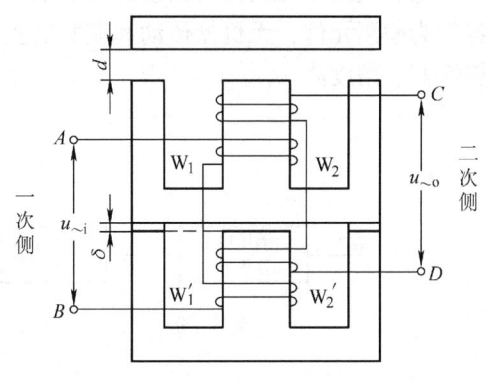

图 3-28 差动变压器

将差动变压器引入振荡器,如图 3-29 所示。差动变压器的一次侧绕组和电容 C_1 构成并联谐振回路,作为晶体管 VT_1 的集电极负载;二次侧绕组接入基-射极回路,构成自激振荡器。振荡频率由差动变压器的一次侧绕组和电容 C_1 构成的并联谐振回路决定;振荡幅度则取决于一次侧绕组和二次侧绕组的耦合。当二次侧绕组输出 $u_{CD} > 0$ 输入基极时,经晶体管 VT_1 放大后,集电极输出电压 u_{AB} 经变压器耦合,反馈到基极。若 $u_{AB} = u_{CD}$,则振荡幅度稳定;否则,振荡幅度增加或减少。由于一、二次侧绕组的耦合取决于衔铁与上铁心之间的气隙大小,所以振荡器的输出幅度取决于位移量 d。

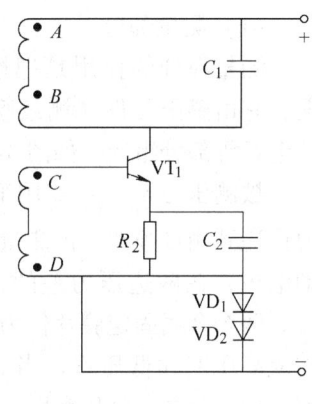

图 3-29 振荡器

基于上述振荡器构成位移检测放大器,如图 3-30 所示。振荡器的输出电压 u_{AB} 经 VD_4 整流和 R_4、C_5 滤波后,通过由 VT_2、VT_3 和 R_3、R_4、C_5 组成的功率放大器,转换为标准的 DC 4~20mA 输出电流。由 VT_2、VT_3 构成的复合管不仅能够提高输入阻抗,减轻振荡器的负载影响,还能提高输出电流的稳定性。VD_3、$VD_{10} \sim VD_{13}$ 用以限制电容 C_2、C_5 两端电压,防止电容放电时产生非安全的火花。$VD_5 \sim VD_8$ 防止反馈线圈开路时产生火花。同时,该电路采用二线制供电,提高了运行的可靠性。

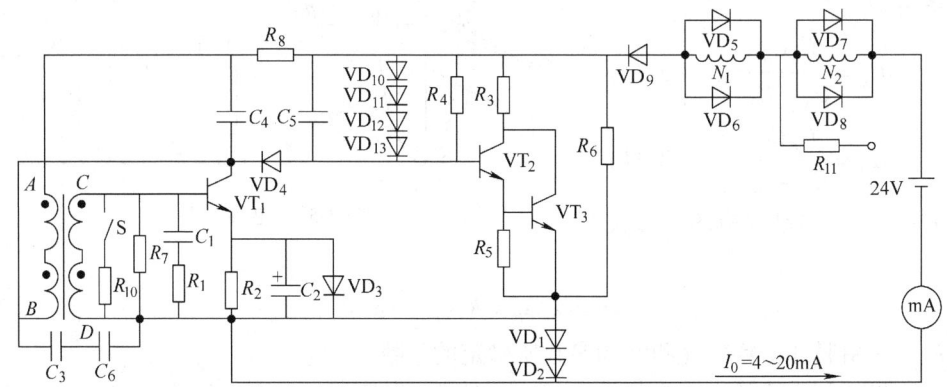

图 3-30 位移检测放大器电路

2. 电容式差压变送器

电容式差压变送器由测量部件和转换放大电路组成,如图3-31所示。由于采用差动电容作为检测元件,无机械传动和调整装置,因此结构紧凑、体积小、重量轻、稳定性好、抗震性好、精度高。

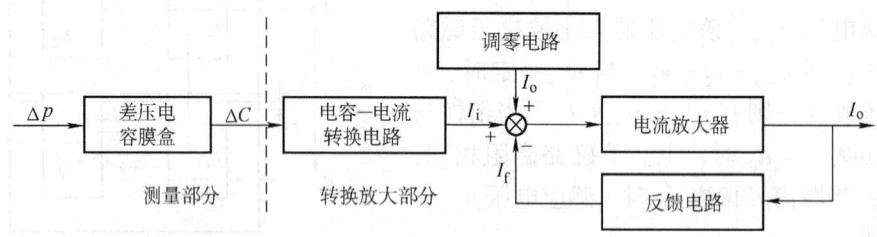

图3-31 电容式差压变送器组成图

(1) 测量部分

测量部分的作用是把被测差压转换成电容量的变化,它由感压元件(测量膜片)、高压室、低压室和差动电容等部分组成,如图3-32所示。

被测压力 p_H、p_L 作用于隔离膜片上,通过硅油将压力传递到测量膜片。该测量膜片作为差动可变电容的可动电极,在两边压力差的作用下,沿轴向挤压产生形变。两个金属固定膜片作为固定电极,与测量膜片分别构成高压室和低压室。当 $\Delta p \neq 0$ 时,测量膜片发生位移,使其与高、低压室固定电极之间的间距不等,从而形成差动电容。

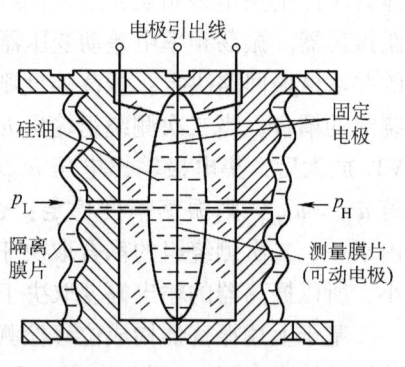

图3-32 测量部分结构图

设 $p_H > p_L$,则可动电极在差压 Δp 的作用下向左产生位移,使低压侧电容 C_L 大于 C_0,高压侧电容 C_H 小于 C_0,其电容关系如图3-33所示。由图可知

$$C_L = \frac{C_A C_0}{C_A - C_0} \quad (3-33)$$

$$C_H = \frac{C_A C_0}{C_A + C_0} \quad (3-34)$$

而差压 Δp 与可动电极的位移关系为

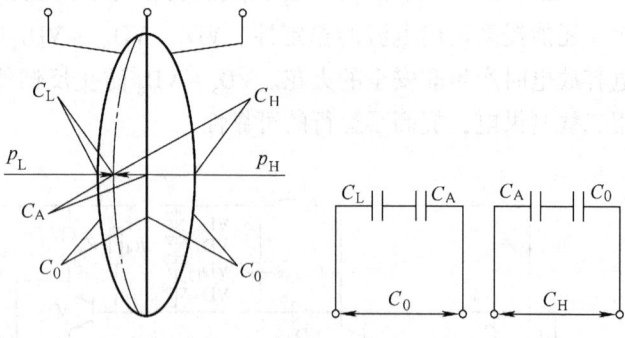

图3-33 电容关系

$$\Delta d = K_1 \Delta p = K_1 (p_H - p_L) \quad (3-35)$$

式中 K_1——由膜片材料特性和结构参数所确定的系数。

设 ε 为极板间介质的介电常数,A 为极板面积,根据理想电容计算公式有

$$\begin{cases} C_H = \dfrac{\varepsilon A}{d_0 + \Delta d} \\ C_L = \dfrac{\varepsilon A}{d_0 - \Delta d} \end{cases} \tag{3-36}$$

结合式（3-35）和式（3-36），得

$$\frac{C_H - C_L}{C_H + C_L} = \frac{C_0}{C_A} = \frac{\Delta d}{d_0} = K_2 \Delta d = K_1 K_2 \Delta p \tag{3-37}$$

显然，测量部分把差压转换为电容的变化关系。

（2）转换放大部分

转换放大电路将上述差动电容的相对变化值转换成标准的电流输出信号，并实现零点迁移、量程调整、阻尼调整等功能。如图 3-34 所示，它由电容/电流转换电路和放大电路两部分构成。电容/电流转换电路由振荡器、解调器、振荡控制放大器组成，从而将差动电容的相对变化值转换成差动电流信号；放大电路由前置放大器、调零及零点迁移电路、量程调整电路、功放与输出限制电路等组成，对差动电流进行放大，并输出 DC 4～20mA 电流；通过调节 RP，改变反馈强度，实现量程调整。

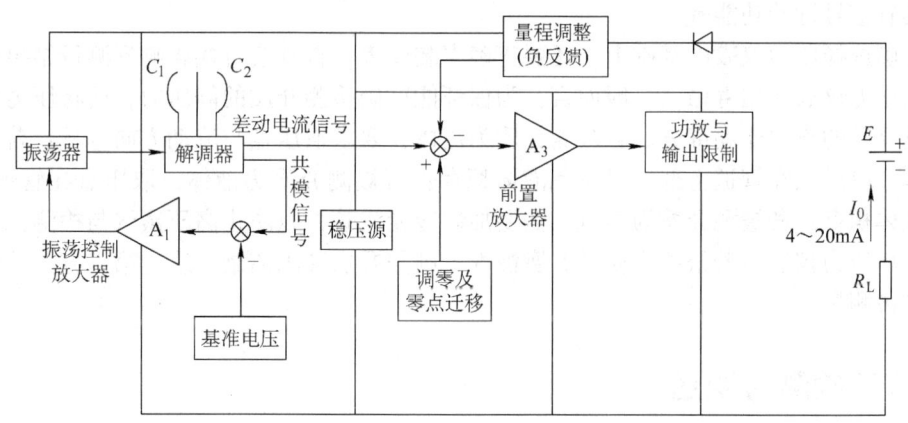

图 3-34 转换放大部分电路

电容/电流转换电路中，在外加电压 u 作用下，电流关系如图 3-35 所示。设 I、I_L、I_H 分别为总电流和支路电流，则有

$$I = (C_L + C_H)su \tag{3-38}$$

$$I_L = \frac{C_L}{C_L + C_H} I \tag{3-39}$$

$$I_H = \frac{C_H}{C_L + C_H} I \tag{3-40}$$

$$\Delta I = I_L - I_H = \frac{C_L - C_H}{C_L + C_H} I \tag{3-41}$$

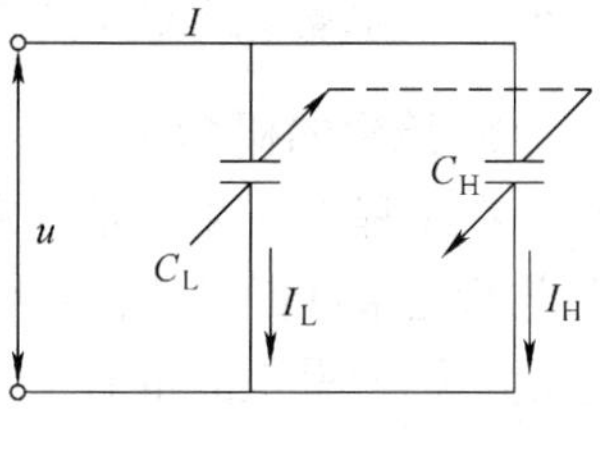

图 3-35 电流关系图

将式（3-37）代入式（3-41），得

$$\Delta I = I K_1 K_2 \Delta p \tag{3-42}$$

可见，差动电流信号与被测差压呈比例关系。

3.5.5 压力检测仪表的选用

压力检测仪表的选用应根据工艺要求，合理地选择压力仪表的种类、型号、量程和精度等级等。

1. 确定仪表量程

根据被测压力的大小确定仪表量程，但是要注意留有一定的测量余量。一般在被测压力稳定的情况下，最大工作压力不超过仪表上限值的 2/3；测量脉动压力时，最大工作压力不超过仪表上限值的 1/2；测量高压时，最大工作压力不超过仪表上限值的 1/3。同时，被测压力的最小值一般不低于仪表量程的 1/3。

2. 选择仪表的精度等级

根据生产过程中允许的最大测量误差来确定压力仪表的精度等级。一般选用精度等级能满足要求的经济实用仪表即可。

3. 仪表类型选择

选用仪表要充分考虑被测介质的特性，如温度、黏度、腐蚀性、是否易燃易爆等；同时兼顾环境条件，如潮湿、振动、电磁干扰等。另外，还要满足系统对仪表功能的需求，如仪表是否具有信号远传功能等。

在正确选择压力仪表的基础上，还要正确安装仪表，否则会直接影响到测量结果的准确性，影响压力仪表使用寿命。一般而言，为保证能准确检测介质的静压力，要将压力仪表安装在被测介质的直线流动部分。若被测介质为流体，要求取压点与流动方向垂直；若被测介质为气体，取压点在管道上部，以避免液体积存；若被测介质为液体，取压点在管道下部，以避免气体积存；若被测介质为蒸汽，需要加装冷凝汽管，以防止高压蒸汽与检测元件直接接触，损坏压力仪表；若被测介质具有腐蚀性，则需要加装隔离罐，通过第三方介质隔离压力仪表和被测量。

3.6 流量检测与变送

工业生产过程中，为了有效地指导生产操作、监视和控制生产过程，经常需要检测各种流动介质（如液体、气体或蒸汽、固体粉末）的流量，以判断生产状况和衡量设备运行效率，为管理和控制生产提供依据。因此，流量检测在生产过程自动化中不可缺少。

3.6.1 流量的概念及其检测

1. 流量的概念

在工程上，流量是指在单位时间内流过工艺管道的流体数量。通常，把单位时间内流过工艺管道某截面的流体数量，称为瞬时流量 q；而把某段时间内流过工艺管道某截面的流体总量，称为累积流量 Q。二者满足以下关系

$$\begin{cases} q = \int_A v \mathrm{d}A = \bar{v}A \\ Q = \int_0^t q \mathrm{d}t \end{cases} \tag{3-43}$$

式中 v——某一微元截面积 dA 上的流体速度;

$\bar{v}$——截面 A 上的平均流速。

上述两种流量根据工程需求和度量方式不同,一般存在以下三种表示方式。

1) 体积流量:体积瞬时流量记为 q_v,单位为 m³/s;体积累积流量记为 Q_v,单位为 m³。

2) 重量流量:重量瞬时流量记为 q_g,单位为 N/h;重量累积流量记为 Q_g,单位为 N。

3) 质量流量:质量瞬时流量记为 q_m,单位为 kg/s;质量累积流量记为 Q_m,单位为 kg。

三种流量表示之间的关系为

$$q_g = \gamma q_v = \rho g q_v = g q_m \tag{3-44}$$

式中 γ——流体的重度;

ρ——流体的密度;

g——重力加速度。

2. 流量检测的主要方法

由于流量检测条件的多样性和复杂性,所以流量检测手段多样,种类繁多,目前还没有统一的分类方法。按照检测量的不同,可分为体积流量检测和质量流量检测;按照测量原理,又有容积式、速度式、节流式和电磁式等。

(1) 体积流量检测法

该法包含容积法和速度法两类。

容积法:是在单位时间内以标准固定体积对流动介质连续不断地进行测量,以排出流体固定容积数来计算流量。基于这种检测方法的流量检测仪表主要有:椭圆齿轮流量计、旋转活塞式流量计、刮板式流量计等。容积法受流体状态影响较小,适用于测量高粘度流体,测量精度高。

速度法:先测量管道内流体的平均流速,再乘以管道截面积求得流体的体积流量。基于该检测方法的流量检测仪表主要有:差压式流量计、转子式流量计、电磁式流量计、涡轮式流量计、靶式流量计、超声波流量计等。

(2) 质量流量检测法

该法包含直接法和间接法两类。

直接法:由测量仪表直接测量质量流量。其优点在于精度不受流体的温度、压力、密度等变化的影响。目前已有的包括角动式流量计、量热式流量计、科里奥力式流量计等。

间接法:用测得的体积流量乘以流体的密度自动计算得到质量流量。当流体密度随流体的温度、压力等变化时,计算繁琐,存在累计误差,测量精度受限。

3.6.2 典型流量检测仪表

下面着重阐述几种工业上常用的流量检测仪表。

1. 差压式流量计

差压式流量计结构简单、运行可靠、可以与差压变送器直接配合,适用于多种介质流量检测,因此,在工业过程中应用广泛。该类流量检测仪表基于伯努利方程和连续性原理:在流通管道上安装节流元件,当流体通过节流元件时会产生流速变化,进而在节流元件前后产生压力差,通过差压测量即可求得被测流量。

节流元件使通过的流体流束收缩、流速加快、静压力降低,从而在其前后形成压力差。

常用的节流元件有孔板、喷嘴挡板和文丘里管等。

孔板是最简单、实用的节流装置,它装在管道内,为板状,其中央有一个小于管道截面积的圆孔。当稳定流动的流体流过时,在孔板前后将产生压力和速度的变化,如图 3-36 所示。

流体在管道截面Ⅰ前未受到节流元件影响,静压力为 p_1,平均流速为 v_1,流体密度为 ρ_1;在接近节流元件处,随着流通面积的减小,流束收缩,流速增加;通过孔板后,在截面Ⅱ处流束达到最小,流速达到最大为 v_2,此时静压力为 p_2,流体密度为 ρ_2;随后流束逐渐扩大,速度减慢,到截面Ⅲ后平均流速 v_3 恢复为 v_1;但是由于流通截面积的变化,使流体产生了局部涡流,损耗了能量,所以静压力 $p_3 < p_1$,存在压力损失。

设流体为不可压缩的理想流体,即 $\rho_1 = \rho_2$。根据伯努利方程和连续性原理,有

$$\frac{v_1^2}{2} + \frac{p_1}{\rho} = \frac{v_2^2}{2} + \frac{p_2}{\rho} \quad (3-45)$$

$$A_1 v_1 \rho = A_2 v_2 \rho \quad (3-46)$$

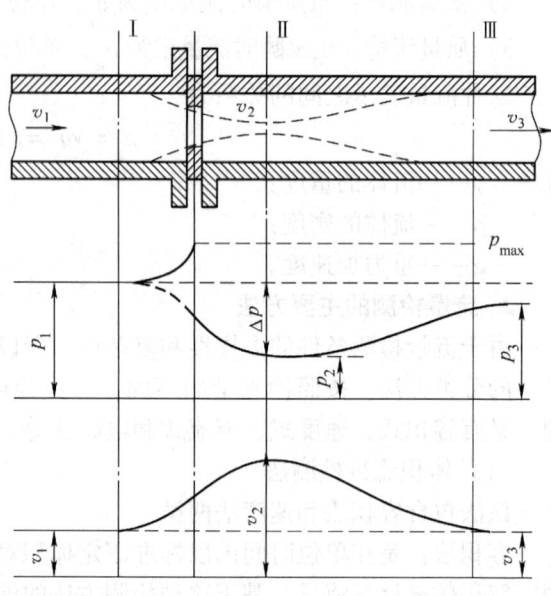

图 3-36 孔板及其前后压力、流速分布图

则有

$$v_2 = \frac{1}{\sqrt{1-\mu^2\beta^2}} \sqrt{\frac{2}{\rho}(p_1 - p_2)} \quad (3-47)$$

其中,$\beta = A_0/A_1$

式中 A_0——节流元件的开孔截面积;

A_1——管道截面积;

μ——流束收缩系数。

设孔板前后的压力之差 $\Delta p = p_1 - p_2$,结合式(3-47)得到体积流量和质量流量为

$$q_v = \frac{\varepsilon\mu A_0}{\sqrt{1-\mu^2\beta^2}} \sqrt{\frac{2}{\rho}(p_1-p_2)} = \alpha A_0 \sqrt{\frac{2}{\rho}\Delta p} \quad (3-48)$$

$$q_m = \frac{\varepsilon\mu A_0}{\sqrt{1-\mu^2\beta^2}} \sqrt{2\rho(p_1-p_2)} = \alpha A_0 \sqrt{2\rho\Delta p} \quad (3-49)$$

式中 α——流量系数,与节流装置的结构形式和面积比、流体的取压方式与特性等有关。

对于可压缩流体,$\rho_1 \neq \rho_2$,其流量与压力差的关系为

$$q_v = \alpha\varepsilon A_0 \sqrt{\frac{2}{\rho}\Delta p} \quad (3-50)$$

$$q_m = \alpha\varepsilon A_0 \sqrt{2\rho\Delta p} \quad (3-51)$$

式中 ε——膨胀修正系数，对于不可压缩流体，$\varepsilon=1$。

可见，采用孔板测量流量实际上是通过在孔板前后的管壁上，选择两个固定的取压点将流量转换成差压，再将差压引入差压变送器，最终将流量转换成 DC 4～20mA 电流信号。由于流量与差压 Δp 之间是开平方关系，所以要求差压变送器具有开方运算功能。

差压变送器开方运算原理如图 3-37 所示。通过节流元件测得的差压 Δp 与流量 q 呈平方关系，即 $\Delta p = f(q) = q^2$；反馈回路将输出流量信号 I_o 折算为信号 $\Delta p'$；考虑运算放大器为理想运放，即 $K_A \to \infty$，则有

$$I_o = f(\cdot) \frac{K_A}{1 + K_A \phi(\cdot)} q \approx f(\cdot) \frac{1}{\phi(\cdot)} q \quad (3\text{-}52)$$

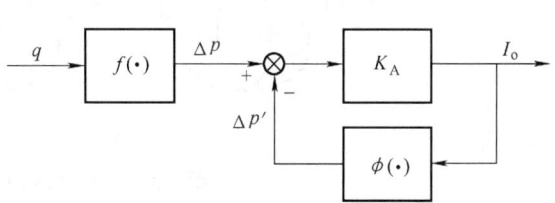

显然，只要使函数 $\Phi(\cdot)$ 与平方关系 $f(\cdot)$ 近似，就可以使变送器输出电流 I_o 与被测流量 q 成比例关系。通常采用电阻-稳压二极管构成的硬件组合电路来分段线性地逼近非线性函数 $f(\cdot)$，实现开方运算功能，其结构如图 3-38 所示。

图 3-37 开方运算原理

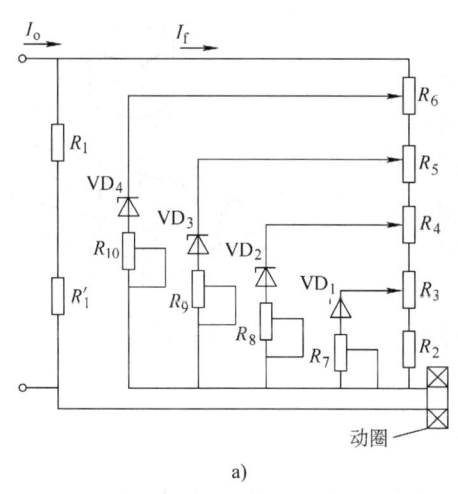
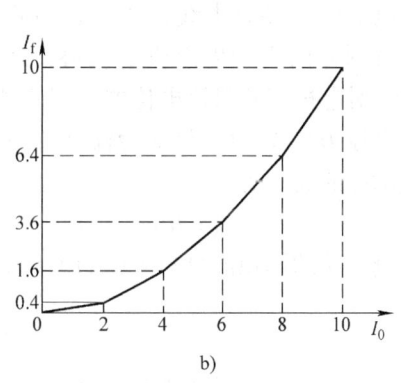

图 3-38 开方运算电路结构及其逼近函数曲线

随着电流 I_o 从最小值逐渐增大，稳压管 $VD_1 \sim VD_4$ 逐一导通，与其相串联的电阻 $R_7 \sim R_{10}$ 和电阻 $R_2 \sim R_6$ 中的相应区段并联，从而使分流支路的电阻逐一减小，分流电流 I_f 逐一增大，形成分段连接的平方逼近函数。因此，在实际应用中，可以通过改变相应电阻值来调整分段点和各段斜率。

2. 容积式流量计

容积式流量计通过测量流体经过固定小容积的次数来计量流量。固定小容积是流量计内部的一个标准计量空间，由流量计内壁和转动部分构成。当流体经过该标准计量空间时，在流量计进出口压力差的推动下，转动部分产生旋转，将流体由入口排向出口。由于标准计量空间的体积固定，所以只要测量转动部分的旋转次数，就可以得到被测介质的流量。

以工业过程中广泛使用的椭圆齿轮流量计为例。齿轮 A、B 与内壁构成标准计量空间，

齿轮 A 顺时针转动，推动齿轮 B 逆时针旋转，并将标准计量空间内的流体排出；继而齿轮 B 的转动又推动齿轮 A 旋转，其工作过程如图 3-39 所示；该过程重复进行。设齿轮转速为 v，标准计量空间体积为 V，则体积流量为

$$q_v = 4vV \tag{3-53}$$

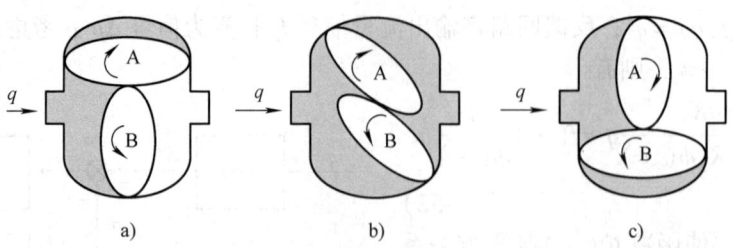

图 3-39　椭圆齿轮流量计的工作原理

3. 电磁式流量计

电磁式流量计是基于电磁感应定律工作的一种测量导电流体体积流量的仪表。其工作原理如图 3-40 所示，永久磁铁产生垂直方向的均匀磁场，垂直于磁场方向放置一根由不导磁材料制成的流体管道。根据电磁感应定律，当导体在磁场中作切割磁力线运动时，导体中将产生电动势和电流。因此，当导电流体在管道中流动时，导电液体切割磁力线，从而在与磁场及流动方向垂直的方向上产生感应电动势，通过在管道上安装一对电极来测量该电位差。当磁感应强度 B 与管道直径 D 一定时，设 v 为流体平均流速，则感应电动势的大小为

$$E = BDv \tag{3-54}$$

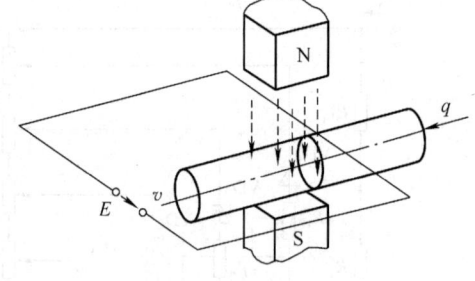

图 3-40　电磁式流量计

被测介质的体积流量与流速的关系为

$$q_v = \frac{1}{4}\pi D^2 v = \frac{\pi D}{4B}v \tag{3-55}$$

可见，在管道直径和磁感应强度一定时，体积流量与感应电动势之间具有线性关系。

电磁式流量计反应灵敏、精度高、线性度好且不受流体温度、压力、密度、黏度等参数影响；但是只能用于导电液体测量，对于气体、蒸汽或导电率低的液体并不适用。

4. 转子式流量计

中、小流量的测量常用转子流量计，它由一个自下向上的垂直锥管和一个可以沿锥管轴向上下自由移动的浮子组成，如图 3-41 所示。浮子在锥管中形成一个环形流通面积，起节流作用，因此在被测流体作用下，浮子上、下两侧的压差 Δp 形成上升力 F_2。设 A_f 为最大环形流通面积，ρ 为被测介质密度，v 为环形流通面积中的流体平均流速，ξ 为比例系数，则有

$$F_2 = \xi \frac{\rho v^2}{2} A_f \tag{3-56}$$

设 V_f、ρ_f 分别为浮子的体积和材料密度，g 为重力加速度，则转子重力为

$$F_1 = V_f g(\rho_f - \rho) \tag{3-57}$$

若流量增加，转子重力小于上浮力，则转子上升，环形流通面积增加，Δp 下降，最终使上升力与重力达到新的动态平衡，于是转子稳定在一定位置上。此时，浮子在锥管中的位置高度与被测介质的流量存在以下关系

$$q_v = \alpha \varphi h \sqrt{\frac{(\rho_f - \rho)}{\rho}} \tag{3-58}$$

式中　α——流量系数；
　　　φ——流量计结构常数。

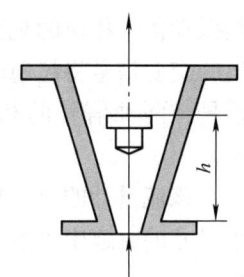

图 3-41　转子式流量计

可见，被测介质的体积流量与浮子在锥管中的高度呈近似线性关系，即流量越大，浮子所处的平衡位置越高。

5. 漩涡式流量计

流体在流动过程中遇到障碍物时产生回流，形成稳定的漩涡。如图 3-42 所示，在管道中放置一根与流体流向相垂直的柱状障碍物，当流体流过该障碍物时，就会产生两排平行且交替出现的漩涡列，称为"卡曼涡街"。

由于漩涡之间相互影响，所以只有在漩涡列之间的距离 h 和同列两个漩涡之间的距离 l 满足 $h/l = 0.281$ 时，漩涡才以稳定的周期出现，即涡街才是稳定的。设障碍物附近的流体平均流速为 v，d 为障碍物直径，根据卡曼涡街形成原理，漩涡产生频率为

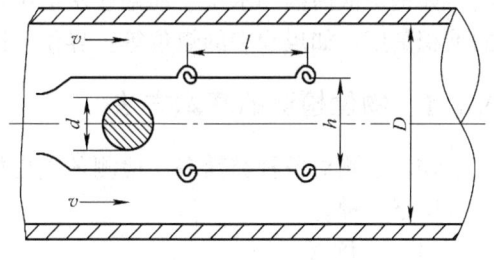

图 3-42　漩涡式流量计

$$f = S_t \frac{v}{d} \tag{3-59}$$

S_t 与障碍物形状有关，对于圆柱体 $S_t = 0.21$，对于三角柱体 $S_t = 0.16$。此时，流体的体积流量与漩涡产生频率之间的关系为

$$q_v = Kf \tag{3-60}$$

式中　K——结构常数。

可见，当管道内径和障碍物的几何尺寸确定后，体积流量只与涡街产生的频率成正比，而与流体的物理性质（如温度、压力、密度等）无关。

6. 质量流量计

为便于在生产过程中进行物料平衡计算及经济核算，常需要计算质量流量。但是由于流体密度会随温度和压力变化而变化，所以为获得质量流量，就需要在测量流体体积流量的同时，测量流体的压力和密度。根据测量原理不同，可分为直接式和间接式两类。

科氏力质量流量计是一种被广泛使用的直接式质量流量计，它利用流体在振动管中流动时，产生与质量流量成正比的科氏力制成。如图 3-43 所示，两根金属 U 型管与被测管路相连通，流体按箭头方向流动。在 A、B、C 三处各装一组压电换能器。换能器 A 在外加交流电压作用下产生交变力，使两个 U 型管产生上、下振动；换能器 B 和 C 用于检测两管的

振动幅度。根据出口侧振动信号的相位超前于入口侧振动信号相位的规律，位于出口侧的换能器 C 输出的交变信号将超前于位于入口侧换能器 B 的输出信号，两种信号的相位差与流过的质量流量成正比。

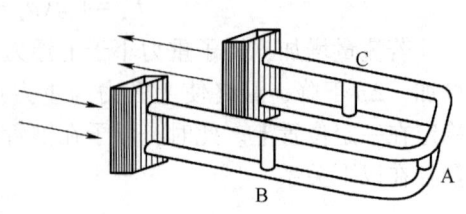

图 3-43　科氏力质量流量计

该流量计的测量精度高、结构简单，适用于中小尺寸的管道中黏度和密度相对较大的流体流量检测。

3.7　物位检测与变送

在生产过程中，常需要对容器中储存的固体、液体的储量进行测量，以保证生产正常运行和物料之间的动态平衡。由于容器的底面积往往固定，所以可以通过检测物料的高度或位置以获得其储量信息。物位就是指物料的高度，通常包括：液位，即容器中液体的液面高度，如锅炉锅筒内的水位、油罐或水塔中储液的液位等；料位，即容器中固体或颗粒状介质的堆积高度，如煤仓中的煤位等；界位，即液体与液体、液体与固体之间分界面的高度。

3.7.1　物位检测的基本方法

物位检测对象种类繁多，检测环境也相差较大，因此形成了多种测量方法。工业上常用的有以下几种。

（1）直读式

采用在设备容器侧壁开窗口或设置旁通管方式，直接显示物位的高度。该方法简单、可靠、准确，但只能就地指示，适用于容器压力不高和只需就地指示的场合。

（2）静压式

根据流体静力学原理，容器中某一点的静压力与介质上方自由空间的压力之差和该点上方的介质高度成正比。因此可以通过测量压力或压差来检测物位。该方法可分为压力式和差压式两类，前者适用于敞口容器的液位检测，后者适用于闭口容器的液位检测。

（3）浮力式

漂浮于液面上的浮子或浸没在介质中的浮筒，利用其浮力随液面（位）高度的变化来检测液位，如图 3-44 所示。该方法结构简单，被广泛用于液位的检测。目前大多数大型贮罐多采用浮子钢带液位计。

（4）电气式

将敏感元件做成一定形状的电极置于被测介质中。当物位发生变化时，电极之间的电气参数（如电阻、电容等）会随之发生相应的变化；通过检测这些参数就可以测量物位。该方法可以直接与电容式差压变送器相配接，适用于液位和料位检测。

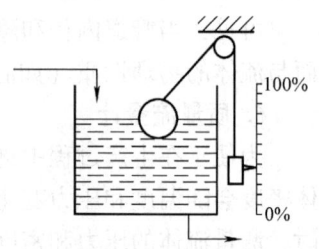

图 3-44　浮力式液位计

（5）声学式

利用特殊声波（如超声波）在介质中的传播速度及在不同界面之间的反射特性来检测物

位。其本质上是一种非接触式检测方法,适用于对声波吸收能力较弱的液体、颗粒状固体及粘稠、有毒等介质的物位检测。

(6) 射线式

放射性同位素所发出的射线(如 β 射线、γ 射线等)穿过被测介质时,因被介质吸收而强度衰减。通过检测射线强度的变化来实现物位的非接触式测量。该方法适用于操作条件严格的场合,如高温、高压、强腐蚀等生产过程。

3.7.2 常用物位检测仪表

下面着重阐述几种工业上常用的物位检测仪表。

1. 差压式液位计

在密闭容器中,容器底部的液体压力不仅与液位高度有关,还与液面上部的介质压力有关。为消除液面上部的介质压力对测量的影响,采用差压式液位计,将容器底部反映液位高度的压力引入液位计的高压侧,液面上部的介质压力引入液位计的低压侧,如图3-45所示。

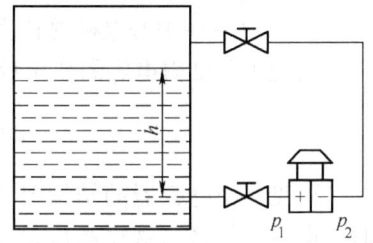

图 3-45 差压式液位计

设被测液体密度为 ρ,液位高度为 h,液面上部的介质压力为 p,则根据静力学原理,液位计高、低压侧的压力为

$$p_2 = p$$
$$p_1 = \rho g h + p \tag{3-61}$$

则液位计两端的压差为

$$\Delta p = p_1 - p_2 = \rho g h \tag{3-62}$$

可见,当容器内被测介质密度一定时,压差与液位高度成正比,即通过测量该压力差,就可得到液位高度。在实际应用中,需要注意的是:若被测介质具有腐蚀性,差压式液位计的高、低压侧与取压口之间需要安装隔离罐。

2. 电容式物位计

电容式物位计的工作原理是:根据电容极板间介质的介电常数 ε 不同(如水的相对介电常数为79,干燥空气的相对介电常数为1)所引起的电容变化,并通过检测电容求得被测介质的物位。它由电容物位传感器和电容测量电路两部分构成,适用于各种导电介质和非导电介质的液位测量,以及颗粒状和粉状固体料位的测量,便于进行信号远传。

以液位检测中广泛使用的同心圆柱式电容物位计为例,说明该类物位计的工作原理。如图3-46所示,容器壁采用金属材质构成电容器的一侧极板,容器中心位置沿轴向设置一根不与金属壁相接触的金属棒构成电容器的另一侧极板,称为中心电极。如果中心电极的一部分被介电常数为 ε_2 的被测介质所浸没,则忽略杂散电容和电场边缘效应,得到该状态下电容 C 与被测介质液位高度 h 之间的

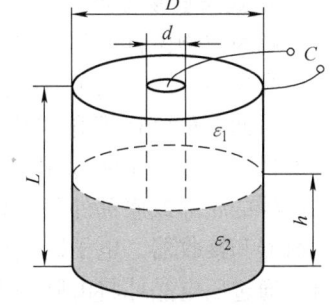

图 3-46 电容式物位计

关系为

$$C = C_1 + C_2$$
$$= \frac{2\pi\varepsilon_1}{\ln(D/d)}(h-L) + \frac{2\pi\varepsilon_2}{\ln(D/d)}h \tag{3-63}$$

设

$$C_0 = \frac{2\pi\varepsilon_1 L}{\ln(D/d)} \tag{3-64}$$

则有

$$C = C_0 + \frac{2\pi}{\ln(D/d)}(\varepsilon_2 - \varepsilon_1)h \tag{3-65}$$

式中　D、d——容器的内径和中心电极外径；

　　　ε_1——容器上部空间内物料的介电常数；

　　　L——中心电极总长度。

由此可以推得电容的变化量与液位高度之间的关系为

$$\Delta C = C - C_0 = \frac{2\pi}{\ln(D/d)}(\varepsilon_2 - \varepsilon_1)h \tag{3-66}$$

可见，当电容器的结构尺寸和介质特性一定时，电容变化量与液位高度呈正比关系；而且容器中两种介质的介电常数差距越大，电容变化量也越大，即物位计的灵敏度越高。

电容式物位计中的电容变化量较小，直接测量存在困难。目前常用交流电桥法、谐振电路法等，将电容量转换成其他电信号实现电容检测。图 3-47 所示的交流电桥法中，高频电源 E 通过电感 L_1、L_4 耦合到 L_2、L_3、C_1、C_2 组成的电桥。测量桥臂 DA 引入检测电容，可调桥臂 AB 对初始电容 C_0 进行平衡。电桥输出信号经 VD 整流后，可直接显示，也可以通过配接毫伏输入型变送器输出 DC 4～20mA 标准电流信号。

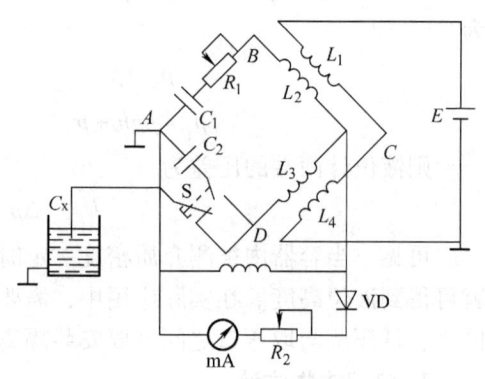

图 3-47　交流电桥法测量电容原理图

3. 超声波物位计

超声波物位计是利用回声测距原理，通过测量超声波传播时间来确定液位。根据超声波传播介质的不同，超声波物位计分为液介式、气介式和固介式三种。

下面着重分析液介式超声波物位计，如图 3-48 所示，它由超声换能器和电子装置组成。超声换能器（即超声探头）安装在容器的底部或底部外侧，利用压电晶体的压电效应，交替用作发射器和接收器。电子装置用于产生交变电信号，并作用于换能器，通过压电晶体将电脉冲转换成超音频的机械振动，以超声波的形式进入液体；当超声波通过液体介质传播到液-气界面上后发生反射，压电晶体接收声波后，将机械振动重新转换为电信号。

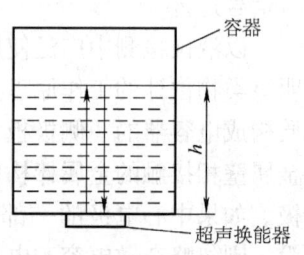

图 3-48　超声波物位计原理

设超声换能器至液面的距离为 h，超声波在液位中传播的速度为 v，从发射到接收所经历的时间为 t，则有

$$h = \frac{1}{2}vt \tag{3-67}$$

一般气介式超声波物位计将换能器装在容器的顶部，超声波在气体介质中传播到气-液界面上发生反射，通过记录超声波往返所需的时间计量获得液位高度。固介式超声波物位计则在容器的顶部安装两个换能器，分别作为发射器和接收器。发射的超声波经过插在介质中的波导棒传播至液面，折射后通过液体介质传给另一波导棒，再传播给接收换能器，如图 3-49 所示。通过记录超声波从发射到接收所需的时间进而求得物位高度。

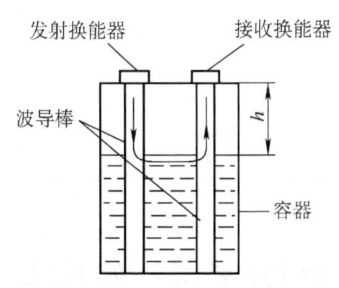

图 3-49 固介式超声波物位计原理

超声波物位计测量物位时，超声换能器不与被测介质接触，传播速度稳定，对介质密度、电导率、热导率和介电常数不敏感，适用于有毒、腐蚀性强、黏度高等介质的液位检测。该类物位计的测量精度主要取决于传播速度和时间，而传播速度会受介质温度等因素影响，因此需要进行温度补偿，以提高测量精度。

3.8 智能检测仪表

随着微电子技术、计算机技术和网络技术的迅猛发展，自动化仪表呈现微型化、集成化、数字化、网络化和智能化的发展趋势。采用微处理器和先进传感器技术的智能检测仪表具有比模拟仪表更可靠的性能，其结构更紧凑、接线更灵活、维护更方便；可以输出模拟和数字两种信号，并通过现场总线通信网络或工业以太网络实现与上位计算机的连接，满足集散控制系统的应用要求。

1. 智能检测仪表结构

与以电子线路为主体的传统检测仪表不同，智能仪表主体采用微处理器与存储器构成。如图 3-50 所示，智能仪表由数据采集装置和微型计算机两部分组成。数据采集装置对被测信号实现采样，采样数据通过计算及数据处理（如数字滤波、标度变换、非线性补偿、数据计算等），最终计算结果及处理后数据可以被显示或打印。微处理器作为控制单元，是仪表的核心，用于控制数据采集、处理及显示等过程。

2. 智能检测仪表的特点

（1）微型化

微电子技术的发展，使传统的力矩杠杆系统逐渐被微型化的变送器所取代，从而缩小了变送器体积，降低了常用电气元件的功耗，实现了仪表的微型化。目前已得到良好应用的有采用扩散硅或刻蚀技术制作的测量敏感元件，这些测量元件可直接将压力信号转换成电信号，不再使用任何力矩杠杆系统。此外，微型化还包括测量元件、传递结构、调制解调器及功率放大器的微型化等。

（2）数字化和智能化

在传统的控制系统中，大多采用 DC 4～20mA 标准电流信号进行远传。由于计算机具有

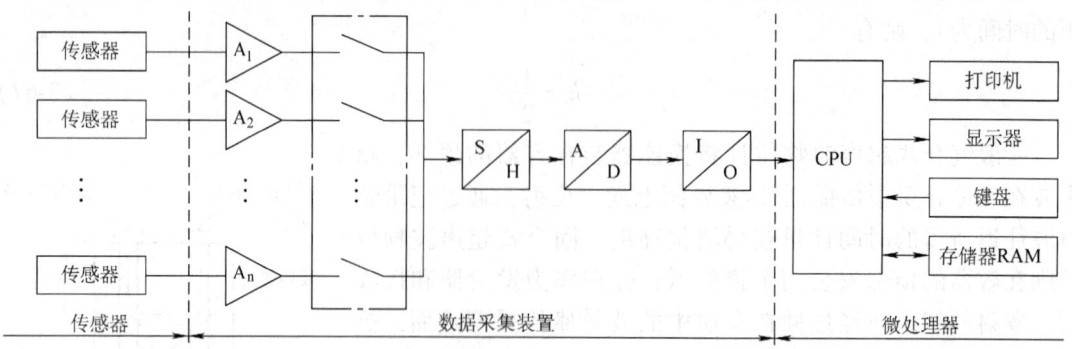

图 3-50 智能检测仪表的结构框图

强大的控制和信号处理能力,所以它改变了传统检测类仪表以电流远传的单一标准制式,使得仪表还具有数字通信和数字显示等多种信号联系方式,并使仪表的功能更加强大。例如,自动零点和增益校正、非线性校正、温度自动补偿、量程自动切换、自诊断以及图像处理等,使仪表具有强大的智能化功能。

(3) 网络化

随着网络技术的发展,尤其是现场总线技术引入现场控制单元,改变了现场的常规连接模式。各种仪表均可挂在一条网络线路上,以数字信号取代模拟信号进行传递,这样既大大节省了线路的连接,同时实现了现场控制单元的网络化。

(4) 集成化

由于大规模和超大规模集成电路技术的发展,可将组成仪表的多个单元集成在一片芯片上,包括检测元件、输入电路、输出电路、信号的调制/解调电路、功率放大电路、信号转换电路、线性化处理、通信功能等模块,从而极大地缩小了仪表电子电路的体积,更好地保证其性能的稳定性、可靠性以及精度。

3.8.1 智能流量积算仪

智能流量积算仪能对来自流量传感器的脉冲信号或模拟信号进行处理,得到瞬时流量值和累积流量值。

1. 硬件结构

如图 3-51 所示,智能流量积算仪由单片机、操作键、显示器、通信接口和过程通道等组成。过程通道包括模拟流量信号输入通道、脉冲流量信号输入通道以及流量信号再发送电流输出通道。为了节省外部电源配电器,模拟信号和脉冲信号输入通道都带有外供直流稳压电源,每路电源均带短路保护,以免操作时不慎将电源短路,引起仪表损坏。

2. 主要功能

智能流量积算仪除了具有基本的流量计算功能外,还对模拟流量检测仪表中的许多不足加以完善,并具有许多特有功能。

(1) 计算瞬时流量和累积流量

流量计算是仪表的核心功能,可以实现瞬时流量和累积流量计算。在不同输入信号作用下,可以实现:

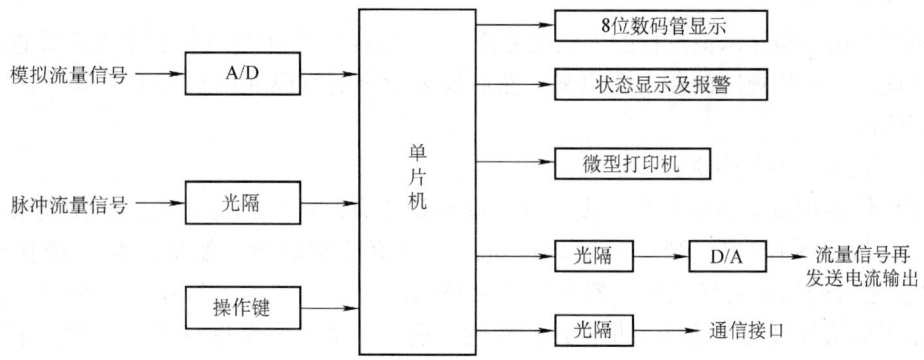

图 3-51 智能流量积算仪硬件结构图

1）由于本仪表能实现对输入信号的开方运算，所以可以实现差压信号输入的瞬时流量计算。

2）输入若为脉冲信号，瞬时流量为

$$q = \frac{f_i R_i}{K_t} \qquad (3\text{-}68)$$

式中 f_i——输入信号频率；

R_i——瞬时流量单位时间换算系数；

K_t——脉冲输出流量系数（针对体积流量，K_t 为单位体积流量对应的脉冲数；针对质量流量，K_t 为单位质量流量对应的脉冲数）。

3）累积流量 Q 是瞬时流量的时间累计，记为

$$Q = \frac{1}{K_t} \int_0^t \frac{q}{R_i} dt \qquad (3\text{-}69)$$

（2）小信号切除

模拟信号在转换和处理过程中，难免存在零点漂移，导致在无流体流动情况下，流量计非零，产生缓慢积算。采用小信号切除功能正是为了避免这一现象。

（3）断电保护

断电保护是指在主电源中断时，采用 EEPROM 来保护仪表的设定数据和累积值，避免其丢失和被修改。

（4）定时抄表功能

按操作员预先设定的抄表时刻自动读取流量累积值，并存放在仪表内的一个单元中。当抄表人员按下秒表键后，仪表即显示抄表符号和该单元中的数据。该单元中的累积值一直保持到次日"抄表时间"才被刷新。

（5）实时时钟

采用以自带锂电池的专用芯片为核心的实时时钟，走时误差很小，不依赖于外部电源；而且当仪表的主电源中断后，时钟可以依靠其自带锂电池继续走 10 年。

（6）自诊断功能

仪表按照预先设计的程序定时对有关硬件和数据进行检查和诊断。若发现异常，面板上的报警灯点亮，并用一定的代码（或助记符、短语）显示故障类型或故障发生位置。

(7) 密码设置

密码设置用来防止未被授权的人员随意修改关键数据。如果想对仪表中先前设置的关键数据作修改，必须将规定的条目调出来，然后键入设定的密码并得到 CPU 认可，才可以对数据实现修改。

(8) 面板清零有效性选择

为了确保累积流量数据安全，设计有"面板清零有效性"选择功能。在仪表组态时如果选择"面板清零有效"，则按下复位按钮，累积值即被清除；如果选择"面板清零无效"，则需键入密码并被确认后，累积值才会被清除并复零。在进行仪表校验时，由于人们习惯累积值从零开始对流量累积值进行校验，所以就需要频繁进行清零操作，于是选择"面板清零有效"。仪表校验完毕交付使用前，要回到"面板清零无效"，以确保投入使用后的数据安全。

(9) 累积速率设置

用来获得合适的积算速率，积算速率采用 10 的 n 次幂的倍率。在同一个区域内测量同一种流体的各台流量表，往往取相同的倍率。例如，全厂蒸汽流量计取 $n = -1$，则倍率为 0.1，累积流量就是将抄得累积流量的读数乘以 0.1 后的值。如果速率太高，则累计流量显示器很快被积满复零；如果速率太低，读得的累积值分辨率差，影响数据的应用。在本仪表中，可通过面板按键的操作，便捷而准确地设置满量程积算速率。

(10) 仿真功能

按菜单中设定的流量仿真值，产生一个代表流量的频率值或经无量纲化的模拟信号（0% ~ 100%），然后取代流量输入信号，对流量显示仪表进行校验。所以仿真功能的用途是故障查找。当仪表流量指示值异常时，若想判断原因存在于二次表还是流量输入信号，可以将软开关从"0"位置切换到"1"位置，于是"流量信号处理"部分与外部输入的流量信号断开，而接受"表内信号发生器"送出的信号。如果显示准确无误，则表明二次表数字运算部分正常；如果显示不正常，则表明二次表有问题。

(11) 远程通信功能

不仅可以用于与上位机通信，还可用于两台仪表之间的通信。通信标准常采用 RS-232C 或 RS-485。RS-232C 的通信距离只能达到几十米，但可与计算机直接连接，适用于通信距离较短的场合；RS-485 的通信距离可达 2km，通信速率可选 1200、2400、4800 和 9600B/s 波特率。通信速率要求不高的系统采用较低的波特率。

3.8.2 智能温度变送器

采用 HART 通信协议的智能温度变送器，在两根输送线上既可以传送 DC 4 ~ 20mA 模拟信号，又可以接收和发送数字信号。数字信号的 0 和 1 本质上是叠加在模拟信号上的 2200Hz、1200Hz 两种频率信号。

智能温度变送器具有许多不同以往模拟仪表的功能。

1) 温度变送器的输出信号不仅包含反映被测温度的标准电流信号，还包括环境温度、温度传感器类型、量程、控制设定值、偏差、PID 参数、报警信息、自检信息、运行情况、设备类型、ID 号以及软硬件版本号等监控数字信号。

2) 主机可以将指令下达给温度变送器，从而改变其性能，以适应不同工作状况。主机可修改的参数主要有：传感器的类型；在总测量范围内自由设定所需要的量程；命令下位机自动校准 4mA 或 20mA 电流输出；设置控制运算中的参数，包括 PID 参数、控制设定值、阻尼系数、报警方式、报警上下限及输出限幅值等；为了便于管理并满足多站通信的需要，上位机可以修改下位机的 ID 号、通信站号、显示单位及小数点位数等参数。

1. ITT 智能温度变送器的硬件结构

ITT 智能温度变送器采用 HART 通信协议，由测控部分和通信部分构成，如图 3-52 所示。测控部分通过传感器完成被测变量的检测，并根据系统要求以标准信号输出测量值或控制值；通信部分主要是保证上、下位机按 HART 通信协议进行正常通信。

（1）测控部分

ITT 智能温度变送器的测控部分如图 3-53 所示。

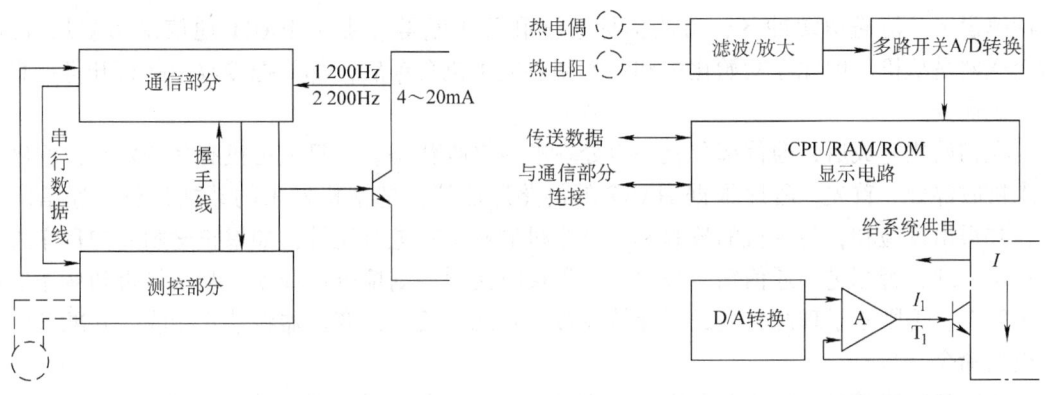

图 3-52 ITT 智能温度变送器框图　　　　图 3-53 测控部分原理框图

可见，ITT 智能温度变送器中用户的控制信息是通过网络传输的。由于不需要用户在本地操作，所以可以缩小变送器的体积，实现与传感器的一体化。这为设计符合本质安全要求的现场设备减少了麻烦。

智能温度变送器的结构简单，但是需符合 HART 通信协议的相关规定，特别是连线方式和功耗问题。如图 3-54 所示，电流信号通过采样电阻转换成电压信号传给其他设备，采样电阻的取值范围一般为 250~650Ω。为了满足环路电流最小为 4mA 的要求，向变送器供电部分的电流不得小于 4mA。假设电流为 4mA，则在理想状态下环路可供给变送器的最大功率为 37.4mW。如果系统（包括桥路、放大器、A/D 转换器、CPU 存储器、D/A 转换器以及通信电路等）采用 5V 供电，则总电流不会超过 7.5mA。这就要求在选取元器件时要特别注意其功耗指标。

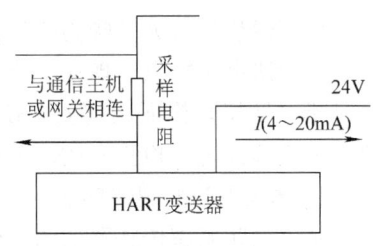

图 3-54 变送器外部接线图

（2）通信部分

系统在通信时，通过一个隔直电容把叠加在 DC 4~20mA 上的频率信号传给带通滤波器，以保证频率为 950~2500Hz 的信号正常通过；经过滤波后的信号进入符合 Bell 202 标准的调制解调器，把 2200Hz 信号转换为逻辑电平"0"，把 1200Hz 信号转换为逻辑电平"1"，并送入 CPU；CPU 送出的数字信号经过调制解调器转换成频率信号，叠加在 D/A 的输出上，送往环路。

2. ITT 智能温度变送器的软件结构

（1）测控部分

测控部分的软件在主程序中运行，主要完成数据采集、数据处理（包括对数据的线性化处理、码值折算、各种补偿计算等）、数据分析（包括数据合理性判断、是否超出报警值等）、控制计算（利用各种控制算法计算控制值）、显示控制、输出控制和自我诊断等功能。在测控程序中用到的许多参数（如量程上下限、报警上下限、传感器曲线表、阻尼系数和 PID 参数等）都可以通过网络由主机下达。

（2）通信部分

在上电时或看门狗复位后，主程序要对通信部分进行初始化，包括串口工作方式设定、波特率设定、清通信缓冲区、清通信标志字和开中断等。由于 HART 通信采用主从方式，而变送器是从机，因此在初始化中和每次回答完主机命令后，都要把接收中断打开且一直等候主机命令。

在初始化完成后，通信部分就一直处在准备接收状态。一旦上位机有命令发来，程序就进入接收部分。首先，程序根据 HART 的链路层协议，把主机发来的数据包放入通信缓冲区，并得出校验和，与主机的校验和以及主机的校验字进行比较，如果正确则通知程序进行下一步处理，否则进入通信错误程序；如果接收无误，则检查地址项，判断是否和变送器地址相符合，否则不予理睬，变送器保持在接收状态；反之，变送器将禁止接收，并准备回答主机的命令。

在准备应答的过程中主要是完成对主机命令的解释，并根据此命令去执行相应的操作；把要回传到主机的内容放入通信缓冲区等待发送。在应答完主机后，从机将进入接收状态，等待主机的下一条命令。

3.9 煤矿常用检测仪表

由于煤矿环境大多颇为恶劣，这就要求所用电气设备必须具有高可靠性、易维护、易操作、安全防爆等特点。现在，我国煤矿井下电气设备采购和使用必须具有"三证一标"。三证是指《防爆合格证》、《安全仪表合格证》、《产品鉴定证书》；"一标"为煤安标志，由煤科总院安标办统一检验发放。下面介绍几种在煤矿中常用的检测仪表。

1. 本安型防撕裂传感器

本安型防撕裂传感器如图 3-55 所示，用于检测井下煤炭运输胶带是否存在撕裂。一般将其安装在给煤点附近的上皮带下面。在皮带运煤过程中，发生胶带撕裂时，煤落到传感器上，当堆到一定高度时，接通装置的外壳与电极，输出信号报警并紧急停车。它具有防爆性能，适用于煤矿井下有瓦斯、煤尘爆炸危险等的环境。

2. 本安型胶带跑偏开关

本安型胶带跑偏开关用于检测胶带是否出现了偏移运行，它由壳体、行程开关和立辊等组成，如图 3-56 所示。

跑偏开关通常沿胶带运输机两侧按一定间隔成对安装。在运行过程中，当胶带出现不正常的偏移时，胶带与跑偏开关的立辊接触，挤压跑偏开关立辊，使立辊产生自转并偏转。当立辊偏转到一级动作角度 A 时，其一级凸轮驱动微动开关发出信号，进行声光报警并显示。若胶带继续跑偏，当立辊偏转到二级动作角度 B 时，开关内二级凸轮驱动微动开关动作，发出停车信号，切断胶带机的控制回路及电源，实现自动停机，

图 3-55　本安型防撕裂传感器

从而避免重大生产事故的发生。当胶带机恢复正常运行后，立辊在开关内弹簧的作用下复位，使跑偏开关自动回复到初始状态。

可见，跑偏开关是靠立辊在胶带跑偏力的推动下，带动轴及轴上的两个凸轮旋转。当凸轮转到一定的角度时，凸轮开始对微动开关施压，使电路工作，实现报警或停机。根据立辊的偏转角度可以将跑偏开关分为两级：一级可分为 10°、12°、20°；二级可分为 30°、35°、45°。上述两级开关的偏转角度可以任意组合和调整。

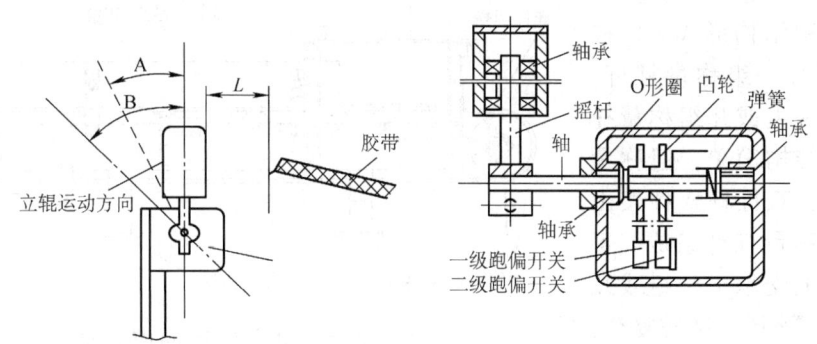

图 3-56　本安型胶带跑偏开关结构

3. 本安型堆煤传感器

矿用本质安全型堆煤传感器安装在胶带运输机机头落煤处，用于防止机头煤的堆积。当出现堆煤情况时，它能及时发出信号给控制装置。

如图 3-57 所示，矿用堆煤传感器由盒体和探头两部分组成。盒体为圆筒状，采用 A3 镀锌钢材做成，内置用于控制的电路系统；探头采用尼龙材料制成，镶嵌有三块金属铜片，作为三个电极（+24V、信号入 IN、地 GND）。盒体和探头之间采用一根 3m 长的三芯屏蔽电缆连接。

图 3-58 为矿用堆煤传感器的工作原理图。根据煤的电阻特性，当胶带机头出现堆煤情况时，探头被埋住，相当于在电源（+24V）和输入端（IN）之间加入一个阻值大约为

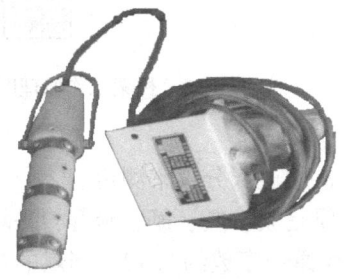

图 3-57　本安型堆煤传感器

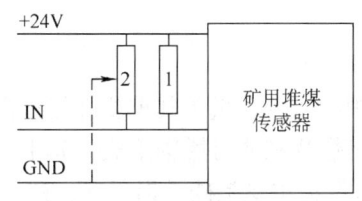

图 3-58　堆煤传感器工作原理

1MΩ 的电阻"1",此时,矿用堆煤传感器导通,输出端输出一个电平信号,继电器触点动作。当出现"糊煤"情况时,相当于在电源(+24V)和输入端(IN)之间加入一个阻值大约 1MΩ 的电阻"2",但是电阻的中性点接地,可以减小其电阻值引起的堆煤传感器误导通。

4. 电子皮带秤

电子皮带秤是在皮带输送机输送物料过程中,进行物料连续自动称重的一种计量设备。电子皮带秤主要由传感器、秤架、二次仪表等部分组成。

传感器包括测量秤架上物料瞬时重量的称重传感器和测量皮带速度的测速传感器,如图 3-59 所示。上述两个传感器的输出信号乘积就是物料的瞬时流量。称重传感器常采用电阻应变式、压磁式、电容式、振弦式等。其中,电阻应变式称重传感器因其制作简单、工艺成熟、精确度高而得到广泛应用。测速传感器常采用磁阻脉冲式、光电脉冲式、霍尔效应式、磁敏式等多种形式,测量精确度较高的可达到 0.05%~0.1%,分辨率可达到 0.0001m/s。

秤架具有单杠杆式、双杠杆式、悬臂式、悬浮式、直接承重式等多种结构形式。单杠杆式秤架只有一组称量杠杆,其上支承了一组或几组称量托辊,该形式结构简单,但称量精确度不高;双杠杆式秤架由对称的两组称量杠杆组成,每组称量杠杆上支承了一组或几组称量托辊,该形式结构复杂、秤体庞大,但性能稳定、称量精确度较高;悬臂式秤架通常专用于短皮带输送机,该形式只用于尺寸短小的定量给料机或专用的计量皮带秤,称量精确度中等;直接承重式秤架的特点是称重托辊组直接与称重传感器相连,秤架部分无杠杆、无支点、无平衡重,如图 3-60 所示。

二次仪表具有重量信号与皮带速度信号的乘法运算、累计值运算等功能,目前,已逐渐被数字式皮带秤所取代。后者具有更高的计算精度且功能更加丰富、通信功能更强大。

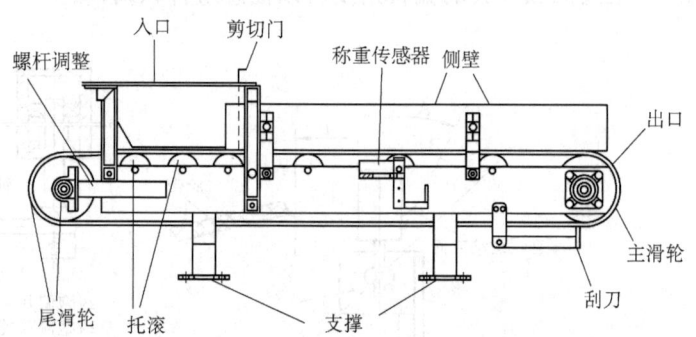

图 3-59 电子皮带秤的传感器

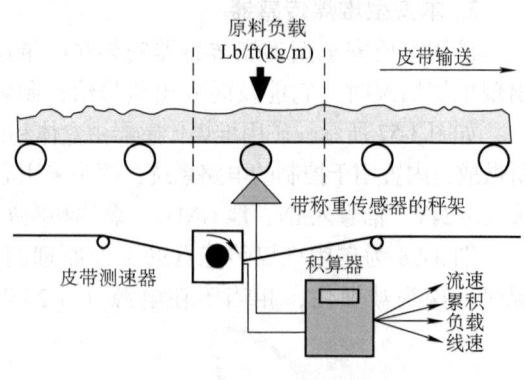

图 3-60 秤架工作原理图

5. 灰分仪

煤炭中的灰分含量是其重要性能指标之一,通常通过灰分仪来测定。

煤由可燃物和非可燃物组成。其中,可燃物主要是碳、氢、氮、硫等,平均原子序数约为 6;非可燃物主要是硅、铝、钙、镁、铁等,平均原子序数约为 12。当煤的灰分含量变化时,必然引起其平均原子序数的变化。

利用γ射线能量的衰减程度随被测物体组成成分原子序数的变化而变化这一特性，通过测量穿过煤层的γ射线强度来确定煤中灰分的多少，其结构如图3-61所示。利用双能γ射线照射煤流，其中低能铒源用来检测煤质灰分，中能铯源来消除厚度、密度带来的影响。已知灰分与双源的吸收关系是线性的。假设R为被吸收后的铒源、铯源的特性参数之比，则灰分Ash为

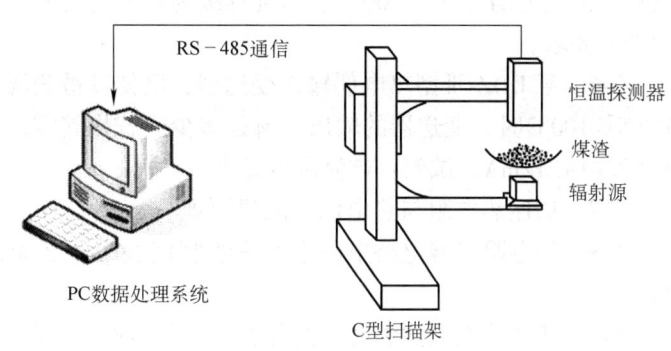

图3-61　在线灰分仪系统

$$Ash = KR + b \tag{3-70}$$

式中　K、b——线性参数。

由此，确定原子序数较低的可燃烧物质的含量。一般灰分仪通过高灵敏探测器测量穿过煤层的γ射线强度，再经过计算得到灰分值。

3.10　本章小结

本章在简要介绍参数检测基本概念的基础上，重点介绍过程控制中常用的工艺参数（如温度、压力、流量、物位等）的检测与变送和典型仪表的基本构成、工作原理、使用方法和选用原则等。

本章内容较多，涉及知识面较宽，注意重点掌握温度、压力、流量、物位等检测仪表的工作原理与应用特点。通过了解过程检测仪表的构成及各类仪表的统一信号标准，掌握误差的基本概念、分类以及检测仪表的主要性能指标，从而为仪表选型和使用奠定理论基础。针对温度这一重要工艺参数，熟悉热电偶、热电阻的测温原理及配接变送器的工作原理，了解温度检测仪表的选型及使用方法。熟悉各类压力检测仪表的测压原理，重点掌握已广泛使用的差压变送器的工作原理。掌握流量的基本概念和分类，熟悉各类流量检测仪表的基本工作原理。了解物位检测的分类及典型检测仪表的特点。熟悉智能仪表的基本原理及其构成。了解各类常用煤矿检测仪表的测量原理及其选用条件。

3.11　习题

3-1　试述过程工艺参数检测仪表的基本构成。

3-2　什么是误差，误差有哪些表现形式，仪表的精度与绝对误差及量程的关系是什么？

3-3　DDZ-Ⅲ型温度变送器具有什么功能，它是如何实现零点迁移和量程调整的？

3-4　有两台温度检测仪表，其量程分别为0～500℃和0～800℃，已知其绝对误差最大值为5℃，试问哪一台仪表测温准确，为什么？

3-5　用测温仪表来测量某反应器的温度，如果工艺上允许的最大测量误差为6℃。现

用一只测量范围为 0~1000℃、精度等级为 0.5 的测温仪表来进行测量，问能否符合工艺上的误差要求。

3-6 某 DDZ-Ⅲ型热电偶输入变送器，已知其被测温度量程为 0~100℃，当输入信号为 50℃和 100℃时，变送器的输出电流是多少？若将其零点迁移到 -10℃，已知变送器的输出电流为 DC 12mA，试问：被测温度是多少？

3-7 试述热电阻与热电偶的测温原理。

3-8 热电阻测温电桥电路中的三线制接法为什么能减小环境温度变化对测温精度的影响？

3-9 使用热电偶测温时，为什么要进行冷端温度补偿，常用的补偿措施有哪些？

3-10 某温度信号的变化范围为 10~80℃，工艺要求测量误差不大于 ±2%。可供选用的温度检测仪表规格有：测温范围为 0~100℃、精度等级为 0.5；测温范围为 0~200℃、精度等级为 1.0。试问：这两台仪表能否满足上述测量要求？

3-11 试述压力的概念。说明表压、真空度、绝对压力之间的关系。

3-12 体积流量、质量流量、瞬时流量、累积流量各具有什么含义？

3-13 差压式流量测量的理论依据是什么？简述差压式流量测量的基本原理。

3-14 用电容式液位计测量导电介质与非导电介质的液位时，采用的电容液位计有何不同？

3-15 用一台量程为 0~6MPa、精度为 1.5 级的压力表来检测锅炉的蒸汽压力，工艺要求其测量误差不许超过 0.07MPa，请问：该压力表是否适用？

3-16 已知一温度计的测量范围为 0~800℃，对应其测温范围的指针最大角位移为 270°，并对该仪表进行测定所得数据如下表所示，试求：

被校表读数/℃	0	100	200	300	400	500	600	700	800
标准表读数/℃	0	99	201	303	398	501	601	704	800

（1）该仪表各读数的绝对误差。

（2）该仪表的最大绝对误差。

（3）确定该温度计的精度等级。

（4）确定该温度计的灵敏度。

（5）经过一段时间使用后，温度计的最大绝对误差为 ±7℃，问此时该温度计的精度等级为多少？

3-17 采用铂铑$_{30}$-铂铑$_6$热电偶检测某介质的温度，测得的热电动势为 5.016mV，此时热电偶冷端温度为 40℃，请问：该被测介质的实际温度是多少？

3-18 利用弹簧管压力表检测某容积中的压力，工艺要求其压力为 (1.3±0.06) MPa，现可供选择压力表的量程有 0~1.6MPa、0~2.5MPa、0~4.0MPa，其精度有 1.0、1.5、2.0、2.5 和 4.0，试合理选用压力表的量程和精度等级。

3-19 用差压变送器和标准孔板配套测量管道介质流量。如果差压变送器量程为 0~10^4Pa，对应输出信号为 DC 4~20mA，相应的流量为 0~320m³/h。试求：差压变送器输出信号为 DC 8mA 时，对应的差压值和流量值。

第4章 执 行 器

执行器是过程控制系统中不可缺少的重要组成部分，它接收来自控制器的控制信号，通过执行机构将其转换成相应的角位移或直线位移，去改变调节机构的流通面积，从而调节流入或流出被控过程的物料或能量（即控制量），实现对温度、压力、流量等过程被控参数的自动控制。执行器安装在现场，直接与介质接触，常常在高温、高压、易腐蚀、易结晶、易燃易爆等恶劣条件下使用，如果选择不当，会直接影响过程控制系统的控制性能，甚至导致系统失控，造成严重的生产安全事故。

4.1 执行器的工作原理与分类

执行器由执行机构和调节机构（调节阀）两部分组成，如图4-1所示。来自于控制器的控制信号经信号转换单元转换成标准信号制式后，与来自于执行机构阀门位置发生单元的位置负反馈信号进行比较，其偏差输入到执行机构，以确定执行机构作用的大小和方向。执行机构将输入信号转换成推力或位移推动调节阀。通过改变

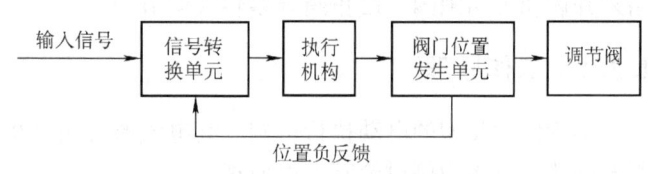

图4-1 执行器工作原理图

调节阀阀芯与阀座之间的流通面积，从而改变被测介质的流量。当位置负反馈信号与输入信号相等时，系统处于平衡状态，调节阀稳定在某一开度。可见，执行机构是执行器的推动部分，调节机构是执行器的调节部分。

在实际生产过程中，执行器种类繁多。根据其使用能源、位移形式等，可以划分为多种形式。

1. 根据使用能源不同，执行器可以分为气动、电动、液动三类

气动执行器是以压缩空气作为能源，以 0.02~0.1MPa 的气压信号作为输入信号的执行器。其主要特点是结构简单、动作平稳可靠、输出推力大、维护方便、价格便宜、安全防爆系数高。它可以与气动调节仪表配套使用，也可以通过电/气转换器或电/气阀门定位器与电动调节仪表或工业控制计算机配套使用，因此应用广泛。其缺点在于动作时间长，不适合远传（其传输距离<150m），而且不能与数字设备直接连接。

电动执行器采用电作为能源，输入信号为 DC 0~10mA 或 DC 4~20mA 电流信号。其优点在于能源取用方便、信号传输速度快和传输距离远；可以与电动仪表直接配接。但是电动执行器结构复杂、安全防爆性能差、推力小、价格贵，所以适用于防爆要求不高及缺乏气源的场所。

液动执行器的特点是推力大，体积较大，适用于被控压力高的场合。

2. 根据输出位移形式不同，执行器可以分为转角型和直线型两种

通常，转角型执行器可以按照其旋转位移大小，划分为 90°（或 <90°）或多圈（>360°）两类；直线型执行器则按照行程长短，划分为短行程和长行程两类。

3. 按动作规律不同，执行器可以分为开关型、积分型和比例型三类

开关型执行器只具有全开和全关两种状态，用于开关式控制系统，比如电磁阀；积分型执行器具有正向等速运动、反向等速运动和停止三种状态，实现任意阀门开度的调节；比例型执行器的输出位移和输入信号呈比例关系。

4.2 电动执行机构

电动执行机构接收来自控制器的 DC 0~10mA 或 DC 4~20mA 电流信号，并将其转换为相应的角位移（输出力矩）或直线位移（输出力），去操纵阀门、挡板等调节机构。

电动执行机构有角行程、直行程和多转式等类型。角行程电动执行机构以电动机作为动力元件，将输入的直流电流信号转换为相应的角位移（0°~90°），适用于操纵蝶阀、挡板之类的旋转式调节阀；直行程执行机构将输入的直流电流信号，通过电动机和减速器，转换为直线位移输出，适用于操纵单座、双座、三通等直线式调节阀；多转式电动执行机构主要用来开启和关闭闸阀、截止阀等多转式调节阀。

4.2.1 工作原理

不管何种类型的电动执行机构，其电气原理完全相同，只有减速器不一样。下面以角行程电动执行机构为例讨论其工作原理。

如图 4-2 所示，电动执行机构由伺服放大器和执行机构两部分构成。伺服放大器将输入信号 I_i 与位置反馈信号 I_f 比较后所得差值信号，进行功率放大后，驱动伺服电动机转动，再经减速器减速，带动输出轴改变转角 θ。输出轴转角位置经位置发送器转换成相应的反馈电流 I_f。当位置反馈信号 I_f 与输入信号 I_i 之间的差值为正，伺服电动机正转，输出轴转角增大；当差值为负时，伺服电动机反转，输出轴转角减小；当差值为零时，伺服电动机停止转动，输出轴稳定在与输入信号 I_i 相对应的转角位置上。因此，通常可以把电动执行机构看作一个比例环节。

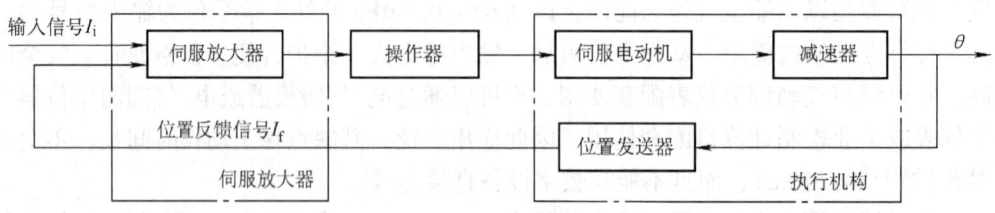

图 4-2 电动执行机构组成框图

电动执行机构不仅可与控制器配合实现自动调节，还可以通过操作器实现系统的自动调节和手动调节的相互切换。当操作器的切换开关置于手动操作位置时，由正、反操作按钮直接控制电动机的电源，以实现执行机构输出轴的正转或反转。

4.2.2 伺服放大器

伺服放大器是由前置放大器、触发器、交流晶闸管开关、校正网络和电源等环节组成，如图 4-3 所示。

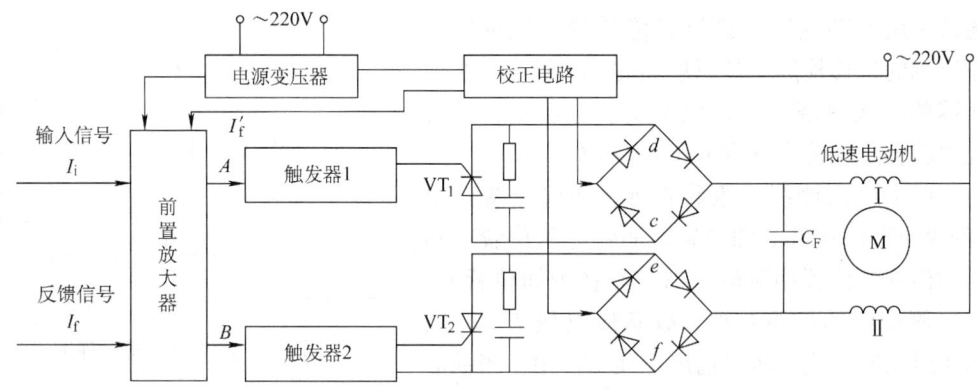

图 4-3 伺服放大器原理图

前置放大器根据输入信号与反馈信号之间偏差的正负，在 A、B 两点产生两位式的输出电压，控制两个晶闸管触发电路分别处于工作和截止状态。当 A 点为高电平，B 点为低电平时，触发电路 2 被截止，晶闸管 VT_2 不导通；触发电路 1 发出一系列触发脉冲，使晶闸管 VT_1 完全导通。由于 VT_1 接在二极管桥式整流器的直流端，它的导通使桥式整流器的 c、d 两端短接，于是 AC 220V 直接接到伺服电动机的绕组 I，同时经分相电容 C_F 加到绕组 II 上，从而形成旋转磁场，使电动机朝一个方向转动。如果前置放大器的输出电压极性和上述相反，依据相同原理，电动机朝相反的方向转动。由于前置放大器的增益很高，只要偏差信号大于不灵敏区，触发电路就可以使晶闸管导通，电动机以全速转动。同时，位置反馈信号随电动机转角的变化而变化，当位置反馈信号与输入信号相等时，前置放大器没有信号输入，VT_1 和 VT_2 都不导通，于是伺服电动机不转。

校正网络将一个直流电流信号 I'_f 反馈到前置放大器输入端。当输入信号 I_i 与位置反馈信号 I_f 之差为零时，晶闸管关断，$I'_f=0$；当 I_i 与 I_f 不相等时，校正网络产生与 $(I_i - I_f)$ 信号相反的输出电流 I'_f，构成一个负反馈，以改善执行机构的动作特性。

4.2.3 执行机构

执行机构接受伺服放大器或操作器的输出信号，控制伺服电动机的正、反转，再经过减速器减速后，转换成输出力矩去推动调节机构动作。

1. 伺服电动机

伺服电动机将伺服放大器输出的电功率转换成机械转矩，并当伺服放大器没有输出时，电动机能可靠地制动。伺服电动机的低起动电流、高起动转矩特性，能满足执行机构工作频繁的要求。

2. 减速器

减速器把伺服电动机高转速、小力矩的输出功率转换成执行机构输出轴的低转速、大力矩的输出功率，从而推动调节机构。通常，在角行程的执行器中采用内行星齿轮和偏心摆轮相结合的减速器；在直线行程的执行器中采用蜗轮蜗杆和螺母丝杆相结合的减速器。

3. 位置发送器

位置发送器将执行机构输出轴的位移线性地转换成 DC 0~10mA 或 DC 4~20mA 反馈信号，并作为位置反馈信号反馈到伺服放大器的输入端。

通常采用差动变压器式位移传感器实现伺服电动机输出轴的位移检测，其原理如图 4-4 所示。当差动变压器的一次侧绕组输入稳定交流电压后，其二次侧绕组就会分别输出感应电压 U_1 和 U_2。

由于两个二次侧绕组匝数相等，故输出交流电压 U_0 的大小取决于铁心的位置。而铁心的位置与执行机构输出轴的位置相对应。当铁心在中间位置时，因两二次侧绕组的磁路对称，故感应电压 $U_1 = U_2$，但因两绕组反向串联，所以输出电压 $U_0 = 0$；当铁心

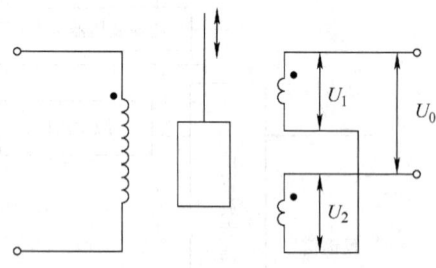

图 4-4 差动变压器原理图

自中间位置向上移动时，磁路对两绕组不对称，故感应电压 $U_1 > U_2$，因而输出电压 $U_0 = U_1 - U_2$；反之，当铁心向下移动时，两绕组中的感应电压 $U_1 < U_2$，则输出电压 U_0 的相位与上述相反。

输出电压 U_0 经整流滤波，通过电压/电流转换器得到与差动变压器铁心位置相对应的直流反馈电流信号，并反馈到伺服放大器的输入端。

4.3 气动执行机构

气动执行机构根据控制器或阀门定位器的输出气压信号大小，产生相应的输出力和推杆直线位移，推动调节机构的阀芯动作。

气动执行机构主要有薄膜式和活塞式两类。其中，气动薄膜式执行机构使用弹性膜片将输入气压转变为推力，由于结构简单、价格低廉、运行可靠、维护方便而得到广泛使用；气动活塞式执行机构由气缸内的活塞输出推力，由于气缸允许压力较高，所以该类执行机构的输出推力大、行程长，但价格高，因此只用于特殊需求场合。下面着重介绍气动薄膜式执行机构。

气动薄膜式执行机构具有正作用和反作用两种形式。当输入气压信号增加时，推杆向下移动称为正作用（ZMA）；反之，当输入气压信号增加时，推杆向上移动称为反作用（ZMB）。一般工业生产中口径较大的调节机构采用正作用式执行机构。下面以正作用式执行机构为例说明其工作原理。

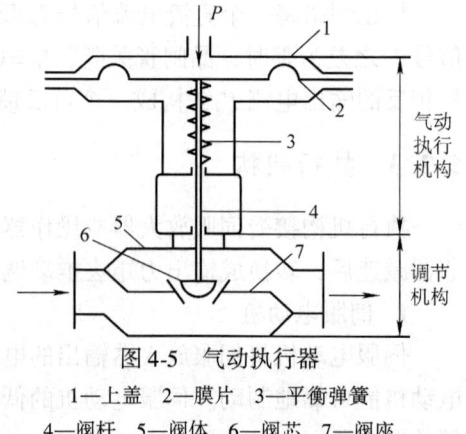

图 4-5 气动执行器
1—上盖 2—膜片 3—平衡弹簧
4—阀杆 5—阀体 6—阀芯 7—阀座

如图 4-5 所示，气动薄膜式执行机构由膜片、阀杆和平衡弹簧等组成。当 0.02~0.1MPa 的标准气压信号 p 进入薄膜气室时，在膜片上产生一个向下的推力，使阀杆下移。

当弹簧的反作用力与薄膜上产生的推力平衡时，阀杆就会稳定在某一位置上。阀杆的位移就是执行机构的输出，它与输入气压信号成正比。通常可以把气动执行机构看作一个惯性环节。

4.4 调节机构

调节机构，也称为调节阀、控制阀，是执行器的调节部分。它是一个局部阻力可变的节流元件。在执行机构输出力（力矩）作用下，阀芯在阀体内移动，改变了阀芯与阀座之间的流通面积，即改变了调节机构的阻力系数，从而使被控介质的流量发生相应变化，达到改变工艺变量的目的。

4.4.1 调节阀的结构

调节阀通常由上阀盖、下阀盖、阀体、阀座、阀芯、阀杆等零部件组成。由于调节阀直接与被控介质接触，为适应各种使用要求，阀体、阀芯有不同的结构，使用的材料也各不相同。根据不同使用场合和使用要求，调节阀的结构形式主要有以下几种。

1. 直通单座调节阀

如图4-6所示，直通单座调节阀的阀体内只有一个阀芯与一个阀座。执行机构输出的推力通过阀杆使阀芯产生上、下方向的位移；流体从左侧流入，从右侧流出。此阀的特点是结构简单、泄露量小、不平衡力大、易于保证关闭。缺点是在压差比较大的时候，流体对阀芯上下作用的推力不平衡，从而影响阀芯的移动。因此，这种阀适用于小口径、低压差的场合。

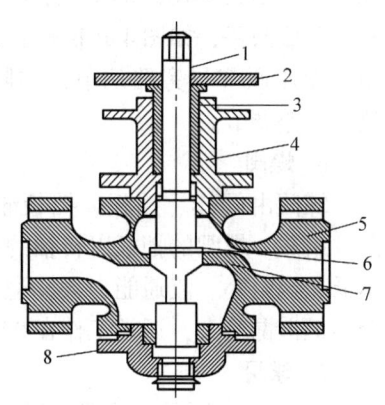

图4-6 直通单座调节阀
1—阀杆　2—压板　3—填料　4—上阀盖
5—阀体　6—阀芯　7—阀座　8—下阀盖

2. 直通双座调节阀

阀体内有两个阀芯和阀座，如图4-7所示。流体从左侧流入，经过上下阀芯后流体再汇合到一起，从右侧流出。该阀的特点是不平衡力小、允许压差大，但泄漏量也大。因此，适用于阀两端压差较大、泄漏量要求不高的场合，不适用于高黏度场合。

3. 角形调节阀

角形调节阀的阀体呈直角形，流体从底部进入，然后流经阀芯后从阀侧流出，如图4-8所示。其流路简单、阻力小，适用于安装现场管道要求用直角连接或高压差、高黏度、含有悬浮物和固体颗粒状物料流量的场合。

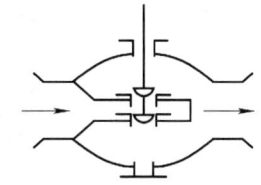

图4-7 直通双座调节阀

4. 隔膜调节阀

阀体和隔膜采用耐腐蚀衬里，如图4-9所示。其特点是结构简单、流阻小、流通能力大。由于介质用隔膜与外界隔离，所以介质不会泄漏、耐腐蚀性强，适用于强酸、强碱、强腐蚀性物料和高黏度、含悬浮颗粒状介质。选用隔膜调节阀时，应注意执行机构须有足够的推力。一般隔膜阀直径$D_g>100$mm时，均采用活塞式执行机构。

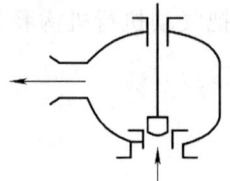 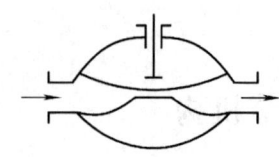

图 4-8　角形调节阀　　　　　　图 4-9　隔膜调节阀

5. 三通调节阀

阀体上有三个通道与管道相连。其流通方式有两种：合流型，即两种介质混合成一路，如图 4-10a 所示；分流型，即一种介质分成两路，如图 4-10b 所示。三通阀适用于配比调节与旁路调节，实际常用于换热器旁路调节。

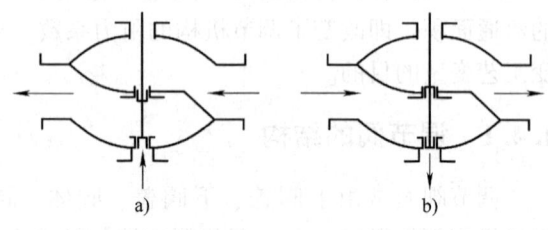

图 4-10　三通调节阀
a）合流型　b）分流型

6. 蝶阀

蝶阀由阀体、挡板、挡板轴和轴封等部件组成。蝶阀的挡板以转轴的旋转来控制流体的流量，如图 4-11 所示。其结构紧凑、成本低、流阻小、流通能力大，适用于大口径、大流量、低压差和含少量悬浮颗粒介质的场合。但泄漏量大，通常工作在 0°~70°转角范围内。

7. 球阀

如图 4-12 所示，球阀的阀芯与阀体都呈球形。当阀芯与阀体处于不同相位置时，就具有不同的流通面积，从而实现流量调节。球阀阀芯有"V"形和"O"形两种形式。O 形球阀的节流元件是带圆孔的球形体，常用于位式调节；V 形球阀的节流元件是 V 形缺口球形体，适用于高黏度物料。

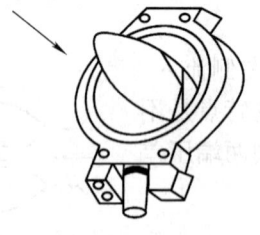 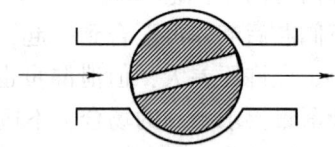

图 4-11　蝶阀　　　　　　图 4-12　球阀

8. 偏心旋转阀

扇形球面状阀芯与挠曲臂及轴套一起铸成，固定在转动轴上，如图 4-13 所示。偏心旋转阀的挠曲臂在压力作用下能产生挠曲变形，使阀芯球面与阀座密封圈紧密接触，密封性好。同时，它的重量轻、体积小、安装方便，适用于高黏度或含悬浮物的物料。

9. 套筒型调节阀

如图 4-14 所示，阀内有一个圆柱形套筒，套筒壁上有一个或几个不同形状的窗口。利用套筒导向，阀芯在套筒内上、下移动。由于这种移动改变了节流孔的面积，从而实现流量调节。该阀的可调比大、振动小、不平衡力小、互换性好，阀内部件所受的气蚀小、噪声小，特别适用于要求噪声低、压差大的场合，但不宜用于高温、高黏度物料。

图 4-13 偏心旋转阀　　　　　　　　图 4-14 套筒型调节阀

除以上几种调节阀外，还有一些特殊的调节阀。例如：小流量阀适用于小流量的精密调节；超高压阀适用于高静压、高压差的场合。

4.4.2 调节阀特性

1. 气动执行器的气开、气关形式

执行器的执行机构和调节阀组合实现气开和气关两种调节。又由于执行机构有正、反两种作用形式，调节阀也有正装和反装两种方式，因此存在 4 种组合方式来实现气动执行器的气开、气关调节，如图 4-15 和表 4-1 所示。

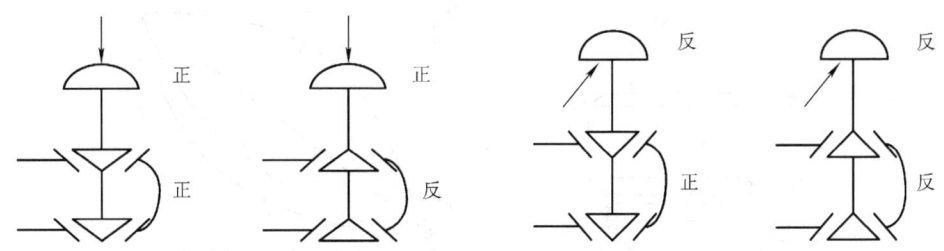

图 4-15 执行器气开、气关作用形式

表 4-1 执行器作用形式

执行机构	调节阀	执行器
正作用	正装	气关（正 +）
正作用	反装	气开（反 -）
反作用	正装	气开（反 -）
反作用	反装	气关（正 +）

可见，气关式气动执行器是在输入气压信号 $p > 0.02\text{MPa}$ 时调节阀关闭，且输入气压越大阀门开度越小，而无压力信号时调节阀全开，故称为 FO 型。反之，气开式气动执行器是输入气压越大阀门开度越大，而无压力信号时调节阀全关，故称为 FC 型。

气开、气关的选择主要从工艺生产上的安全角度来考虑。原则是：当断电或其他事故引起信号压力中断时，阀门的位置应该保证设备和操作人员的安全。例如，加热炉燃料应采用气开式，即当信号中断时阀门全关，切断进炉燃料，使设备不会因炉温过高造成事故；采用气关式执行器控制锅炉进水，保证当气源中断时仍有水进入锅炉，避免锅炉烧干引发爆炸。通常，具有易爆特性的介质采用气开式，以防止爆炸；介质为易结晶物料，为避免堵塞，选

91

用气关式。

2. 调节阀的流量特性

调节阀的流量特性是指被控介质流过阀门的相对流量与阀门的相对开度（相对位移）之间的关系。即

$$\frac{Q}{Q_{max}} = f\left(\frac{l}{l_{max}}\right) \tag{4-1}$$

式中 $\frac{Q}{Q_{max}}$——相对流量，为调节阀某一开度时的流量 Q 与全开时流量 Q_{max} 之比；

$\frac{l}{l_{max}}$——相对开度，为调节阀某一开度的阀芯位移 l 与全开时阀芯位移 l_{max} 之比。

流过调节阀的介质流量大小不仅与阀门开度有关，还与阀前后的压差有关。为便于分析，称阀前后压差不变时的流量特性为理想流量特性；阀前后压差变化时的流量特性为工作流量特性。

（1）调节阀的理想流量特性

理想流量特性假设阀前后压差固定，根据阀芯形状的不同，主要有直线、等百分比（对数）、抛物线和快开4种形式。其柱塞型阀芯形状及流量特性如图4-16所示。

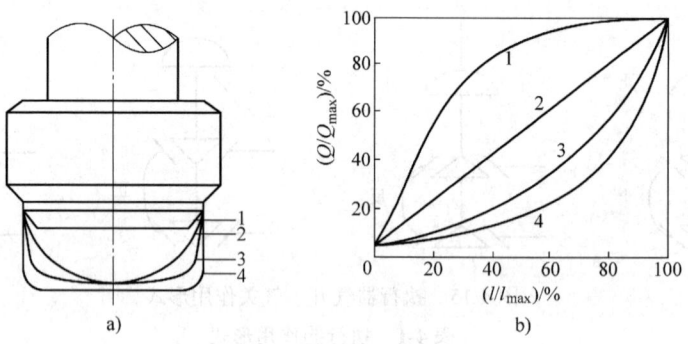

图 4-16 理想流量特性

a）阀芯形状 b）流量特性

1—快开 2—直线 3—抛物线 4—等百分比

① 直线流量特性

直线流量特性是指调节阀的相对流量与相对开度呈直线关系，即

$$\frac{d(Q/Q_{max})}{d(l/l_{max})} = K \tag{4-2}$$

对上式积分得

$$\frac{Q}{Q_{max}} = K\frac{l}{l_{max}} + C \tag{4-3}$$

式中 K——常数，是调节阀的放大系数；

C——积分常数。

已知边界条件：$l = 0$ 时，$Q = Q_{min}$；$l = l_{max}$ 时，$Q = Q_{max}$。将边界条件代入式（4-3），可得

$$C = \frac{Q_{\min}}{Q_{\max}} = \frac{1}{R}, K = 1 - C = 1 - \frac{1}{R} \tag{4-4}$$

式中 R——调节阀所能调节的最大流量 $Q_{\max}$ 与最小流量 $Q_{\min}$ 的比值,称为调节阀的可调范围或可调比。

这里,$Q_{\min}$ 为调节阀可调流量的最小值,一般是 $Q_{\max}$ 的 2%~4%。

将式 (4-4) 代入式 (4-3) 中,可得

$$\frac{Q}{Q_{\max}} = \frac{1}{R} \left[1 + (R-1) \frac{l}{l_{\max}} \right] \tag{4-5}$$

式 (4-5) 表明 $Q/Q_{\max}$ 与 $l/l_{\max}$ 之间呈直线关系。其流量特性和阀芯形状如图 4-16 中 2 所示。当可调比 R 一定时,只要阀芯位移变化量相同,流量的变化量也相同。

假设 $R=30$,阀门相对开度 $l/l_{\max}$ 变化为 10%,所引起的相对流量 $Q/Q_{\max}$ 的增量为

$$\Delta\left(\frac{Q}{Q_{\max}}\right) = \left(1 - \frac{1}{R}\right) \Delta\left(\frac{l}{l_{\max}}\right) = 9.67\%$$

在 10% 开度时,相对流量的变化量为 $\frac{22.7-13}{13} \times 100\% = 75\%$。

在 50% 开度时,相对流量的变化量为 $\frac{61.3-51.7}{51.7} \times 100\% = 19\%$。

在 80% 开度时,相对流量的变化量为 $\frac{90.3-80.6}{80.6} \times 100\% = 11\%$。

可见,当 R 一定时,相同的阀门相对开度的变化,会引起相同的相对流量的增量,但相对流量的变化量却不同。当阀门在小开度时,相对流量变化较大,调节作用较强,易引起超调,产生振荡;在大开度时,相对流量变化较小,调节作用较弱,导致控制不及时,调节缓慢。因此,直线流量特性调节阀不适用于负荷变化大的场合。

② 等百分比流量特性 (对数流量特性)

等百分比流量特性是指单位相对开度变化所引起的相对流量变化与该点的相对流量呈正比关系,即

$$\frac{\mathrm{d}(Q/Q_{\max})}{\mathrm{d}(l/l_{\max})} = K \frac{Q}{Q_{\max}} \tag{4-6}$$

对上式积分得

$$\ln \frac{Q}{Q_{\max}} = K \frac{l}{l_{\max}} + C \tag{4-7}$$

将上述已知边界条件代入式 (4-7),可得

$$C = \ln \frac{Q_{\min}}{Q_{\max}} = -\ln R, K = \ln R \tag{4-8}$$

将式 (4-8) 代入式 (4-7) 中,可得

$$\frac{Q}{Q_{\max}} = R^{\left(\frac{l}{l_{\max}} - 1\right)} \tag{4-9}$$

假设 $R=30$,阀门相对开度 $l/l_{\max}$ 变化 10%,所引起的相对流量 $Q/Q_{\max}$ 的增量为

在 10% 开度时,相对流量的变化量为 $\frac{6.58-4.67}{4.67} \times 100\% = 40\%$。

在 50% 开度时，相对流量的变化量为 $\frac{25.6-18.3}{18.3} \times 100\% = 40\%$。

在 80% 开度时，相对流量的变化量为 $\frac{71.2-50.8}{50.8} \times 100\% = 40\%$。

如图 4-16 中 4 所示的流量特性和阀芯形状，等百分比流量特性曲线的斜率随着流量增大而增大，但流量相对变化值是相等的，即流量变化的百分比是相等的。因此，当阀门在小开度时，放大系数小，调节缓和平稳；在大开度时，放大系数大，调节作用灵敏有效。

③ 抛物线流量特性

抛物线流量特性是指单位相对开度变化所引起的相对流量变化与该点相对流量的平方根成正比关系，即

$$\frac{\mathrm{d}(Q/Q_{\max})}{\mathrm{d}(l/l_{\max})} = K\sqrt{\frac{Q}{Q_{\max}}} \quad (4\text{-}10)$$

对上式积分并代入边界条件，可得

$$\frac{Q}{Q_{\max}} = \frac{1}{R}\left[1 + (\sqrt{R}-1)\frac{l}{l_{\max}}\right]^2 \quad (4\text{-}11)$$

式（4-11）表明：阀门的相对开度与相对流量之间为抛物线关系，如图 4-16 中 3 所示。它介于直线和等百分比流量特性之间。

④ 快开流量特性

快开流量特性在开度较小时有较大流量；且随着开度的增大，流量很快就达到最大；此后再增大开度，流量的变化很小。其相对开度与相对流量之间的关系描述为

$$\frac{Q}{Q_{\max}} = 1 - \left(1 - \frac{1}{R}\right)\left(1 - \frac{l}{l_{\max}}\right)^2 \quad (4\text{-}12)$$

快开特性的阀芯形式是平板形的，如图 4-16 中 1 所示。可见，其有效位移一般为阀座直径的 1/4，当开度继续增大时，阀的流通面积不再增加，从而失去控制作用。因此，快开特性调节阀适用于迅速启闭的切断阀或位式控制。

（2）调节阀的工作流量特性

在实际生产中，调节阀总是与工艺设备、管道等串联或并联使用，由于阻力损失引起阀门前后压差的变化，导致流量特性发生变化。工作流量特性就是研究调节阀前后压差变化的情况下，相对流量与阀芯相对开度之间的关系。

① 串联管道时的工作流量特性

以图 4-17a 所示串联管道系统为例，假设系统的总压差 Δp 等于管道系统（除调节阀以外的全部设备和管道）的压差 Δp_2 与调节阀的压差 Δp_1 之和，如图 4-17b 所示。

当总压差 Δp 一定时，随着阀门开度的增大，引起流量的增加，设备及管道上的压力随流量的平方增长，使阀门前后压差逐渐减小。因此，在同样的阀芯位移下，通过调节阀的实际流量比阀门前后压差不变时的理想情况下流量要小。串联管道情况下引起的流量特性变化如图 4-18 所示。图中 S 表示调节阀全开时阀门前后压差 $\Delta p_{1\min}$ 与系统总压差 Δp 的比值。

当 $S = 1$ 时，管道阻力损失为零，调节阀前后压差等于系统的总压差，所以工作流量特性与理想流量特性一致。随着 S 的减小，管道阻力损失增加，调节阀前后压差减小，一方面使阀全开时的流量减小，即阀的可调范围变小；另一方面流量特性曲线发生畸变，使阀在

大开度时的控制灵敏度降低，小开度时的调节不稳定。由图 4-18 可见，随着 S 的减小，流量特性的畸变程度越大，直线流量特性趋向于快开特性；等百分比流量特性趋向于直线特性。因此，在实际应用中，一般希望 S 值不低于 0.3~0.5。

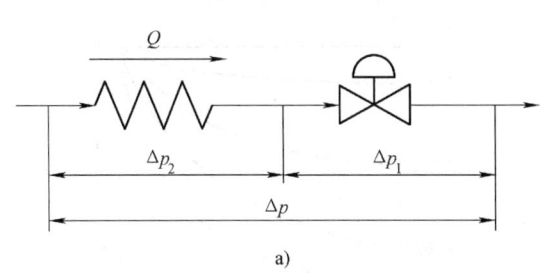 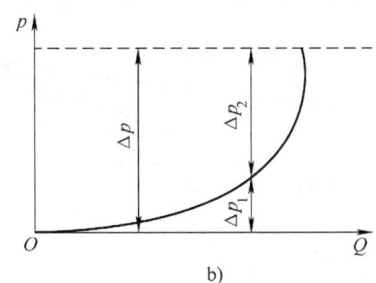

图 4-17 调节阀与管道串联的情况
a) 串联管道系统 b) 压力分布

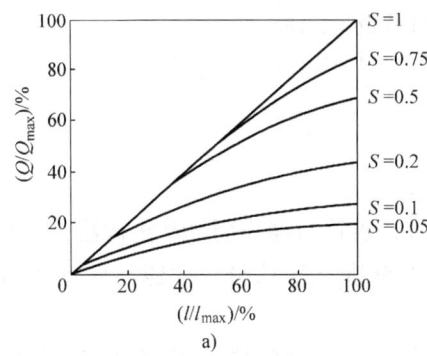 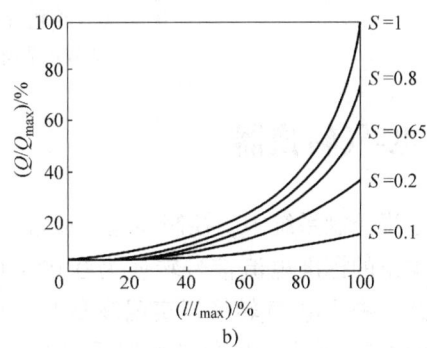

图 4-18 串联管道调节阀工作流量特性
a) 直线调节阀 b) 等百分比调节阀

② 并联管道的工作流量特性

调节阀一般都装有旁路阀，以便手动操作和维护，如图 4-19 所示。显然，管路的总流量 Q 是调节阀流量 Q_1 与旁路流量 Q_2 之和。

假设 X 表示并联管道、调节阀全开时的流量 Q_{1max} 与总管最大流量 Q_{max} 之比。在总压差 Δp 一定时，并联管道情况下获得的工作流量特性如图 4-20 所示。

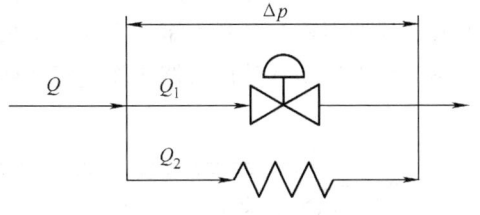

图 4-19 调节阀与管道并联的情况

可见，当 $X=1$ 时，旁路阀关闭，工作流量特性就是理想流量特性。随着旁路阀逐渐打开，X 值逐渐减小，调节阀的可调范围大大下降，使其调节能力降低。一般认为旁路流量最多只能是总流量的百分之十几，即 X 值不能低于 0.8。

综合上述串联、并联管道两种情况，得到如下结论：

1) 串联、并联管道都会使调节阀的理想流量特性发生畸变，串联管道的影响尤为严重。
2) 串联、并联管道都会使调节阀的可调范围降低，并联管道尤为严重。

3）串联管道使系统总流量减少，并联管道使系统总流量增加。

4）串联、并联管道会使调节阀的放大系数减小，即输入信号变化引起的流量变化减小。串联管道时，若调节阀处于大开度，则 S 值降低对放大系数影响更为严重；并联管道时，若调节阀处于小开度，则 X 值降低对放大系数影响更为严重。

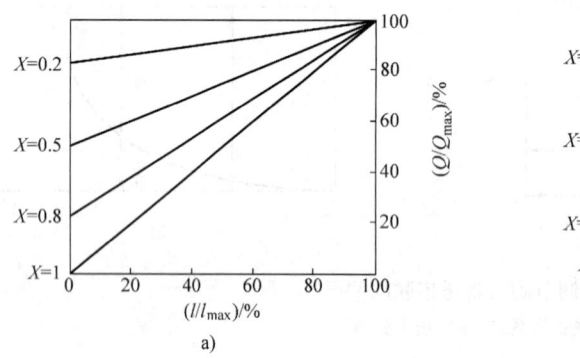 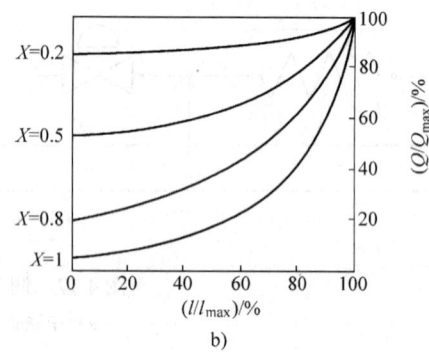

图 4-20　并联管道调节阀工作流量特性
a）直线调节阀　b）等百分比调节阀

4.5　电-气转换器

在过程控制系统中，控制器输出通常是电动信号，若执行器采用气动执行器，就必须将控制器输出的标准电流信号转换为 0.02～0.1MPa 的标准气压信号，才能与气动执行器配接。为此，采用电-气转换器实现该要求。

如图 4-21 所示，电-气转换器采用力矩平衡原理。来自于控制器的电流 I 流入线圈，该线圈在永久磁铁的气隙中自由地上下移动。当电流 I 增大时，线圈与磁铁产生的吸力增加，使杠杆沿逆时针方向转动，安装在杠杆上的挡板向喷嘴靠近，从而改变喷嘴和挡板之间的间隙。挡板相对于喷嘴的微小位移，被喷嘴挡板机构转换为气压信号，并通过气动功率放大器的放大产生输出压力 P，作用于波纹管，从而对杠杆产生向上的反馈力。此反馈力对支点 O 形成的反馈力矩与电磁力矩相平衡，构成闭环系统。可见，输出压力 P 和电流 I 之间呈正比关系，用于推动气动执行器或作远距离的传送。

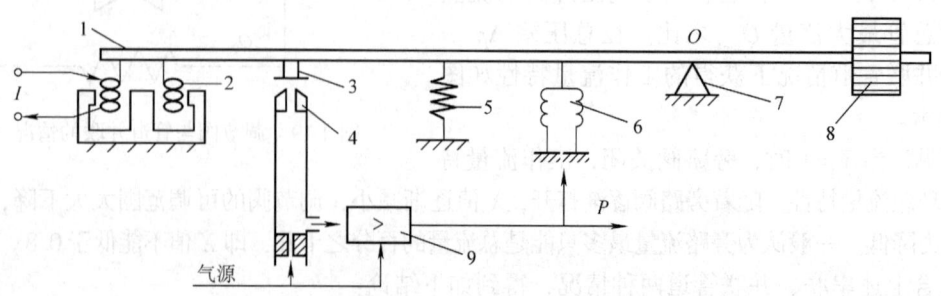

图 4-21　电-气转换器原理图
1—杠杆　2—线圈　3—挡板　4—喷嘴　5—弹簧
6—波纹管　7—支承　8—重锤　9—气动放大器

4.6 阀门定位器

在气动执行器中，为防止阀杆引出处的泄漏，填料通常压得很紧，从而使摩擦力很大；另外，对于具有高黏度等特性的被测介质，会对阀芯的作用力产生影响，上述情况会影响执行机构与输入信号之间的定位关系，使调节阀不能准确定位。为此，需要在执行机构前加装阀门定位器。

阀门定位器可以分为电-气阀门定位器、气动阀门定位器和智能式阀门定位器等。无论何种阀门定位器，其结构原理如图 4-22 所示。来自于控制器的标准输出电信号 P_1，经阀门定位器比例放大后输出信号 P_2 至执行机构，用于控制执行机构动作。当阀杆移动后，其位置反馈信号反馈到阀门定位器，由此构成一个使阀杆位移与输入压力成正比的负反馈闭环系统。

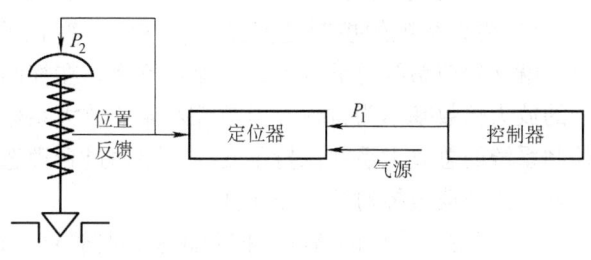

图 4-22 阀门定位器原理图

阀门定位器常用于以下场合：

1）由于阀门定位器可以增加执行机构的输出功率，克服阀杆与填料之间的摩擦力和介质对阀芯产生的不平衡力，所以适用于高压差、大口径和含有固体悬浮物的介质或黏性流体场合。

2）当控制器与执行机构距离较远时，采用阀门定位器可以减少控制信号的传递滞后，加快阀杆的移动速度。

3）通过阀门定位器可以提高控制信号与执行机构输出位移之间的线性度，从而保证调节阀的准确定位。一般在快速响应系统中，采用电-气转换器；在慢速响应系统中采用电-气阀门定位器。

4.7 执行器的选择

执行器的合理选用直接影响控制系统的控制品质、安全性和可靠性。根据生产工艺、工况条件和系统要求，执行器的选择包括确定执行器结构形式、调节阀流量特性及调节阀口径。

1. 执行器结构形式

执行器的执行机构部分，考虑到气动和电动执行机构应用的广泛性，着重对二者的选用给予分析说明。上述两种执行机构各有特点，如表 4-2 所示。选择时，应根据实际要求进行综合考虑，特别是对于气动执行机构，必须确定气动执行器的气开、气关作用方式。

选择调节机构要充分考虑流体性质（如黏度、腐蚀性、毒性等）、工艺条件（如温度、压力、流量等）和系统要求，根据各种调节机构的特点和使用场合，兼顾经济性和工艺要求。

表 4-2　气动执行机构和电动执行机构的比较

	可靠性	驱动能源	价格	输出力	防爆性能
气动执行机构	高	压缩气体，气源装置	低	小	好
电动执行机构	较低	电，方便	高	大	差

2. 调节阀流量特性

调节阀流量特性要兼顾控制品质、工艺管路情况和负荷变化情况。

1）考虑系统的控制性能指标。在负荷变化的情况下，要保持控制系统预定的控制品质，就必须使系统总的放大系数保持不变。在控制系统中，变送器、控制器和执行机构等部分的放大倍数基本为常数，而被控对象的放大系数往往随着工况和负荷的变化而变化。为使控制系统的总放大系数保持不变，就要通过合理选择调节阀的流量特性，以调节阀的放大倍数变化来补偿被控对象的非线性。

2）考虑工艺管路情况。控制阀总是与管道、设备等连接在一起，配管阻力引起调节阀理想流量特性的畸变。其中，管道串联对阀的流量特性影响较大，管道并联对可调比影响较大。因此，实际应用中应先根据系统的特点确定阀门预期的工作流量特性，然后再根据工艺管道情况选择理想流量特性。这样做的目的是使安装在具体管道系统中的调节阀，畸变后的工作流量特性能满足调节系统的要求。选择原则如表 4-3 所示。

可见，S 取值越大，工作流量特性畸变越小，对调节越有利；但是控制阀上的压差损失越大，会造成不必要的动力消耗。因此，一般选取 $S = 0.3 \sim 0.5$。对于高压系统，考虑到节约动力，S 可以小于 0.3；对于气体，考虑到阻力损失较小，一般选取 $S > 0.5$。

表 4-3　工艺管道与流量特性的关系

配管情况	$S = 0.6 \sim 1$			$S = 0.3 \sim 0.6$		
阀的工作流量特性	直线	抛物线	等百分比	直线	抛物线	等百分比
阀的理想流量特性	直线	抛物线	等百分比	等百分比	直线	等百分比

3）考虑负荷变化情况。直线流量特性的调节阀在小开度时流量相对变化值大，调节过于灵敏，容易引起振荡，且阀芯、阀座也易受到破坏，因此不宜在 S 值小、负荷变化大的场合采用。等百分比流量特性的调节阀放大系数随阀门行程增加而增大，流量相对变化值恒定，因此适用于负荷变化幅度大的场合。

3. 调节阀口径

调节阀口径选择的合适与否，会直接影响到工艺操作能否正常进行以及控制品质。口径选择得过小，会使流经调节阀的介质达不到所需要的最大流量。在干扰大的情况下，系统会因介质流量（即控制量）的不足而失控，使控制质量变差。口径选择的过大，不仅会浪费设备投资，而且会使调节阀经常处于小开度工作，导致调节性能变差，引起系统振荡，降低阀门寿命。

调节阀的口径是依据调节阀流量系数 C 确定的。流量系数 C 是指在给定的行程下，当调节阀两端压差为 100kPa，流体密度为 $1g/cm^3$ 时，流经调节阀的流体流量（以 m^3/h 表示）。例如，某一调节阀在给定的行程下，当阀两端压差为100kPa时，如果流经阀的水流量为40m³/h，则该调节阀的流量系数C为40。选取口径的具体步骤如下：

1）根据现有的生产能力、设备负荷和介质情况，确定最大流量Q_{max}。
2）根据所选流量特性和系统要求确定S，并计算阀门全开时阀前后的压差。
3）根据最大流量Q_{max}和阀门全开时的压差，计算最大流量时的流量系数C_{max}。
4）根据流量系数，在所选用产品型号的标准系列中选择与C_{max}最接近的、恰当的流量系数C。
5）验证调节阀开度和可调比。通常要求最大流量时阀门开度为90%，最小流量时阀门开度为10%。
6）根据流量系数C确定调节阀的公称和阀座直径。

调节阀尺寸采用公称D_g和阀座直径d_g表示。D_g和d_g由流量系数C确定，三者的关系如表4-4所示。

表4-4 调节阀流量系数与其尺寸的关系

公称直径/mm			3/4						20		25	32	40	50	65
阀座直径/mm	2	4	5	6	7	8	10	12	15	20	25	32	40	50	65
流通系数/m³·h⁻¹	单座阀	0.08	0.12	0.20	0.32	0.50	0.80	1.2	2.0	3.2	5.0	8	12	20	32	56
	双座阀							10		16		25		40		63

公称直径/mm	80	100	125	150	200	250	300
阀座直径/mm	80	120	125	150	200	250	303
流通系数/m³·h⁻¹ 单座阀	80	120	200	280	450	—	—
流通系数/m³·h⁻¹ 双座阀	100	160	250	400	630	1000	1600

4.8 本章小结

执行器是组成过程控制系统的必要环节。本章简要介绍了执行器的组成和分类，着重阐述了组成执行器的执行机构和调节机构。根据执行机构的分类和应用情况，重点分析了电动执行机构和气动执行机构的工作原理和组成结构。简要说明了几种常用调节机构，并深入阐述了调节机构的气开、气关形式和流量特性。对工业生产中常用的电-气转换器和阀门定位器的原理和组成进行了介绍。结合上述特性分析，给出了执行器选择的基本方法，为实际应用奠定了基础。

本章重点掌握执行器组成以及调节机构特性、选择依据，了解执行机构工作原理和分类，以及电-气转换器和阀门定位器的适用场合。

4.9 习题

4-1 执行器由哪几部分组成，分别起什么作用？
4-2 简述电动执行机构的组成及其工作原理。
4-3 调节阀有哪几种结构类型？

4-4 什么是调节阀的流量特性,理想流量特性和工作流量特性的区别是什么?

4-5 根据阀芯的形状,理想流量特性有哪几种,它们分别有何特点?

4-6 简要说明分别在串联管道和并联管道两种情况下,理想流量特性发生了何种变化?

4-7 选择气动执行器作用方式(气开式或气关式)的原则是什么?

4-8 调节阀的流通能力如何表示,它与什么参数有关?

4-9 在过程控制系统中,什么情况下使用电-气转换器,其作用是什么?

4-10 阀门定位器与电-气转换器有何不同?简述其工作原理。

4-11 如图4-23所示,冷物料通过加热器用蒸汽对其进行加热。在事故状态下,为了保证加热器设备的安全,即耐热材料不受损坏,在蒸汽管道上设置了一个调节阀,请问该调节阀是气开式还是气关式?

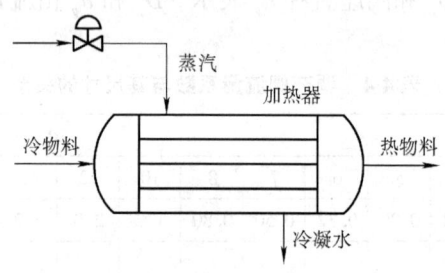

图4-23 蒸汽加热器

第5章 仪表本安防爆技术

随着生产规模的扩大和自动化程度的提高,生产现场不可避免的产生爆炸性物质的泄漏,形成爆炸性危险场所。据统计,煤矿井下约 2/3 的场所属于爆炸性危险场所;化学工业中约 80% 以上的车间为爆炸性危险场所。处于这些危险场所中的电气设备和各类仪表必须采取有效措施来避免成为危险点燃源。

5.1 防爆基础理论

在石油、化工、煤炭等生产企业中,某些生产场所存在着易燃易爆的气体、蒸汽或固体粉尘,它们与空气混合成为具有火灾或爆炸危险的混合物,使其周围空间成为具有不同程度爆炸危险的场所。安装在这些场所的检测仪表和执行器如果产生的火花或热效应能量,能点燃危险混合物,就会引起火灾或爆炸。因此,用于危险场所的控制仪表必须具有防爆性能。

目前,世界各国对爆炸性危险场所的定义各不相同,大致可以划分为两类:国际电工委员会(IEC)的划分方法,被中国和欧洲大多数国家采用;北美划分方法,被美国和加拿大等国家采用。

5.1.1 爆炸性物质分类

在我国,爆炸性物质分为三类:
- Ⅰ类:矿井甲烷;
- Ⅱ类:爆炸性气体混合物;
- Ⅲ类:爆炸性粉尘和纤维。

其中,Ⅱ类爆炸性气体可以依据气体类型和可燃性气体出现的可能性进行分级。

1. 爆炸性气体分组

不同类型的爆炸性气体具有不同的点燃特性,表 5-1 列出了几种重要的爆炸性气体。

表 5-1 气体类型分级

气 体 名 称	甲烷	丙烷	乙烯	氢气	乙炔
IEC 标准	Ⅰ	ⅡA	ⅡB	\multicolumn{2}{c	}{ⅡC}
北美标准		D	C	B	A
点燃特性	\multicolumn{5}{c	}{难 ⟶ 易}

温度是爆炸性气体产生爆炸的重要点燃源。由于自燃点不同,当温度超过了某气体的引燃温度时,在没有任何外界点火源的条件下,该气体也会点燃。表 5-2 给出了我国对爆炸性气体引燃温度的组别划分。

用于不同组别的防爆电气设备,其表面允许最高温度也不同,不可混用。比如:适用于 T5 的防爆电气设备可以适用于 T1 ~ T4,但不适用于 T6,因为 T6 的引燃温度较低,可能被该防爆电气设备的表面温度所引燃。

表 5-2 引燃温度及其组别

温度组别	T1	T2	T3	T4	T5	T6
引燃温度 $t/℃$	>450	$300<t\leqslant450$	$200<t\leqslant300$	$135<t\leqslant200$	$100<t\leqslant135$	$85<t\leqslant100$
点燃特性	难					易

2. 可燃性气体出现的可能性分组

爆炸性气体的物理性质、出现方式、涉及范围和持续时间不同，其发生爆炸的可能性和危害程度也不同。为此，进一步根据爆炸性气体（与空气混合物）出现的频率和持续时间，将其危险场所划分为 0 区、1 区、2 区三个区域。其中，0 区的危险性最大。

1）0 区：在正常情况下，爆炸性气体混合物连续、频繁或长时间存在的场所。
2）1 区：在正常情况下，爆炸性气体混合物有可能存在的场所。
3）2 区：在正常情况下，爆炸性气体混合物不可能出现或偶尔、短时间存在的场所。

5.1.2 危险场所防爆技术

只有当具有潜在爆炸危险的环境中，同时具备点燃源、爆炸性物质、空气时，才可能产生爆炸。因此，在考虑防爆技术时，要避免上述三个条件同时满足。一般是从点燃源的角度出发，将所有可能存在产生点燃源的电气设备安装在安全场所。但实际生产过程中，不可避免地有部分电气设备必须安装在危险区域，为此，这部分电气设备必须具有防爆措施，以避免爆炸性事故的发生。

目前，我国对电气设备的防爆型式划分为以下 8 种。

表 5-3 电气设备防爆型式

电气设备防爆型式	代 号	技术措施	适用区域
隔爆型	d	隔离存在的点火源	1 区
增安型	e	设法防止点火源	1 区
本质安全型	ia, ib	限制点火源的能量	0 区, 1 区
正压型	p	把危险物质与点火源隔开	1 区
充油型	o	把危险物质与点火源隔开	1 区
充砂型	q	把危险物质与点火源隔开	1 区
无火花型	n	设法防止产生点火源	2 区
浇封型	m	设法防止产生点火源	1 区

上述防爆型式中，隔爆型、本质安全型（简称本安型）是自动化仪表最常用的类型。

1）隔爆型仪表具有防爆外壳，仪表的电路和接线端子全部位于防爆壳内。防爆外壳强度大，隔爆接合面宽，能承受仪表内部因故障产生爆炸性气体混合物的爆炸压力，并阻止内部的爆炸向外壳周围爆炸性混合物传播。它适用于 1 区和 2 区危险场所，且要求在非通电运行情况下进行开壳检修或调整。

2）本安型仪表的全部电路均为本质安全电路，电路中的电压和电流被限制在一个允许的范围内，以保证仪表在正常工作或发生短路、元器件损坏等故障情况下产生的电火花和热效应不会引起周围爆炸性气体混合物爆炸。该类仪表结构简单、体积小、重量轻、易操作、不需要设计制造工艺复杂的隔爆外壳、安全可靠性高、可在带电工况下进行维护和调整，因此得到广泛应用。

通常，电气设备的防爆等级按照"Ex"、防爆型式、气体级别和温度组别的顺序进行标记。例如，防爆标志 Exd Ⅱ BT3，表示隔爆型设备适用于气体组别不高于Ⅱ类B级，气体引燃温度不低于T3（200℃）的危险场所；防爆标志 Exia Ⅱ CT4，表示本安型设备适用于气体组别不高于Ⅱ类C级，气体引燃温度不低于T4（135℃）的0区危险场所。

5.2 本质安全防爆技术

电火花和热效应是引起爆炸性危险气体爆炸的主要点燃源。本质安全是通过限制电火花和热效应两个可能的点燃源能量实现的。它是唯一可适用于0区危险场所的防爆技术。

1. 本安防爆技术的基本原理

各种爆炸性危险气体都有其最小点燃能量，如氢气为 19μJ、甲烷为 280μJ。在正常工作和故障状态下，当仪表产生的电火花或热效应的能量小于最小点燃能量时，就不可能点燃相应的爆炸性危险气体而产生爆炸。因此，本安型防爆仪表必须限制能量，可靠地将电路中的电压和电流限制在一个允许的范围内。

这类仪表主要是采取两方面措施来抑制点火能量：

1）在电路设计上，对处于危险场所的回路，选择适当的 R、L、C，借以限制火花能量，使其只产生安全火花；同时，在较大 R、L、C 回路中并联二极管以消除不安全火花。

2）在仪表品种中增加安全单元——安全栅，从而对安全场所的高能量进行限制和隔离，使其不会窜到危险场所。

可见，前一种措施是保证危险场所的仪表不产生非安全火花；后一种措施是保证安全场所的不安全火花到不了危险场所。这两种措施的结合是达到安全火花防爆的关键。

在 DDZ-Ⅲ仪表中属于本安防爆仪表的有：差压变送器、温度（毫伏）变送器、电-气转换器、电阀门和安全栅等。

2. 本安仪表的分类

本安仪表可以根据危险场所、气体分组和气体自燃温度进行分类。

1）根据国家标准 GB3836.1—2000，本安仪表可以分为两类。

- Ⅰ类：煤矿用本安仪表；
- Ⅱ类：工厂用本安仪表。

2）按本安仪表及关联设备使用场所的安全程度可分为 ia 和 ib 两个级别。

- ia 级仪表：在最大考虑两个计数故障情况下不会产生安全失效；
- ib 级仪表：仅考虑仪表产生一个故障时不会产生安全失效。

3）本安仪表的温度组别是允许仪表可能产生的最高表面温度，它不能高于危险气体自燃温度最小值，也被划分为 T1~T6 共 6 个组别。

3. 本安仪表的设计要求

本安仪表的设计主要包括电路设计和结构设计两方面。通过设计，使本安仪表满足以下要求：必须把本安电路与非本安电路完全、可靠隔离；本安电路中所有器件或导线的最高表面温度不高于所规定的组别温度要求；电路在规定等级相对应的试验条件下进行试验评定时，不点燃相应的爆炸性气体混合物。

5.3 安全栅

安全栅安装在安全场所，它是安全场所仪表和危险场所仪表的关联设备，一方面传输信号；另一方面控制流入危险场所的能量在爆炸气体或混合物的点火能量以下，以确保系统的本安防爆性能。由于它好像栅栏一样，将安全场所与危险场所隔开，因此被形象地称为"安全栅"。

5.3.1 安全栅的基本形式

1. 电阻式安全栅

电阻式安全栅是利用电阻的限流作用，把流入危险侧的能量限制在临界值以下，从而达到本安防爆的目的，其原理如图 5-1 所示。其中，限流电阻要逐个计算，数值太大会影响回路原有性能，数值太小达不到防爆要求。电阻式安全栅具有精确、可靠、小型和价廉等优点，但防爆额定电压低。

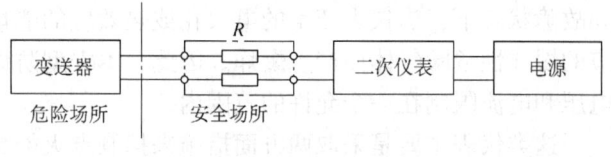

图 5-1 电阻式安全栅

2. 齐纳式安全栅

齐纳式安全栅利用齐纳二极管的反向击穿特性，由快速熔断器、两组齐纳二极管、限流电阻构成，如图 5-2 所示。

1) 当 U_1 正常时，电压额定为 24V，它小于齐纳二极管的击穿电压，齐纳二极管截止。回路电流由变送器决定，在 DC 4~20mA 范围内，安全栅不影响系统正常工作。

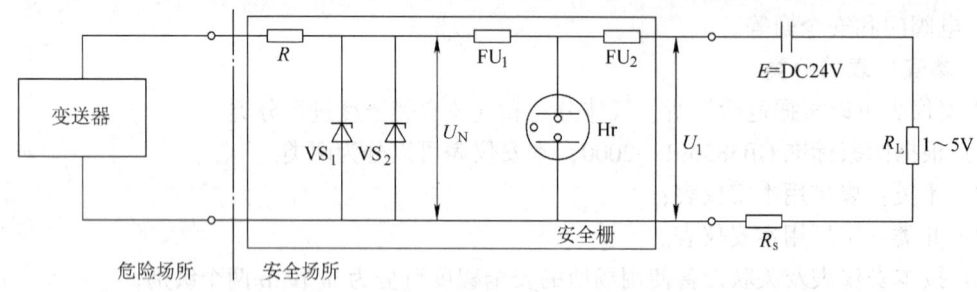

图 5-2 齐纳式安全栅

R—限流电阻 FU_1、FU_2—快速熔断器 Hr—氩放电管 VS_1、VS_2—齐纳二极管

一旦危险侧发生故障，例如危险侧发生短路，短路电流取决于电源电压和回路电阻 R_s，可通过选取 R_s 值，把短路电流限制在额定电流以下，从而保证危险场所的安全。

2) 当安全侧电压高于安全额定电压 U_N 且低于放电管的放电电压 U_{Hr} 时，齐纳二极管击穿，快速熔断器 FU_1 熔断，把危险场所与安全场所隔离开来。

3) 当 $U_1 \geq U_{Hr}$ 时，放电管 Hr 放电，其两端电压很快降到极低的数值。

齐纳式安全栅具有体积小、重量轻、工作可靠、防爆定额高等特点，而且通用性好，价格也相对便宜。但是由于快速熔断器作为其关键部件，所以制作困难且工艺和材料要求都较高。

3. 光电隔离式安全栅

光电隔离式安全栅为安装在危险侧的二线制变送器提供隔离电源，供电电路带有限压、限流电路，防止了因电源电压故障可能引起的过电压、过电流的影响。它由光耦合器件、I/f 转换器、f/I 转换器和限流、限压电路组成，如图 5-3 所示。

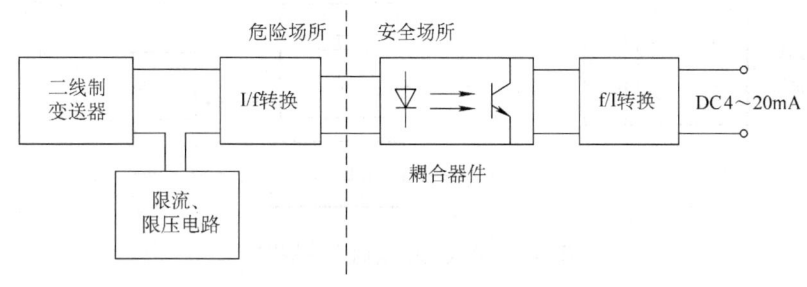

图 5-3 光电隔离式安全栅原理

光电隔离式安全栅将变送器输出的 4~20mA 电流转换成 1~5kHz 的频率，再通过光耦合器件耦合到安全侧，然后利用 f/I 转换器转换成 4~20mA 电流。由于危险侧与安全侧之间只有光的耦合而无电的联系，且光耦合器件具有数千伏以上的高隔离电压，所以即使在安全侧产生高电压时，也不会传输到危险侧。

光电隔离式安全栅具有良好的重复性、高线性度和低漂移性，但结构较为复杂。

4. 变压器隔离式安全栅

如图 5-4 所示，变压器隔离式安全栅将危险侧的仪表（如变送器等）与安全侧的所有仪表（如调节器、计算机、显示记录仪等），通过隔离变压器进行严格的电气隔离，切断安全侧的电源高压窜入危险侧的通道。危险侧与安全侧的一切联系都通过电磁转换方式进行。变压器隔离式安全栅虽然可靠性高、防爆定额高，但是电路复杂、体积较大。

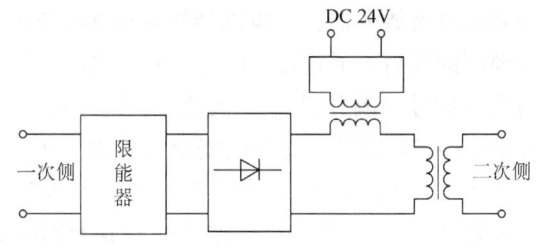

图 5-4 变压器隔离式安全栅原理

5.3.2 输入式安全栅

输入式安全栅本质为一类隔离式安全栅，用于为危险侧的二线制变送器提供 DC 24V 电源；同时把来自于变送器的 DC 4~20mA 电流信号转换成 DC 4~20mA 和 DC 1~5V 信号输出，从而将输入电信号与输出电信号相互隔离，限制流入危险侧的火花能量。

1. 工作原理

输入式安全栅原理如图 5-5 所示。图中，虚线为信号传输通道，实线为能量传输通道。

1）在能量传输通道上，DC 24V 电源电压经由直流—交流变换器，转换成 8kHz 左右的方波信号，经变压器 T_1 耦合至二次侧，一路经整流滤波后为解调放大器供电；一路为调制器提供调制电压,同时经整流滤波和限能后为变送器供电 DC 24V 电源。

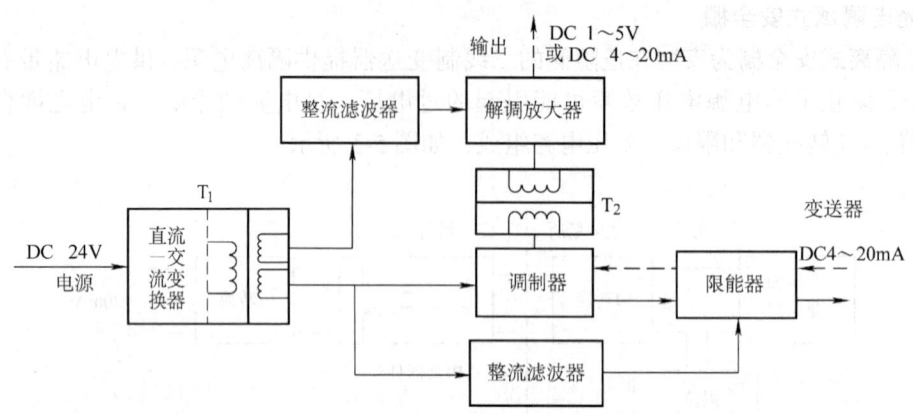

图 5-5 输入式安全栅原理框图

2)在信号传输通道上,由现场变送器输入的 DC 4~20mA 信号经限能器和调制器后,被调制成交流电流信号。经由变压器 T_2 耦合至解调放大器,将其恢复成 DC 4~20mA 或 DC 1~5V 信号送到安全侧仪表。可见,变压器 T_1 和 T_2 完成危险侧与安全侧的电气隔离,而危险侧的限能器限制了电压和电流,从而达到安全防爆目的。

2. 输入式安全栅电路分析

(1) 变流放大器

变流放大器将危险侧与安全侧的信号进行有效隔离,它可以看作是一个放大系数为 1 的调制式直流放大器,其电路结构如图 5-6 所示。一方面,变送器送来的 DC 4~20mA 电流信号经限能器后,通过由 VD_7、VD_9、VD_{11}、VD_{12} 和 T_2 的一次绕组组成的调制器调制成 8kHz 的交流信号;耦合到 T_2 二次侧,再经 VT_3、VT_4 组成的解调放大器还原为 DC 4~20mA 信号或 DC 1~5V 信号,输出到安全侧仪表。另一方面,信号经 VD_8、VD_{10} 组成的全波整流电路和电容 C_5、C_6 滤波后,作为现场二线制变送器的电源。同时,经 $VD_3 \sim VD_6$ 组成的全波整流电路和电容 C_3 滤波后,作为解调放大器的电源。

安全栅的输出电流 I_0 为

$$I_0 = I_c + I_{c0} \tag{5-1}$$

其中,I_c 为解调放大器的输出电流,I_{c0} 为调零支路电流。当输入电流为 4mA 时,调整 RP_3 使输出电流 I_0 为 4mA,实现零点调整;当输入电流为 20mA 时,调整 RP_1 使输出电流 I_0 为 20mA,实现量程调整。由于 I_{c0} 与 I_0 满足式(5-2),所以零点调整与量程调整之间是互相影响的,要反复调整才能满足精度要求。

$$I_{c0} = \frac{U_c - I_c R_{16} - U_s}{R_6 + RP_3'} \tag{5-2}$$

式中 U_c——解调器电源电压;

U_s——稳压管两端电压。

(2) 限能器

限能器用于限制危险侧的点火能量,实现限压和限流。如图 5-6 所示,为增加可靠性,采用了VT_5、VT_6和VT_7、VT_8组成的两组限能器。下面以VT_5、VT_6构成的限能器为例，说明其工作原理。

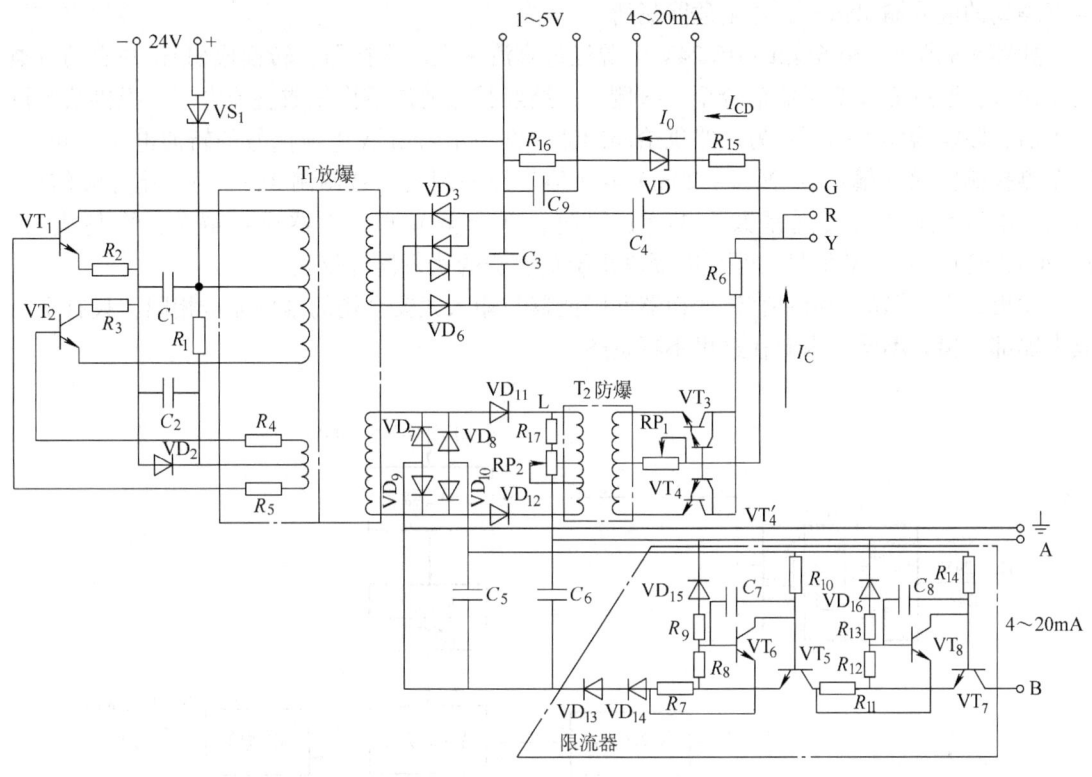

图 5-6 输入式安全栅电路图

过电压保护：选取稳压管VD_{15}的稳压值为30V。正常情况下，变送器电源电压为24V，则VD_{15}、VT_6截止，VT_5饱和导通，整个电路处于正常工作状态。当出现异常情况且U_{VD15}超过30V时，VD_{15}导通，有电流通过R_8、R_9支路，使VT_6饱和导通、VT_5截止，从而切断了变送器的供电回路。

过电流保护：正常情况下，来自变送器的信号为DC 4~20mA电流信号。如果R_7选用30Ω，则当$I = 20$mA时，$U_{R7} = 0.6$V，VT_6不能导通。当变送器输入的电流增加至30mA时，U_{R7}增大，使VT_6导通、VT_5退出饱和区并进入放大区，如图5-7所示。此时，变送器的输出阻抗可以看成是VT_5的负载。利用上述特性，可以保证在变送器出现输出短路的异常情况时，流过变送器的电流仍保持在30mA额定保护电流左右，使变送器不会出现过大的电流，引发爆炸。

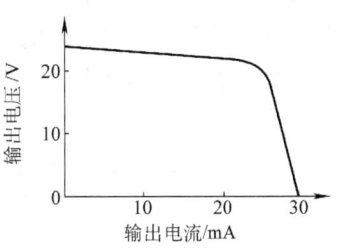

图 5-7 过电流保护特性

可见，DDZ-Ⅲ型仪表安全栅的限能器将危险侧的点火能量限制在$P_{max} = 900$mW以内，以保证安全火花性能。

5.3.3 输出式安全栅

输出式安全栅本质也是一类隔离式安全栅，用于把来自安全场所的电流输入信号转换为电气隔离的电流输出信号，送至危险场所。

如图 5-8 所示，安全侧的 DC 24V 电源经过直流—交流变换器，转换成 8kHz 左右的方波电压信号，通过隔离变压器耦合至二次侧，一路经整流滤波后恢复成直流电压，提供给解调放大器、限能器作为电源；另一路供给调制器，作为 4~20mA 电流信号的斩波电压。同时，安全侧控制室仪表输出的 DC 4~20mA 电流信号经调制器，被调制 8kHz 的交流方波信号；再通过电流互感器（传递系数为 1:1）隔离、耦合至解调放大器进行解调，恢复成 DC 4~20mA 或 DC 1~5V 信号，经限能器输出给危险侧的执行器等仪表。

输出式安全栅的交流—直流变换器和限能器与输入式安全栅的结构完全相同，只有交流放大器部分稍有不同。因此在这里不再赘述。

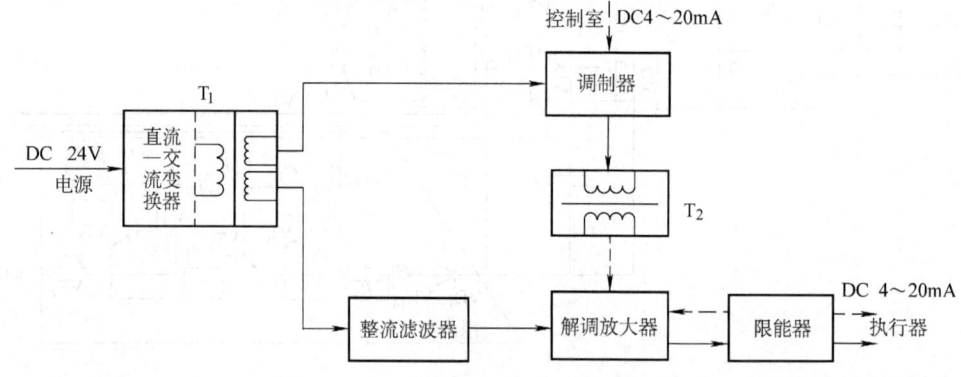

图 5-8 输出式安全栅组成框图

5.4 本安防爆系统设计要求

安全火花型防爆仪表和安全火花型防爆系统是两个不同的概念。由本质安全型防爆仪表所构成的过程控制系统，并不一定是本质安全型防爆系统，如图 5-9 所示。该系统为非本质安全型防爆系统，因为分电盘只起到信号的隔离作用，可以防止控制室直流高压窜入危险场所，而其本身不具有限压、限流功能，防爆等级达不到本质安全要求。

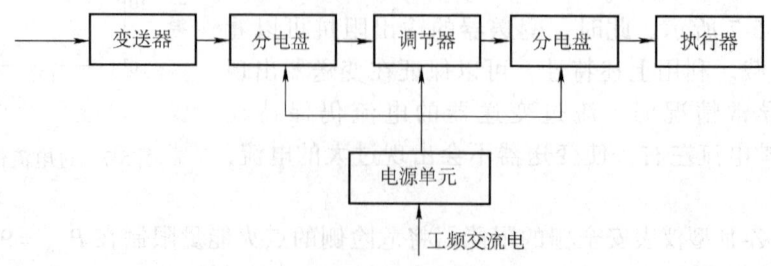

图 5-9 非本质安全型防爆系统

因此，判断一个过程控制系统是否属于安全火花型防爆系统的充分必要条件是：危险场所的仪表必须设计成安全火花型；安全场所的仪表与危险场所的仪表之间必须有安全栅，从而限制送往危险场所的电压、电流，保证进入危险场所的电功率在安全范围内。

5.4.1 本安防爆系统设计的一般要求

本安防爆系统是通过限制电气能量而实现电气防爆的电路系统，它不限制使用场所和爆炸性气体混合物的种类，具有高度的安全性、可维护性和经济性。

1. 本安防爆系统组成

如图 5-10 所示，一个本安防爆系统由现场本安仪表（如变送器、执行器）、连线电缆和关联设备构成。其中，关联设备常采用安全栅。

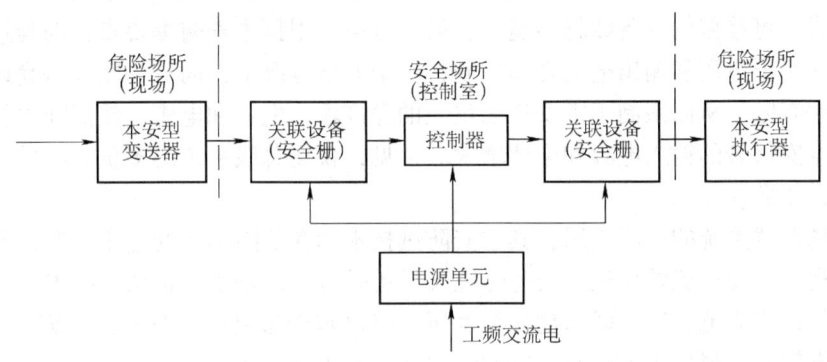

图 5-10 本安防爆系统

（1）现场本安仪表

从现场仪表的储能元件角度考虑，要求处于气体爆炸危险环境中的现场仪表必须按照本安防爆等级要求进行设计。在减少仪表中的电感和电容等储能元件回路的同时，兼顾这些元件的功耗及温升问题，从而保证仪表不论处于正常工作状态还是事故状态，均不会产生由火花和热源引起的点燃。表征仪表本安性能的参数主要包括：本安仪表在故障状态下的最高输入电压 U_a、最大输入电流 I_a、最大输入功率 P_a；本安仪表的最大内部等效电容 C_a、最大内部等效电感 L_a 等。

（2）连接电缆

由于连线电缆存在分布电容和分布电感，所以它本质上也是储能元件。当线路出现开路或短路时，这部分能量就会以电火花或热效应的形式释放，影响系统的本安性能。因此，在保证连接电缆不受外界电磁场干扰的同时，还要限制布线长度以及感应电动势所带来的附加能量。表征电缆本安性能的参数包括：电缆最大允许分布电容 C_c、电缆最大允许分布电感 L_c。

（3）关联设备

关联设备必须在系统处于正常工作状态或事故状态时，能够将从安全场所的非本安回路传到危险场所的本安仪表能量抑制在点火极限以下。这就要求它除了具备信号隔离作用，还要有限压、限流功能。表征关联设备本安性能的基本参数包括：关联设备在故障状态下的最高开路电压 U_s、最大短路电流 I_s、最大功率 P_s、允许的最大外部电容 C_s 和最大外部电感 L_s。

2. 本安防爆系统设计的基本要求

为保证系统中仪表与设备的安全正常使用，本安防爆系统必须满足以下条件。

1）现场本安仪表的防爆标志级别不能高于关联设备（安全栅）的防爆标志级别。

2）关联设备与现场本安仪表之间必须同时满足以下关系：

$$U_s \leqslant U_a, \ I_s \leqslant I_a, \ P_s \leqslant P_a$$

3）连接电缆长度的分布参数必须同时满足以下关系：

$$C_c \leqslant C_s - C_a, \ L_c \leqslant L_s - L_a$$

5.4.2 现场总线本安防爆技术

现场总线系统是采用计算机网络技术，将设备挂接在总线上，以实现数据共享。因此，现场总线系统具有多负载特性，即总线上挂接的设备较多。在现场总线本安防爆系统中，一方面要求总线上可挂接的设备数越多越好；另一方面，根据本安防爆要求，向挂接设备供电的关联设备的输出电压和输出电流必须控制在一个安全等级上，而且关联设备允许外接的等效电容和电感有限，从而限制了本安现场仪表的允许输入电容和电感。然而随着挂接设备的增多，现场本安仪表的输入电容和电感增大。可见，现场总线系统的多负载特性与本安防爆要求之间存在矛盾。

随着现场总线系统的广泛应用，其本安防爆技术和在危险场所的应用问题已受到防爆检验机构的重视。其中，美国仪表学会防爆电气设备委员会已基于参量认可技术，制订了多负载本安系统的评定规范；德国联邦物理技术研究院也基于参量认可技术，研究了 Profibus 本安系统的防爆问题，提出了 FISCO（Fieldbus Intrinsicaly Safe Concept）。

1. 本安现场总线系统

本安现场总线系统中，电源必须经过一个安全栅进入。但是现场总线设备本身可以采用总线供电，也可以独立供电。通常，具有较低功率的现场仪表由总线供电；而一些需要高于本安现场总线可供功率电源的设备，如分析仪和电磁流量计等，必须采用独立电源供电。

如图 5-11 所示，关联设备、本安现场仪表和系统传输电缆仍是影响现场总线系统本安防爆性能的关键因素。一方面，本安现场总线系统具有多负载特征，要求满足互操作性，即同一总线上允许挂接不同制造商生产的总线设备；另一方面，要求供电电源与本安现场总线电路完全隔离，以确保独立供电设备仍能连接到本安现场总线。

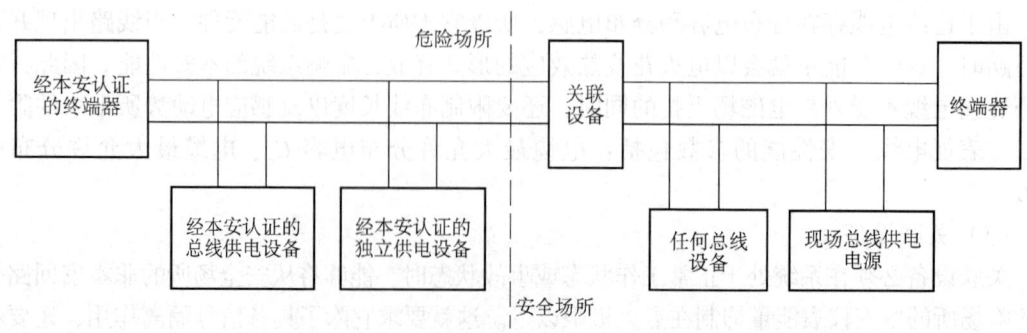

图 5-11 本安现场总线系统的典型结构

2. 现场总线系统本安设计的要求

在本安总线设备满足参量认可技术要求条件下，完成兼容的安全设计，使不同的本安设备可安全地挂接到同一总线上，以确保现场总线系统的互操作性；并对关联设备、本安现场仪表和连接电缆的参数进行优化设计，以使本安现场总线系统可挂接的负载数达到最大。

（1）关联设备

由于隔离式安全栅不需要可靠的安全接地，而且其危险场所的电路与地完全隔离，能保证现场总线系统在地电位平衡方式下运行，所以关联设备一般采用隔离式安全栅。为满足现场总线多负载特征要求，本安现场总线关联设备参数设计的重点是要确保系统可获取的电流达到最大，同时保证电源电压与安全栅接口的工作电压相匹配。

（2）本安现场仪表

在本安现场总线中，所有挂接的本安现场仪表要共享关联设备可能输出的电流，而本安现场总线可以提供的电流又很有限，因此，本安现场仪表设计的关键在于降低每台设备工作所需的工作电压和电流。目前，一般控制在 $I<20\text{mA}$、$U<32\text{V}$。

本安总线系统可挂接的负载数决定于每台设备工作所需的功率、关联设备的输出特性参数和总线特性阻抗参数。若设备工作所需的功率较大，系统可挂接的负载数必将减少。为了使本安设备满足与关联设备的兼容要求，其最大输入功率理想值一般处于 $1.0\sim1.3\text{W}$ 之间。

独立供电仪表必须采取光电隔离等措施，以保证外部电源及相关电路与通信电路之间完全隔离，确保在正常工作和故障条件下，外部电源的能量不会传输到本安现场总线中。

（3）终端器

终端器本质上是一个阻容元件。例如：FF总线的终端器是由 $100\sim120\Omega$ 电阻和 $1\sim3\mu\text{F}$ 的电容串联构成。因此，在本安现场总线系统中，处于危险场所的终端器也是一个特殊的现场设备。在其设计中主要考虑：在电容器短路故障时，电阻会直接并接在总线上，导致通信故障，同时关联设备的全部输出功率会施加在该电阻上，使电阻的表面温度升高，甚至超过相应的温度组别要求。一般情况下，温度组别设计为T4。

表5-4列出了本安现场总线系统中关联设备、终端器、现场本安仪表的推荐安全参数。

表5-4 推荐安全参数

参　　数	关联设备	本安设备	终　端　器
设备防爆标志	Ex ia ⅡC	Ex ia ⅡC T4	Ex ia ⅡC T4
最高开路电压/输入电压	24V	24V	24V
最大短路电流/输入电流	250mA	250mA	250mA
最大输出功率/输入功率	1.2W	1.2W	1.2W
最大内部电容	—	$<5\mu\text{F}$	—
最大内部电感	—	$<20\mu\text{H}$	—

5.5 本章小结

防爆技术是煤炭、化工等生产过程控制系统设计中必须考虑的重要因素。本章简要介绍了一些防爆技术及其原理，着重阐述了本质安全型这一类防爆技术。从工作原理、实现技术等方面说明了本安防爆系统中的一类常用关联设备——安全栅。最后，从系统设计角度，分析了本安防爆系统的基本要求，并针对现场总线网络控制系统的多负载特性，讨论了实现其本安要求的关键技术。

本章要求掌握本质安全型防爆技术和常用安全栅的工作原理，了解本安防爆系统构成以及本安现场总线网络控制系统中的关键问题。

5.6 习题

5-1 为什么说在危险场所使用本质安全型防爆仪表的控制系统不一定是安全火花防爆系统，组成本安防爆控制系统的充要条件是什么？

5-2 防爆电气设备如何分类？说明防爆标志 Exia Ⅱ AT5 和 Exd Ⅱ CT3 的含义。

5-3 什么是安全栅，安全栅有哪几种组成形式？说明其在安全防爆系统中的作用是什么。

5-4 说明输入式安全栅的作用、工作原理及其实现方法。

5-5 与齐纳式安全栅相比，隔离式安全栅有何优点？

5-6 过程控制系统的所有仪表与装置是否都需要考虑安全防爆？说明原因。

5-7 限能器是如何实现过电压和过电流保护的，怎样改变动作电压和最大保护电流？

5-8 本安现场总线网络控制系统与一般本安防爆控制系统有何区别？采用何种措施，可以满足本安现场总线网络控制系统的防爆要求？

第6章 PID控制器设计及参数整定

比例-积分-微分（Proportional-Integral-Derivative，PID）是在工业过程控制中最常见、应用最为广泛的一种控制策略，它是由Minorsky在上世纪20年代对船舶自动导航的研究中提出的。到上世纪40年代，PID控制器已经在过程控制中得到了广泛的应用。尽管许多先进控制算法不断推出，但PID控制器仍以其结构简单、鲁棒性强、使用方便及易于操作等优点，被广泛应用于化工、冶金、机械、热工和轻工等工业过程控制系统中。

6.1 PID控制原理

PID控制本质上是一种负反馈控制，特别适用于过程的动态性能良好而且控制性能要求不太高的情况。它包含三种控制策略：比例控制、积分控制、微分控制。

6.1.1 比例（P）控制算法

采用比例控制算法，控制器的输出信号 u 与输入偏差信号 e 呈比例关系，即

$$u(t) = K_c e(t) + u_0 \tag{6-1}$$

式中　K_c——比例增益；
　　　u_0——控制器输出信号的起始值。
由此，得到其增量形式为

$$\Delta u(t) = K_c e(t) \tag{6-2}$$

显然，当偏差 $e = 0$ 时，控制器输出增量为零，但输出信号 $u = u_0$。
在过程控制中，习惯于用比例增益的倒数表示控制器输入与输出之间的比例关系，即

$$\Delta u(t) = \frac{1}{\delta} e(t) \tag{6-3}$$

式中　δ——比例带。
有

$$\delta = \frac{1}{K_c} \times 100\% \tag{6-4}$$

δ 所代表的物理意义为：如果控制器的输出 Δu 代表调节阀开度的变化量，偏差 e 代表被控量的变化量，那么 δ 就代表调节阀开度改变100%（即对于气开型调节阀从全关到全开）时所需要的系统被控量的允许变化范围，如图6-1所示。只有当被控量处在这个范围内时，调节阀的开度变化才与偏差 e 成比例；如果超出这个范围，调节阀就会处于全关或全开状态，控制器也就失去了控制作用。实际上，控制器的比例带 δ 常常用它相对于被控量检测仪表

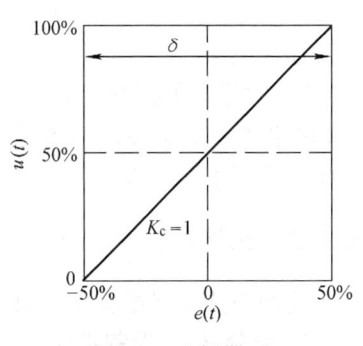

图6-1　比例带

量程的百分比表示。例如，假定某压力检测仪表的量程为 100kPa，$\delta = 50\%$ 就意味着当被控量改变 50kPa 时，调节阀就从全关到了全开状态。

比例控制是一种最简单的控制方式。它具有以下特点：

1）比例控制是一种有差调节。即当控制器采用比例控制时，不可避免的会使系统存在稳态误差。这是因为只有当偏差 e 不为零时，控制器才会有输出；如果 e 为零，控制器输出为零，就失去了调节作用。也就是说，比例控制器正是利用偏差实现控制，它只能使系统被控量输出近似跟踪设定值。例如，某液位控制系统中，通过控制进料量来调节液位。初始状态的液位 h 与设定值 H 相等。如果负荷减小，会引起出料量减少，液位升高，即 $e = H - h$ 增大。此时，在比例控制器 $u = K_c e$ 作用下，将会使气关型调节阀开度减小，从而减少进料量，使液位达到新的平衡状态。

2）比例控制的稳态误差随比例带的增大而增大。若要减小余差，就需减小比例带，亦即需要增大比例增益 K_c。这样做往往会使系统的稳定性变差，对系统的动态品质不利。

图 6-2 所示为不同 K_c 下的控制效果。由图可见，增大比例增益 K_c，虽然会使系统振荡加剧，稳定性变差，但是可以减小系统的稳态误差，提高系统的响应速度。

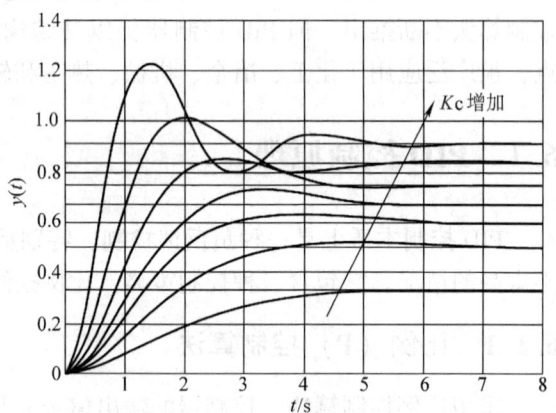

图 6-2 不同 K_c 下的控制效果

假设广义过程是一阶惯性环节 $\dfrac{K_0}{T_0 s + 1}$，则系统的闭环传递函数为

$$\frac{Y(s)}{R(s)} = \frac{\dfrac{K_0 K_c}{1 + K_0 K_c}}{\dfrac{T_0}{1 + K_0 K_c} s + 1} = \frac{K}{Ts + 1} \tag{6-5}$$

其中 $K = \dfrac{K_0 K_c}{1 + K_0 K_c}$，$T = \dfrac{T_0}{1 + K_0 K_c}$。

显然，T 减小为 T_0 的 $\dfrac{1}{1 + K_0 K_c}$；而且 K_c 越大，系统的时间常数越小，惯性越小，因而响应速度越快。

3）对于定值控制系统，采用比例控制可以实现被控量对设定值的有差跟踪。但是对于随动控制系统，即设定值随时间变化时，其跟踪误差将会随时间的变化而增大。因此，比例控制不适用于设定值随时间变化的系统。

6.1.2 比例积分（PI）控制算法

比例积分控制算法由比例控制和积分控制两部分算法组合而成。

1. 积分（I）控制算法

采用积分控制算法，控制器的输出信号 u 与输入偏差信号 e 的积分呈比例关系，即

$$u(t) = S_I \int_0^t e(\tau)\mathrm{d}\tau + u_0 \tag{6-6}$$

式中 S_I——积分速度。

由式（6-6）可见，只要偏差 e 存在，控制器的输出就会不断地随时间积分而增大；只有当 e 为零时，控制器才会停止积分，此时控制器的输出就会维持某一数值。这说明积分控制是一个无差调节，即当被控系统在负载扰动下的调节过程结束后，系统的稳态误差已不存在，调节阀会停留在新的开度上，这与 P 调节时当 e 为零则输出为零是不同的。

采用积分控制器时，系统的开环增益与积分速度 S_I 成正比。积分速度增大会加强动态积分效果，使系统的动态开环增益增大，从而导致系统的稳定性降低。这是因为，增大 S_I 相当于将同一时刻的控制器输出控制增量增加，使调节阀的动作幅度加大，这势必容易引起和加剧系统振荡。

综上所述，积分控制具有以下特点：

1）积分控制是一种无差调节，它可以提高系统的无差度，也即提高系统的稳态控制精度。

2）与比例控制算法相比，积分控制的过渡过程比较缓慢，系统的稳定性变差。这是因为积分环节引入系统后，会使系统的相频特性滞后 90°，造成控制作用不及时，使系统的动态品质变差。可见，积分控制是牺牲了动态品质来换取稳态性能的改善。

3）增大积分速度可以在一定程度上提高系统的响应速度，但却会加剧系统的不稳定程度，使系统振荡加剧。

2. 比例积分控制算法

积分控制器虽然可以提高系统的稳态控制精度，但是对系统的动态品质不利。因此，在工程实际中，一般较少单独使用积分控制算法，往往和比例控制算法相结合组成 PI 控制。

采用 PI 控制器时，控制器的输出信号 u 与输入偏差信号 e 之间存在以下关系

$$u(t) = K_c(t)e + \frac{K_c}{T_I}\int_0^t e(\tau)\mathrm{d}\tau + u_0 \tag{6-7}$$

由此，得到其增量形式为

$$\Delta u(t) = K_c(t)e + \frac{K_c}{T_I}\int_0^t e(\tau)\mathrm{d}\tau = \frac{1}{\delta}\left(e + \frac{1}{T_I}\int_0^t e(\tau)\mathrm{d}\tau\right) \tag{6-8}$$

式中 δ——比例带；

T_I——积分时间常数。

此时，控制器的传递函数为

$$G_c(s) = \frac{U(s)}{E(s)} = K_c\left(1 + \frac{1}{T_I s}\right) = \frac{1}{\delta}\left(1 + \frac{1}{T_I s}\right) \tag{6-9}$$

图 6-3 所示为比例积分控制器在阶跃输入下的输出响应曲线。通过分析其响应曲线，总结比例积分控制算法的特点如下：

1）比例积分控制的输出响应由两部分组成：当偏差出现时，比例作用迅速反应输入的变化，起到粗调的作用；随后，积分作用使输出逐渐增加，最终达到消除稳态误差的目的，起到细调的作用。因此，PI 控制是将比例控制的快速反应与积分控制的消除稳态误差功能相结合，因此能收到比较好的控制效果。

2）PI 控制本质上是比例增益随偏差的时间进程而不断变化的比例作用。由图 6-3 可知，

当 $t=T_I$ 时,控制器输出 $u(t)=2K_c e$;当 $t=2T_I$ 时,控制器输出 $u(t)=3K_c e$。基于上述对应关系,可以方便地根据控制器输出来确定积分时间常数 T_I。

假设广义过程为一阶惯性环节,在比例积分控制作用下,当保持 K_c 不变,改变积分时间常数 T_I 的大小,获得系统的输出响应曲线如图6-4所示。可见,减小 T_I,会使图6-3中的斜线斜率增大,积分控制作用增强,PI控制器的动态比例增益增大,导致系统输出振荡加剧,这与图6-4所示相一致。

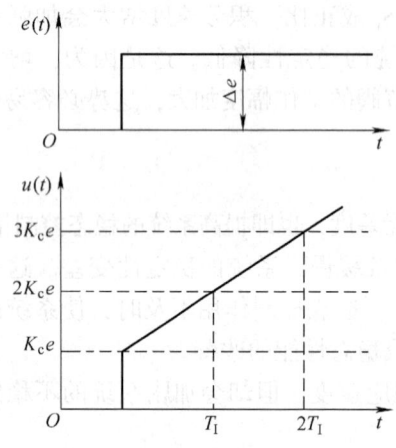

图6-3 PI控制器的阶跃响应曲线

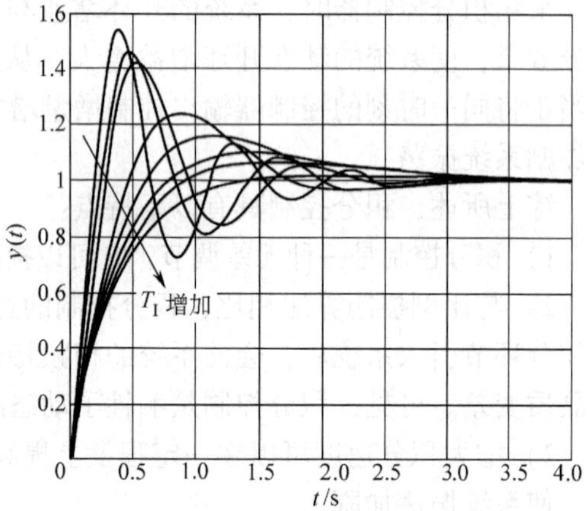

图6-4 不同 T_I 下的控制效果

3)与P控制相比,PI控制由于积分环节的存在,会使系统的相频特性存在相位滞后,造成系统的稳定性和动态品质变差。

4)积分控制器存在积分饱和现象。这是因为,只要偏差不为零,控制器就会不停地积分使输出增加(或减少),从而导致控制器输出进入深度饱和,最终使控制器失去调节作用,这在工程上是很危险的。因此,控制器采用积分作用时,一定要防止积分饱和现象的发生。

例6-1 加热器水温控制系统中,为保证气源中断时的生产安全,调节阀采用气开式;因此,控制器选用反作用方式。

如图6-5所示,假设起始阶段水温低于设定值,在PI控制作用下,控制器输出逐渐增大,最终达到气源压力0.14MPa(假设采用气动控制器),超过了仪表范围的最大值0.1MPa,进入深度饱和。在 $t_1\sim t_2$ 阶段,水温上升但仍低于设定值,控制器输出维持在气源压力。直到 t_2 时刻后,偏差出现反向,控制器输出逐渐减小,但是由于输出气压仍大于0.1MPa,所以调节阀未动作。只有当输出气压小于0.1MPa后,即到达 t_3 时刻,调节阀开度才开始减小,这会使控制作用不及时,引起较大的反向超调。上述现象就是积分饱和现象。

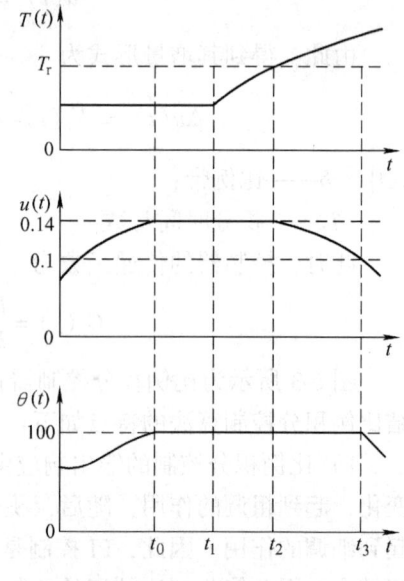

图6-5 积分饱和现象

由于积分饱和是在被控量输出长期存在偏差时，引起积分调节不断作用而形成的，所以要通过限制控制器中积分作用的输出来加以防止。一般采用接入外部积分反馈或在控制内自行切换 PI-P 控制方式等方法来防止积分饱和。上述方法不加以具体阐述，请参阅相关参考文献。

6.1.3 比例微分（PD）控制算法

比例和积分控制都是根据系统被控量与设定值的偏差进行调节的控制策略，不具有对偏差变化趋势的预测能力。为实现该控制要求，提出微分控制算法。

1. 微分控制算法

采用微分（D）控制算法，控制器的输出 u 与输入偏差信号 e 对时间的导数呈正比，即

$$u(t) = S_D \frac{de(t)}{dt} + u_0 \tag{6-10}$$

可见，微分控制的输出与系统被控量偏差的变化率呈正比。由于变化率（包括大小和方向）可以反映系统被控量的变化趋势，所以微分控制并不是等被控量已经出现较大偏差之后才动作，而是根据变化趋势提前动作。这相当于赋予控制器以某种程度的预见性，对于防止系统被控量出现较大动态偏差是有利的。

单纯的微分控制器是不能工作的。因为任何实际的控制器都有一定的死区（即不灵敏区），在死区内，系统的被控量输出变化缓慢，控制器难以察觉因而不产生动作，从而可能使被控量的偏差积累到相当大的数值而得不到校正，这种情况当然是不能容许的。因此，单纯的微分控制只能起辅助调节作用，而不能单独使用。在实际使用中，它往往是与比例作用或比例积分作用相结合组成 PD 或 PID 控制。

2. 比例微分控制算法

采用 PD 控制器时，控制器的输出信号 u 与输入偏差信号 e 之间存在以下关系

$$u(t) = K_c e(t) + K_c T_D \frac{de(t)}{dt} + u_0 \tag{6-11}$$

由此，得到其增量形式为

$$\Delta u(t) = K_c e(t) + K_c T_D \frac{de(t)}{dt} = \frac{1}{\delta}\left(e(t) + T_D \frac{de(t)}{dt}\right) \tag{6-12}$$

式中　δ——比例带；

　　　T_D——微分时间常数。

此时，控制器的传递函数为

$$G_c(s) = \frac{U(s)}{E(s)} = K_c(1 + T_D s) = \frac{1}{\delta}(1 + T_D s) \tag{6-13}$$

但式（6-13）在物理上是较难实现的。考虑到微分容易引入高频噪声，所以需要加入滤波环节。因此，工业上实际采用 PD 控制器的传递函数为

$$G_c(s) = \frac{U(s)}{E(s)} = \frac{1}{\delta} \frac{T_D s + 1}{\frac{T_D}{K_D} s + 1} \tag{6-14}$$

式中　K_D——微分增益，一般为 5~10。

可见，式（6-14）中分母项的时间常数是分子项时间常数的 $\frac{1}{5} \sim \frac{1}{10}$ 左右。因此，在分

析 PD 控制器的性能时可忽略分母项时间常数的影响，仍按式（6-13）进行。

图 6-6 为比例微分控制器在阶跃输入下的输出响应曲线。可见，在偏差跳变瞬间，控制器输出跳变幅度为比例控制作用的 K_D 倍；然后微分控制作用逐渐减弱，PD 控制的输出按指数规律下降，最终趋于 $K_c e$，即纯比例控制作用。其中，当 $t = T_D/K_D$ 时，控制器输出衰减到起始跳变幅度的 0.632 倍。基于该对应关系，可以方便地根据控制器输出来确定微分时间常数 T_D。

微分控制作用的强弱通过阶跃响应曲线的面积来衡量。它取决于两个参数：微分增益 K_D 决定起始跳变幅度；微分时间 T_D 影响微分作用时间，即输出响应曲线的衰减时间。起始跳变幅度越大或响应曲线的衰减时间越长，即 T_D 或 K_D 越大，表示微分作用越强。但是微分增益 K_D 一般固定不变，它只与控制器的类型有关：电动控制器的 K_D 一般为 5~10。

根据微分增益 K_D 的大小，微分作用分为正微分（$K_D > 1$）、反微分（$K_D < 1$），如图 6-6 所示。显然，反微分控制作用具有一定滤波能力，适用于高频噪音较大的系统。

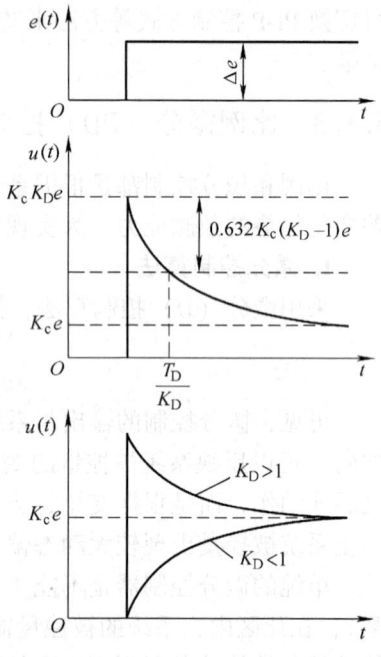

图 6-6　PD 控制器的阶跃响应曲线

在比例微分控制作用下，当保持 K_c 不变，改变微分时间常数 T_D 的大小，获得系统的输出响应曲线如图 6-7 所示。通过分析其输出响应曲线，总结比例微分控制算法的特点如下：

1) PD 控制也是有差调节，这是因为在稳态情况下，$de(t)/dt$ 为零，微分部分已不起作用，因此 PD 控制变成 P 控制。

2) PD 控制能提高系统稳定性、抑制过渡过程的动态偏差（或超调）。这是因为微分作用总是力图阻止系统被控量的变化，而使过渡过程的变化趋于平缓；从频率特性来看，微分环节的超前相位，提高了系统的稳定裕度，有利于系统稳定性的提高。

3) PD 控制有利于减小系统稳态误差，提高系统的响应速度。这是因为引入微分相当于添加开环零点，配置合理的微分作用可以与被控对象中的极点相消，使系统降阶，有利于改

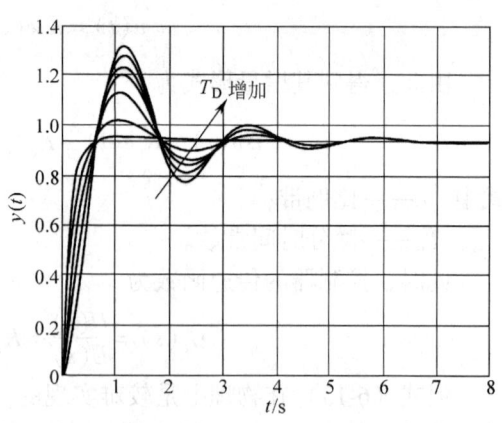

图 6-7　不同 T_D 下的控制效果

善系统的控制品质。微分作用适度增强时，如果要保持过渡过程的衰减率不变，则可以适当减小比例带（一般可减小 15% 左右），即适当增加系统的开环增益，这不仅使系统的稳态误差得以减小，而且也可以使系统的频带变宽，从而缩短系统的响应时间。

4) 在 PD 控制中，如果微分时间常数 T_D 过大，微分作用太强，会导致输出控制作用过

大，使调节阀频繁开启，容易造成系统振荡。因此，PD 控制一般是以比例控制为主，微分控制为辅。

5) PD 控制一般只适用于时间常数较大或多容过程，不适用于流量、压力等一些变化剧烈的过程；其次，当检测信号中有显著的噪声时，如流量检测信号常带有不规则的高频干扰，则不宜引入微分作用；另外，微分控制对于纯时延过程是无效的。

6.1.4 PID 控制算法

采用 PID 控制算法，控制器的输出 u 与输入偏差信号 e 之间的关系如下

$$u(t) = K_c e(t) + S_I \int_0^t e(t) \mathrm{d}t + S_D \frac{\mathrm{d}e(t)}{\mathrm{d}t} + u_0 \tag{6-15}$$

由此，得到其增量形式为

$$\begin{aligned}\Delta u(t) &= K_c e(t) + \frac{K_c}{T_I} \int_0^t e(t) \mathrm{d}t + K_c T_D \frac{\mathrm{d}e(t)}{\mathrm{d}t} \\ &= \frac{1}{\delta} \left(e(t) + \frac{1}{T_I} \int_0^t e(t) \mathrm{d}t + T_D \frac{\mathrm{d}e(t)}{\mathrm{d}t} \right) \end{aligned} \tag{6-16}$$

其中，δ、T_I、T_D 的意义分别与 PI、PD 控灼器中的相同。此时，控制器的传递函数为

$$G_c(s) = \frac{U(s)}{E(s)} = \frac{1}{\delta} \left(1 + \frac{1}{T_I s} + T_D s \right) \tag{6-17}$$

不难看出，由式（6-17）表示的控制器在物理上是不能实现的。工业上实际采用 PID 控制器的传递函数为

$$G_c(s) = K_c^* \frac{1 + \frac{1}{T_I^* s} + T_D^* s}{1 + \frac{1}{K_I T_I s} + \frac{T_D}{K_D} s} \tag{6-18}$$

其中，$K_c^* = FK_c$；$T_I^* = FT_I$；$T_D^* = \frac{T_D}{F}$。

式中　F——相互干扰系数；

　　　K_I——积分增益。

PID 控制器在阶跃输入下的输出响应曲线如图 6-8 所示。可见，在偏差阶跃输入作用下，控制器输出在比例微分作用下，先跳变到最大值 $K_D K_c e$；然后在比例微分和积分的共同作用下，随着微分作用的减弱先下降，再随着积分作用的增强而上升；最后在积分作用下呈现上升趋势。显然，在整个控制过程中，比例作用始终存在，微分控制主要在控制前期起作用，积分控制则主要在控制后期起作用。

由式（6-17）和图 6-8 可知，PID 是比例、积分、微分控制作用的线性组合，它吸取了比例控制的快速反应功能、积分控制的消除稳态误差功能以及微分控制的预测功能等优点，同时弥补了三者的不足，是一种比较理想的复合控制规律。另外，从控制理论的观点来看，与 PD 相比，PID 提高了系统的无差度；与 PI 相比，PID 多了一个零点，为动态性能的改善提供可能。因此，PID 兼顾了静态和动态两方面的控制要求，可以取得较为满意的控制效

果。如图 6-9 所示，针对同一被控对象，在相同阶跃扰动作用下，采用不同控制作用时得到系统的输出响应曲线。显然，PID 具有最好的控制效果。

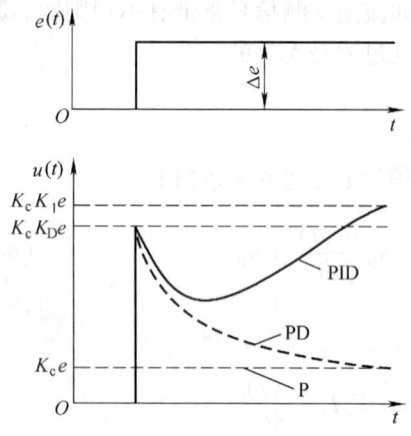

图 6-8 PID 控制器的阶跃响应曲线

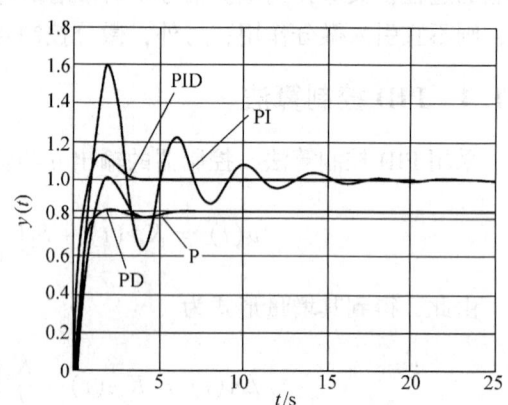

图 6-9 不同控制器的控制效果

虽然 PID 控制器的控制效果比较理想，但并不意味着在任何情况下都可采用 PID 控制器。另外，PID 控制器存在三个需要整定的参数，如果这些参数整定的不合理，不仅不能发挥各种控制作用的长处，反而适得其反。

6.1.5 比例-积分-微分控制算法的选择

根据被控对象特性、负荷变化、主要扰动以及控制要求等具体情况，兼顾系统的经济性以及系统投入运行方便等因素，给出比例-积分-微分控制策略选择的一般性原则。

1）当广义过程控制通道时间常数较大或容量滞后较大时，如温度、成分、pH 值等控制过程，应引入微分调节；如果工艺容许有稳态误差，可选用 PD 控制；若工艺要求无稳态误差，应选用 PID 控制。

2）当广义过程控制通道时间常数较小、负荷变化不大且工艺要求允许有稳态误差时，可以选择 P 控制，如贮罐压力、液位等过程一般属于此类。

3）当广义过程控制通道时间常数较小、负荷变化不大，但工艺要求无稳态误差时，可以选用 PI 控制，如管道压力、流量等控制过程可属此类。

4）当广义过程控制通道时间常数很大且纯滞后较大、负荷变化剧烈时，不宜采用 PID 控制。

5）若广义过程的传递函数具有以下形式

$$G_0(s) = \frac{K_0}{T_0 s + 1} e^{-\tau_0 s} \tag{6-19}$$

则可以根据 τ_0/T_0 的比值来选择调节规律：

1）当 $\tau_0/T_0 < 0.2$ 时，可以选用 P 或 PI 控制。

2）当 $0.2 < \tau_0/T_0 < 1.0$ 时，可以选用 PD 或 PID 控制。

3）当 $\tau_0/T_0 > 1.0$ 时，采用 PID 控制一般难以满足要求，需要采用其他控制方式。

6.2 PID 控制参数的整定方法

PID 控制参数整定就是根据被控过程特性和系统要求，确定 PID 控制器中的比例带 δ、积分时间常数 T_I 和微分时间常数 T_D，使系统的过渡过程达到满意的控制品质。

6.2.1 PID 参数整定的一般原则

控制器的参数整定通常以系统瞬态响应的 $\psi=0.75\sim0.9$（衰减比 $n=4:1\sim10:1$）为主要指标，以保证系统具有一定的稳定裕量。此外，在满足主要指标 ψ 的前提下，还应尽量满足系统的稳态误差、最大动态偏差（或超调量）和过渡过程时间等其他指标。由于不同的工艺过程对控制品质的要求有不同的侧重点，所以也有用系统响应的 ISE、IAE、ITAE 等分别取极小值作为指标来整定控制器参数的。

下面根据各参数对控制系统过渡过程的影响，给出控制器参数整定的一些基本原则：

1) 为保证系统稳定运行，控制系统开环总增益 $K_c K_o$ 应等于某常值，即若增大 K_o，则应相应地减小 K_c。例如，变送器量程变小，则要相应地增加控制器的比例增益。K_c 越大，过渡过程振荡越激烈，稳态误差越小。

2) 为保证系统的稳定性，通常取 $T_I=2\tau_0$、$T_D=0.5\tau_0$；当 τ_0/T_o 较大时，控制系统不易稳定，则应减小 K_c。

3) 控制器参数调试时，按照先比例、后积分、再微分的引入顺序。

4) 积分控制参数一般选取为 $T_I=2\tau_0$ 或 $T_I=(0.5\sim1)T_p$，T_p 为振荡周期。在引入积分作用后，K_c 应比采用比例控制时减小 10% 左右；而且 T_I 越大，过渡过程越平缓，消除稳态误差越慢。

5) 微分控制参数一般选取为 $T_D=0.5\tau_0$ 或 $T_D=(0.25\sim0.5)T_I$。在引入微分作用后，K_c 应比采用比例控制时增加 10% 左右；而且 T_D 越大，过渡过程趋于稳定，最大动态偏差越小。

表 6-1 给出了一些典型被控过程的特点及相应的控制器参数范围。

表 6-1 被控过程的特点及其控制器参数范围

项 目	时 滞	容 量 数	周 期	噪 声	比 例 带	积分作用	微分作用
流量 液体压力	无	多容量	1~10s	有	100%~500% 50%~200%	重要	不用
气体压力	无	单容量	0	无	0%~5%	不必要	不必要
液位	无	单容量	1~10s	有	5%~50%	少用	不用
温度 蒸汽压力	变动	3~6	1min~1h	无	10%~100%	用	重要
成分	恒定	1~100	1min~1h	存在	100%~1000%	重要	可用

控制器参数整定的方法可以分为三类：理论计算整定法。它主要是依据系统的数学模型，采用控制理论中的根轨迹法、频率特性法等，经过理论计算确定控制器参数的数值。这种方法不仅计算繁琐，而且过分依赖于数学模型，所得到的计算数据必须通过工程实践进行

调整和修改。因此，理论计算整定法除了有理论指导意义外，工程实际中较少采用；工程整定法。它主要依靠工程经验，直接在过程控制系统的实验中进行。该方法简单、易于掌握，但是由于是人为按照一定的计算规则完成，所以要在实际工程中经过多次反复调整。常用的工程整定方法有临界比例度法、反应曲线法和衰减曲线法；自整定法。它是对运行中的控制系统进行 PID 参数的自动调整，以使系统在运行中始终具有良好的控制品质。

6.2.2 临界比例度法

临界比例度法（又称稳定边界法）是一种闭环整定方法。由于该方法直接在闭环系统中进行，不需要测试过程的动态特性，因而简单、使用方便，获得了广泛的应用。具体整定步骤如下：

1) 先将控制器的积分时间 T_I 置于最大（$T_I = \infty$），微分时间 T_D 置零（$T_D = 0$），比例带 δ 置为较大的数值，使系统投入闭环运行。

2) 等系统运行稳定后，对设定值施加一个阶跃扰动，并减小 δ，直到系统出现如图 6-10 所示的等幅振荡为止，即临界振荡过程。记录下此时的 δ_K（临界比例带）和等幅振荡周期 T_K。

3) 根据所记录的 δ_K 和 T_K，按表 6-2 给出的经验公式计算出控制器的 δ、T_I 及 T_D。

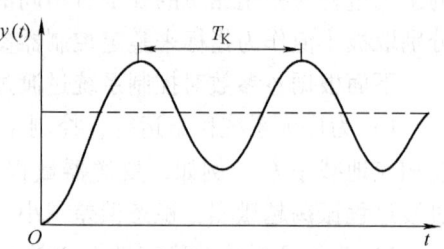

图 6-10 系统的临界振荡过程

表 6-2 采用临界比例度法的整定参数

整定参数 控制规律	δ	T_I	T_D
P	$2\delta_K$	—	—
PI	$2.2\delta_K$	$0.85T_K$	—
PID	$1.7\delta_K$	$0.5T_K$	$0.125T_K$

需要指出的是，采用这种方法整定控制器参数时会受到一定的限制，例如有些过程控制系统不允许进行反复振荡试验，如锅炉给水系统和燃烧控制系统等就不能应用此法；再如某些时间常数较大的单容过程，采用比例控制时根本不可能出现等幅振荡，即不能应用此法。

另外，随着过程特性不同，按此法整定的控制器参数不一定都能获得满意的结果。实践证明，对于无自衡特性的过程，按此法整定的控制器参数在实际运行中往往会使系统响应的衰减率偏大（即 $\psi > 0.75$）；而对于有自衡特性的高阶等容过程，按此法确定的控制器参数在实际运行中大多会使系统衰减率偏小（即 $\psi < 0.75$）。因此，用此法整定的控制器参数还需要在实际中作一些在线调整。

6.2.3 衰减曲线法

这种方法与临界比例度法相类似，所不同的是无需出现等幅振荡过程。具体方法如下：

1) 先置控制器的积分时间 $T_I = \infty$，微分时间 $T_D = 0$，比例带 δ 为较大的数值，使系统投入闭环运行。

2) 等系统运行稳定后,对设定值施加一个阶跃扰动,然后观察系统的响应。若响应振荡衰减太快,就减小比例带 δ;反之,则增大 δ。如此反复,直到出现如图 6-11a 所示衰减比 $n=4:1$ 的振荡过程,或者如图 6-11b 所示衰减比 $n=10:1$ 的振荡过程时,记录下此时的比例带(记为 δ_s),以及相应的衰减振荡周期 T_s(如图 6-11a 所示)或者输出响应的上升时间 t_p(如图 6-11b 所示)。

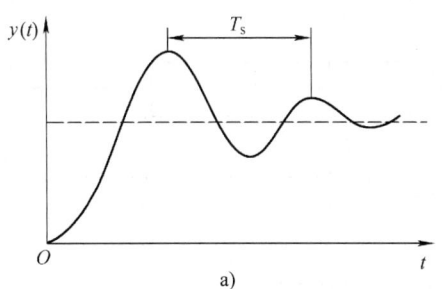 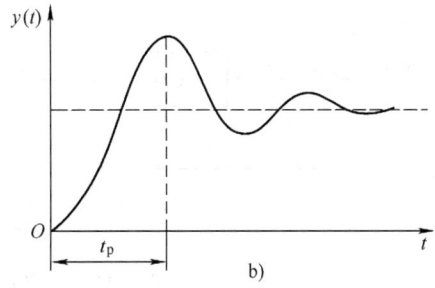

图 6-11 系统的衰减振荡过程
a) 4:1 衰减曲线 b) 10:1 衰减曲线

3) 根据所记录的 δ_s、T_s 或 t_p,按表 6-3 给出的经验公式计算出控制器的 δ、T_I 及 T_D。

表 6-3 衰减曲线法整定计算公式

衰减率 ψ	整定参数 控制规律	δ	T_I	T_D
0.75	P	δ_s	—	—
	PI	$1.2\delta_s$	$0.5T_s$	—
	PID	$0.8\delta_s$	$0.3T_s$	$0.1T_s$
0.90	P	δ_s	—	—
	PI	$1.2\delta_s$	$2t_p$	—
	PID	$0.8\delta_s$	$1.2t_p$	$0.4t_p$

衰减曲线法适用于大多数过程。但是该方法的最大缺点是要准确地确定系统 4:1(或 10:1)的衰减程度比较困难,从而使获得的 δ_s 值和 T_s(或 t_p)值可能存在误差。尤其是对于一些扰动比较频繁、过程变化较快的过程控制系统,如管道、流量等控制系统,不宜采用此法。

6.2.4 反应曲线法

反应曲线法(又称动态特性参数法)是一种开环整定方法,即利用系统广义过程的阶跃响应曲线对控制器参数进行整定。具体方法如下:

1) 将图 6-12 所示的系统置于开环状态。
2) 在调节阀 $G_v(s)$ 的输入端施加一个阶跃信号,记录下测量变送环节 $G_m(s)$ 的输出响应曲线 $z(t)$。
3) 根据阶跃响应曲线,将广义被控过程的传递函数近似表示为:对于无自衡广义被控过程，传递函数可写为 $G'_0(s) = \dfrac{\varepsilon}{s}e^{-\tau s}$；对于有自衡广义被控过程，传递函数可写为 $G'_0(s) = \dfrac{K_0}{1+T_0 s}e^{-\tau s} = \dfrac{1/\rho}{1+T_0 s}e^{-\tau s}$。假设是单位阶跃响应，则传递函数中各参数的意义如图6-13所示。

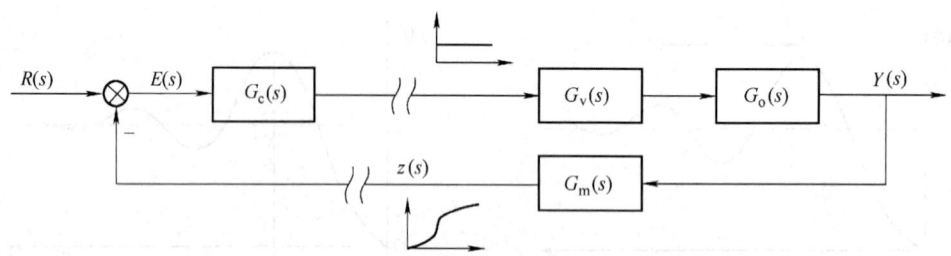

图6-12 广义过程阶跃响应曲线示意图

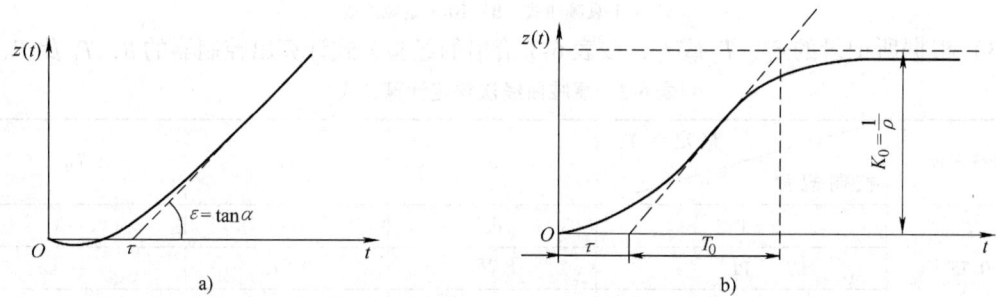

图6-13 广义过程的单位阶跃响应曲线
a) 无自衡过程 b) 自衡过程

4) 根据阶跃响应曲线求得广义被控过程的传递函数后，分别按照表6-4、表6-5中的近似经验公式计算控制器的参数 δ、T_I 及 T_D。其中，表6-4对应无自衡过程，表6-5对应有自衡过程。

表6-4 无自衡过程的整定计算公式（$\psi = 0.75$）

控制规律	整定参数 δ	T_I	T_D
P	$\varepsilon\tau$	—	—
PI	$1.1\varepsilon\tau$	3.3τ	—
PID	$0.85\varepsilon\tau$	2τ	0.5τ

在表6-4和表6-5中，没有给出PD控制器的整定参数。若需要，可在P控制器整定参数（$\psi = 0.75$）的基础上确定PD控制器的整定参数，即先按照表6-4和表6-5算出 δ，再按下式计算PD控制器的参数 δ_D 和 T_D。

$$\delta_D = 0.8\delta, \quad T_D = (0.25 \sim 0.3)\tau \tag{6-20}$$

反应曲线法是由齐格勒（Ziegler）和尼科尔斯（Nichols）于1942年首先提出的，之后经过多次改进，总结出大量控制器最佳参数整定公式。这些公式均是以衰减率 $\psi = 0.75$ 为其性能指标，其中广为流行的是柯恩-库恩（Cheen-Coon）整定公式，如下所述。

表 6-5　自衡过程的整定计算公式（$\psi = 0.75$）

整定参数 控制规律	$\tau/T_o \leq 0.2$			$0.2 \leq \tau_0/T_0 \leq 1.5$		
	δ	T_I	T_D	δ	T_I	T_D
P	$\dfrac{1}{\rho} \cdot \dfrac{\tau}{T_0}$	—	—	$\dfrac{2.6}{\rho} \cdot \dfrac{\dfrac{\tau}{T_0} - 0.08}{\dfrac{\tau}{T_0} + 0.7}$	—	—
PI	$\dfrac{1.1}{\rho} \cdot \dfrac{\tau}{T_0}$	3.3τ	—	$\dfrac{2.6}{\rho} \cdot \dfrac{\dfrac{\tau}{T_0} - 0.08}{\dfrac{\tau}{T_0} + 0.6}$	$0.8T_0$	—
PID	$\dfrac{0.85}{\rho} \cdot \dfrac{\tau}{T_0}$	2τ	0.5τ	$\dfrac{2.6}{\rho} \cdot \dfrac{\dfrac{\tau}{T_0} - 0.15}{\dfrac{\tau}{T_0} + 0.08}$	$0.81T_0 + 0.19\tau$	$0.25T_I$

1）P 控制器

$$\frac{1}{\delta} = \frac{1}{K_0}\left[(\tau/T_0)^{-1} + 0.3333\right] \tag{6-21}$$

2）PI 控制器

$$\begin{cases} \dfrac{1}{\delta} = \dfrac{1}{K_0}\left[0.9(\tau/T_0)^{-1} + 0.082\right] \\ \dfrac{T_I}{T_0} = \dfrac{[3.33(\tau/T_0) + 0.3(\tau/T_0)^2]}{1 + 2.2(\tau + T_0)} \end{cases} \tag{6-22}$$

3）PID 控制器

$$\begin{cases} \dfrac{1}{\delta} = \dfrac{1}{K_0}\left[1.35(\tau/T_0)^{-1} + 0.27\right] \\ \dfrac{T_I}{T_0} = \dfrac{[2.5(\tau/T_0) + 0.5(\tau/T_0)^2]}{1 + 0.6(\tau/T_0)} \\ \dfrac{T_D}{T_0} = \dfrac{0.37(\tau/T_0)}{1 + 0.2(\tau/T_0)} \end{cases} \tag{6-23}$$

式中，τ、T_0 和 K_0 均为广义被控过程传递函数的参数。

随着计算机仿真技术的发展，在 $\psi = 0.75$ 的最佳整定准则下，对广义被控过程分别提出 IAE、ISE 和 ITAE 极小化准则，通过计算机仿真，得到控制器参数最佳整定的计算公式为

$$\begin{cases} K_c = \dfrac{A}{K_0}\left(\dfrac{\tau}{T_0}\right)^B \\ T_I = \dfrac{T_0}{A}\left(\dfrac{T_0}{\tau}\right)^B \\ T_D = AT_0\left(\dfrac{\tau}{T_0}\right)^B \end{cases} \tag{6-24}$$

式中，A、B 的具体数值可由表 6-6 查得。

表 6-6 定值控制系统的最佳整定参数 A、B 的值

控制规律	判 据	调节作用	A	B
P	IAE	P	0.902	-0.985
	ISE	P	1.411	-0.917
	ITAE	P	0.904	-1.084
PI	IAE	P	0.984	-0.986
		I	0.608	-0.707
	ISE	P	1.305	-0.959
		I	0.492	-0.739
	ITAE	P	0.859	-0.977
		I	0.674	-0.680
PID	IAE	P	1.435	-0.921
		I	0.878	-0.749
		D	0.482	1.137
	ISE	P	1.495	-0.945
		I	1.101	-0.771
		D	0.560	1.006
	ITAE	P	1.357	-0.947
		I	0.842	-0.738
		D	0.381	0.995

6.2.5 三种常用工程整定方法的比较

上述临界比例度法、衰减曲线法、反应曲线法都属于工程整定方法，它们的共同点是通过试验获取某些特征参数，然后再按照工程经验公式计算控制器的整定参数。但是这三种常用工程整定方法又各有其特点。

1）临界比例度法和衰减曲线法都是闭环整定方法，即依赖系统在某种运行状况下的特征参数对控制器参数进行整定，其优点是不需要掌握被控过程的数学模型。但是这两种方法都存在一定的缺点，如临界比例度法不适用于生产工艺过程中不能反复振荡试验、对比例调节是本质稳定的被控系统；在做衰减比较大的试验时，衰减曲线法观测数据很难准确确定，不适用于过程变化较快的系统。

2）反应曲线法是开环整定方法，即通过系统开环试验得到被控过程的特征参数后，再对控制器参数进行整定。因此，这种方法的适用性较广，并为控制器参数的最佳整定提供了

可能。与其他两种方法相比,反应曲线法所受试验条件的限制比较少,通用性较强。

3) 衰减曲线法和临界比例度法的抗干扰能力都优于反应曲线法。这是因为,闭环试验对干扰有较好的抑制作用,而开环试验对外界干扰的抑制能力较差。

需要指出的是,无论采用哪一种方法所得到的控制器参数,都需要在系统的实际运行中进行最后的调整与完善。

例 6-2 已知被控过程是一个二阶环节,其传递函数 $G_0(s) = \dfrac{1}{(5s+1)(2s+1)}$;检测变送环节的特性 $G_m(s) = \dfrac{1}{10s+1}$;调节阀的特性 $G_v(s) = 1.0$。由此,得到广义被控过程的传递函数为

$$G_p(s) = G_v(s) G_0(s) G_m(s) = \dfrac{1}{(5s+1)(2s+1)(10s+1)} \qquad (6\text{-}25)$$

由阶跃响应曲线可以得到近似带纯滞后的一阶环节特性为

$$G_p'(s) = \dfrac{1}{20s+1} e^{-2.5s} \qquad (6\text{-}26)$$

要求:用反应曲线法和临界比例度法整定控制器参数。

解:(1) 采用反应曲线法整定控制器参数

由于广义被控过程具有自衡能力,且 $\dfrac{\tau_0}{T_0} = \dfrac{2.5}{20} = 0.125 < 0.20$,所以根据 $\psi = 0.75$ 的准则,由表 6-5 计算得到控制器参数为

  P 控制器: $\delta = 0.125$,$K_c = 8$
  PI 控制器: $K_c = 7.3$,$T_I = 8.25$
  PID 控制器: $K_c = 9.4$,$T_I = 5$,$T_D = 1.25$

若采用柯恩-库恩整定公式,可求得

  P 控制器: $K_c = 8.3$
  PI 控制器: $K_c = 7.3$,$T_I = 6.6$
  PID 控制器: $K_c = 10.9$,$T_I = 5.85$,$T_D = 0.89$

(2) 采用临界比例度法整定控制器参数

首先令控制器为纯比例作用,比例带逐渐从大到小改变,直到系统呈现等幅振荡,试验测得 $\delta_K \approx 0.08$,$T_K \approx 15.12$。根据上述临界参数,由表 6-2 计算得到控制器参数为

  P 控制器: $K_c = 6.25$
  PI 控制器: $K_c = 5.7$,$T_I = 12.85$
  PID 控制器: $K_c = 7.35$,$T_I = 7.56$,$T_D = 1.89$

由例 6-1 可见,工程整定方法的关键在于做好试验,只要得出试验结果,则理论计算工作相对简单。值得注意的是,采用同一种工程整定方法,使用不同的经验公式计算控制器参数会存在一定差别,但是差别不会太大;但采用不同的工程整定方法,可能会产生较大的差异。对比例 6-1 中反应曲线法和临界比例度法所得到的控制器参数,可见,采用临界比例度法得到的比例增益偏小,积分和微分时间偏大。

产生这种差异的原因在于:不同的工程整定方法侧重点有所不同。例如,临界比例度法

的试验侧重点是如何设置参数以防止系统产生不稳定现象,因此,为保证系统的稳定性,采用该法获得的比例增益会偏小、积分和微分时间会偏大;工程整定方法与试验方式密切相关。不同的试验方式、试验条件、试验状况以及试验进行是否合理、对试验的观测是否准确等,都会直接影响整定结果;工程整定法是依据经验公式,不可能将所有的实际情况都包容在内,也不可能准确地理论推导。因此,依靠试验和经验公式实现控制器参数整定的工程整定方法存在一定的分散性。

6.2.6 PID 参数的自整定

大多数生产过程是非线性的,因此,控制器参数和系统所处的工作条件有关。不同工况下控制器参数的最佳值也不同。但是,根据上述整定方法得到的参数值不能随过程特性的变化而自行调整,从而容易导致控制品质的恶化。

自整定就是针对上述问题提出,旨在被控过程特性发生变化时,对控制器参数进行自适应调整,其常用结构如图 6-14 所示。利用控制器输出 u 和被控量 c 的测量值,对被控过程的输入-输出关系进行辨识,然后根据辨识模型,按照参数整定原则计算控制器的最佳参数值,并调整参数。

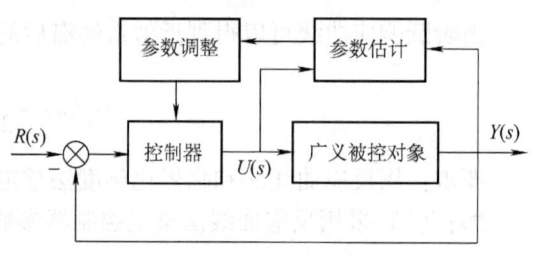

图 6-14 PID 参数的自整定方法

PID 控制器参数的自整定方法很多,这里仅介绍极限环自整定法。

采用临界比例度法整定控制器参数时,要得到真正的等幅振荡并保持一段时间,对于某些生产过程是不能实现的,或不允许出现的。针对该问题,极限环自整定法采用具有继电特性的非线性环节替代比例控制器,使闭环系统自动稳定在等幅振荡状态,如图 6-15 所示。

极限环自整定法的具体步骤如下:

1)开关 S 置于位置 1,通过人工控制使系统进入稳定状态。

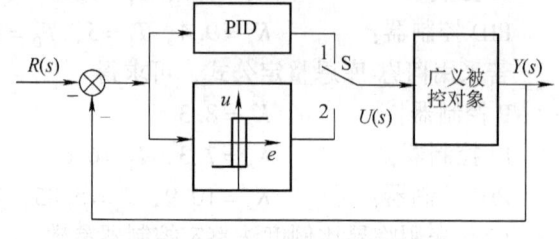

图 6-15 极限环自整定法

2)开关 S 置于位置 2,在整定模式下,接入具有继电特性的非线性环节,系统工作在具有继电特性的闭环状态,产生自激等幅振荡,获得极限环。

3)测出极限环的幅值 a 和临界振荡周期 T_k,并根据下式计算出临界比例度 δ_k

$$\delta_k = \frac{\pi}{4d}a \tag{6-27}$$

式中 d——继电器幅值。

显然,临界振荡幅度可以根据工艺过程要求,通过调整继电特性的特征值 d 来调节。

4)根据记录的 δ_k 和 T_k,按照临界比例度法的计算公式计算控制器参数 δ、T_I 及 T_D。

5)将系统切换到 PID 工作状态,引入整定的 PID 参数,并在运行过程中适当调整 δ、

T_I 及 T_D，直到满足控制要求为止。

6.3 DDZ-Ⅲ型 PID 控制器

DDZ-Ⅲ型 PID 控制器是用线性集成模拟电路实现控制功能的仪表，又称电动控制器。它是Ⅲ型电动单元组合仪表中的一个重要单元，一般包含两个基型品种，即全刻度指示控制器和偏差指示控制器，二者的线路结构基本相同，只是指示电路有些差异。下面以全刻度指示控制器为例介绍其工作原理。

全刻度指示控制器的作用是将变速器送来的 DC 1~5V 的测量信号，与 DC 1~5V 的给定信号进行比较得到偏差信号，然后再将其偏差信号进行 PID 运算，输出 DC 4~20mA 信号，最后通过执行器，实现对过程参数的自动控制。

控制器的外部和内部构成如图 6-16 和图 6-17 所示。可见，控制器由控制单元和指示单元组成。控制单元包括输入电路、PD 电路、PI 电路、输出电路、软手动与硬手动操作电路；指示单元包括测量指示电路和给定指示电路。

控制器的测量输入信号与内给定输入信号均是以零伏为基准的 DC 1~5V 信号，而外给定是由 DC 4~20mA 通过 250Ω 精密电阻转换成以零伏为基准的 DC 1~5V 信号。内、外给定由开关 S_6 进行选择。控制器有自动、软手动和硬手动三种工作状态，并通过联动开关 S_1、S_2 进行切换。正反作用开关 S_7 根据执行器和被控对象的特性决定其位置，当 S_7 置于"正作用"时，控制器的输出随着输入偏差信号的增加而增加；当

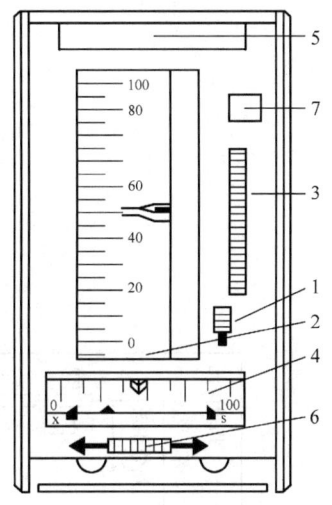

图 6-16 全刻度指示控制器
外部结构

1—A/M/H 切换 2—双针全刻度指示表
3—内给定设定拨盘 4—阀位表
5—位号牌 6—软手动操作键
7—内外给定指示

S_7 置于"反作用"时，控制器的输出随着输入偏差信号的增加而减少。控制器电路结构如图 6-18 所示，下面分别对各组成部分的详细原理进行具体阐述。

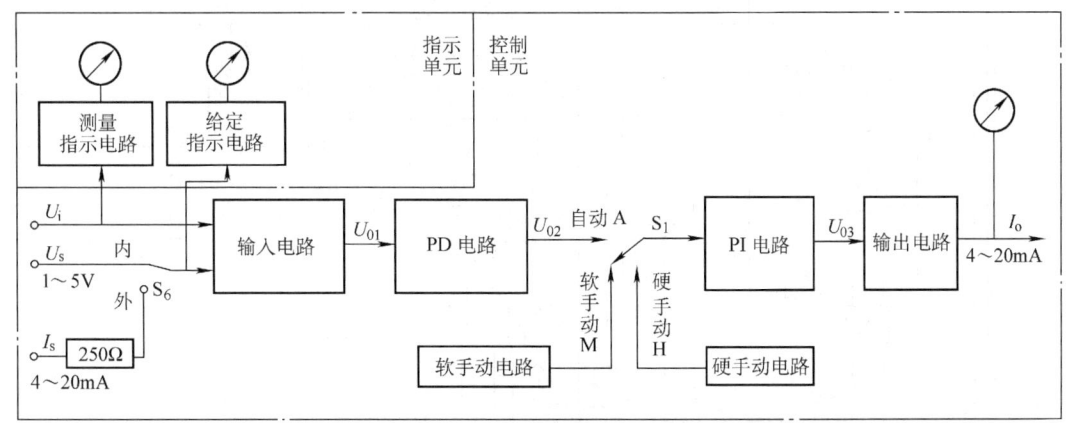

图 6-17 全刻度指示控制器内部结构

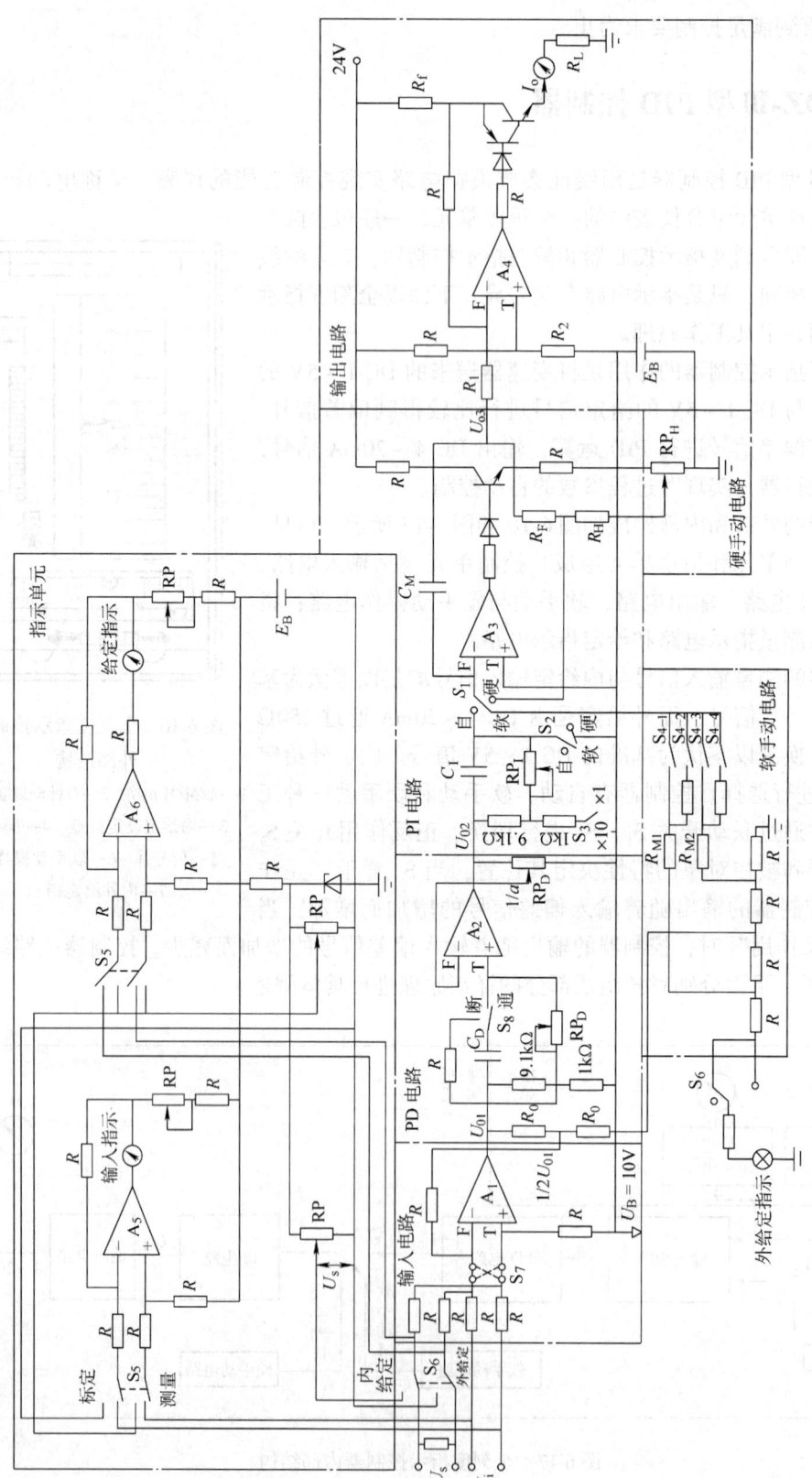

图 6-18 全刻度指示控制器线路原理图

6.3.1 输入电路

由图 6-18 可见，输入电路包括由运算放大器 A_1 组成的偏差差动电平移动电路、内外给定电路、内外给定选择开关 S_6 和正反作用选择开关等。它的主要作用是：用来获得与输入信号 U_i 和给定信号 U_s 之差成比例的偏差信号；将偏差信号进行电平移动。

由图 6-19 所示的偏差差动电平移动电路可知，以零伏（地）为基准的测量信号 U_i 和给定信号 U_s 反相通过两对并联输入电阻 R，加到运算放大器 A_1 的两个输入端；其输出是以 $U_B = 10V$ 为基准的电压信号 U_{01}，它一方面作为下一级比例微分电路的输入，另一方面则取出 $U_{01}/2$ 通过反馈电阻 R 反馈至 A_1 的反相输入端 F。由于 U_i 和 U_s 的极性相反，所以 U_{01} 与 U_i 和 U_s 的差成比例。

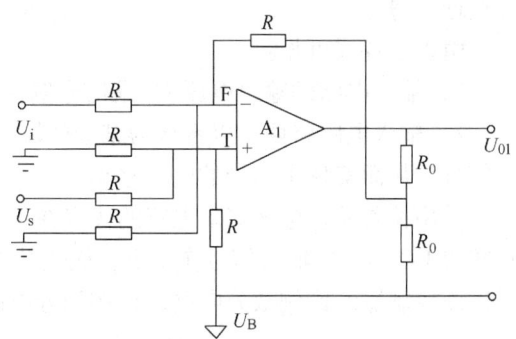

图 6-19 偏差差动电平移动电路

为便于分析输入电路的运算关系，画出其等效电路如图 6-20 所示。

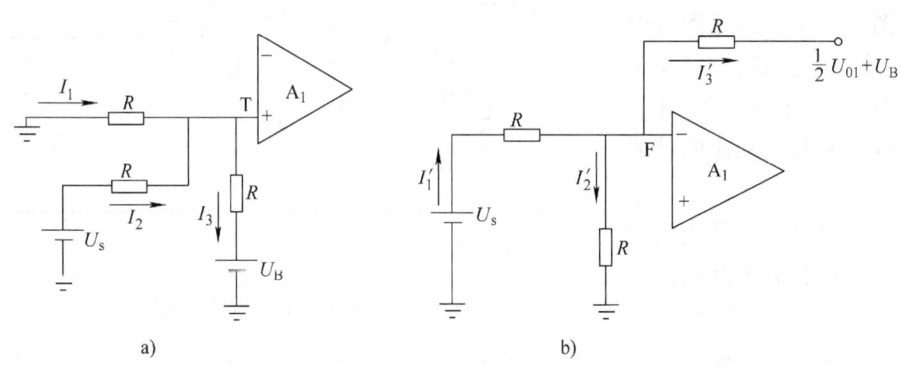

图 6-20 输入电路的等效电路
a）同相输入端 b）反相输入端

设 A_1 为理想运算放大器，其输入阻抗为无穷大，同相输入端 T 点与反相输入端 F 点的电流之和为零，则有

1) 如图 6-20a 中，在 T 点：$I_1 + I_2 - I_3 = 0$。即

$$\frac{0 - U_T}{R} + \frac{U_s - U_T}{R} - \frac{U_T - U_B}{R} = 0 \tag{6-28}$$

经整理，得

$$U_T = \frac{1}{3}(U_s + U_B) \tag{6-29}$$

2) 如图 6-20b 中，在 F 点：$I'_1 + I'_2 - I'_3 = 0$。即

$$\frac{U_i - U_F}{R} + \frac{0 - U_F}{R} - \frac{U_F - \left(\frac{1}{2}U_{01} + U_B\right)}{R} = 0 \tag{6-30}$$

经整理，得

$$U_F = \frac{1}{3}\left(U_i + \frac{1}{2}U_{01} + U_B\right) \tag{6-31}$$

3) 对于理想运算放大器，T 点与 F 点同电位，即 $U_T = U_F$，可得

$$\frac{1}{3}(U_s + U_B) = \frac{1}{3}\left(U_i + \frac{1}{2}U_{01} + U_B\right)$$

经整理，得

$$U_{01} = 2(U_s - U_i) \tag{6-32}$$

由以上各式可见：

1）输入电路的输出电压 U_{01} 是信号偏差电压（$U_s - U_i$）的两倍。

2）输入电路将两个以零伏为基准的输入信号，转换成以电平 $U_B = 10V$ 为基准的偏差电压信号，从而实现了信号的电平移动。

采用偏差差动电平移动电路的优点在于不仅可以保证输入回路的运算放大器在以零伏为基准的 DC 1～5V 输入信号作用下，能使其工作在规定的共模输入电压范围内；同时，也能保证该控制器的比例微分电路、比例积分电路等运算回路满足输入电压范围的要求。

6.3.2 比例微分电路

比例微分电路如图 6-21 所示。以 10V 电平为基准的偏差信号 U_{01}，通过 $R_D C_D$ 电路进行比例微分运算，再经比例放大后，其输出信号 U_{02} 送给比例积分电路。图中，RP_D 为比例电位器，R_D 为微分电位器，C_D 为微分电容。通过调节 R_D 和 RP_D，就可以改变微分时间和比例带的大小。

比例微分电路由无源比例微分电路和比例运算放大器两部分组成。设 A_2 为理想运算放大器，

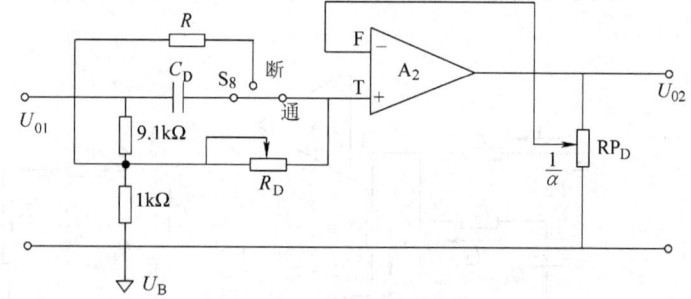

图 6-21 比例微分电路

其输入阻抗为无穷大，输出阻抗为零。若不考虑放大器的影响，则对上述两部分电路可以单独进行分析，其等效电路如图 6-22 所示。图中，各部分电路的基准电压都为 10V。

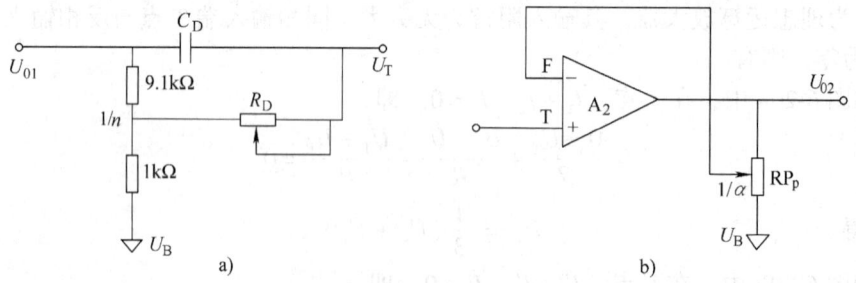

图 6-22 比例微分电路的组成
a) 无源比例微分电路　b) 比例运算放大器

在图 6-22a 所示的无源比例微分电路中，考虑到分压器上下两个电阻都比微分电阻 R_D 小得多，所以在计算时，分压器可以只考虑其分压比，而不计其输出阻抗。此时有

$$U_T(s) = \frac{U_{01}(s)}{n} + I_D(s)R_D \tag{6-33}$$

其中，I_D 是电容 C_D 的充电电流，其值为

$$I_D(s) = \frac{\frac{n-1}{n}U_{01}(s)}{R_D + \frac{1}{C_D s}} = \frac{n-1}{n} \cdot \frac{C_D s}{1 + R_D C_D s} U_{01}(s) \tag{6-34}$$

式 (6-34) 代入式 (6-33)，化简得

$$U_T(s) = \frac{1}{n} \cdot \frac{1 + nR_D C_D s}{1 + R_D C_D s} U_{01}(s) \tag{6-35}$$

在图 6-22b 所示的比例运算放大器电路中，放大器的运算关系为

$$U_F(s) = \frac{1}{\alpha} U_{02}(s) \tag{6-36}$$

考虑到理想运算放大器特性 $U_T = U_F$，则有

$$U_{02}(s) = \frac{\alpha}{n} \cdot \frac{1 + nR_D C_D s}{1 + R_D C_D s} U_{01}(s) \tag{6-37}$$

若令 $n = K_D$（K_D 为微分增益），$nR_D C_D = T_D$（T_D 为微分时间），则

$$U_{02}(s) = \frac{\alpha}{n} \cdot \frac{1 + T_D s}{1 + \frac{T_D}{K_D}s} U_{01}(s) \tag{6-38}$$

上式即为具有饱和特性的、比例微分控制器的输入-输出关系传递函数形式。显然，上式与式 (6-14) 相一致。由此，经拉氏反变换得到比例微分电路的时域关系为

$$U_{02}(t) = \frac{\alpha}{n}\left[1 + (K_D - 1)e^{-\frac{K_D}{T_D}t}\right] U_{01}(t) \tag{6-39}$$

由上式可知，微分部分按 T_D/K_D 的指数曲线衰减；微分增益 K_D 越大，则微分幅度与比例作用相比倍数越大。微分时间和比例带的大小可以通过调节 R_D 和 RP_D 来改变。

当开关 S_8 置于"断"位置时（见图 6-21），微分作用将被切除，电路只具有比例作用，即

$$U_{02}(s) = \frac{\alpha}{n} U_{01}(s) \tag{6-40}$$

这时，C_D 通过 R 与 9.1kΩ 电阻并联，C_D 的电压就始终跟随 9.1kΩ 电阻的压降。当 S_8 从"断"切换到"通"位置时，切换瞬间由于电容器两端的电压不能跃变，从而使 U_{02} 保持不变，对控制系统不产生扰动。

6.3.3 比例积分电路

比例积分电路如图 6-23 所示。它接收以 10V 为基准的 PD 电路的输出信号 U_{02}，进行 PI 运算后，输出以 10V 为基准的 1~5V 电压 U_{03}，送至输出电路。该电路由 A_3、RP_1、C_I、C_M 等组成。S_3 为积分档切换开关，S_1、S_2 为自动、软手动、硬手动联动切换开关，该电路除了实现 PI 运算外，手动操作信号也从该级输入。

A_3 的输出接电阻和二极管，然后通过射极跟随器输出。由于射极跟随器的输出信号与 A_3 输出信号同相位，为便于分析，可以把射极跟随器包含在 A_3 中。若 S_1、S_2 置于"自动"

位置，S_3 切换开关分别置于"×1"和"×10"档时，比例积分电路可以简化成图 6-24。

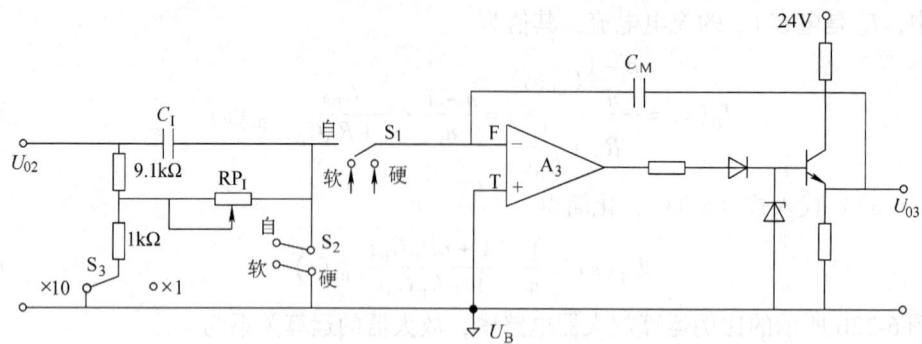

图 6-23 比例积分电路

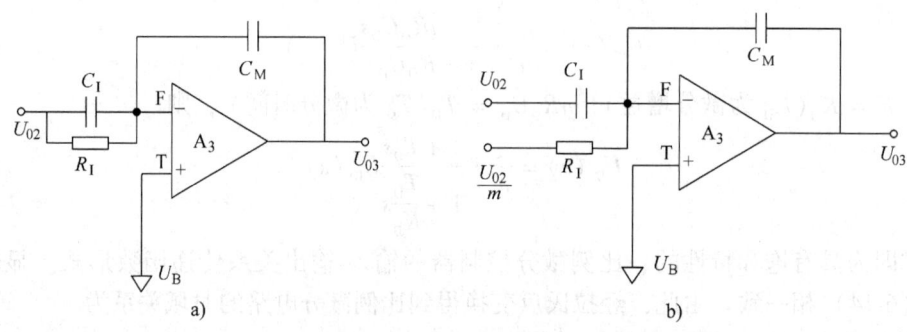

图 6-24 比例积分电路的简化
a)"×1" b)"×10"

假设 A_3 为理想运算放大器，根据基尔霍夫第一定律，输出量与输入量关系的拉氏变换为

$$\frac{U_{02}(s) - U_F(s)}{1/C_I s} + \frac{U_{02}(s)/m - U_F(s)}{R_I} + \frac{U_{03}(s) - U_F(s)}{1/C_M s} = 0 \tag{6-41}$$

其中，$m = 1$ 或 $m = 10$。对于运算放大器，有

$$U_{03}(s) = -K U_F(s) \tag{6-42}$$

式中 K——放大器增益。

将式 (6-42) 代入式 (6-41)，经整理后可得

$$\frac{U_{03}(s)}{U_{02}(s)} = \frac{-\dfrac{C_I}{C_M}\left(1 + \dfrac{1}{mR_I C_I s}\right)}{1 + \dfrac{1}{K}\left(1 + \dfrac{C_I}{C_M}\right) + \dfrac{1}{KR_I C_M s}} \tag{6-43}$$

由于 $K \geqslant 10^5$，所以 $\dfrac{1}{K}\left(1 + \dfrac{C_I}{C_M}\right) \ll 1$，可以忽略不计，则有

$$\frac{U_{03}(s)}{U_{02}(s)} = -\frac{C_I}{C_M}\frac{1 + \dfrac{1}{mR_I C_I s}}{1 + \dfrac{1}{KR_I C_M s}} = -\frac{C_I}{C_M}\frac{1 + \dfrac{1}{T_I s}}{1 + \dfrac{1}{K_I T_I s}} \tag{6-44}$$

其中，$K_I = \dfrac{KC_M}{mC_I}$，$T_I = mR_IC_I$

式中　K_I——积分增益；
　　　T_I——积分时间。

式（6-44）即为具有饱和特性的比例积分控制器的输入-输出关系传递函数形式。由此，经拉氏反变换，得到输出电压 $U_{03}(t)$ 的阶跃响应比例积分电路的时域关系为

$$U_{03}(t) = -\left[\dfrac{C_I}{C_M} + \left(K - \dfrac{C_I}{C_M}\right)\left(1 - e^{-\frac{t}{K_IT_I}}\right)\right]U_{02}(t) \qquad (6\text{-}45)$$

由式（6-45）可知，当 $t = 0^+$ 时，有 $U_{03}(0^+) = -(C_I/C_M)U_{02}$；当 $t \to \infty$ 时，输出不会无限增长，而是趋于一个确定的极限值 $U_{03}(\infty) = -KU_{02}$；当 $t = T_I$ 时，$U_{03}(t = T_I) = -2(C_I/C_M)U_{02}$，则根据上述关系可以测定积分时间常数。该结论与图6-3所示结果一致。但是，由于放大器的放大倍数 K 为有限值，所以积分输出的幅度也有限。就是说，在系统中使用上述比例积分控制器后，只能大大减小而不能完全消除稳态误差。

在比例积分电路中存在两档积分时间，由积分时间切换开关 S_3 确定。当 S_3 置于"×1"档时，如图6-24a所示，1kΩ 电阻被断开，积分电路输入为 U_{02}，此时 $m = 1$；当 S_3 置于"×10"档时，如图6-24b所示，1kΩ 电阻与9.1kΩ 电阻构成分压器，积分电路输入为 $(1/10)U_{02}$，对电容的充电电流为"×1"档时的1/10，积分时间则为"×1"档时的10倍，所以 $m = 10$。

6.3.4　输出电路

图6-25所示为控制器的输出电路。其输入信号是经过PID运算后的以电平 U_B 为基准的 DC 1～5V 电压信号 U_{03}，输出是流经一端接地的负载电阻 R_L 的 DC 4～20mA 电流 I_o。因此，它实际上是一个具有电平移动的电压-电流转换器。

为使控制器的输出电流不随负载电阻的变化而变化，输出电路应具有良好的恒流特性。为提高控制器的负载能力，该电路使用集成运算放大器 A_4，并与由晶体管 VT_1、VT_2 串联组成的复合管来带动负载，从而以强烈的电流负反馈来保证恒流特性。该电路结构不仅可以减轻放大器 A_4 的发热、提高放大倍数，增进恒流性能，而且还可以提高电流转换的精度。

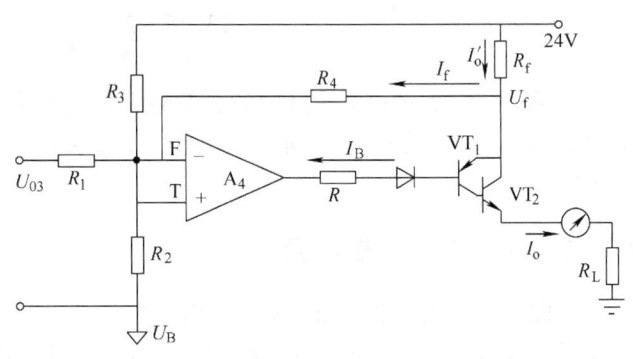

图6-25　输出电路

输出电路本质上是一个比例运算电路。在图6-25所示电路中，设 $R_3 = R_4 = 10\text{k}\Omega$，$R_1 = R_2 = 4R_3$，则用理想放大器的分析方法可得

同相输入端：　$U_T = \dfrac{24 - U_B}{R_3 + R_2}R_2 + U_B = \dfrac{1}{5}U_B + \dfrac{4}{5} \times 24$　　　　(6-46)

反相输入端: $$\frac{U_f - U_F}{R_4} = \frac{U_F - U_{03} - U_B}{R_1} = \frac{U_F - U_{03} - U_B}{4R_4} \quad (6\text{-}47)$$

经整理有 $$U_F = \frac{4}{5}U_f + \frac{1}{5}(U_B + U_{03}) \quad (6\text{-}48)$$

考虑到理想运算放大器特性 $U_T = U_F$,则根据式(6-46)和式(6-48)可得

$$U_f = 24 - \frac{1}{4}U_{03} \quad (6\text{-}49)$$

又直接从图6-25可知

$$U_f = 24 - I'_o R_f \quad (6\text{-}50)$$

由式(6-50)和式(6-49)解得

$$I'_o = \frac{U_{03}}{4R_f} \quad (6\text{-}51)$$

如果忽略反馈支路中的电流 I_f 和晶体管 VT_1 的基极电流 I_B,则有 $I_o \approx I'_o$,得

$$I_o = \frac{U_{03}}{4R_f} \quad (6\text{-}52)$$

如果令 $R_f = 62.5\Omega$,则当 $U_{03} = 1 \sim 5V$ 时,输出电流 $I_o = 4 \sim 20\mathrm{mA}$。由此可知,输出电路的输入-输出关系的传递系数为1/250。

理论分析表明,忽略晶体管 VT_1 的基极电流 I_B 不会造成较大误差。但是如果忽略反馈支路电流 I_f 则可能会产生较大的输出误差。在图6-25中,当 $I'_o = 4\mathrm{mA}$ 时,反馈支路电流为

$$I_f = \frac{U_f - U_F}{R_4} \quad (6\text{-}53)$$

根据式(6-49)可以计算得到 $\quad U_f = (24 - 4\times10^{-3}\times62.5)\mathrm{V} = 23.75\mathrm{V}$

根据式(6-46)可以计算得到 $\quad U_F = U_T = \left(\frac{1}{5}\times10 + \frac{4}{5}\times24\right)\mathrm{V} = 21.2\mathrm{V}$

将上述计算结果代入式(6-53),得到反馈支路电流为

$$I_f = \frac{23.75 - 21.2}{10\times10^3}\mathrm{mA} = 0.255\mathrm{mA}$$

可见,此时 I_f 约占 I'_o 的6.4%,忽略它将会产生较大的输出误差。为了提高转换精度,应使 $R_1 \neq R_2$。可以证明,当 $R_1 = 4(R_3 + R_f) = 40.25\mathrm{k}\Omega$ 时,可以精确地获得转换关系式(6-52)。

6.3.5 控制器的传递函数

上面分析了控制器的输入电路、PD电路、PI电路和输出电路,上述各环节的传递函数决定了控制器的传递函数。整个控制器的结构框图如图6-26所示,各环节为串联形式。

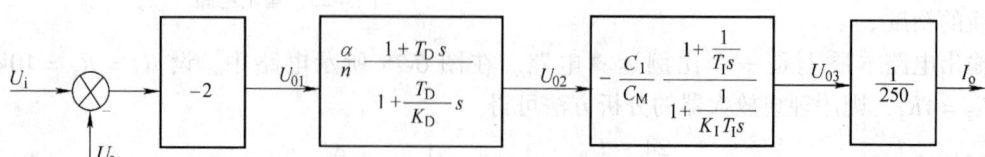

图6-26 控制器的传递函数框图

由图 6-26 可得，控制器的传递函数为

$$G_c(s) = \frac{I_o(s)}{U_i(s) - U_s(s)} = \frac{2\alpha}{n} \cdot \frac{C_I}{C_M} \cdot \frac{1 + T_D s}{1 + \frac{T_D}{K_D}s} \cdot \frac{1 + \frac{1}{T_I s}}{1 + \frac{1}{T_I K_I s}} \cdot \frac{1}{250} \tag{6-54}$$

经整理后，有

$$G_c(s) = \frac{I_o(s)}{U_i(s) - U_s(s)} = \frac{2\alpha}{n} \cdot \frac{C_I}{C_M} \cdot \frac{1 + \frac{T_D}{T_I} + \frac{1}{T_I s} + T_D s}{1 + \frac{T_D}{K_D T_I K_I} + \frac{1}{T_I K_I s} + \frac{T_D}{K_D}s} \cdot \frac{1}{250} \tag{6-55}$$

考虑到上式中 $\frac{T_D}{K_D T_I K_I} \ll 1$，则忽略不计，简化上式为

$$G_c(s) = \frac{I_o(s)}{U_i(s) - U_s(s)} = \frac{1}{250} K_P F \frac{1 + \frac{1}{FT_I s} + \frac{T_D}{F}s}{1 + \frac{1}{T_I K_I s} + \frac{T_D}{K_D}s} \tag{6-56}$$

其中，$F = 1 + \frac{T_D}{T_I}$ 为相互干扰系数；$K_P = \frac{2\alpha}{n}\frac{C_I}{C_M}$ 为比例增益；$T_D = nR_D C_D$ 为微分时间常数；$T_I = mR_I C_I$ 为积分时间常数；$K_D = n$ 为微分增益；$K_I = \frac{KC_M}{mC_I}$ 为积分增益。

在 DDZ-Ⅲ型 PID 控制器中，一般 $n = 10$，$C_I = C_M = 10\mu F$，$C_D = 4\mu F$，$\alpha = 1 \sim 250$，$R_D = 62k\Omega \sim 15M\Omega$，$R_I = 62k\Omega \sim 15M\Omega$，$K \geq 10^5$，$m = 1$ 或 10。根据上述取值，可以得到 PID 控制器的控制参数范围为：比例带 $\delta = (2 \sim 500)\%$；微分时间常数 $T_D = 0.04 \sim 10\min$；积分时间常数 $T_I = 0.01 \sim 2.5\min(m = 1)$ 或 $T_I = 0.1 \sim 25\min(m = 10)$；微分增益 $K_D = 10$；积分增益 $K_I \geq 10^5(m = 1)$ 或 $K_I \geq 10^4(m = 10)$。

需要注意的是，由于 F 的存在，实际的整定参数与刻度值之间的关系为

$$\delta^* = \frac{\delta}{F}; \quad T_D^* = \frac{T_D}{F}; \quad T_I^* = FT_I \tag{6-57}$$

式中　δ^*、T_D^*、T_I^*——实际值；
　　　δ、T_D、T_I——$F = 1$ 时的刻度值。

6.3.6　手动操作电路及自动—手动切换

手动操作电路是在 PI 电路中附加软手动操作电路和硬手动操作电路而成，如图 6-27 所示。图中 $S_{4-1} \sim S_{4-4}$ 为软手动操作开关；RP_H 为硬手动操作电位器；S_1、S_2 为自动、软手动、硬手动联动切换开关。

手动操作包含软手动操作和硬手动操作两种。所谓软手动操作，是指控制器的输出电流与手动输入电压信号呈积分关系；所谓硬手动操作，是指控制器的输出电流与手动输入电压信号呈比例关系。

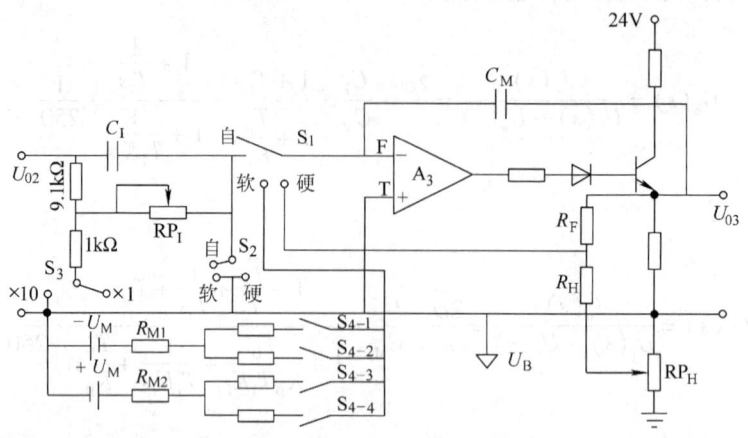

图 6-27 手动操作电路

1. 硬手动操作电路

当开关 S_1、S_2 置于"硬手动"位置时,其等效电路如图 6-28 所示。此时,电阻 R_F 被接入反馈电路中与电容 C_M 并联;硬手动操作电位器 RP_H 上的电压 U_H 经电阻 R_H 输入运算放大器。这样,放大器就成为时间常数 $T = R_F C_M$ 的惯性环节,其输入-输出关系为

$$\frac{U_{03}(s)}{U_H(s)} = -\frac{R_F}{R_H} \cdot \frac{1}{1+R_F C_M s} \quad (6\text{-}58)$$

设 $R_F = R_H = 30\text{k}\Omega$,$C_M = 10\mu\text{F}$,则 $R_F C_M = 0.3\text{s}$。若忽略 C_M 的影响,硬手动电路可近似成传递函数为 1 的比例电路,即 $U_{03} = -U_H$。此时,控制器的输出完全由硬手动操作电位器 RP_H 的位置确定。

硬手动操作电路的特点是:只要不移动 RP_H 的位置,输出便永远保持在确定的数值。

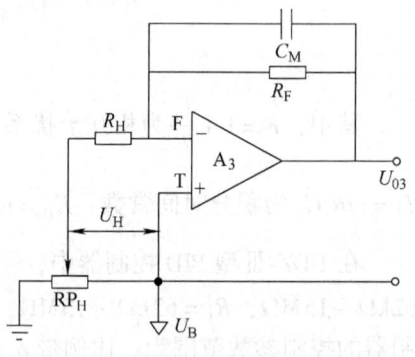

图 6-28 硬手动操作等效电路

2. 软手动操作电路

在图 6-27 中,当 S_1、S_2 置于"软手动"位置时,按下 $S_{4-1} \sim S_{4-4}$ 中的任一开关,即可得到图 6-29 所示的软手动操作电路。它本质上是一个反相输入的积分运算电路。

当按下 S_{4-1} 或 S_{4-2} 时,$-U_M < 0$(相对于 U_B 而言),U_{03} 积分上升;当按下 S_{4-3} 或 S_{4-4} 时,$+U_M > 0$,U_{03} 积分下降。

$S_{4-1} \sim S_{4-4}$ 共 4 个开关可分别进行快、慢两种积分上升或下降的手动操作。其中,S_{4-1}、S_{4-3} 为快速;S_{4-2}、S_{4-4} 为慢速。

当 $S_{4-1} \sim S_{4-4}$ 都处在断开位置时,即为保持电路,此时输入端浮空,$U_F = U_T = 0\text{V}$(相对于 U_B

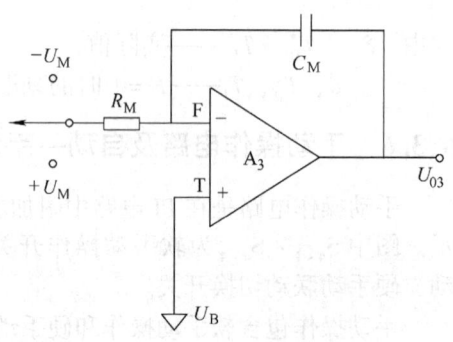

图 6-29 软手动操作等效电路

而言)。若运算放大器为理想放大器,且当 C_M 无漏电阻时,其上的电压无放电回路而长时间保持不变,即 $U_{O3} = U_{CM}$,控制器输出也能保持长时间不变,呈现为"保持特性"。

必须指出,上述软手动操作电路所具有的"保持特性"是有条件的和暂时的。当运算放大器不是理想的,或电容 C_M 的漏电阻不是无穷大时,C_M 两端的电压会产生放电回路,从而使放大器 A_3 的输出电压随时间缓慢变化。目前,DDZ-Ⅲ型控制器能达到的保持能力为每小时输出漂移不大于满量程的 0.1%。

3. 手动操作的无扰切换

当控制器由"软手动"切向"硬手动"时,其输出值将由原来的某一数值跃变到硬手动操作电位器 RP_H 所确定的数值,这将会使控制过程产生内部扰动。如果要使这一切换过程不存在扰动,就必须在切换前先调整硬手动操作电位器 RP_H 的位置,使其与当时的控制器输出相一致。也就是说,必须先"平衡"再切换,方可保证输出无扰动。

当控制器由"硬手动"切向"软手动"时,由于切换后的积分电路具有保持特性,即保持切换前的硬手动输出值,所以在此切换过程中无需"平衡"即可做到无扰动。

综上所述,DDZ-Ⅲ型控制器的自动、软手动、硬手动之间的切换过程可总结为:

$$自动 \underset{无平衡无扰动}{\overset{无平衡无扰动}{\rightleftarrows}} 软手动 \underset{无平衡无扰动}{\overset{需平衡才能无扰动}{\rightleftarrows}} 硬手动$$

6.3.7 指示电路

输入信号指示电路与给定信号指示电路完全一样,下面仅以输入信号指示电路为例加以说明。

控制器采用双针指示式电表,全量程地指示测量值与设定值。偏差的大小由两个指针间的距离来反映。当两针重合时,偏差为零。图 6-30 所示为全刻度指示电路,它是一个具有电平移动的差动输入式比例运算放大器,可将以零伏为基准的 DC 1~5V 输入信号转换为以 U_B 为基准的 DC 1~5mA 电流信号。

假设 A_5 为理想运算放大器,则有 $U_T = U_F$。基于此,得到其传递关系为

$$U_T = \frac{1}{2}(U_B + U_i) \tag{6-59}$$

$$U_F = \frac{1}{2}(U_B + U_o) \tag{6-60}$$

经整理有 $U_o = U_i$。

考虑到反馈支路电流 I_f 很小,可以忽略,故流过表头的电流为

$$I_o' \approx I_o = \frac{U_o}{R_o} = \frac{U_i}{R_o} \tag{6-61}$$

若取 $R_o = 1\text{k}\Omega$,则 $U_i = 1 \sim 5\text{V}$ 时,I_o' 为 $1 \sim 5\text{mA}$。

为了便于对指示电路的工作进行校验,图 6-30 中设有测量-

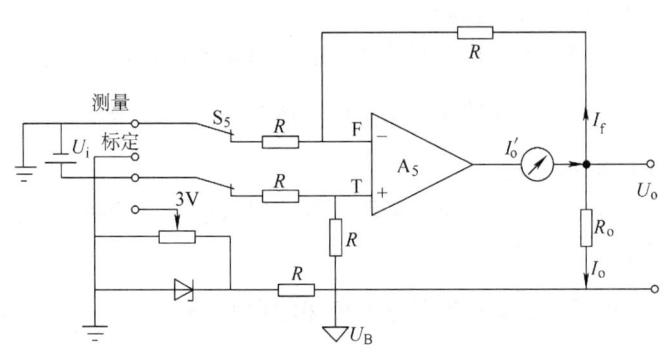

图 6-30 全刻度指示电路

标定切换开关 S_5。当 S_5 置于"标定"位置时，就有 3V 的电压输入指示电路，这时流过表头的电流应为 3mA。电表指针应指在 50% 的位置上。如果不准，应调整仪表的机械零点，或检查其他故障。

6.4 本章小结

本章围绕经典的 PID 控制策略，详细地分析了 P、PI、PD 和 PID 这 4 种控制算法的原理、特性和使用情况，对 DDZ-Ⅲ型单元组合仪表中的模拟 PID 电路实现进行了深入阐述，说明了电路中各部分的组成和实现方法，从而为 PID 控制策略在工业过程控制系统中的合理使用奠定了理论和实现基础。

本章要求重点掌握 PID 控制策略中各控制参数对系统性能的影响；要求通过学习，能针对被控对象的不同特性，正确选择使用 PID 控制策略中的不同控制算法。掌握 DDZ-Ⅲ型模拟 PID 控制器的基本结构和原理，并能根据系统要求，正确选择和调节各部分电路的相关器件。

6.5 习题

6-1 在保持稳定性不变的情况下，比例微分控制系统的稳态误差为什么比纯比例控制的稳态误差要小？

6-2 在保持稳定性不变的情况下，在比例控制中引入积分作用后，为什么要增大比例带，积分作用的最大特点是什么？

6-3 微分控制为什么不能单独使用，它对纯滞后是否起作用，为什么？

6-4 什么是比例带？简述其对控制品质有何影响。

6-5 控制器参数有哪些整定方法，各有什么特点，分别适用于什么场合？

6-6 简述 DDZ-Ⅲ型全刻度指示控制器的基本组成、工作状态以及开关 $S_1 \sim S_8$ 的作用。

6-7 控制器中为什么必须有自动/手动切换电路，怎样才能做到自动-手动双向无扰动切换？

6-8 什么是控制器的正、反作用方式？

6-9 控制器的输入电路为什么要采取差动输入方式，输出电路是怎样将输入电压转换成 4~20mA 电流的？

6-10 什么是控制器参数的自整定？简述极限环自整定方法的优缺点。

6-11 已知被控对象的传递函数为 $G_o(s) = \dfrac{10}{(s+2)(2s+1)}$，试用临界比例度法整定 PI 控制器参数。

6-12 已知某对象采用衰减曲线法进行试验时，测得 $\delta_s = 0.3$，$t_p = 5s$。试用衰减曲线法确定 PID 控制器参数。

6-13 已知被控对象的传递函数 $G_o(s) = \dfrac{8e^{-\tau_0 s}}{T_0 s + 1}$，其中，$\tau_0 = 3s$，$T_0 = 6s$。要求：

1）用反应曲线法确定 PI、PD 控制器参数。

2）用临界比例度法确定 PI 控制器参数，并将其与反应曲线法确定的 PI 控制器参数进行比较和分析。

6-14 已知被控过程控制通道的阶跃响应数据如表 6-7 所示，控制量的阶跃变化幅度为 $\Delta u = 50$。

表 6-7 阶跃响应数据

$t/\min$	0	0.2	0.4	0.6	0.8	1.0	1.2
$y(t)$	200.1	201.1	204.0	227.0	251.0	280.0	302.5
$t/\min$	1.4	1.6	1.8	2.0	2.2	...	∞
$y(t)$	318.0	329.5	336.0	339.0	340.5	...	340.5

1）试用具有纯滞后的一阶惯性环节近似该被控过程的数学模型，确定模型参数 K_0、T_0、τ_0 的值。

2）通过仿真，用临界比例度法确定 PI 控制器参数。

3）用反应曲线法确定 PI 参数，并与临界比例度法所求结果进行比较。

第 7 章 复杂过程控制系统

在简单反馈控制回路中,增加了计算环节、控制环节或其他环节的控制系统,称为复杂过程控制系统。从输入和输出的关系来看,该类系统仍属于单输入单输出系统。在大多数情况下,单回路控制系统能够满足工艺生产的基本要求。但在有些情况下,例如有些被控过程的动态特性决定了它很难被控制,有些工艺过程对控制品质的要求很高或很特殊等;此外,随着现代工业生产过程的发展,对产品的产量、质量,提高生产效率、节能降耗以及环境保护等要求的提高,使生产过程对操作条件要求越来越严格、对系统控制品质的要求越来越高。在上述情况下,单回路控制系统就无法满足生产的要求,需要在单回路控制的基础上,采取更加复杂的措施构成控制系统,以完成更加复杂的控制任务。串级控制、前馈控制、大滞后过程控制等较为复杂的控制系统就是为适应上述要求而提出的。

7.1 串级控制系统

7.1.1 串级控制的基本原理

串级控制系统(Cascade Control System)是一种常用的复杂控制系统,可以有效改善控制品质。它由两个或两个以上的控制器串联组成,一个控制器的输出作为另一个控制器的设定值,这类控制系统称为串级控制系统。下面以连续反应釜的温度控制为例说明其原理。

连续反应釜是工业生产中常用的设备之一,物料自顶部连续进入釜中,经反应后由底部排出;反应产生的热量通过夹套中的冷却水带走。为保证产品质量,工艺要求对反应温度 T_1 进行严格控制。

因此,选取反应温度为被控量,冷却水流量为控制量,构成连续反应釜的温度控制系统如图 7-1 所示。图中,被控过程有三个热容器,即夹套中的冷却水、釜壁和釜中物料。引起温度 T_1 变化的干扰因素有:进料流量、进料入口温度及其化学成分,表示为 F_1;冷却水的入口温度和阀前压力,表示为 F_2。

由分析可知,上述温度控制系统是一个单回路控制系统,其系统结构框图如图 7-2 所示。由图可见,当冷却水或进料的相关特性发生变化,如冷却水入口温度突然降低时,会引起反应温度 T_1 下降,经温度检测后通过控制器的控制作用,使调节阀开始动作,从而减少冷却水流量,最终使反应温度 T_1 升高。这样,从干扰引起反应温度 T_1 下降到调节阀动作使温度升高,其间需要经过三个热

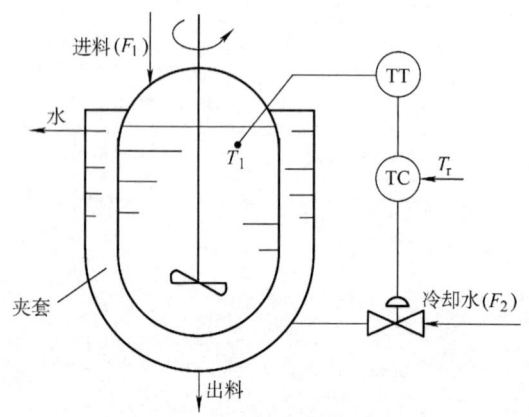

图 7-1 连续反应釜单回路温度控制系统

容过程，控制通道的时间常数和容量滞后较大，最终会使 T_1 因调节不及时而出现较大的偏差。

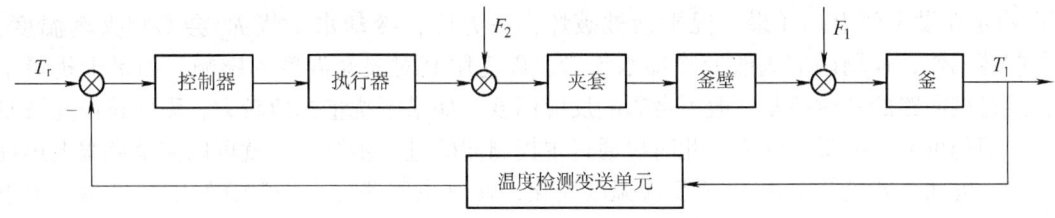

图 7-2 连续反应釜单回路温度控制系统框图

解决上述问题的关键在于如何在干扰出现后及时产生控制作用。从图 7-2 可见，来自于冷却水的干扰 F_2 会使夹套温度 T_2 很快发生变化。如果能及时检测 T_2 的变化并加以控制，就可以使调节阀尽早动作，从而及时抑制干扰 F_2 对反应温度 T_1 的影响。基于上述思想，提出连续反应釜温度的串级控制系统，结构如图 7-3 所示。

图中，控制器 T_2C 用于克服干扰 F_2 对夹套温度 T_2 的影响，通过稳定夹套温度来及时抑制干扰 F_2 对反应温度 T_1 产生的影响。但是控制器 T_2C 不能克服干扰

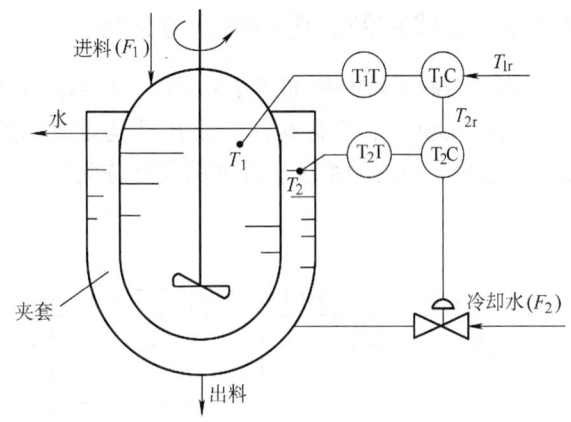

图 7-3 连续反应釜温度串级控制系统

F_1 对 T_1 的影响，因而也就不能保证 T_1 符合工艺要求。为此，要根据反应釜内的情况，适当改变 T_2C 的设定值 T_{2r}，以确保夹套温度能使 T_1 稳定在工艺所要求的数值上，即由控制器 T_1C 根据 T_1 与 T_{1r} 的偏差来自动改变 T_2C 的设定值 T_{2r}。这种将两个控制器串联在一起工作，各自完成不同任务的系统结构，就是串级控制结构。其结构框图如图 7-4 所示。

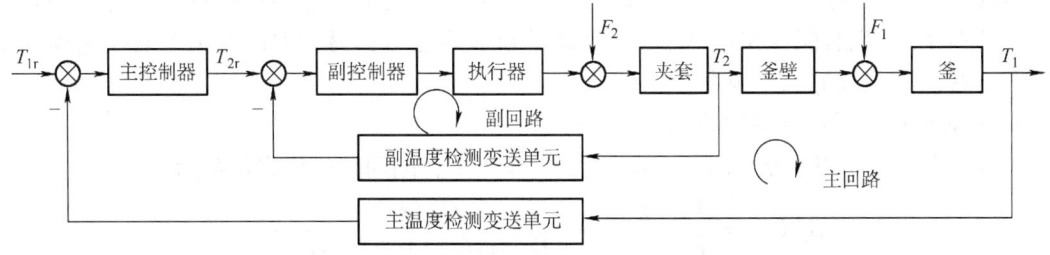

图 7-4 连续反应釜温度串级控制系统框图

由图 7-4 可见，反应温度与夹套温度构成串级控制系统，反应温度为主被控变量，夹套温度为副被控变量，反应温度控制器的输出作为夹套温度控制器的设定值。这样，干扰 F_2（称为二次干扰）对反应温度 T_1 的影响主要由夹套温度控制器（称为副控制器）构成的控制回路（称为副回路）加以克服；干扰 F_1（称为一次干扰）对 T_1 的影响由反应温度控制

器（称为主控制器）构成的控制回路（称为主回路）克服。

该温度串级控制系统的具体工作过程为：当工况稳定时，物料的流量和温度不变，冷却水的压力和温度稳定，反应温度和夹套温度均处于相对平衡状态，调节阀保持一定开度，T_1 也稳定在设定值上。如果工况平衡被破坏，一方面，冷却水干扰 F_2 会影响夹套温度，副控制器动作，控制调节阀改变冷却水流量，以克服其对夹套温度的影响。如果干扰量不大，经过副回路的及时控制一般不会影响反应温度，如果干扰量幅值较大，副回路虽能及时校正，但仍可能影响反应温度，此时再通过主控制器的进一步调节，就可以完全克服上述扰动；另一方面，若进料干扰 F_1 使反应温度变化，通过主回路即可抑制其影响。显然，由于副回路的存在加快了控制作用，使扰动对反应温度的影响比图 7-2 所示的单回路控制系统要小。

7.1.2 串级控制系统的特点与分析

串级控制系统结构如图 7-5 所示，与单回路控制系统相比，串级控制系统增加了一个检测变送单元和一个控制器，从而在结构上形成两个闭环。里面的闭环称为副环（或副回路），它是一个随动系统；外面的闭环称为主环（或主回路），它是一个定值控制系统。

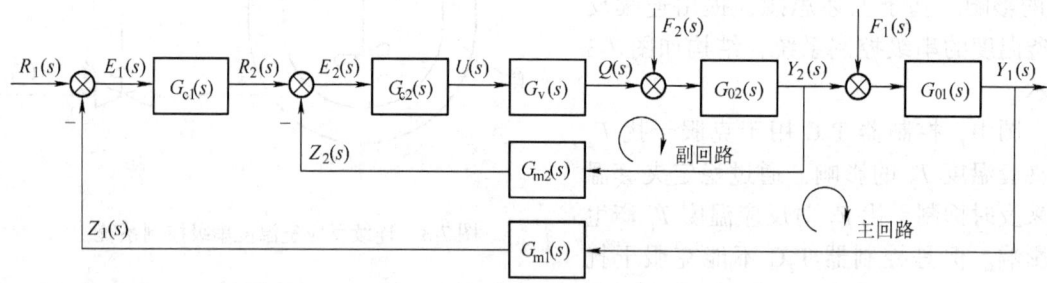

图 7-5 串级控制系统结构框图

$G_{c1}(s)$—主控制器　$G_{c2}(s)$—副控制器　$G_v(s)$—执行器　$G_{01}(s)$—主被控过程　$G_{02}(s)$—副被控过程
$G_{m1}(s)$—主检测变送器　$G_{m2}(s)$—副检测变送器　$F_1(s)$—一次干扰　$F_2(s)$—二次干扰

比单回路控制系统，串级控制系统增加的仪表并不多，但是由于增加了包含二次干扰 F_2 的副回路，使控制效果有了显著的改善。一方面对二次干扰有很强的克服能力，提高了对一次干扰 F_1 的克服能力和对回路参数变化的自适应能力；另一方面改善了被控过程的动态特性，提高了系统的工作频率。

(1) 能迅速克服进入副回路的干扰

图 7-5 中，在作用于副回路的二次干扰 F_2 作用下，副回路的传递函数为

$$G_{02}^*(s) = \frac{Y_2(s)}{F_2(s)} = \frac{G_{02}(s)}{1 + G_{c2}(s)G_v(s)G_{02}(s)G_{m2}(s)} \tag{7-1}$$

为便于分析，将图 7-5 等效为图 7-6。在给定信号 $R_1(s)$ 作用下，得到系统输出对输入的传递函数为

$$\frac{Y_1(s)}{R_1(s)} = \frac{G_{c1}(s)G_{c2}(s)G_v(s)G_{02}^*(s)G_{01}(s)}{1 + G_{c1}(s)G_{c2}(s)G_v(s)G_{02}^*(s)G_{01}(s)G_{m1}(s)} \tag{7-2}$$

在干扰 F_2 的作用下，得到系统输出对干扰输入的传递函数为

$$\frac{Y_1(s)}{F_2(s)} = \frac{G_{02}^*(s)G_{01}(s)}{1 + G_{c1}(s)G_{c2}(s)G_v(s)G_{02}^*(s)G_{01}(s)G_{m1}(s)} \tag{7-3}$$

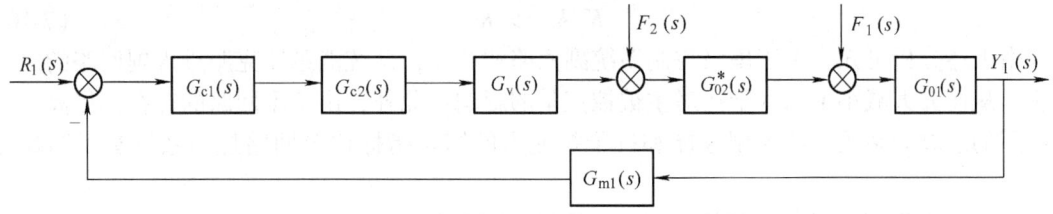

图 7-6 串级控制系统的等效框图

对一个控制系统而言，在给定信号作用下，其输出量能复现输入量的变化，即 $Y_1(s)/R_1(s)$ 越接近 "1"，则系统的控制性能越好；在干扰作用下，其控制作用能迅速克服干扰的影响，即 $Y_1(s)/F_2(s)$ 越接近 "0"，则系统的抗干扰能力越强。在工程上，通常将二者的比值作为衡量控制系统性能和抗干扰能力的综合指标，该比值越大，则系统的控制性能和抗干扰能力越强。对于图 7-6 所示系统，该综合指标表示为

$$\frac{Y_1(s)/R_1(s)}{Y_1(s)/F_2(s)} = G_{c1}(s)G_{c2}(s)G_v(s) \tag{7-4}$$

假设 $G_{c1}(s) = K_{c1}$，$G_{c2}(s) = K_{c2}$，$G_v(s) = K_v$，由式 (7-4) 可得

$$\frac{Y_1(s)/R_1(s)}{Y_1(s)F_2(s)} = K_{c1}K_{c2}K_v \tag{7-5}$$

显然，主、副控制器的比例增益乘积越大，抗干扰能力越强，控制品质越好。

为便于比较，图 7-7 给出了上述被控过程的单回路控制系统。

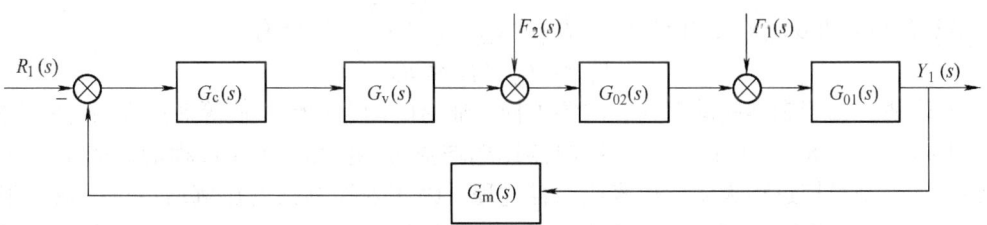

图 7-7 单回路控制系统的结构框图

图 7-7 中，在给定信号 $R_1(s)$ 作用下，得到系统输出对输入的传递函数为

$$\frac{Y_1(s)}{R_1(s)} = \frac{G_c(s)G_v(s)G_{02}(s)G_{01}(s)}{1 + G_c(s)G_v(s)G_{02}(s)G_{01}(s)G_m(s)} \tag{7-6}$$

在干扰 F_2 的作用下，得到系统输出对干扰输入的传递函数为

$$\frac{Y_1(s)}{F_2(s)} = \frac{G_{02}(s)G_{01}(s)}{1 + G_c(s)G_v(s)G_{02}(s)G_{01}(s)G_m(s)} \tag{7-7}$$

由上式得到单回路控制系统的控制性能与抗干扰能力的综合指标为

$$\frac{Y_1(s)/R_1(s)}{Y_1(s)/F_2(s)} = G_c(s)G_v(s) \tag{7-8}$$

假设 $G_c(s) = K_c$，$G_v(s) = K_v$，由式 (7-8) 可得

$$\frac{Y_1(s)/R_1(s)}{Y_1(s)/F_2(s)} = K_c K_v \tag{7-9}$$

比较式（7-5）和式（7-9），在一般情况下，有

$$K_{c1}K_{c2} > K_c \tag{7-10}$$

由上述分析可知，由于串级控制系统副回路的存在，系统能迅速克服进入副回路的二次干扰，从而大大减小了二次干扰对主被控变量的影响；此外，由于副回路的存在，提高了控制作用的总放大系数，使控制性能和抗干扰能力的综合指标比单回路控制系统有了明显提高。

（2）改善了过程的动态特性，提高了系统的工作频率

在图 7-5 所示的串级控制系统中，把整个副回路看成一个等效过程，得到其传递函数为

$$G'_{02}(s) = \frac{Y_2(s)}{R_2(s)} = \frac{G_{c2}(s)G_v(s)G_{02}(s)}{1 + G_{c2}(s)G_v(s)G_{02}(s)G_{m2}(s)} \tag{7-11}$$

假设副回路中各环节的传递函数为

$$G_{02}(s) = \frac{K_{02}}{T_{02}s + 1}, G_{c2}(s) = K_{c2}, G_v(s) = K_v, G_{m2}(s) = K_{m2}$$

将上述关系代入式（7-11），可得

$$G'_{02}(s) = \frac{K_{c2}K_vK_{02}/(T_{02}s+1)}{1 + K_{c2}K_vK_{02}K_{m2}/(T_{02}s+1)} = \frac{K'_{02}}{T'_{02}s+1} \tag{7-12}$$

式中 K'_{02}、T'_{02}——等效过程的放大系数和时间常数，且满足

$$K'_{02} = \frac{K_{c2}K_vK_{02}}{1 + K_{c2}K_vK_{02}K_{m2}} \tag{7-13}$$

$$T'_{02} = \frac{T_{02}}{1 + K_{c2}K_vK_{02}K_{m2}} \tag{7-14}$$

比较 $G_{02}(s)$ 和 $G'_{02}(s)$，由于 $(1 + K_{c2}K_vK_{m2}K_{02}) \gg 1$，因此有

$$T'_{02} \ll T_{02}, K'_{02} \ll K_{02} \tag{7-15}$$

上式表明，由于副回路的存在，改善了控制通道的动态特性，使等效过程的时间常数缩小了 $(1 + K_{c2}K_vK_{02}K_{m2})$ 倍；而且副控制器比例增益 K_{c2} 越大，等效过程的时间常数越小。通常情况下，副被控过程大多为单容或双容过程，因而副控制器的比例增益可以取得很大，等效时间常数就可以减小到很小的数值，使副回路近似等效为 1∶1 的环节。这样，对主控制器而言，其等效被控过程只剩下不包括在副回路中的一部分被控过程，使容量滞后减小，系统的响应速度加快。

串级控制系统的工作频率可以依据闭环系统的特征方程式计算得到。串级控制系统的特征方程式为

$$1 + G_{c1}(s)G'_{02}(s)G_{01}(s)G_{m1}(s) = 0 \tag{7-16}$$

假设主回路中各环节的传递函数为

$$G_{01}(s) = \frac{K_{01}}{T_{01}s + 1}, G_{c1}(s) = K_{c1}, G_{m1}(s) = K_{m1}$$

副回路的传递函数同前，将上述关系代入式（7-16），可得

$$1 + \frac{K_{c1}K'_{02}K_{01}K_{m1}}{(T'_{02}s+1)(T_{01}s+1)} = 0 \tag{7-17}$$

经整理后

$$s^2 + \frac{T_{01} + T'_{02}}{T_{01}T'_{02}}s + \frac{1 + K_{c1}K'_{02}K_{01}K_{m1}}{T_{01}T'_{02}} = 0 \tag{7-18}$$

令

$$\begin{cases} 2\xi\omega_0 = \dfrac{T_{01} + T'_{02}}{T_{01}T'_{02}} \\ \omega_0^2 = \dfrac{1 + K_{c1}K'_{02}K_{01}K_{m1}}{T_{01}T'_{02}} \end{cases}$$

则式（7-18）可写成如下标准形式

$$s^2 + 2\xi\omega_0 s + \omega_0^2 = 0 \tag{7-19}$$

式中 ξ——串级控制系统的衰减系数；

ω_0——串级控制系统的自然频率。

从自动控制理论可知，当 $0 < \xi < 1$ 时，串级控制系统的工作频率为

$$\omega_{串} = \omega_0 \sqrt{1-\xi^2} = \frac{\sqrt{1-\xi^2}}{2\xi} \frac{(T_{01} + T'_{02})}{T_{01}T'_{02}} \tag{7-20}$$

对于同一个被控过程，如果采用单回路控制系统，则由式（7-6）可得系统的特征方程为

$$1 + G_c(s)G_v(s)G_{02}(s)G_{01}(s)G_m(s) = 0 \tag{7-21}$$

假设单回路中各环节的传递函数为

$$G_{01}(s) = \frac{K_{01}}{T_{01}s + 1}, G_{02}(s) = \frac{K_{02}}{T_{02}s + 1}, G_c(s) = K_c, G_m(s) = K_m, G_v(s) = K_v$$

将上述关系代入式（7-21），可得

$$s^2 + \frac{T_{01} + T_{02}}{T_{01}T_{02}}s + \frac{1 + K_cK_vK_{02}K_{01}K_m}{T_{01}T_{02}} = 0 \tag{7-22}$$

令

$$\begin{cases} 2\xi'\omega'_0 = \dfrac{T_{01} + T_{02}}{T_{01}T_{02}} \\ \omega'^2_0 = \dfrac{1 + K_cK_vK_{02}K_{01}K_m}{T_{01}T_{02}} \end{cases}$$

式中 ξ'——单回路控制系统的衰减系数；

ω'_0——单回路控制系统的自然频率。

同理，当 $0 < \xi' < 1$ 时，可得单回路控制系统的工作频率为

$$\omega_{单} = \omega'_0 \sqrt{1-\xi'^2} = \frac{\sqrt{1-\xi'^2}}{2\xi'} \frac{(T_{01} + T_{02})}{T_{01}T_{02}} \tag{7-23}$$

如果使串级控制系统和单回路控制系统具有相同的衰减系数，即 $\xi = \xi'$，则有

$$\frac{\omega_{串}}{\omega_{单}} = \frac{(T_{01} + T'_{02})/T_{01}T'_{02}}{(T_{01} + T_{02})/T_{01}T_{02}} = \frac{1 + T_{01}/T'_{02}}{1 + T_{01}/T_{02}} \tag{7-24}$$

因为 $T_{01}/T'_{02} \gg T_{01}/T_{02}$，所以有

$$\omega_{串} \gg \omega_{单} \tag{7-25}$$

由上述分析可知，当主、副被控过程为一阶惯性环节，主、副控制器均为比例控制时，由于串级控制系统中副回路的存在，改善了被控过程的动态特性，提高了整个系统的工作频

率。进一步研究表明，当主、副被控过程的时间常数 T_{01}/T_{02} 比值一定时，副控制器的比例增益 K_{c2} 越大，串级控制系统的工作频率就越高；而当 K_{c2} 一定时，T_{01}/T_{02} 的比值越大，串级控制系统的工作频率也越高。系统工作频率的提高，使系统的振荡周期得以缩短，从而提高了整个系统的控制质量。

（3）对负荷和操作条件的变化适应性强

众所周知，实际的生产过程往往包含一些非线性因素。对于非线性过程，在负荷变化不大的情况下，即确定的工作点附近，按一定控制质量指标整定的控制器参数通常被认为近似不变。如果负荷变化过大，即偏离确定工作点较远，若采用单回路控制系统，且不重新整定控制器参数，控制质量就会下降。但在串级控制系统中，由于副被控过程的等效放大系数为

$$K'_{02} = \frac{K_{c2}K_vK_{02}}{1 + K_{c2}K_vK_{02}K_{m2}} \tag{7-26}$$

一般情况下，$K_{c2}K_vK_{02}K_{m2} \gg 1$。因此，当副被控过程或调节阀的放大系数 K_{02} 或 K_v 随负荷变化时，对 K'_{02} 的影响不大，因此不需要重新整定控制器参数；此外，由于副回路是一个随动系统，当负荷或操作条件改变时，主控制器将改变其输出，调整副控制器的设定值，从而使系统能快速适应上述变化，保持较好的控制品质。从上述两个方面看，串级控制系统能克服非线性的影响，对负荷和操作条件的变化具有较强的自适应能力。

综上所述，串级控制系统的主要特点为：

1）对进入副回路的二次干扰有很强的抑制能力。
2）能有效改善控制通道的动态特性，提高系统的工作频率。
3）对负荷或操作条件的变化有一定的自适应能力。

7.1.3 串级控制系统的设计

串级控制系统存在两个回路的设计。主回路是一个定值控制系统，其设计可以按照单回路控制系统的设计原则进行。副回路的设计和副被控变量的选取以及主、副回路关系的设计是串级控制系统设计的关键。

1. 副回路的设计与副被控变量的选择

由串级控制系统的控制效果分析可知，副回路的存在及其设计好坏对串级控制系统的控制质量至关重要。从结构上看，副回路是一个单回路，其实质就在于如何从整个被控过程中选取一部分作为副被控过程而组成副回路，即如何选取副被控变量是副回路设计的首要问题。通常，副被控变量的选择遵循以下几个原则：

（1）副被控变量要物理可测且使副被控过程的时间常数要小、纯滞后时间要短

为了保证副回路的快速反应能力、缩短调节时间，副被控过程的时间常数不能太大，纯滞后时间要尽可能地小。例如，图7-3 所示的连续反应釜温度串级控制系统，选取夹套温度作为副被控变量，它对冷却水入口温度、调节阀的阀前压力变化等干扰具有较强的快速抑制能力。又如图7-8 所示的加热炉温度控制系统，为迅速克服燃料压力、燃料成分以及烟囱抽力的变化等干扰对加热炉出口温度的影响，选取炉膛温度作为副被控变量。总之，为了充分发挥副回路的快速作用，必须选择物理上可测、对干扰能迅速作出反应的工艺参数作为副被控变量。

（2）副回路应包含生产过程中变化剧烈、频繁而且幅度大的主要干扰

串级控制系统对进入副回路的干扰有较强的克服能力。为了充分利用这一特点，在选择副被控变量时，一定要把尽可能多的主要干扰包含在副回路中，特别是严重影响主被控变量、变化剧烈且频繁的干扰。但是随着副回路包含干扰的增多，其控制通道的容量滞后也随之增大，会降低副回路的迅速抑制干扰能力，不利于提高控制质量。因此，副回路包含的干扰不是越多越好。

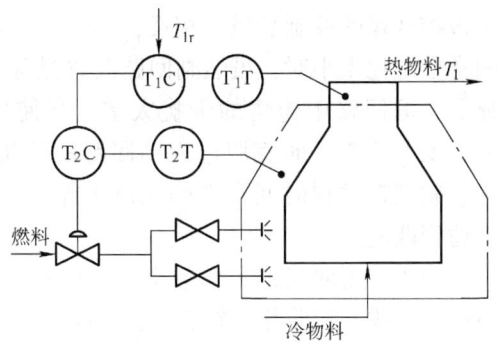

图 7-8 加热炉温度控制系统

图 7-9 是炼油厂管式加热炉原油出口温度的两种串级控制方案：方案一，原料油出口温度与燃料油的阀后压力串级控制，如图 7-9a 所示，它只适用于燃料油压力是主要干扰的场合；方案二，原料油出口温度与炉膛温度串级控制，如图 7-9b 所示，它适用于燃料油压力比较稳定，而粘度、成分、处理量和热值经常波动的场合。

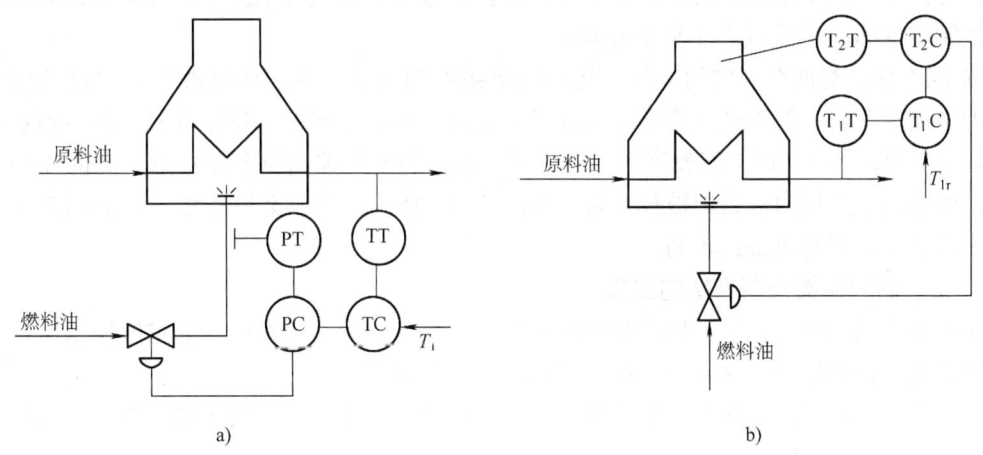

图 7-9 管式加热炉出口温度串级控制系统
a) 燃料油阀后压力作为副被控变量 b) 炉膛温度作为副被控变量

总之，副被控变量的选择必须使副回路包含被控过程中的主要干扰。

（3）主、副被控过程的时间常数要适当匹配

由式（7-24）可知，当主、副被控过程均用一阶惯性环节来描述，且保证串级控制系统与单回路控制系统的衰减系数相同时，其工作频率之比为

$$\frac{\omega_{串}}{\omega_{单}} = \frac{1 + T_{01}/T'_{02}}{1 + T_{01}/T_{02}} = \frac{1 + (1 + K_{c2}K_v K_{02}K_{m2})T_{01}/T_{02}}{1 + T_{01}/T_{02}} \tag{7-27}$$

假设 $(1 + K_{c2}K_v K_{02}K_{m2}) = 10$，根据式（7-27）作出曲线如图 7-10 所示。由图可见，相比单回路控制，串级控制与单回路控制的工作频率之比在主、副被控过程的时间常数之比 T_{01}/T_{02} 较小时增长较快，而随着 T_{01}/T_{02} 比值的增加，工作频率之比明显减弱。因此，在选择副被控变量时，虽然希望副回路的调节速度尽可能快，但也不能过分减小副被控过程的时间常数。因为，这对进一步提高整个系统的工作频率不利；另一方面，副被控过程的时间

常数太小,会使副回路所包含的干扰较少,不利于确保主被控变量的控制品质。相反,当主、副被控过程的时间常数之比太小时,虽然副回路改善过程的特性作用明显了,但回路中包含的干扰太多,会使副回路反应迟钝,反而不能及时克服进入副回路的干扰。综上所述,主、副被控过程时间常数的比值不能太大也不能太小,应适当匹配。

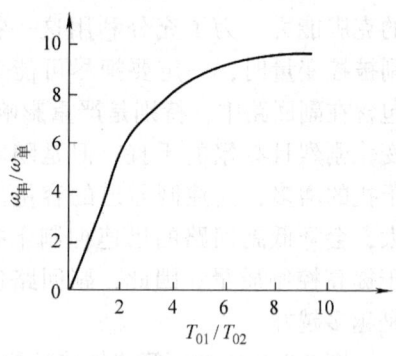

图7-10 $\omega_串/\omega_单$ 与 T_{01}/T_{02} 关系曲线

当主、副回路的工作频率 $\omega_主$ 和 $\omega_副$ 接近时,容易引起"共振",即当一个参数发生振荡时,会使另一个参数也发生振荡,不利于生产正常进行。为避免上述情况,一般要求使 $\omega_主/\omega_副 > 3$。相应地,主、副被控过程的时间常数之比 T_{01}/T_{02} 至少应大于3。所以,为使主、副回路之间的动态联系较小、避免引起系统共振,通常选择 T_{01}/T_{02} 为 3~10。

(4) 考虑工艺的合理性和经济性

在选择副被控变量时常会出现多个可供选择的方案,在这种情况下,可以根据对主被控变量控制质量的要求及经济性原则来确定。

图7-11是针对两个相同的冷却器构成的串级控制系统,它们均以被冷却物料的出口温度作为主被控变量,但副被控变量却选择了不同的参数:方案一,将冷剂液位作为副被控变量,如图7-11a所示。该方案投资少,适用于对出口温度的控制质量要求不太高的场合;方案二,以冷剂蒸发压力作为副被控变量,如图7-11b所示。该方案投资多,但副回路相当灵敏,出口温度的控制质量比较高。

2. 主、副控制器控制规律的选择

在串级控制系统中,主、副控制器所起的作用是不同的。主控制器起定值控制作用,副控制器起随动控制作用,这是选择控制规律的基本出发点。

主被控变量是工艺操作的主要指标,允许波动的范围很小,一般要求无静差,因此,主控制器应选用 PI 或 PID 控制规律。

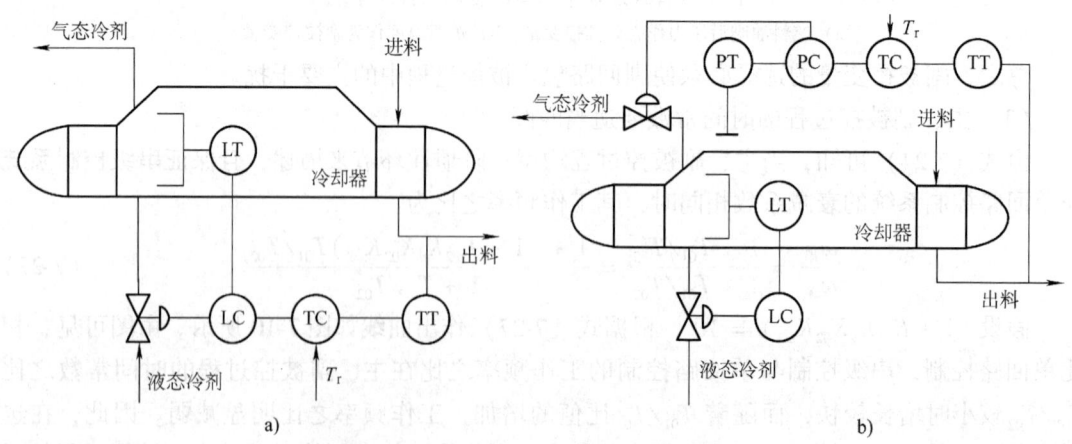

图7-11 冷却器温度串级控制的两种方案
a) 以冷却剂液位作为副被控变量 b) 以冷却剂蒸发压力作为副被控变量

副被控变量的设置是为了克服主要干扰对主被控变量的影响，保证其控制品质，因而可以允许在一定范围内变化，并允许有静差。因此，副控制器只需选择 P 控制规律，一般不引入积分控制，这是因为积分控制会延长控制过程，减弱副回路的快速作用。但是在选择流量作为副被控变量时，为了保持系统稳定，比例度必须选得较大，即减弱比例控制作用。在这种情况下，可以引入积分作用，即采用 PI 控制，以增强控制作用。副控制器一般也不引入微分控制，因为副回路本身起着快速作用，再引入微分作用会使调节阀动作过大，反而对控制质量不利。

3. 主、副控制器正、反作用方式的确定

串级控制系统中，主、副控制器的正反作用方式选择的方法是：首先根据工艺要求决定调节阀的气开、气关形式；然后再决定副控制器的正、反作用方式；最后依据主、副被控过程的正、反形式确定主控制器的正、反作用方式。

要使一个过程控制系统能正常稳定运行，系统必须采用负反馈，即保证系统总的开环放大系数为正。对串级控制系统而言，主、副控制器正、反作用方式的选择原则依然是使整个控制系统构成负反馈系统，即主回路各环节放大系数的乘积必须为正。

下面以图 7-8 所示的加热炉温度串级控制系统为例，说明主、副控制器正、反作用方式的确定。从生产安全出发，燃料油调节阀选用气开式，即一旦控制器出现故障，调节阀处于全关状态，以便切断进入加热炉的燃料油，确保设备安全，故 K_v 为正。当调节阀开度增大，燃料油增加，炉膛温度升高，故副被控过程的放大系数 K_{02} 为正。考虑到检测变送环节的放大系数一般都为正，即 K_{m1} 和 K_{m2} 皆为正，为保证副回路为负反馈，则副控制器的放大系数 K_{c2} 应为正，即为反作用控制器。随着炉膛温度升高，加热炉出口温度也随之升高，故主被控过程的放大系数 K_{01} 也为正。为保证整个回路为负反馈，则主控制器的放大系数 K_{c1} 应为正，即为反作用控制器。

根据上面确定的正、反作用方式可知：当加热炉出口温度升高时，主控制器输出减小，使副回路的设定值减小，副控制器输出随之减小，使调节阀开度减小，从而减少进入加热炉的燃料油量，最终降低炉膛温度和出口温度。显然，上述正、反作用方式有利于稳定生产过程。

主、副控制器正、反作用方式选择的各种可能情况如表 7-1 所示。

表 7-1 主、副控制器正、反作用方式选择的各种情况

序 号	主被控过程（K_{01}）	副被控过程（K_{02}）	调节阀（K_v）	主控制器（K_{c1}）	副控制器（K_{c2}）
1	正	正	正①	正②	正
2	正	正	负	正	负
3	负	负	正	负	正
4	负	负	负	负	负
5	负	正	正	负	正
6	负	正	负	负	负
7	正	负	正	正	负
8	正	负	负	正	正

① 当 K_v 为正，调节阀为气开式，否则为气关式。

② 当 K_{c1} 为正，控制器为反作用，否则为正作用。

7.1.4 串级控制系统的参数整定

串级控制系统中，两个控制器串联起来控制一个调节阀，因此两个控制器是相互关联的，不可避免地会产生相互影响。所以两个控制器的参数整定也是相互关联的，需要相互协调，反复整定才能达到最佳效果。另外，系统在运行过程中，主回路和副回路的工作频率是不同的，一般副回路的频率较高，主回路的频率较低。工作频率的高低主要取决于被控过程的动态特性，但也与主、副控制器的参数整定有关。在整定时应尽量加大副控制器的增益以提高副回路的工作频率，目的是使主、副回路的工作频率尽可能错开，以减少相互之间的影响。

在工程实践中，串级控制系统常用的参数整定方法有逐步逼近法、两步整定法、一步整定法等。

1. 逐步逼近法

对于主、副被控过程的时间常数相差不大的串级控制系统，由于主、副回路的动态联系比较紧密，所以系统的参数整定必须反复进行、逐步逼近。

逐步逼近法具体整定的步骤为：

1）在主回路开环、副回路闭环的情况下，把副回路看作一个单回路控制系统，整定副控制器参数。可采用第6章给出的任意一种控制器参数整定方法，求得副控制器的整定参数，记为$[G_{c2}(s)]^1$。

2）将副控制器的参数设置在$[G_{c2}(s)]^1$上，把主回路闭合，副回路等效成一个环节。这样，主回路又成为一个单回路控制系统，采用第6章给出的参数整定方法，求得主控制器的整定参数，记为$[G_{c1}(s)]^1$。

3）将主控制器的参数设置在$[G_{c1}(s)]^1$上，在主回路闭合的情况下，按相同方法求取副控制器的整定参数$[G_{c2}(s)]^2$，至此完成了一次逼近循环。观察系统在$[G_{c1}(s)]^1$、$[G_{c2}(s)]^2$作用下的过程控制曲线，如果已满足工艺要求，则$[G_{c1}(s)]^1$、$[G_{c2}(s)]^2$即为所求控制器的整定参数值。否则，将副控制器的参数置于$[G_{c2}(s)]^2$，再按上述方法求取主控制器的整定参数$[G_{c1}(s)]^2$，如此反复逐步逼近，直到获得满意的控制质量指标为止。该参数整定方法需要反复进行，因而往往费时较多。

2. 两步整定法

当串级控制系统中主、副被控过程的时间常数相差较大，即T_{01}/T_{02}在3～10范围内时，主、副回路的动态联系较小，可以忽略不计。此时，副控制器的参数按单回路控制系统整定方法获得后，可以将副回路作为主回路的一个环节，按单回路控制系统的整定方法整定主控制器参数，而不用再考虑主控制器参数变化对副回路的影响。基于该思想，两步整定法的具体步骤如下：

1）在工况稳定、主副回路闭合的情况下，主控制器采用纯比例控制，且比例度置于100%，用第6章介绍的衰减曲线法（如$n=4:1$）整定副控制器参数，求得副控制器在4:1衰减过程下的比例度δ_{2s}和衰减振荡周期T_{2s}。

2）将副控制器的比例度置为δ_{2s}，把副回路等效成主回路的一个环节，用同样的方法整定主控制器参数，求得主控制器的比例度δ_{1s}和衰减振荡周期T_{1s}。

3）根据求得的 δ_{2s}、T_{2s}、δ_{1s}、T_{1s}，按经验公式计算出主、副控制器的比例度、积分时间常数和微分时间常数。

4）按照先副后主、先比例后积分再微分的次序将系统投入运行，并观察过渡过程曲线，必要时进行适当的调整，直到系统的控制质量符合要求为止。

例 7-1 在硝酸生产过程中，氧化炉是主要的生产设备。其中，炉温为主被控变量，工艺要求较高；氨气流量为副被控变量，构成氧化炉温度与氨气流量的串级控制系统。主控制器采用 PI 控制，副控制器采用 P 控制。试用两步整定法整定主、副控制器的参数。

解：1）在工况稳定的条件下，将主、副控制器均置于纯比例作用，主控制器的比例度 δ_1 置于 100%，用 4∶1 衰减曲线法整定副控制器参数，得 $\delta_{2s}=32\%$，$T_{2s}=15s$。

2）将副控制器的比例度置于 32%，用相同的整定方法，将主控制器的比例度由大到小逐渐调节，求得 $\delta_{1s}=50\%$，$T_{1s}=7\text{min}$。

3）对上述求得的参数，运用 4∶1 衰减曲线法计算公式，计算出主、副控制器的整定参数为：

- 主控制器（温度控制器）的比例度 $\delta_1=1.2\delta_{1s}=1.2\times 50\%=60\%$；
- 主控制器（温度控制器）的积分时间 $T_1=0.5T_{1s}=3.5\text{min}$；
- 副控制器（流量控制器）的比例度 $\delta_2=\delta_{2s}=32\%$。

3. 一步整定法

所谓一步整定法，就是根据副被控过程的特性或经验先确定副控制器的参数，然后按照单回路控制系统的整定方法一步完成主控制器的参数整定。

理论研究表明，在过程特性不变的条件下，主、副控制器的放大系数在一定范围内可以任意匹配，即在 $0<K_{c1}K_{c2}\leq 0.5$ 的条件下，当主、副过程特性一定时，$K_{c1}K_{c2}$ 为一常数。

一步整定法的具体步骤为：

1）当生产工况稳定，系统中主、副控制器均在纯比例作用下，由 $K_{c1}K_{c2}\leq 0.5$ 或由经验确定 K_{c2}，并将其设置在副控制器上。

2）把副回路等效成主回路的一个环节，按照单回路控制系统的衰减曲线法，整定主控制器的参数。

3）观察控制过程，根据 K_{c1} 与 K_{c2} 在 $K_{c1}K_{c2}\leq 0.5$ 的条件下可任意匹配的原则，适当调整主、副控制器的参数，使控制质量满足工艺要求。

7.1.5 串级控制系统的应用范围

1. 用于容量滞后较大的过程

当被控过程容量滞后较大时，可以选择一个滞后较小的辅助变量组成副回路，使被控过程的等效时间常数减小，以提高系统的工作频率，加快响应速度，从而提高控制质量。因此，对于很多以温度或质量指标为被控变量的工业过程，其容量滞后往往比较大，而生产中对这些参数的控制质量要求又比较高，此时宜采用串级控制系统。

例如，图 7-8 所示的加热炉将被加热物料加热到一定温度。为了使加热炉出口温度保持一定，选取燃料流量为控制量。但是，由于加热炉的容量滞后较大，干扰因素较多，单回路控制系统不能满足工艺对加热炉出口温度的要求。为此，可以选择滞后较小的炉膛温度作为副被控变量，构成加热炉出口温度对炉膛温度的串级控制系统，利用副回路的快速作用，有效地提高控制质量,从而满足工艺要求。

2. 用于纯滞后较大的过程

当被控过程纯滞后时间较长、单回路控制系统不能满足工艺要求时,可以考虑用串级控制系统来改善控制质量。通常的做法是：在离调节阀较近、纯滞后时间较小的位置选择一个辅助变量作为副被控变量,构成一个纯滞后较小的副回路,由它实现对主要干扰的及时控制。

例如,网前箱温度控制系统是造纸厂常用的温度过程控制系统。如图 7-12 所示,纸浆用泵从贮槽送至混合器,在混合器中用蒸汽加热到 72℃ 左右,经过立筛、圆筛除去杂质后送到网前箱,再去铜网脱水。为保证纸张质量,工艺要求网前箱温度要保持在 61℃ 左右,允许偏差不超过 1℃。

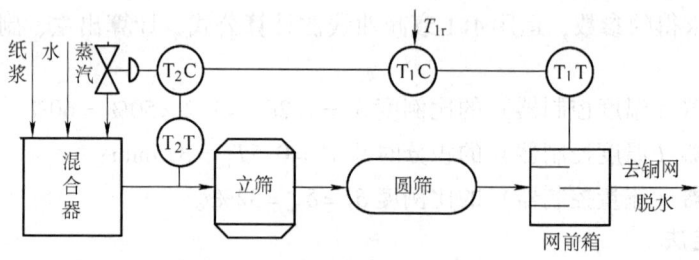

图 7-12 网前箱温度串级控制

若采用单回路控制系统,由于从混合器到网前箱的纯滞后为 90s,当纸浆流量为 35kg/min 时,温度最大偏差为 8.5℃,过渡过程时间为 450s,控制质量较差,不能满足工艺要求。

为了克服纯滞后,在距调节阀较近处选择混合器温度作为副被控变量,网前箱出口温度作为主被控变量,构成串级控制系统,这样就把纸浆流量波动这一主要干扰包括在副回路中。当流量出现波动时,网前箱温度的最大偏差不超过 1℃,过渡过程时间为 200s,从而满足工艺要求。

3. 用于干扰变化剧烈而且幅度大的过程

由于串级控制系统的副回路对于进入其中的干扰具有较强的抑制能力,因此,在系统设计时,只要将变化剧烈而且幅度大的干扰包括在副回路之中,就可以大大减小干扰对主被控变量的影响。

例如,精馏塔塔釜温度的串级控制。精馏塔是石油、化工生产过程中的重要工艺设备,如图 7-13 所示,由多组份组成的混合物,利用其各组份不同的挥发度,通过精馏操作,将其分离成组份较纯的产品。塔釜温度是保证混合物分离出产品组份的关键参数,所以作为主被控变量加以控制。生产工艺要求塔釜温度要控制在 ±1.5℃ 范围内。在生产过程中,蒸汽压力变化剧烈且幅度较大,有时变化可达 40%。若采用单回路控制系统,塔釜温度最大偏差为 10℃,不能满足工艺要求。

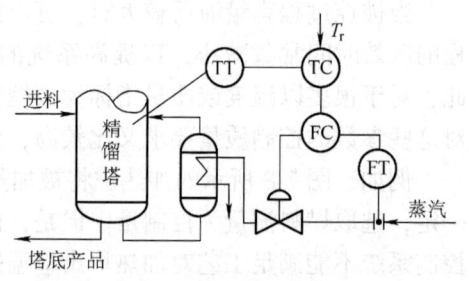

图 7-13 精馏塔塔釜温度的串级控制

若以蒸汽流量作为副被控变量，与塔釜温度构成串级控制系统，就可以把蒸汽压力这一干扰包括在副回路中，利用副回路对干扰的较强抑制能力，大大减小蒸汽压力变化对塔釜温度的影响。实际运行表明，塔釜温度的最大偏差在±1.5℃以内，满足工艺要求。

4. 用于参数互相关联的过程

在有些生产过程中，对两个互相关联的参数需要用同一种介质进行控制。在这种情况下，若采用单回路控制系统，则需要装两套装置，比如在同一条管道上装两个调节阀。这样，既不经济又无法工作。对这样的过程，可以根据互相关联的主次，构成串级控制系统，以满足工艺要求。

例如，炼油厂常压塔塔顶出口温度和一线温度的串级控制。根据炼油工艺可知，进入常压塔的油品，通过精馏将各组份分离成塔顶汽油、一线航空煤油等产品，其中塔顶出口温度是保证塔顶产品纯度的主要指标，而一线温度是保证一线产品质量的重要指标，两者均通过塔顶的回流量加以控制。若采用单回路控制系统，显然难以实现。如果采用图7-14所示的串级控制系统，则既可行又能满足工艺要求。

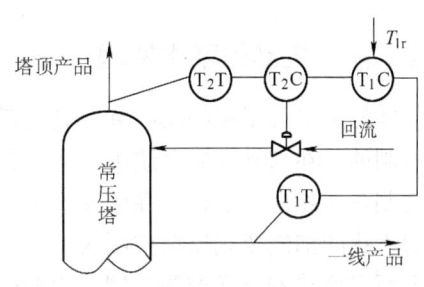

图7-14 一线温度与塔顶温度的串级控制

5. 用于克服被控过程的非线性

在过程控制中，一般工业过程特性都存在一定的非线性。这会导致在负荷变化时整个系统的特性发生变化，引起工作点移动，从而影响控制系统的动态特性。单回路控制系统不能满足生产工艺要求。如果采用串级控制系统，利用其对负荷和操作条件变化所具有的自适应性，可在一定程度上补偿非线性对系统动态特性的影响。

例如，醋酸生产装置中乙炔合成反应器温度的串级控制。乙炔合成反应器的温度是保证混合气质量的重要参数，工艺要求对其进行严格控制。如图7-15所示，在它的控制通道中，包含两个换热器和一个合成反应器，具有明显的非线性特性，整个过程特性随着负荷变化而变化。如果以合成反应器温度作为被控变量，醋酸和乙炔混合气流量作为控制量，构成单回

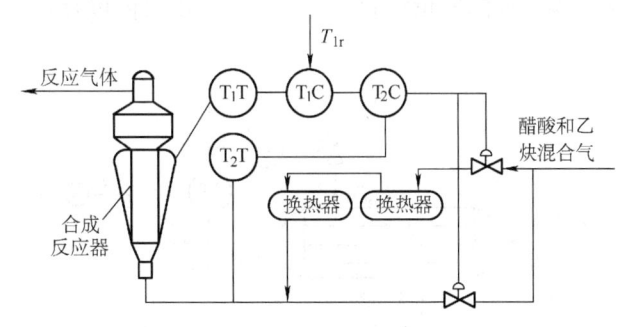

图7-15 合成反应器温度串级控制

路控制系统，当负荷变化时，由于系统存在非线性，要想保持系统原有衰减比不变，就必须不断改变控制器整定参数，否则无法满足工艺要求；若选取合成反应器温度作为主被控变量，换热器出口温度作为副被控变量，构成串级控制系统，由于副回路中包含了非线性特性部分，利用串级控制系统的自适应能力，就可以保证系统具有较高的控制质量。

串级控制系统的工业应用范围虽然较广，但是必须根据工业生产过程的具体情况，充分利用串级控制系统的特点，才能收到预期的效果。

7.2 前馈控制系统

理想的过程控制要求被控变量在过程特性存在大滞后（包括容量滞后和纯滞后）和多种干扰的情况下，仍能够持续保持在工艺所要求的数值上。可是，反馈控制系统是基于偏差的调节，即只有当被控变量出现偏差后控制器才进行调节，因此控制作用不及时。考虑到偏差的产生是由于干扰的存在，所以如果能在干扰出现时就进行控制，就能在偏差出现以前把干扰的影响消除，实现及时调节，改善被控过程性能。基于此，提出前馈控制（Feedforward Control）。

7.2.1 前馈控制的基本原理

前馈控制又称干扰补偿控制，它与反馈控制不同，是按照引起被控变量变化的干扰大小进行控制的。在这种控制系统中，当干扰刚刚出现而又能测出时，前馈控制器便发出调节信号使控制量作相应的变化，在偏差产生以前，通过控制作用及时抵消干扰作用。因此，前馈控制对干扰的抑制要比反馈控制快。

下面以换热器温度控制为例，说明前馈控制原理及其与反馈控制的区别。换热器就是通过其中的排管把蒸汽的热量传递给排管内流过的被加热物料，从而将冷物料加热到一定温度。通常，热物料的出口温度 T_2 是被控变量，它通过调节蒸汽量 q_D 来加以调节。引起热物料出口温度变化的干扰有冷物料的流量 q、入口温度 T_1、蒸汽压力 p_D 等，其中最主要的干扰是冷物料的流量 q。

若采用换热器温度反馈控制，如图 7-16 所示。当流量 q 等干扰发生变化时，会引起出口温度 T_2 发生变化，偏离设定值 T_{2r}，随之温度（反馈）控制器根据偏差大小产生控制作用，通过调节阀改变加热用蒸汽的流量 q_D，从而补偿干扰对出口温度 T_2 的影响。但是由于热交换过程的容量滞后特性，会导致出口温度存在较大的动态偏差。

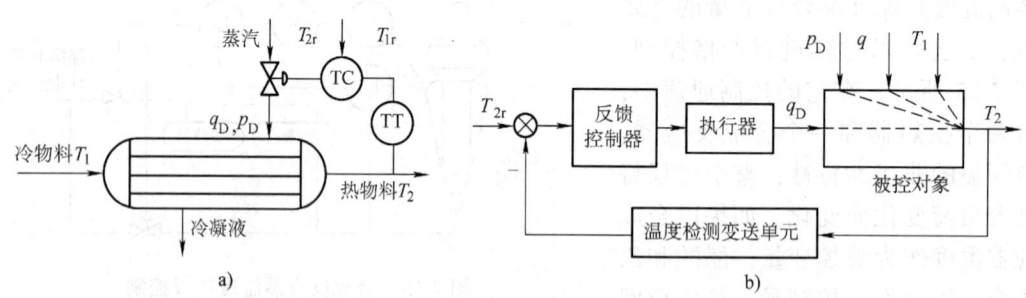

图 7-16 换热器温度反馈控制
a) 原理图 b) 结构框图

假设换热器的物料流量变化较大且频繁，为及时抑制其对出口温度的影响，构成如图 7-17 所示的前馈控制系统。当原料流量增加时，通过被控过程中的干扰通道（如图中虚线所示）使出口温度降低；同时，通过由前馈控制器等构成的前馈控制通道产生控制作用，增加蒸汽流量，使出口温度升高。如果控制作用合适，就可以使出口温度不受物料流量这一干扰影响。

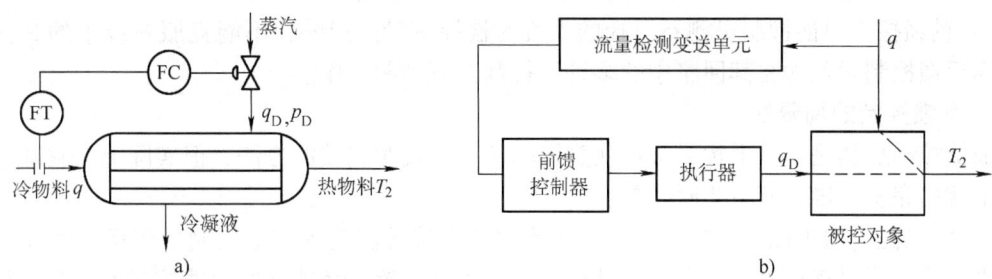

图 7-17 换热器温度前馈控制
a）原理图　b）结构框图

由图 7-17b 可知，干扰到输出被控量之间存在两个传递通道：干扰 $F(s)$ 通过干扰通道的传递函数 $G_F(s)$ 产生干扰作用影响被控量 $Y(s)$；干扰 $F(s)$ 通过检测变送单元 $G_m(s)$ 和前馈控制器 $G_B(s)$ 产生补偿控制作用，再经过过程的控制通道 $G_0(s)$ 去影响输出量 $Y(s)$。显然，控制作用和干扰作用对被控量的影响是相反的。当两种作用对被控量的影响大小相等时，被控量 $Y(s)$ 就不会随着干扰而变化，抵消了干扰对被控量的影响。

不考虑检测变送单元的线性特性，则根据上述分析得出

$$\frac{Y(s)}{F(s)} = G_F(s) + G_B(s)G_0(s) \tag{7-28}$$

只要适当选择前馈控制器的传递函数 $G_B(s)$，就可以实现干扰 $F(s)$ 对被控变量 $Y(s)$ 不产生任何影响，即满足不变性原理。由此，得到不变性的条件为

$$\frac{Y(s)}{F(s)} = G_F(s) + G_B(s)G_0(s) = 0 \tag{7-29}$$

整理式（7-29）得到满足不变性要求的前馈控制器为

$$G_B(s) = -\frac{G_F(s)}{G_0(s)} \tag{7-30}$$

7.2.2 前馈控制的特点及局限性

对比图 7-16 的反馈控制系统和图 7-17 的前馈控制系统，可知前馈控制与反馈控制的差异及其特点，现总结如下。

1. 前馈控制的特点

1）前馈控制属于开环控制，所以只要系统中各环节是稳定的，控制系统必然稳定。如图 7-17 所示，当检测到冷物料流量变化后，通过前馈控制器直接控制调节阀的开度，改变蒸汽流量，但是由于不对出口温度进行检测，所以其控制效果得不到检验。而反馈控制是闭环控制，即使各环节稳定，也不能保证闭环系统稳定。

2）前馈控制是"基于干扰来消除干扰对被控量的影响"。一旦干扰出现变化，就通过前馈控制器产生的补偿作用及时有效地抑制干扰对被控变量的影响。而反馈控制是"基于偏差来消除偏差"，要在干扰引起被控变量产生偏差后才能产生控制作用。因此，前者比后者的控制及时。

3）前馈控制器的控制规律与常规 PID 控制器不同，它取决于过程特性，如式（7-30）

所示。因此，它是一个专用控制器。不同的过程特性，前馈控制器也有所不同。而反馈控制系统中，控制器通常采用 P、PI、PD、PID 等典型控制策略。

4) 前馈控制只能抑制可测不可控的干扰对被控变量的影响，不能克服系统中的其他干扰。而反馈控制对包含在其回路中的多种干扰都具有抑制作用。

2. 前馈控制的局限性

前馈控制虽然是克服干扰对被控变量影响的一种及时有效的方法，但实际上，它却做不到对干扰的完全补偿，其主要原因是：

1) 它只能克服可测不可控的干扰，对不可测干扰无法实现前馈控制。而且在实际生产过程中，往往同时存在着很多干扰，针对每一个干扰设置一套独立的前馈控制器，系统复杂且投资增加，是不现实的。

2) 前馈控制器的调节规律取决于过程的干扰通道特性 $G_F(s)$ 和控制通道特性 $G_0(s)$，而准确掌握 $G_F(s)$ 和 $G_0(s)$ 是很困难的，所以准确的前馈控制器 $G_B(s)$ 难以获得；即使能准确获得，其在工程上也难于实现。另外，由于被控过程常具有非线性特性，当其动态特性发生变化时，原有的前馈控制器就不再适用了，所以无法实现干扰的动态完全补偿。

基于以上分析可知，前馈控制往往不能单独使用。为了获得满意的控制效果，合理的控制方案是把前馈控制和反馈控制相结合，构成前馈-反馈复合控制系统。这样，一方面可以利用前馈控制及时有效地减少主要干扰对被控变量的动态影响；另一方面，利用反馈控制可以使被控变量稳定在设定值上，从而保证系统具有较高的控制质量。

7.2.3 前馈控制系统的主要结构形式

1. 静态前馈控制系统

静态前馈控制的作用是使被控变量的静态偏差接近或等于零，而不考虑其动态偏差。静态前馈控制中，前馈控制器采用比例控制。比例增益的大小取决于过程干扰通道的静态放大系数 K_F 和过程控制通道的静态放大系数 K_0，如式（7-31）所示。

$$G_B(s) = -\frac{K_F}{K_0} = -K_B \tag{7-31}$$

静态前馈控制的物理实现非常简单，不需要专用控制器，只要用 DDZ-Ⅲ型仪表中的比例控制器或比值器就能满足使用要求。在实际生产过程中，当干扰通道与控制通道的时间常数相差不大时，采用静态前馈控制，可以获得较好的控制效果。

例如，图 7-17 所示的换热器前馈控制中，冷物料流量为主要干扰。要实现静态前馈控制，可按稳态时的能量平衡关系写出其平衡方程

$$q_D H_0 = qc_p(T_2 - T_1) \tag{7-32}$$

式中　q_D、q——蒸汽流量和冷物料流量；

　　　H_0——蒸汽汽化潜热；

　　　c_p——冷物料的比热；

　　　T_1、T_2——冷、热物料的温度。

由式（7-32）可得

$$T_2 = T_1 + \frac{q_D H_0}{qc_p} \tag{7-33}$$

如果冷物料温度 T_1 不变，则由式（7-33）可求得控制通道的静态放大系数

$$K_0 = \frac{dT_2}{dq_D} = \frac{H_0}{qc_p} \tag{7-34}$$

而干扰通道的静态放大系数

$$K_f = \frac{dT_2}{dq} = -\frac{q_D H_0}{c_p} q^{-2} = -\frac{T_2 - T_1}{q} \tag{7-35}$$

综合式（7-34）和式（7-35）可得静态前馈控制器的比例增益

$$K_B = -\frac{K_f}{K_0} = \frac{c_p(T_2 - T_1)}{H_0} \tag{7-36}$$

工程实践中，前馈控制器的比例增益 K_B 取值过小，不能显著地改善控制质量，称为欠补偿；K_B 取值过大，会造成前馈控制器输出控制作用过强，相当于给系统施加了一个干扰，从而造成系统严重超调，降低过渡过程的品质，称为过补偿。因此，K_B 的取值要恰当，才能充分体现出前馈控制的优势。

2. 动态前馈控制系统

静态前馈控制虽然结构简单、易于实现、能在一定程度上改善控制品质，但是它只能保证被控变量的静态偏差接近或等于零，而不能消除控制过程的动态偏差。对于干扰变化频繁且动态控制精度要求较高的生产过程，静态前馈控制往往不能满足工艺要求，应采用动态前馈控制。

动态前馈控制必须根据过程干扰通道和控制通道的动态特性，采用专用控制器实现。其前馈控制器的传递函数为

$$G_B(s) = -\frac{G_F(s)}{G_0(s)} \tag{7-37}$$

显然，静态前馈控制是动态前馈控制的一种特殊情况。由于动态前馈控制每时每刻都在补偿干扰对被控变量的影响，所以能较好地提高系统的动态品质，改善系统的控制性能。但是由于 $G_F(s)$ 和 $G_0(s)$ 的精确模型很难得到，即使能够得到也难以实现，所以动态前馈控制系统的结构比较复杂，只有当工艺要求控制质量很高时，才采用该控制方案。

3. 前馈-反馈复合控制系统

为了克服前馈控制的局限性，将前馈控制和反馈控制相结合，构成前馈-反馈复合控制系统。该系统既发挥了前馈控制及时有效抑制主要干扰对被控变量影响的优点；又保持了反馈控制能抑制多种干扰影响的优势，同时可以降低系统对前馈控制器的要求，便于工程实现。

图 7-18 为换热器前馈-反馈复合控制系统。由图可见，当冷物料（生产负荷）发生变化时，前馈控制器及时发出控制指令，抑制冷物料流量变化对换热器出口温度的影响；同时，对于未引入前馈的冷物料温度、蒸汽压力等干扰对出口温度的影响，则由 PID 反馈控制器来克服。这种复合控制结构使换热器的出口温度稳定在设定值上，获得了比较理想的控制效果。

在前馈-反馈复合控制系统中，给定输入 $R(s)$ 和干扰输入 $F(s)$ 对输出 $Y(s)$ 的共同影响为

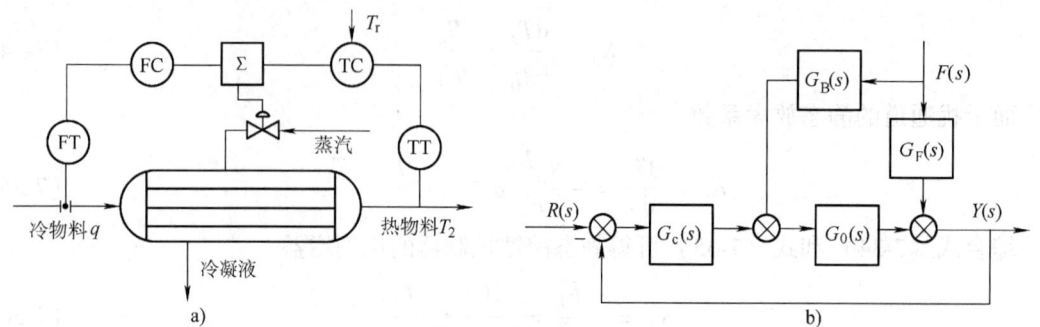

图 7-18 换热器温度前馈-反馈复合控制
a) 原理图 b) 结构框图

$$Y(s) = \frac{G_c(s)G_0(s)}{1 + G_c(s)G_0(s)}R(s) + \frac{G_F(s) + G_B(s)G_0(s)}{1 + G_c(s)G_0(s)}F(s) \tag{7-38}$$

如果要实现对干扰 $F(s)$ 的完全补偿，则上式的第二项应为零，即

$$\frac{Y(s)}{F(s)} = \frac{G_F(s) + G_B(s)G_0(s)}{1 + G_c(s)G_0(s)} = 0 \tag{7-39}$$

经整理有

$$G_B(s) = -\frac{G_F(s)}{G_0(s)} \tag{7-40}$$

对比式 (7-30) 和式 (7-40) 可见，前馈-反馈复合控制系统对干扰 $F(s)$ 实现完全补偿的条件与单纯前馈控制相同。而比较式 (7-29) 和式 (7-39) 可知，在前馈-反馈复合控制系统中，干扰 $F(s)$ 对被控量的影响要比采用单纯前馈控制时减小 $[1 + G_c(s)G_0(s)]$ 倍。这是由于反馈回路的存在，使干扰对被控变量的影响先经开环前馈补偿，再经过反馈控制得到进一步减小，从而充分体现了前馈-反馈复合控制的优越性。

此外，由式 (7-38) 可知，复合控制系统的特征方程式为

$$1 + G_c(s)G_0(s) = 0 \tag{7-41}$$

显然，复合控制系统的特征方程式只与 $G_c(s)$ 和 $G_0(s)$ 有关，而与 $G_B(s)$ 无关。这表明加不加前馈控制器并不影响系统的稳定性，系统的稳定性完全由反馈控制回路决定。这一特点大大方便了系统的设计。在设计复合控制系统时，可以先根据系统工艺过程特性和控制品质要求设计反馈控制系统，而暂不考虑前馈控制器的设计；当反馈控制系统设计好后，再根据不变性原理设计前馈控制器，进一步消除主要干扰对被控量的影响。

4. 前馈-串级复合控制系统

在工业过程中，有些生产过程受到多个变化频繁且剧烈的干扰影响，同时对被控变量的控制质量和稳定性要求较高，此时常采用前馈-串级复合控制系统。

图 7-19 为炼油装置上的加热炉。加热炉出口温度 T 为被控变量，燃料油流量 q_B 为控

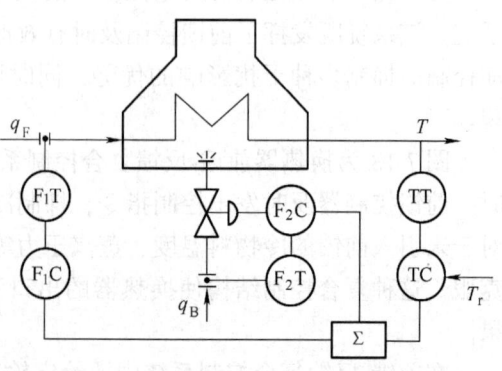

图 7-19 加热炉温度前馈-串级复合控制原理图

制量。考虑到燃料油流量 q_B 波动较频繁，且反映到出口温度变化的容量滞后较大，为此，将其作为副被控变量，与出口温度构成串级控制。由于进料流量 q_F 经常发生变化，因此作为主要干扰采用前馈控制加以抑制。由此，结合上述两部分控制功能，得到加热炉前馈-串级控制系统。

由图 7-20 可见，串级控制系统对进入副回路的干扰具有较强的抑制能力，前馈控制能及时克服进入主回路的主要干扰。另外，由于前馈控制器的输出不直接作用于调节阀，而是与主控制器的输出共同作为副控制器的设定值，因而可以降低对调节阀的性能要求。

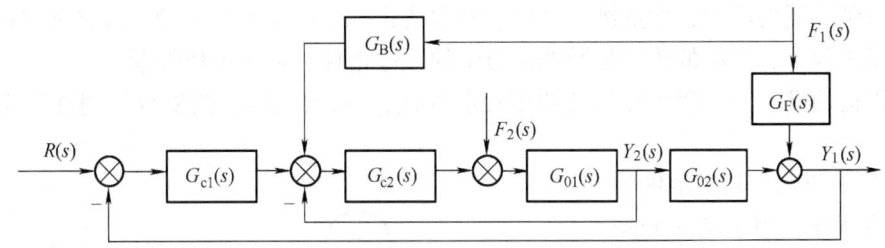

图 7-20 加热炉温度前馈-串级复合控制结构框图

在前馈-串级复合控制系统中，假设副回路的等效传递函数为 $G_{02}^*(s)$，则给定输入 $R(s)$ 和干扰输入 $F_1(s)$ 对输出 $Y_1(s)$ 的共同影响为

$$Y_1(s) = \frac{G_{c1}(s)G_{01}(s)G_{02}^*(s)}{1 + G_{c1}(s)G_{01}(s)G_{02}^*(s)}R(s) + \frac{G_F(s) + G_B(s)G_{01}(s)G_{02}^*(s)}{1 + G_{c1}(s)G_{01}(s)G_{02}^*(s)}F_1(s) \quad (7\text{-}42)$$

根据不变性原理，要实现对干扰 $F_1(s)$ 的完全补偿，式（7-42）的第二项应为零，即

$$\frac{Y_1(s)}{F_1(s)} = \frac{G_F(s) + G_B(s)G_{01}(s)G_{02}^*(s)}{1 + G_{c1}(s)G_{01}(s)G_{02}^*(s)} = 0 \quad (7\text{-}43)$$

经整理有

$$G_B(s) = -\frac{G_F(s)}{G_{01}(s)G_{02}^*(s)} \quad (7\text{-}44)$$

当副回路的工作频率远远大于主回路的工作频率时，副回路是一个快速随动系统，具有近似传递函数 $G_{02}^*(s) \approx 1$。于是得到前馈控制器的近似传似函数为

$$G_B(s) \approx \frac{-G_F(s)}{G_{01}(s)} \quad (7\text{-}45)$$

可见，前馈控制器可由干扰通道特性和主被控过程特性来确定。

7.2.4 前馈控制系统的选用原则及应用

1. 引入前馈控制的原则

1）当系统中存在变化频率高、幅值大、可测而不可控的干扰，且反馈控制难以克服此类干扰对被控变量的影响，而工艺生产对被控变量的要求又十分严格时，为了改善和提高系统的控制品质，可以引入前馈控制。

2）当过程控制通道的时间常数比干扰通道的时间常数大，且反馈控制不及时而导致控制质量较差时，可以选用前馈控制，以提高控制质量。

3）当主要干扰无法用串级控制使其包含在副回路内或者副回路滞后过大时，串级控制系统克服干扰的能力就比较差，此时选用前馈控制能获得很好的控制效果。

4）经济性原则。通常动态前馈控制器的投资高于静态前馈控制器，所以，若静态前馈控制能够达到工艺要求时，应尽可能地采用静态前馈控制，而不选用动态前馈控制。

2. 前馈控制系统的应用实例

前馈控制已被广泛应用于石油、化工、电力、冶金等工业生产过程的控制中。目前，前馈-反馈、前馈-串级复合控制系统已成为改善系统控制质量的重要方法。下面介绍几个工业应用实例。

（1）蒸发过程的浓度控制

蒸发是一个借加热作用使溶液浓缩或使溶质析出的物理操作过程。它在轻工、化工等生产过程中得到广泛的应用，如造纸、制糖、海水淡化、烧碱等生产过程，都必须经过蒸发操作。在蒸发过程中，产品的浓度是影响其质量的关键指标，需要加以控制。

下面以葡萄糖生产过程中蒸发器浓度控制为例，介绍前馈-反馈复合控制在蒸发过程中的应用。

如图7-21所示，初蒸浓度为50%的葡萄糖液，用泵送入升降模式蒸发器，经蒸汽加热蒸发至73%的葡萄糖液，然后送至后道工序结晶。由蒸发工艺可知，在给定压力下，溶液的浓度与溶液的沸点和水的沸点之差（即温差）有较好的单值对应关系，所以选用温差这一间接参数作为被控变量，以反映溶液浓度的高低。

分析表明，影响温度（葡萄糖浓度）的因素主要有：进料溶液的浓度、温度和流量，加热蒸

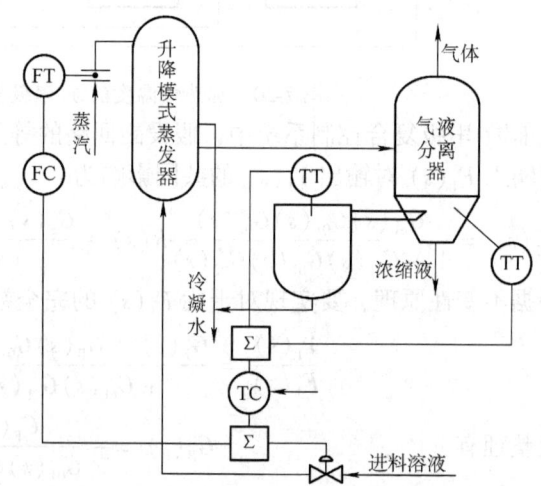

图7-21 蒸发过程中浓度前馈-反馈复合控制

汽的压力和流量等，其中对温度影响最大的是进料溶液的流量和加热蒸汽的流量。为此，以加热蒸汽流量作为前馈信号、以温差作为被控变量、进料溶液作为控制变量，构成前馈-反馈复合控制系统，如图7-21所示。实际运行表明，该系统的控制质量能满足工艺要求。

（2）锅炉锅筒水位控制

锅炉是现代工业生产中的重要动力设备。在锅炉的正常运行中，锅筒水位是其主要工艺指标。锅筒水位过高，会使蒸汽带液，不仅会降低蒸汽的产量和质量，还会损坏汽轮机叶片；锅筒水位过低，会影响汽水平衡，甚至使锅炉烧干引起爆炸。所以为保证锅炉的正常安全运行，必须维持锅炉锅筒水位的基本恒定，即稳定在允许范围内。

锅炉锅筒水位控制的任务是使给水量能适应蒸汽量的需求，并保持锅筒水位在规定的工艺范围内。因此，锅筒水位是被控变量。引起锅筒水位变化的主要因素有：蒸汽用量和给水流量。蒸汽用量是负荷，随用户需要而变化，为不可控因素；而给水流量可以作为控制量，从而构成锅筒水位控制系统。

但由于锅炉锅筒在运行过程中存在"虚假水位"现象，即在燃料量不变的情况下，当蒸

汽用量（即负荷）突然增加时，会使锅筒内的压力突然降低、水的沸腾加剧，加速汽化，使汽泡突然大量增加。由于汽泡的体积比同重量水的体积大很多倍，结果形成锅筒内水位升高的假象。反之，当蒸汽用量突然减少时，锅筒内蒸汽压力急剧上升，水的沸腾程度降低，造成水位瞬时下降的假象。为避免"虚假水位"造成的误动作，通常采用蒸汽量作为前馈信号、锅筒水位作为主被控变量，给水流量作为副被控变量，构成前馈-串级复合控制系统，如图7-22所示。本系统不但能通过副回路及时克服给水压力等干扰，而且还能实现对蒸汽负荷的前馈控制，克服虚假水位的影响，从而保证锅筒水位的控制质量。

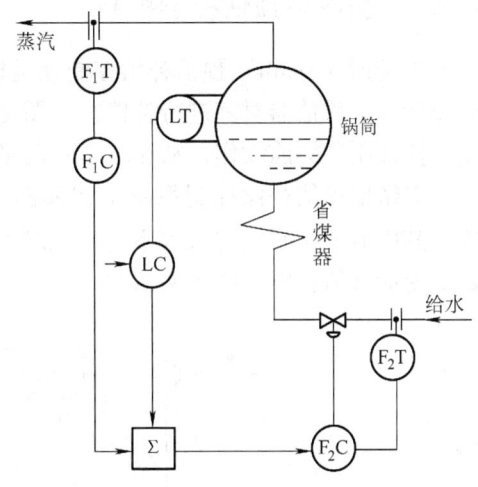

图7-22 锅筒水位前馈-串级复合控制系统

7.3 大滞后过程控制系统

在工业生产过程中，被控过程除了具有容量滞后外，往往还存在程度不同的纯滞后。其特点是当控制作用产生后，在滞后时间 τ 范围内，被控变量没有输出响应。具有纯滞后特性的过程有化学反应器、管道混合、皮带输送、轧辊传输、多个设备串联以及用分析仪表测量流体的成分等。

7.3.1 大滞后对控制品质的影响

以换热器为例，在其热交换过程中，被控量是被加热物料的出口温度，控制量是蒸汽。当改变蒸汽流量后，由于蒸汽通过管道输送需要时间，使其对物料出口温度的影响存在时间滞后。由上例可见，在大多数被控过程的动态特性中，既包含纯滞后 τ，又包含惯性时间常数 T。通常用 τ/T 的比值来衡量被控过程纯滞后的大小，若 $\tau/T<0.3$，称为一般滞后过程；若 $\tau/T>0.3$，则称为大滞后过程。

大滞后过程被公认为是较难控制的过程，其主要原因在于：

1）由于检测信号提供不及时而产生的纯滞后，会导致控制器不能及时产生控制作用，影响控制质量。

2）由于控制量的介质传输而产生的纯滞后，会导致执行器的调节作用不能及时作用，影响调节效果。

3）由控制理论可知，纯滞后会引起开环相频特性的相角滞后随频率的增大而增大，其开环频率特性包围（-1，j0）点的可能性增大，导致闭环系统的稳定裕度下降，超调量增大，过渡过程时间增大，稳定性降低。为保证系统的稳定裕度不变，就要减小控制器的放大系数，从而造成控制质量的下降。

为了克服大滞后的种种不利影响，保证控制质量，研究人员提出史密斯预估补偿控制、改进型史密斯预估补偿控制、内模控制等解决方案。

7.3.2 史密斯预估补偿控制

史密斯（Smith）预估补偿控制就是根据过程特性预先估计出被控过程的动态模型，然后设计一个预估器对其进行补偿，力图使被滞后了 τ 时间的被控量超前反映到控制器的输入端，使控制器提前动作，从而减小超调量、加速调节过程。

史密斯预估补偿控制系统结构如图 7-23 所示。设 $G_0(s)e^{-\tau s}$ 为被控过程的控制通道特性，其中 $G_0(s)$ 是被控过程不包含纯滞后部分 $e^{-\tau s}$ 的传递函数；$G_c(s)$ 是 PID 控制器；$G_s(s)$ 是史密斯预估补偿器的传递函数。

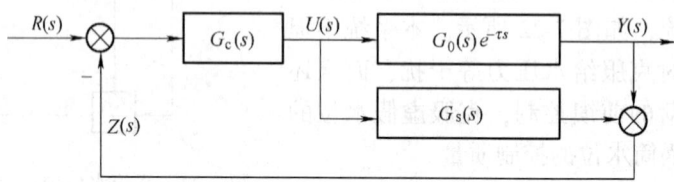

图 7-23 史密斯预估补偿控制系统

对于没有预估补偿器的单回路控制系统，其闭环传递函数为

$$\frac{Y(s)}{R(s)} = \frac{G_c(s)G_0(s)e^{-\tau s}}{1 + G_c(s)G_0(s)e^{-\tau s}} \tag{7-46}$$

可见，闭环特征方程式中含有 $e^{-\tau s}$，这会对系统的稳定性产生不利影响。而且，控制作用要经过纯滞后时间 τ 后才能从系统输出中反映出来。

当采用预估补偿器后，控制量 $U(s)$ 与反馈到控制器输入端的信号 $Z'(s)$ 的关系为

$$\frac{Z'(s)}{U(s)} = G_0(s)e^{-\tau s} + G_s(s) \tag{7-47}$$

显然，它是被控过程和预估补偿器这两个并联通道之和。为使反馈到控制器的信号 $Z'(s)$ 与控制量 $U(s)$ 之间消除滞后时间 τ，要求式 (7-47) 满足

$$\frac{Z'(s)}{U(s)} = G_0(s)e^{-\tau s} + G_s(s) = G_0(s) \tag{7-48}$$

由此得到预估补偿器 $G_s(s)$ 的传递函数为

$$G_s(s) = G_0(s)(1 - e^{-\tau s}) \tag{7-49}$$

一般称式 (7-49) 表示的预估补偿器为史密斯预估器。该预估器的实施框图如图 7-24 所示。

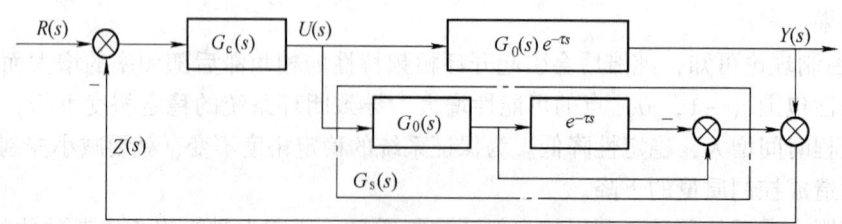

图 7-24 史密斯预估控制系统实施框图

根据上述分析，得到史密斯预估补偿控制系统的闭环传递函数为

$$\frac{Y(s)}{R(s)} = \frac{\dfrac{G_c(s)G_0(s)e^{-\tau s}}{1+G_c(s)G_s(s)}}{1+\dfrac{G_c(s)G_0(s)e^{-\tau s}}{1+G_c(s)G_s(s)}} = \frac{G_c(s)G_0(s)e^{-\tau s}}{1+G_c(s)G_s(s)+G_c(s)G_0(s)e^{-\tau s}}$$

$$= \frac{G_c(s)G_0(s)e^{-\tau s}}{1+G_c(s)G_0(s)(1-e^{-\tau s})+G_c(s)G_0(s)e^{-\tau s}} = \frac{G_c(s)G_0(s)e^{-\tau s}}{1+G_c(s)G_0(s)} \quad (7\text{-}50)$$

可见, 经过预估补偿后, 闭环特征方程中已不包含 $e^{-\tau s}$ 项, 即该系统已经消除了纯滞后对系统控制品质的不利影响。分子中所含有的 $e^{-\tau s}$ 项, 仅会使被控量 $y(t)$ 的输出响应比设定值作用时间滞后时间 τ, 但不影响输出响应曲线的形状, 即不影响系统的控制质量。因此, 预估补偿控制可以完全补偿纯滞后对被控过程的不利影响。

例 7-2 对一阶惯性加纯滞后的过程, 分别采用单回路控制和史密斯预估补偿控制。设被控过程的特性参数为 $K_0=2$, $\tau=4$, $T_0=4$。当控制器参数 $K_c=20$, $T_I=1$ 时, 系统在设定值变化为 $r(t)=10\times 1(t)$ 时的输出响应曲线, 如图 7-25 所示。其中, 实线是经过史密斯预估补偿后的响应曲线, 其超调量小于 10%, 调节时间约为 8s。相比于虚线所示的单回路 PID 控制, 控制效果得到了显著改善。

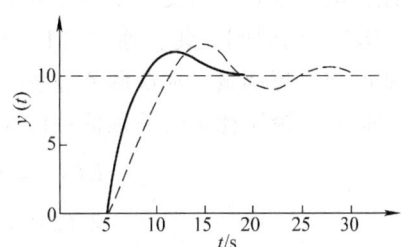

图 7-25 阶跃输入下两种控制方案的输出响应

7.3.3 改进型史密斯预估补偿控制

史密斯预估补偿控制在理论上可以克服大滞后的影响。但是从史密斯预估补偿原理可知, 史密斯预估器的设计需要知道被控过程的精确数学模型, 如果被控过程的特性不能精确得到, 就很难得到预期的控制效果。为了克服这一缺点, 提出了多种史密斯预估补偿控制的改进方案。本节介绍一种增益自适应预估补偿控制。

增益自适应预估补偿控制是由 R. F. Giles 和 T. M. Bartley 在史密斯预估补偿控制的基础上提出的, 其结构如图 7-26 所示。它在史密斯预估模型之外增加了一个除法器、一个微分环节和一个乘法器。除法器将过程的输出值除以预估模型的输出; 微分环节使过程输出与预估模型输出之比提前进入乘法器; 乘法器是将预估器的输出乘以微分环节输出, 送至控制

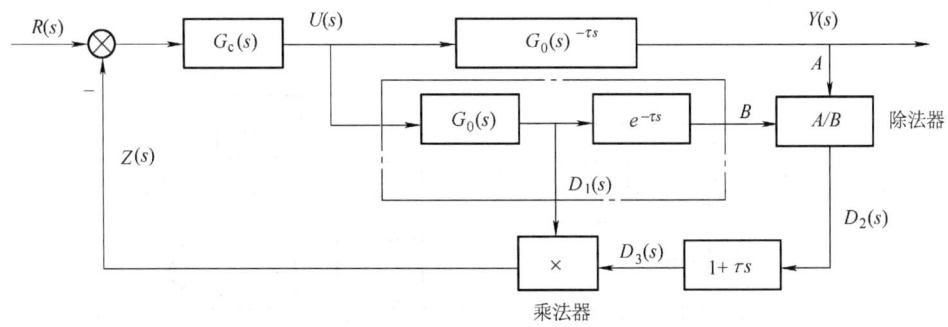

图 7-26 增益自适应预估补偿控制

器。上述环节的作用就是根据预估模型和过程输出之间的比值，提供一个自动校正预估器增益的信号。

如图所示，系统中的输入-输出变量关系如式（7-51）所示。理想情况下，过程输出和预估模型输出一致，即 A/B 的输出 $D_2(s) \equiv 1$，则有 $D_3(s) \equiv 1$，则图 7-26 可以等效为图 7-27。显然，过程的纯滞后已经有效地排除在控制回路之外，而且与理想的史密斯预估补偿控制系统相一致，只要模型准确地复现过

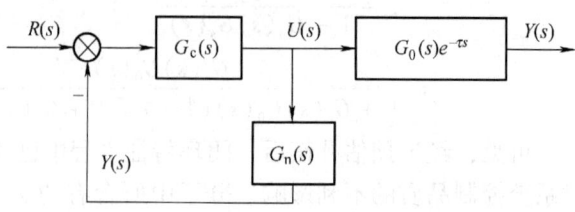

图 7-27 理想情况下的预估补偿控制

程特性，就可以获得与史密斯预估补偿相同的控制效果。当过程输出和预估模型输出存在差异时，$D_2(s)$ 随时间变化，通过 $(1+\tau s)$ 超前环节，产生超前校正作用，使控制器提前动作，从而减小超调量、加快调节过程，达到增益自适应预估补偿的目的。综上所述，增益自适应预估补偿控制比史密斯预估补偿控制具有更好的控制性能。

$$\left.\begin{aligned}
U(s) &= G_c(s)[R(s) - Z'(s)] \\
Z'(s) &= D_1(s)D_3(s) \\
D_1(s) &= G_0'(s)U(s) \\
D_3(s) &= (1+\tau s)D_2(s) \\
D_2(s) &= A/B \\
A &= Y(s) = U(s)G_0(s)e^{-\tau s}
\end{aligned}\right\} \tag{7-51}$$

7.3.4 内模控制

内模控制（Internal Model Control，IMC）是由 Garcia 提出的一种基于过程数学模型进行控制器设计的新型控制方案，它不仅与史密斯预估补偿控制一样能改善大滞后过程的控制品质，还具有设计简单、控制性能好、鲁棒性强等优点。因此，在工业生产过程中获得了广泛应用。

内模控制在结构上与史密斯预估补偿控制相似，如图 7-28 所示。图中，$G_0(s)$ 是被控过程的实际动态特性；$\hat{G}_0(s)$ 是被控过程的估计模型（也称内部模型）；$G_{IMC}(s)$ 是内模控制

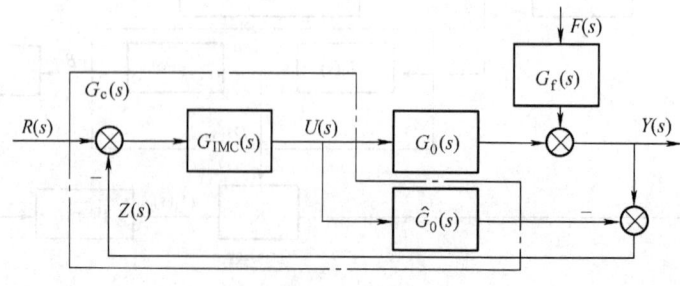

图 7-28 内模控制结构框图

器。其中，框内是整个控制系统的内部结构，可用模拟硬件或计算机软件实现。

由此，得到内模控制系统中被控量 $Y(s)$ 与给定输入 $R(s)$、干扰输入 $F(s)$ 之间的关系为

$$Y(s) = \frac{G_{\text{IMC}}(s)G_0(s)}{1 + G_{\text{IMC}}(s)[G_0(s) - \hat{G}_0(s)]}R(s) + \frac{[1 - G_{\text{IMC}}(s)\hat{G}_0(s)]G_F(s)}{1 + G_{\text{IMC}}(s)[G_0(s) - \hat{G}_0(s)]}F(s) \tag{7-52}$$

在此结构框架下，如何设计内模控制器是系统设计的核心问题。一般的解决思路是：先在理想情况下设计一个理想控制器，然后在实际情况下设计实用的控制器。

假设模型准确，即 $\hat{G}_0(s) = G_0(s)$，则式（7-52）简化为

$$Y(s) = G_{\text{IMC}}(s)G_0(s)R(s) + [1 - G_{\text{IMC}}(s)\hat{G}_0(s)]G_F(s)F(s) \tag{7-53}$$

1) 当 $R(s) = 0$，$F(s) \neq 0$ 时，有 $Y(s) = [1 - G_{\text{IMC}}(s)\hat{G}_0(s)]G_F(s)F(s)$。

2) 当 $R(s) \neq 0$，$F(s) = 0$ 时，有 $Y(s) = G_{\text{IMC}}(s)G_0(s)R(s)$。

假设内部模型的逆 $\hat{G}_0^{-1}(s)$ 存在且物理可实现，若设计内模控制器为

$$G_{\text{IMC}}(s) = \hat{G}_0^{-1}(s) \tag{7-54}$$

则有

$$Y(s) = \begin{cases} 0 & R(s) = 0, F(s) \neq 0 \\ R(s) & R(s) \neq 0, F(s) = 0 \end{cases}$$

这说明，系统对于任何干扰都能加以克服，且能实现对设定值的无偏差跟踪。此时，获得的内模控制器称为理想内模控制器。在实际工作中，模型和实际过程总会存在误差，且 $\hat{G}_0(s)$ 有时不可逆。例如，当内部模型 $\hat{G}_0(s)$ 含有纯滞后或零点在 S 右半平面的非最小相位环节时，$\hat{G}_0^{-1}(s)$ 在物理上难以实现，或是不稳定环节。针对上述情况，内模控制器设计采用以下方法：

1) 将过程模型 $\hat{G}_0(s)$ 分解为 $\hat{G}_0(s) = \hat{G}_{0+}(s)\hat{G}_{0-}(s)$。其中，$\hat{G}_{0+}(s)$ 包含了所有纯滞后和在 S 右半平面的零点，并规定其静态增益为 1；$\hat{G}_{0-}(s)$ 为具有最小相位的传递函数。

2) 在 $\hat{G}_{0-}(s)$ 上增加滤波器，以确保系统的稳定性和鲁棒性。设计内模控制器为 $G_{\text{IMC}}(s) = \hat{G}_{0-}^{-1}(s)D(s)$，其中，$D(s)$ 为静态增益为 1 的低通滤波器，其典型结构为

$$D(s) = \frac{1}{(Ts+1)^p} \tag{7-55}$$

通过设计滤波器参数 T 和阶次 p，保证内模控制器是稳定且物理可实现的。

假设模型没有误差，即 $\hat{G}_0(s) = G_0(s)$，则由上述方法设计的内模控制系统的输入-输出关系为

$$Y(s) = \hat{G}_{0+}(s)D(s)R(s) + [1 - D(s)\hat{G}_{0+}(s)]G_F(s)F(s) \tag{7-56}$$

当 $R(s) \neq 0$，$F(s) = 0$ 时，有 $Y(s) = \hat{G}_{0+}(s)D(s)R(s)$。

可见，滤波器 $D(s)$ 与闭环性能直接相关。滤波器中的时间常数越小，系统输出对设定值的跟踪滞后越小，响应越快；但是对模型误差就越敏感，系统鲁棒性越差。因此，在实际设计中，滤波器的时间常数要结合具体系统，兼顾系统的动态性能和鲁棒性。

综上所述，内模控制不仅可以解决大滞后过程的控制问题，还可以通过滤波器参数调整来增强系统的鲁棒性，所以比史密斯预估补偿控制更具一般性。但是它同样对过程模型具有一定的依赖性，所以在工业生产过程中的应用同样受到限制。

7.4 比值控制系统

在现代工业生产过程中,常常要求由两种或多种物料按照一定比例关系进行混合。物料的比值关系直接影响到生产过程的正常运行和生产产品的质量。如果比例失调,就会影响生产的正常进行或产品质量和产量,造成环境污染,甚至造成生产事故。例如,在工业锅炉燃烧过程中,需要自动保持燃料量与空气量按一定比例混合后送入炉膛,以确保燃烧效率;在制药生产过程中,要求将药物和注入剂按规定比例混合,以保证药品成分;在硝酸生产过程中,进入氧化炉的氨气和空气的流量要有合适的比例,避免造成原料浪费。为了实现上述特殊的要求,需要设计一种特殊的过程控制系统,即比值控制系统。

7.4.1 比值控制的常见类型

所谓比值控制系统,就是使一种物料随另一种物料按一定比例变化的控制系统。在保持比例关系的两种物料中,必有一种物料处于主导地位,称为主物料或主动量,通常用 q_1 表示。一般情况下,生产中主要物料或不可控物料的流量作为主动量。另一种随主动量变化而变化的物料,称为从物料或从动量,用 q_2 表示。例如,在造纸过程中,为了保证纸浆的浓度,必须将纸浆和水按一定比例混合。其中,水量总是要跟随纸浆量变化而变化的,所以纸浆量为主动量,水量为从动量。

比值控制系统就是要实现从动量和主动量按一定的比例关系变化,即满足

$$\frac{q_2}{q_1} = K \tag{7-57}$$

式中 K——从动量和主动量的比值。

下面介绍几种常用的比值控制系统。

1. 开环比值控制系统

开环比值控制系统结构如图 7-29 所示。显然,该系统处于开环状态。当主动量发生变化时,通过控制调节阀来调节从动量,从而使两种物料的流量在稳定工况下满足 $q_2 = Kq_1$ 的要求。

该系统对从动量 q_2 无抗干扰能力,当从物料管线压力变化(出现干扰)时,从动量 q_2 将出现不受主动量 q_1 控制的变化,使二者的比值不能满足工艺要求。因此,这种开环比值控制系统虽然结构简单,但是只适用于从动量 q_2 比较稳定,且比值控制精度要求不高的场合。

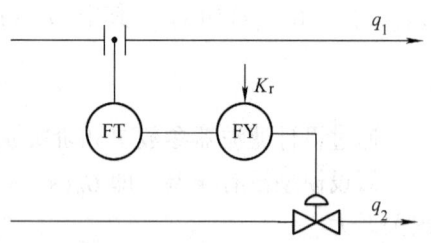

图 7-29 开环比值控制系统

2. 单闭环比值控制系统

为了克服开环比值控制系统的缺点,在开环比值控制的基础上,增加一个从动量闭环控制,组成单闭环比值控制系统,如图 7-30 所示。

由图可见,主动量 q_1 经比值运算器 FY 的输出作为从动量 q_2 的给定,q_2 按照系统设定

的比值系数 K 跟随 q_1 变化，确保二者之间的比值一定。当 q_2 受到干扰而 q_1 保持不变时，通过从动量闭环定值控制系统，使 q_2 稳定在由 FY 根据比例关系计算得到的设定值上，从而保证二者的比值关系不变；当 q_1 受到干扰时，经比值运算器 FY，按预先设置的比值系数改变 q_2 的设定值，使 q_2 跟随 q_1 变化，从而保证原设定的比值不变；当 q_1、q_2 同时受到干扰时，从动量定值控制器 F_2C 在克服从动量干扰的同时，又根据新的设定值，改

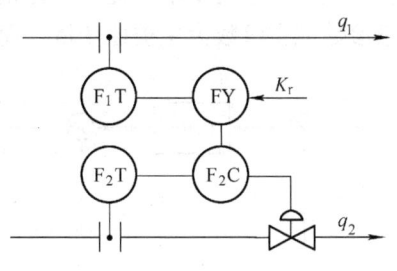

图 7-30 单闭环比值控制系统

变调节阀的开度，使 q_1、q_2 在新的流量数值基础上保持其原有设定的比值关系。

可见，该系统中从动量 q_2 是一个闭环随动系统，主动量 q_1 是开环的，结构相对简单；同时系统能确保 q_2/q_1 比值不变，因此在工业生产过程中得到了广泛应用。但是，由于主动量 q_1 不受控制，因而不能保证总流量（q_2+q_1）固定，这对于负荷变化较大且直接参与化学反应的过程是不适宜的。

3. 双闭环比值控制系统

为了克服单闭环比值控制系统中主流量不受控制、易受干扰的不足，在单闭环控制的基础上，提出了双闭环比值控制系统。其结构如图 7-31 所示。

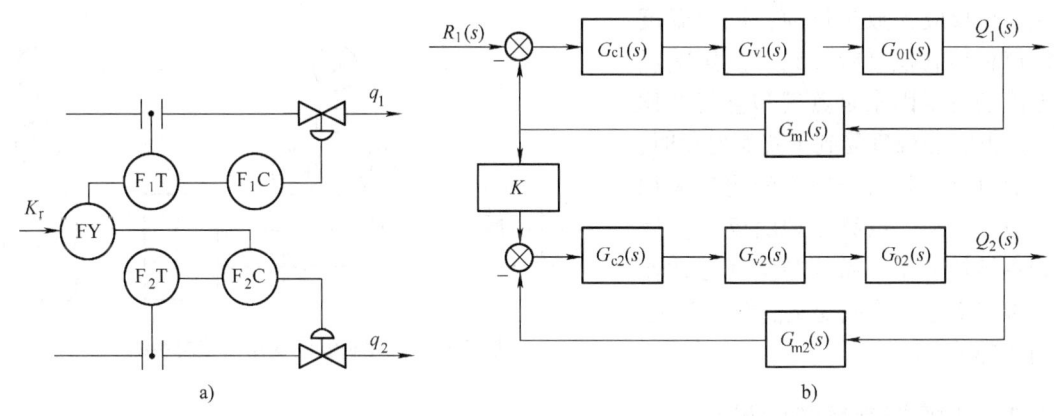

图 7-31 双闭环比值控制系统
a) 原理图 b) 结构框图

双闭环比值控制系统是由一个定值控制的主动量控制回路和一个跟随主动量变化的从动量随动控制回路组成。通过主动量控制回路能克服主动量干扰，实现对主动量的定值控制；通过从动量控制回路抑制作用于从动量回路中的干扰，从而使主、从动量均比较稳定，能保持在一定的比值，使总物料量保持稳定。但是该方案所用设备较多、投资较高，而且需要防止控制系统中主、从动量控制回路的工作频率过于接近所引发的"共振"，避免系统不能稳定运行。因此，双闭环比值控制系统常用于负荷变化或总的物料变化比较平稳的工业生产过程。

4. 变比值控制系统

在有些生产过程中，要求两种物料流量的比值关系随第三个工艺参数的需要而变化，为

满足这种工艺的要求,提出变比值控制系统。如图 7-32 所示,变比值控制系统是一个以第三参数或主参数为主被控变量,而以两个物料流量比作为副被控变量的串级控制系统。

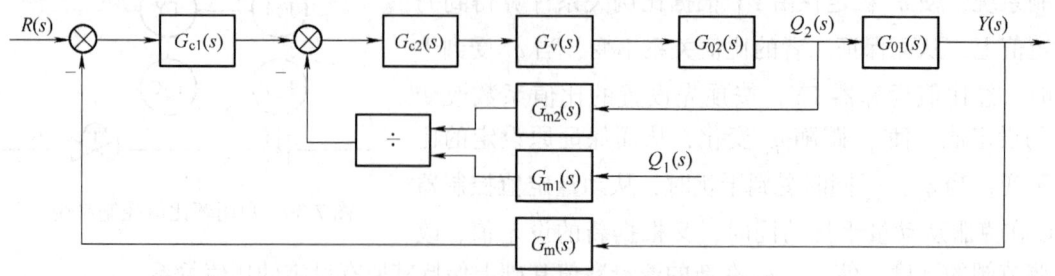

图 7-32 变比值控制系统

当系统处于稳态时,主控制器 $G_{c1}(s)$ 输出不变,即比值关系要求不变;主、从动量恒定,其比值测量值也一定,且与比值给定相等,比值控制器输出稳定,主动量符合工艺要求,产品质量合格。

当系统受到干扰时,虽然通过单闭环比值控制回路,能保证 q_2/q_1 比值一定,但是由于主被控变量偏离了设定值,通过主控制器 $G_{c1}(s)$ 作用,输出的给定比值发生变化,即改变了比值控制器 $G_{c2}(s)$ 的设定值,使系统在新的比值上重新保持总流量稳定。

例如,在硝酸生产过程中,氨气和空气混合后进入氧化炉,在铂触媒的作用下进行氧化反应。该反应为放热反应,反应温度必须严格控制在 (84±5)℃。影响反应温度的主要因素是氨气和空气的比值。因此,当温度受到干扰而变化时,需要通过改变氨气与空气的比值来加以调节。于是,以氧化炉的反应温度作为主被控变量,氨气与空气之比作为副被控变量,构成变比值控制系统,如图 7-33 所示。

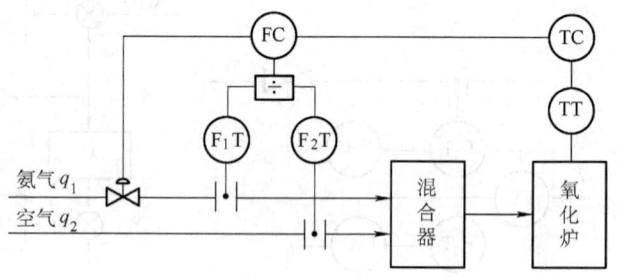

图 7-33 氧化炉温度变比值控制系统

7.4.2 比值控制系统的设计

1. 主动量和从动量的选取

主动量一般选用在生产过程中起主导作用、可测但不可控、影响到生产安全且较昂贵的过程变量;其余的过程变量中既可测又可控,并需要保持一定比值的选为从动量。

2. 控制方案的确定

比值控制有很多控制方案,在具体选用时,应根据不同工艺要求、被控过程特性等进行合理选择。

1)单闭环比值控制系统一般适用于主动量不可控,或者主动量可控但变化不大的情况,其中从动回路控制器要求具有稳定从动量的作用,因此选用 PI 控制。

2)双闭环比值控制系统一般适用于主动量可测可控但变化较大的情况,其中的主、从动回路控制器要起到稳定各自物料流量的作用,因此均选用 PI 控制。

3) 变比值控制系统一般适用于比值需要由另一个控制器来调节的情况,其控制器设计按照串级控制系统中的选取原则。

3. 比值控制系统的实施

比值控制系统的具体实现可以采用两种方式:相乘式和相除式,如图 7-34 所示。采用相乘式时,比值运算器 FY 为乘法器,将主动量检测值与给定比值的乘积作为从动量控制器的设定值;采用相除式时,比值运算器 FY 为除法器,将主动量检测值与从动量检测值的实际比值作为从动量控制器的实测反馈值,从动量控制器根据给定比值来控制调节阀。

在工程上,具体实施比值控制时,通常采用比值器、乘法器或除法器等仪表来实现。

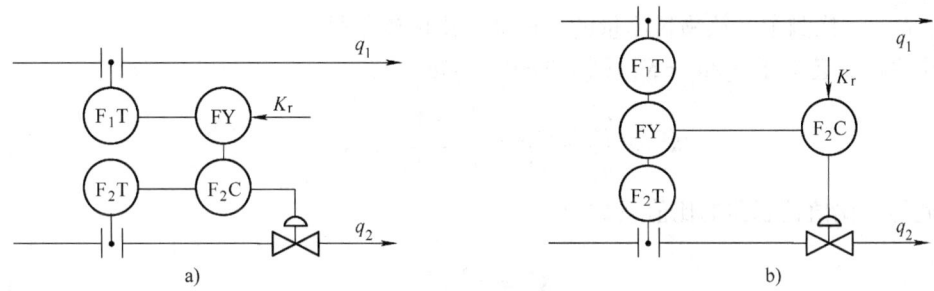

图 7-34 单闭环比值控制系统
a)相乘控制方式 b)相除控制方式

4. 比值控制系统的参数整定

在比值控制系统中,双闭环比值控制系统的主动量回路可按单回路控制系统进行整定;变比值控制系统因结构上属于串级控制系统,所以主控制器可按串级控制系统的整定方法进行。因此,比值控制系统的参数整定,主要是讨论从动量回路的整定问题。由于从动量回路本质上是随动控制系统,要求从动量快速、准确地跟随主动量变化,而且不宜有超调,所以需要将参数整定在振荡与不振荡的临界状态。

(1)系统参数整定的具体步骤

1)根据生产工艺要求,计算比值控制器的比值系数 K',并将系统投入运行。

2)将积分时间置于最大,并由大到小逐渐调节比例度,使系统处于振荡与不振荡的临界状态。

3)投入积分作用时,先适当增大比例度,再投入积分作用,并逐步减小积分时间,直到系统出现临界状态。

(2)比值系数的确定

比值控制系统设计中,比值系数的计算是其核心问题。工艺要求的比值系数 K 是指两种物料之间的体积流量或重量流量之比;而比值控制器中的比值系数 K' 则是仪表的读数,它与实际物料的比值 K 一般不相等。因此,在设计比值控制系统时,当控制方案确定后,必须把工艺要求的比值系数 K 折算成比值控制器的比值系数 K'。当使用单元组合式仪表时,由于比值控制器的输出为标准统一信号,所以要将工艺要求的比值系数 K 折算成相应的标准统一信号。

① 变送器的输出检测信号与被测流量是非线性关系

当物料流量从 0 变化到 q_{max} 时,变送器的输出对应为 DC 4~20mA(DDZ-Ⅲ型仪表)。

假设变送器的输出信号与被测流量之间呈平方关系，则主、从物料流量 q_1、q_2 所对应的变送器输出信号为

$$\begin{cases} I_1 = \dfrac{q_1^2}{q_{1\max}^2} \times 16 + 4 \\ I_2 = \dfrac{q_2^2}{q_{2\max}^2} \times 16 + 4 \end{cases} \tag{7-58}$$

式中　$q_{1\max}$——主物料流量检测的最大值；

　　　$q_{2\max}$——从物料流量检测的最大值；

　　　I_1、I_2——检测主、从物料流量的变送器输出电流信号。

由于生产工艺要求 $q_2/q_1 = K$，则根据式（7-58）有

$$K^2 = \frac{q_2^2}{q_1^2} = \frac{q_{2\max}^2 (I_2 - 4)}{q_{1\max}^2 (I_1 - 4)} = K' \frac{q_{2\max}^2}{q_{1\max}^2} \tag{7-59}$$

由此得到比值控制器的比值系数为

$$K' = K^2 \frac{q_{1\max}^2}{q_{2\max}^2} \tag{7-60}$$

可见，虽然变送器的输出检测信号与被测流量是非线性关系，但是比值系数却是一个常数，它只与主、从物料流量变送器的最大量程有关，而与负荷大小无关。

② 变送器的输出检测信号与被测流量是线性关系

由于变送器的输出信号与被测流量是线性关系，所以主、从物料流量 q_1、q_2 所对应的变送器输出信号为

$$\begin{cases} I_1 = \dfrac{q_1}{q_{1\max}} \times 16 + 4 \\ I_2 = \dfrac{q_2}{q_{2\max}} \times 16 + 4 \end{cases} \tag{7-61}$$

则有

$$K = \frac{q_2}{q_1} = \frac{q_{2\max}(I_2 - 4)}{q_{1\max}(I_1 - 4)} = K' \frac{q_{2\max}}{q_{1\max}} \tag{7-62}$$

由此得到比值控制器的比值系数为

$$K' = K \frac{q_{1\max}}{q_{2\max}} \tag{7-63}$$

例 7-3　在某比值控制系统中，采用由孔板和差压变送器组成的差压式流量计来检测主、从物料流量。主物料流量变送器的最大量程为 $q_{1\max} = 12.5\text{m}^3/\text{h}$，从物料流量变送器的最大量程为 $q_{2\max} = 20\text{m}^3/\text{h}$，生产工艺要求 $K = q_2/q_1 = 1.4$。试求：不加开方器时，DDZ-Ⅲ型比值控制器的比值系数 K'；加开方器时，DDZ-Ⅲ型比值控制器的比值系数 K'。

解：1）不加开方器时，变送器的输出信号与被测流量之间呈平方关系。因此，采用式（7-60）计算比值控制器的比值系数 K'，即

$$K' = K^2 \frac{q_{1\max}^2}{q_{2\max}^2} = 1.4^2 \times \frac{12.5^2}{20^2} = 0.766$$

2）加开方器时，变送器的输出信号与被测流量之间呈线性关系。因此，采用式（7-63）计算比值控制器的比值系数 K'，即

$$K' = K \frac{q_{1\max}}{q_{2\max}} = 1.4 \times \frac{12.5}{20} = 0.875$$

5. 比值控制系统中的非线性特性补偿

比值控制系统的非线性特性是指被控过程的静态放大系数随负荷变化而变化。

通过上述比值系数的计算可以看到，变送器的输出检测信号与被测流量无论是否呈线性关系，其静态比值系数与负荷的大小无关，均为常数。但是当变送器的输出检测信号与被测流量之间呈非线性关系时，过程的动态特性会受到影响。

以图 7-34a 所示单闭环比值控制系统为例，若流量检测采用节流装置，则被测流量与变送器输出信号之间为非线性关系。设 I_2 为从动量变送器输出电流信号，$q_{2\max}$ 为从动量检测的最大值，q_2 为从动量的检测值，则有

$$I_2 = \left(\frac{q_2}{q_{2\max}}\right)^2 \times 16 + 4 \tag{7-64}$$

显然，I_2 与 q_2 之间是非线性关系。设 q_{20} 是流量 q_2 的静态工作点（负荷），则静态放大系数 K_2 为

$$K_2 = \frac{\partial I_2}{\partial q_2}\bigg|_{q_2 = q_{20}} = \frac{32}{q_{2\max}^2} q_{20} \tag{7-65}$$

可见，静态放大系数 K_2 与负荷呈正比，随负荷的变化而变化，是一个非线性特性。由于这个非线性特性包含在广义过程中，即使其他环节都是线性的，系统总的放大系数也呈非线性特性。因此，当过程处于小负荷时，经控制器参数整定，可使系统运行在正常状态；但是当负荷增大时，若控制器参数不能随之调整，则系统的运行质量就会下降。

为了克服流量检测环节的非线性特性对系统的不利影响，通常在变送器后串联一个开方器，对上述非线性进行补偿。设差压变送器输出电流信号 I_2 与开方器的输出电流信号 I_2' 之间的关系为

$$I_2' = \sqrt{I_2 - 4} + 4 \tag{7-66}$$

将式（7-66）代入式（7-64）可得

$$I_2' = \frac{q_2}{q_{2\max}} \times 4 + 4 \tag{7-67}$$

此时，变送器和开方器串联后的总静态放大系数为

$$K_2' = \frac{\partial I_2'}{\partial q_2}\bigg|_{q_2 = q_{20}} = \frac{4}{q_{2\max}} \tag{7-68}$$

可见，K_2' 是个常数，不受负荷 q_2 的影响。引入开方器虽然能对系统的非线性特性进行补偿，但是开方器是否引入，应根据系统的控制精度要求与负荷变化情况而定。若控制精度要求较高、负荷变化较大时，应引入开方器；否则，无需选用开方器。

6. 比值控制系统中主、从动量的动态比值

在某些特殊的生产工艺中，对比值控制的要求非常高，即不仅在静态工况下要求两种物料流量的比值一定，而且在动态情况下，也要求两种物料流量的比值一定。为此，必须引入动态补偿环节，如图 7-35 所示。图中，$G_z(s)$ 即为动态补偿环节。

根据工艺要求，为实现动态比值一定，必须满足

$$\frac{q_2(s)}{q_1(s)} = K \quad （K 为常数） \tag{7-69}$$

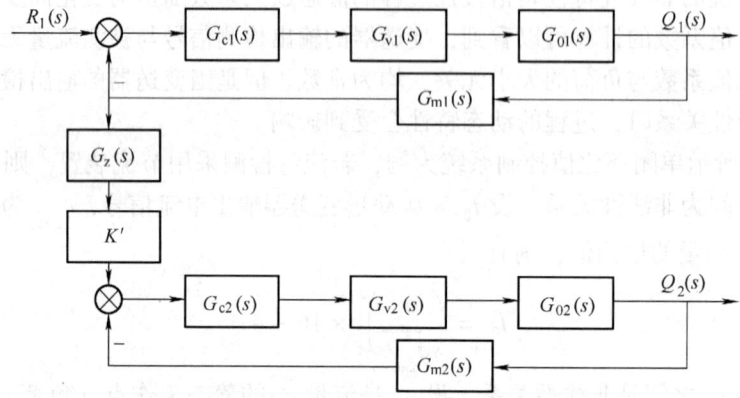

图 7-35 具有动态补偿环节的双闭环比值控制

由图 7-35 可知，主动量对从动量的传递函数为

$$\frac{q_2(s)}{q_1(s)} = \frac{G_{m1}(s) G_z(s) K' G_{c2}(s) G_{02}(s)}{1 + G_{c2}(s) G_{02}(s) G_{m2}(s)} \tag{7-70}$$

在加开方器的情况下，为使主、从动量实现动态比值一定，则

$$K' = K \frac{q_{1\max}}{q_{2\max}} \tag{7-71}$$

将式（7-71）代入式（7-70）可得补偿环节的传递函数为

$$G_z(s) = \frac{1 + G_{c2}(s) G_{02}(s) G_{m2}(s)}{G_{m1}(s) G_{c2}(s) G_{02}(s)} \frac{q_{2\max}}{q_{1\max}} \tag{7-72}$$

在实际应用中，由于从动量总要滞后于主动量，所以动态补偿环节一般要具有超前特性。

7.5 选择性控制系统

在过程控制系统中，除了考虑在正常情况下保证被控变量满足工艺要求，克服干扰影响，实现平稳操作，还应该考虑在事故状态下的安全生产问题，即当操作条件到达安全极限时，应有保护性措施。例如，大型透平压缩机的防喘振；化学反应器的安全操作；锅炉燃烧系统防脱火、防回火等。

事故状态的保护性措施大致可分成两类：硬保护和软保护。

1）硬保护是指采用自动报警或自动联锁、自动停机等方法实现系统的保护。采用自动报警方式时，需要由操作人员处理故障；但是由于生产的复杂性和快速性，操作人员处理事故的速度往往无法满足需要，或处理过程容易出错。采用自动联锁、停机方法往往会造成频繁的设备停机，严重时甚至造成无法开车。所以，一些连续生产、控制高度集中的大型企业中，硬保护措施无法满足生产的需要。

2）软保护是一种既能保证对被控过程的正常控制，又能适应短期内生产异常对系统保护的控制方法。选择性控制系统属于软保护。

选择性控制是把工艺生产过程的限制条件所构成的逻辑关系叠加到正常自动控制系统的一种控制方法。当生产操作趋向极限条件时，通过选择器，选择一个用于不正常工况下的备用控制系统自动取代正常工况下的控制系统；待工况脱离极限条件回到正常工况后，备用控制系统又通过选择器自动脱离，进入备用状态，同时将正常工况下的控制系统自动投入运行。

7.5.1 选择性控制的常见类型

选择性控制系统的关键是选择器，选择器可以接在多个控制器的输出端，对控制信号进行选择；或者接在多个变送器的输出端，对检测信号进行选择，以适应不同生产过程的需要。根据选择器在系统中的位置不同，可以划分为两类。

1. 选择器位于控制器的输出端，对控制器输出信号进行选择的系统

其结构如图 7-36 所示，这类选择系统的特点是两个控制器共用一个调节阀。取代控制器和正常控制器的输出信号都送至选择器。在正常生产情况下，选择器选出能适应生产安全情况的正常控制器输出信号控制调节阀，实现对正常生产过程的自动控制。此时，取代控制器处于开路状态，对系统不起作用。当生产工况不正常时，选择器也能选出适应生产安全状况的控制信号，由取代控制器代替正常控制器对系统进行控制，实现对非正常生产过程的自动控制。此时，正常控制器处于开路状态，对系统不起作用。一旦生产状况恢复正常，选择器则进行自动切换，重新由正常控制器来控制生产的正常进行。

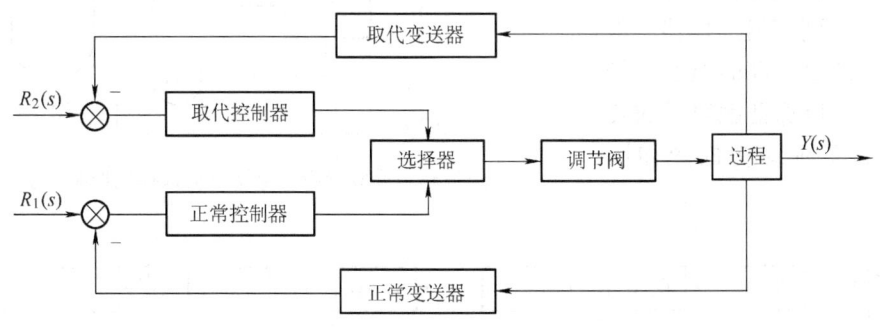

图 7-36 选择器位于控制器输出端的选择系统

这类选择系统结构简单，应用比较广泛。例如，锅炉燃烧过程压力自动选择性控制系统，如图 7-37 所示。在生产过程中，当天然气压力过高时会发生脱火现象，而压力过低时又会发生回火，两者均可造成生产事故。系统中，P_1C 是正常工况时采用的控制器，P_2C 是压力过高时要投入的控制器。根据控制器正反作用确定原则，选取调节阀为气开式，则

P_1C、P_2C 都是反作用控制器。PC 为带下限节点的压力控制器，与三通电磁阀构成自动联锁硬保护系统。

系统在正常运行时，PC 下限节点是断开的，电磁阀失电，低值选择器 LS 选择 P_1C 信号控制调节阀。当蒸汽压力上升时，控制器 P_1C 输出减小，关小调节阀，使燃料流量减小，蒸汽压力下降；反之亦然。当由于工艺原因，天然气压力下降到某一下限值、达到有可能回火的临界值时，PC 下限节点接通，电磁阀上电，于是便切断了低值选择器

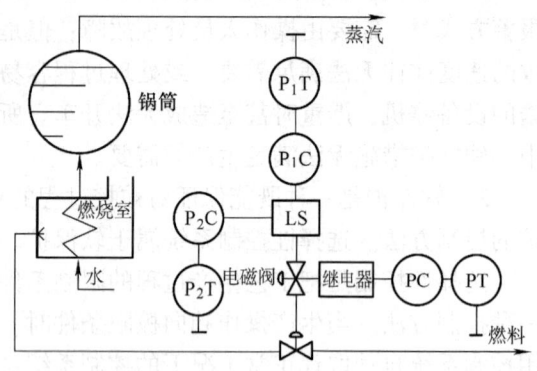

图 7-37 锅炉燃烧过程压力自动选择性控制系统

LS 至调节阀的通路，并使调节阀的膜头与大气相通，于是调节阀关闭，实现硬保护。当蒸汽压力下降到某一下限值、致使调节阀的阀后压力增大到可能脱火的临界值时，P_2C 控制器的输出大幅度下降，且低于 P_1C 控制器的输出值。此时，通过低值选择器，调节阀的开度由 P_2C 控制，使调节阀的阀后压力下降，避免脱火事故发生。当工况恢复正常后，P_1C 控制器的输出又高于 P_2C 控制器的输出，P_2C 自动切除，P_1C 又投入运行。

2. 选择器位于控制器之前，对变送器输出信号进行选择的系统

这类选择系统的特点是具有多个变送器，且变送器共用一个控制器。变送器的输出信号均送入选择器，选择器选择符合工艺要求的信号反馈至控制器。其目的在于选出最高或最低的测量值或最可靠的测量值。

例如，化学过程反应器峰值温度选择性控制系统，如图 7-38 所示。反应器内部装有固定触媒层。为了防止反应温度过高而烧坏触媒，在触媒层的不同位置安装了多个温度检测点，其温度检测信号全部送到高值选择器，由高值选择器选出最高的温度信号并加以控制，以保证触媒层的安全。其控制系统结构框图如图 7-39 所示。

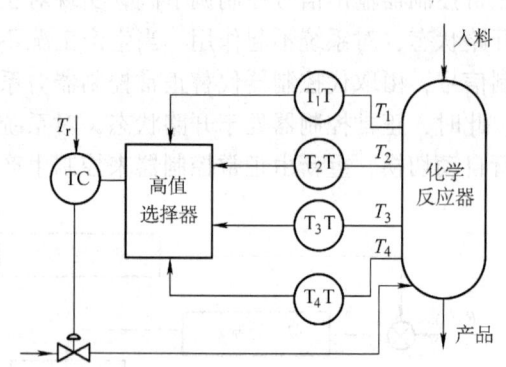

图 7-38 反应器峰值温度自动选择性控制系统

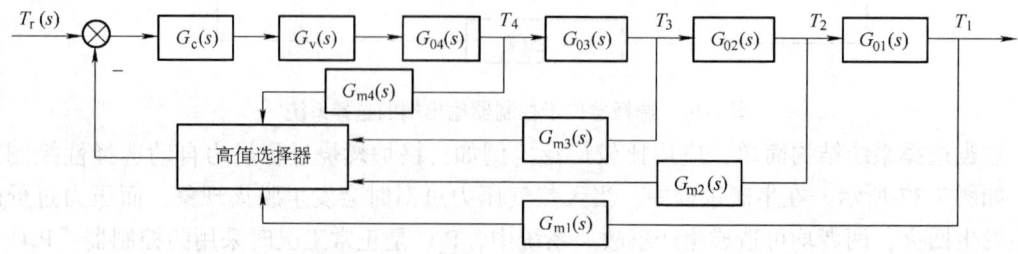

图 7-39 化学反应器峰值温度自动选择性控制系统结构框图

7.5.2 选择性控制系统的设计

选择性控制系统的设计包括控制器控制规律及其正反作用方式的确定、选择器的选型及系统参数整定等内容。

1. 控制器控制规律的选择及其参数整定

在选择性控制系统中,若采用两个控制器,其中必有一个为正常控制器,另一个为取代控制器。对于正常控制器,由于被控变量对控制精度要求较高,同时保证产品质量,所以应选用 PI 或 PID 控制规律;对于取代控制器,由于在正常生产中开环备用,仅要求在生产将要出现事故时,能迅速及时采取措施,以防事故发生,所以一般选用 P 控制规律,以实现对系统的快速保护。

在进行控制器参数整定时,因为两个控制器是分别工作的,所以可按单回路控制系统的参数整定方法进行整定。但是,当取代控制器投入运行时,必须发出较强的控制信号,以产生及时的自动保护动作,所以其比例度应该整定得小一些。如果采用积分作用,积分控制也要整定得弱一些。

需要注意的是,选择性控制系统中,未被选择的控制器处于开环状态,而处于开环状态的控制器,由于设定值与实际值之间存在偏差,只要有积分作用就可能导致控制器的输出到达最大或最小,产生积分饱和现象。积分饱和使处于备用状态的控制器在启用时不能及时动作,必须经过一段时间后才能恢复控制功能,这给安全生产带来严重影响。

为解决上述问题,通常采用下列措施克服积分饱和:

(1) 外反馈法

外反馈法是指控制器在开环状态下不选用控制器自身的输出作反馈,而是用其他相应的信号作反馈以限制其积分作用的方法,其原理如图 7-40 所示。

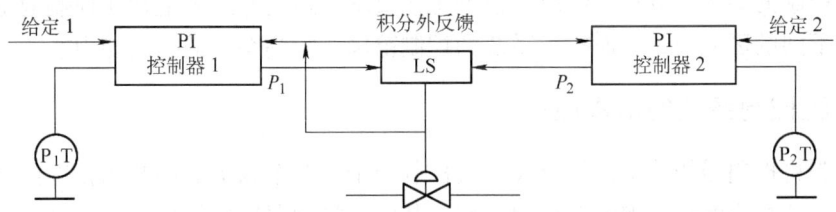

图 7-40 积分外反馈原理

假设选择性控制系统中两台 PI 控制器的输出分别为 P_1、P_2。选择器选中信号之一送至调节阀,同时又反馈到两个控制器的输入端,以实现积分外反馈。

若选择器为低值选择器,设 $P_1 < P_2$,控制器 1 被选中工作,其输出为

$$P_1 = K_{c1}\left(e_1 + \frac{1}{\tau_{11}}\int e_1 dt\right) \tag{7-73}$$

由图 7-40 可见,积分外反馈信号就是其本身的输出 P_1。因此,控制器 1 仍保持 PI 控制规律。此时,控制器 2 处于备用状态,其输出为

$$P_2 = K_{c2}\left(e_2 + \frac{1}{\tau_{12}}\int e_1 dt\right) \tag{7-74}$$

上式积分项的偏差是 e_1,并非其本身的偏差 e_2,因此不存在对 e_2 的积累而带来的积分

饱和问题。当系统稳定时，$e_1 = 0$，控制器仅具有比例作用。所以，取代控制器在备用开环状态下，不会产生积分饱和。一旦生产过程出现异常，而该控制器的输出又被选中，其输出反馈到自身的积分环节立即恢复 PI 控制规律，投入系统运行。

（2）积分切除法

积分切除法是指控制器具有 PI-P 控制作用。当控制器被选中时，采用 PI 控制；处于开环状态时，立即切除积分功能，只采用 P 控制。

（3）限幅法

限幅法是指利用高值或低值限幅器，使控制器的输出信号不超过工作信号的最高值或最低值。至于用高值限幅器还是低值限幅器，则要根据具体工艺来决定。如控制器处于开环状态，控制器由于积分作用会使输出逐渐增大，则要用高值限幅器；反之，则用低值限幅器。

2. 选择器的类型

选择器有高值选择器和低值选择器两种。前者选择高值信号通过，后者选择低值信号通过。在确定选择器类型时，先根据调节阀的选用原则，确定调节阀的气开、气关形式；再确定控制器的正、反作用方式；最后根据生产处于不正常情况时，取代控制器的输出信号为高值或低值来确定选择器的类型。如果取代控制器的输出信号为高值，则选用高值选择器；如果取代控制器的输出信号为低值，则选用低值选择器。

7.6 分程控制系统

一般的过程控制系统，通常控制器输出只控制一个调节阀。当系统出现小范围干扰时，该系统可以达到较好的控制效果。但是当系统受到的干扰较大或调节范围较大时，系统就不能满足过程控制的要求。分程控制就是根据工艺要求，通过有选择地切换控制通道使通道各环节工作在不同的区域内，从而扩大系统的控制范围，提高系统的控制能力。

7.6.1 分程控制系统的基本原理

分程控制将控制器的输出信号分段，去控制两个或两个以上的调节阀，以使每个调节阀在控制器输出的某段信号范围内全行程动作。其中，控制器输出信号的分段是通过阀门定位器来实现的。它将控制器的输出信号分成若干段，不同区段的信号采用阀门定位器将其转换为 $0.02 \sim 0.1$ MPa 的压力信号，以驱动每个调节阀的全行程动作。

分程控制系统根据调节阀的气开、气关形式和分程信号区段不同，可以划分为调节阀同相动作和调节阀异相动作两类。

1. 调节阀同相动作

同相分程控制是指随着调节阀输入信号的增加或减小，调节阀的开度均逐渐增大或减小，即系统中的调节阀同为气开式或气关式，如图 7-41 所示。以图 7-41a 为例加以说明，当控制器输出信号从 0.02MPa 增大时，阀 A 开始打开，阀 B 处于全关状态；当信号增大到 0.02MPa 时，阀 A 全开，阀 B 开始打开；当信号增大到 0.1MPa 时，阀 A 和阀 B 都处于全开状态。

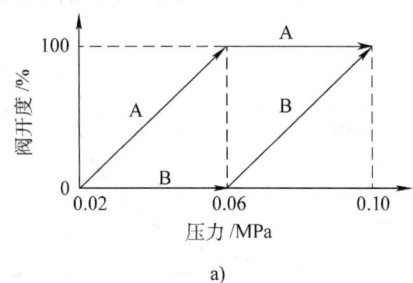
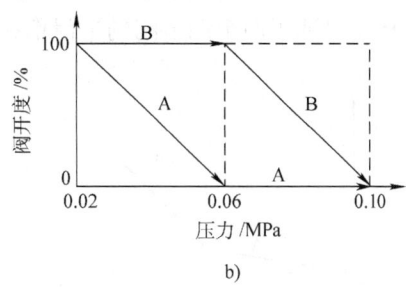

图 7-41 调节阀同相动作分程控制
a) 调节阀同为气开式　b) 调节阀同为气关式

2. 调节阀异相动作

异相分程控制是指随着调节阀输入信号的增加或减小，调节阀的开度按一个逐渐增大，另一个逐渐减小的方向动作，即系统中的调节阀一个为气开式，一个为气关式，如图 7-42 所示。以图 7-42a 为例加以说明，当控制器输出信号从 0.02MPa 增大时，阀 A 开始打开，阀 B 处于全开状态；当信号增大到 0.02MPa 时，阀 A 全开，阀 B 开始关闭；当信号增大到 0.1MPa 时，阀 A 全开，阀 B 全关。

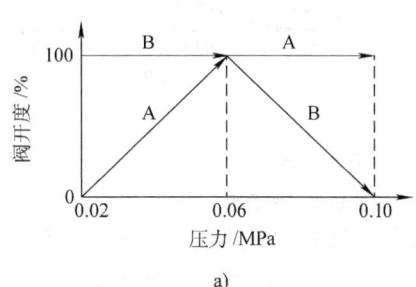
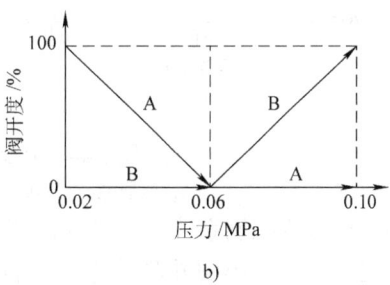

图 7-42 调节阀异相动作分程控制
a) 阀 A 为气开式、阀 B 为气关式　b) 阀 A 为气关式、阀 B 为气开式

7.6.2 分程控制系统的设计

分程控制系统本质上是单回路控制系统，因此其设计可以按照单回路控制系统设计原则进行。但是，由于有多个调节阀参与控制，所以分程点的确定、调节阀流量特性的选取与单回路控制系统有所区别。

分程点就是由一个调节阀动作转到另一个调节阀动作的交替点。分程点的个数、取值等要根据工艺要求确定。在确定好分程点后，为保证调节阀在分程点处的流量特性平滑，需要认真选择调节阀的流量特性，以保证系统具有较好的控制效果。

在选择调节阀时，如果调节阀的放大系数不同，如大、小阀并联，势必会在分程点处引起流量特性的突变。当调节阀都为线性阀时，分程点处的突变情况要比均采用对数阀时严重，如图 7-43 所示。

为解决该问题，可采用分程信号重叠法，如图 7-44 所示。首先，选择流量特性合适的调节阀，如选用两个流通能力相等的线性阀，使两个调节阀的流量特性衔接成直线；然后，将两个调节阀在分程点附近重叠一段控制器的输出信号,从而使小阀在全开以前,大阀就开始动作,从而保证了两个调节阀的平滑衔接。

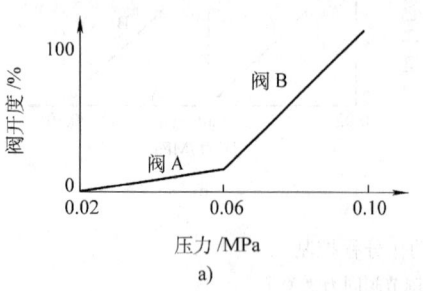
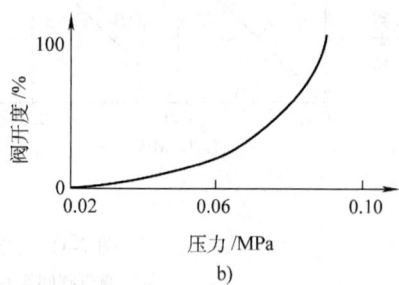

图 7-43 分程控制调节阀并联时的流量特性
a) 不同增益线性阀并联 b) 不同增益对数阀并联

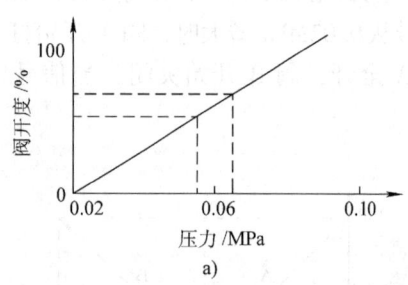
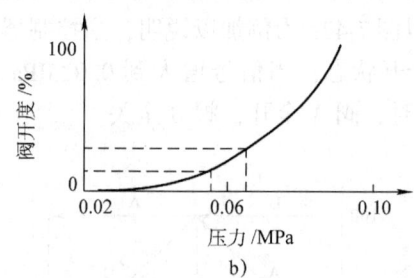

图 7-44 分程点附近重叠的流量特性
a) 流通能力相等的线性阀 b) 有重叠信号的调节阀

另外,在分程控制系统中,必须保证在调节阀全关时无泄漏或泄漏量很小。例如,当分程控制系统采用大、小阀并联动作时,若大阀泄漏量过大,小阀就不能充分发挥其控制作用,甚至起不到控制作用。

7.6.3 分程控制系统的应用

分程控制能扩大调节阀的可调范围,提高控制质量,还能解决生产过程中的一些特殊问题,所以得到了广泛应用。

1. 用于节能控制

热交换过程中,冷物料通过热交换器用热水对其进行加热,当用热水加热不能满足出口温度的工艺要求时,就需要同时采用蒸汽对其进行加热。由于热水通常采用工业废水,所以采用该方式可以大大减少能源消耗,提高经济效益。

如图 7-45 所示,在该控制系统中,蒸汽阀和热水阀均采用气开式,控制器为反作用。在正常情况下,控制器输出信号使热水阀工作,

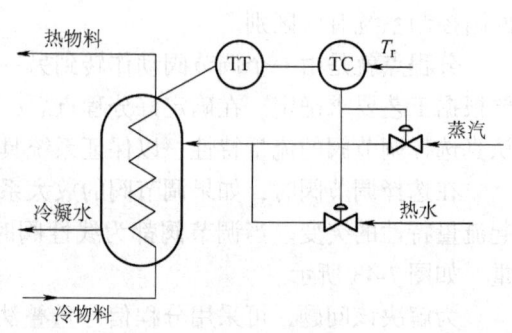

图 7-45 热交换过程的分程控制

蒸汽阀关闭,以节省蒸汽;当干扰使出口温度下降过大时,若热水阀全开仍不能满足出口温度要求,则调节阀输出信号使蒸汽阀也打开,以满足出口温度的工艺要求。

2. 用于扩大调节阀的可调节范围

采用分程控制,将流通能力不同、可调范围相同的两个调节阀当作一个调节阀来使用,可以扩大其可调节范围,从而满足工艺要求。例如,废水处理的 pH 值控制,要求调节阀可调范围较大,废液流量变化可达 4~5 倍。此时,选用一个调节阀无法满足系统的控制要求,就需要采用分程控制来扩大可调节范围。

假设分程控制中两个调节阀的最小流通能力分别为 $C_{1\min}=0.14$ 和 $C_{2\min}=3.5$,可调范围为 $R_1=R_2=30$,调节阀的最大流通能力就分别为 $C_{1\max}=4.2$ 和 $C_{2\max}=105$。若将这两个调节阀作为一个调节阀使用,则最小流通能力为 $C_{\min}=0.14$,最大流通能力为 $C_{\max}=109.2$,由此可计算出分程控制调节阀的可调范围为 $R=\dfrac{C_{\min}+C_{\max}}{C_{\min}}=781$。可见,分程控制后调节阀的可调范围相对于单个调节阀扩大了 26 倍,满足工艺要求。

3. 用于保证生产过程的安全、稳定

在许多生产过程中,为了保证建在室外的存放石油、化工原料等贮罐的安全,常采用灌顶充氮气的方法与外界空气隔离。当贮罐内的原料或产品增减时,将引起灌顶压力的升降,必须及时加以控制,否则将引起贮罐变形,甚至破裂,造成浪费或引发爆炸等危险;当贮罐内原料或产品增加,即液位升高时,应及时使罐内氮气适量排空,并停止充氮气;当贮罐内原料或产品减少,即液位降低时,为保证罐内氮气呈微正压,应及时停止氮气排空,并向贮罐充氮气。为此,设计分程控制系统,如图 7-46 所示。

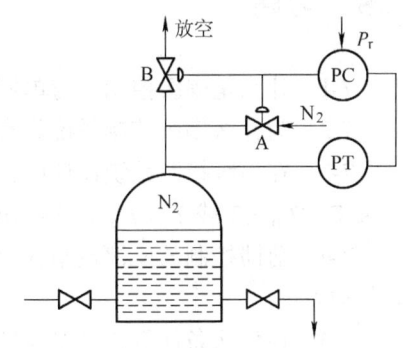

图 7-46 贮罐氮封分程控制

在该系统中,控制器为反作用,调节阀 A 为气开式,调节阀 B 为气关式。根据工艺要求,当罐内物料增加时,阀 A 全关,停止充氮气,打开阀 B,使罐内氮气排空;当罐内物料减少时,阀 B 全关,停止氮气排空,打开阀 A,向贮罐充氮气。

4. 用于控制两种不同的介质

工业废液中和过程控制中,由于生产中排放的废液来自不同的工序,其酸碱度不稳定,因此,需要根据废液的酸碱度,动态确定加酸还是加碱。废液的酸碱度一般采用 pH 值来度量。当 pH<7 时,废液呈酸性;当 pH>7 时,废液呈碱性;当 pH=7 时,废液呈中性。工业上要求排放的废液要维持在中性,以避免对环境造成破坏。

根据控制介质不同,设计分程控制系统如图 7-47 所示。其中,pHT 为废液氢离子浓度检测仪。

pH 值越小,pHT 的输出电流越大。当 pH=7 时,其输出电流为 I^*。可见,若 pHT 输出电流 $I>I^*$ 时,废液呈酸性,pH 控制器的输出信号使阀 B 打开,阀 A

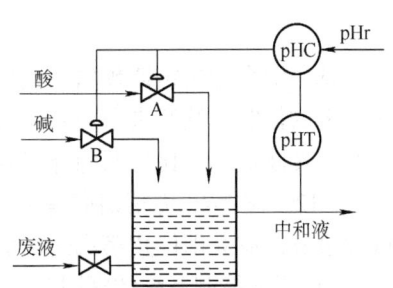

图 7-47 废液中和过程的分程控制

关闭，加入适量碱；若 pHT 输出电流 $I < I^*$ 时，废液呈碱性，pH 控制器的输出信号使阀 A 打开，阀 B 关闭，加入适量酸，使废液呈中性。

7.7 本章小结

本章针对工业生产过程中的某些特殊控制要求，介绍了串级控制、前馈控制、大滞后预估补偿控制、比值控制、选择性控制、分程控制等 6 种高性能复杂过程控制系统，阐述了其基本原理、控制系统结构及其设计方法、典型应用场合，为工程实践中相关问题的解决提供了理论指导。

本章要求了解各类控制系统的应用背景，熟悉其典型结构与特点，掌握其设计方法与设计中的关键问题和特殊问题，重点掌握串级控制、前馈控制、大滞后预估补偿控制的控制器设计方法，以及控制参数的整定方法。通过本章学习，拓宽过程控制系统的设计方法，能正确分析不同工业过程的特性，并正确选择能满足工艺要求的控制系统。

7.8 习题

7-1 什么是串级控制，与单回路控制系统相比，串级控制系统具有什么结构特点？

7-2 为什么串级控制系统具有较强的抑制干扰能力？

7-3 在串级控制系统设计中，主、副过程时间常数之比应选在 3～10 的范围内，试问如果 $T_{01}/T_{02} < 3$ 或 $T_{01}/T_{02} > 10$ 会出现什么问题？

7-4 前馈控制与反馈控制各有什么特点，为什么采用前馈-反馈复合控制系统能改善控制品质？

7-5 在什么条件下，静态前馈和动态前馈在克服干扰影响方面具有相同的效果？

7-6 试分析大滞后过程对系统控制品质的不利影响。

7-7 Smith 预估控制方案能否改善或消除过程大滞后对系统控制质量的不利影响，为什么？

7-8 什么是比值控制，常用比值控制方案有哪些？比较其优缺点。

7-9 试述选择性控制的基本原理。

7-10 什么是分程控制？其与前述过程控制方案相比，有何特点。

7-11 已知系统被控过程的传递函数为

$$G_0(s) = \frac{4e^{-20s}}{(5s+1)}$$

试分别采用史密斯预估补偿控制和增益自适应预估控制对系统进行设计。分别对采用上述方案的控制系统和未采用补偿控制的 PID 控制系统进行仿真，画出设定值变化和负荷干扰下的仿真波形，并比较两种补偿控制方案的性能。

7-12 图 7-48 为精馏塔塔釜温度与蒸汽温度的串级控制系统。生产工艺要求一旦发生重大事故，应立即停止蒸汽的供应。要求：

1）画出控制系统的框图。

2）确定调节阀的气开、气关形式。

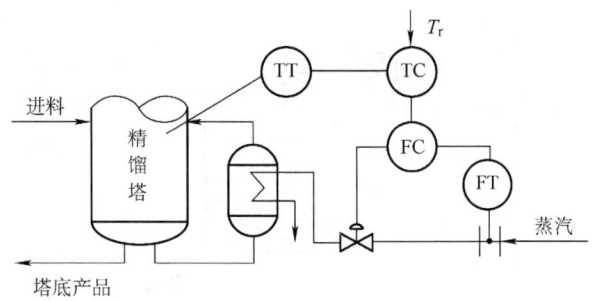

图 7-48 精馏塔塔釜温度-蒸汽温度串级控制系统

3) 确定主、副控制器的正、反作用方式。

4) 若主控制器采用 PID 控制，副控制器采用 P 控制，按 4:1 衰减曲线法测得 $\delta_{1s}=80\%$，$T_{1s}=10\text{min}$，$\delta_{2s}=44\%$，$T_{1s}=20\text{s}$，请采用两步整定法求主、副控制器的整定参数。

5) 当蒸汽压力突然增加时，简述控制系统的控制过程。

7-13 某化学反应过程要求参与反应的 A、B 两物料保持 $q_1:q_2=4:2.5$ 的比例，两物料的最大流量分别为 $q_{1\max}=625\text{m}^3/\text{h}$，$q_{2\max}=290\text{m}^3/\text{h}$，通过观察发现 A、B 两物料流量因管道压力波动而经常变化。根据上述情况，要求：

1) 设计一个能满足工艺要求的比值控制系统。
2) 若采用 DDZ-Ⅲ型仪表，计算该比值控制系统的比值系数 K'。
3) 确定系统中调节阀的气开、气关形式。
4) 确定系统中控制器的正、反作用方式。

7-14 燃料气混合罐压力分程控制系统如图 7-49 所示。正常时调节甲烷流量调节阀 A，当罐内压力降低到阀 A 全关仍不能使压力回升时，则开大来自燃料气发生罐的出口管线调节阀 B。要求：

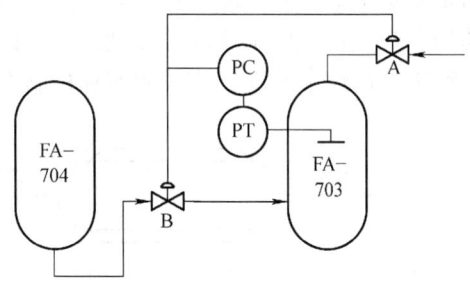

图 7-49 燃料气混合罐压力控制系统

1) 确定系统中各调节阀的气开、气关形式。
2) 若分程点在 0.06MPa，给出每个调节阀的工作信号段。
3) 确定系统中控制器的正、反作用方式。
4) 画出控制系统框图。

7-15 采用高位槽向用户供水时，为保证供水流量的平稳，要求对高位槽出口流量进行控制，如图 7-50 所示。但是为了防止高位槽水位过高而造成溢水事故，需对液位采取保护

措施。根据上述工艺要求,设计一个连续型选择性控制系统。要求:

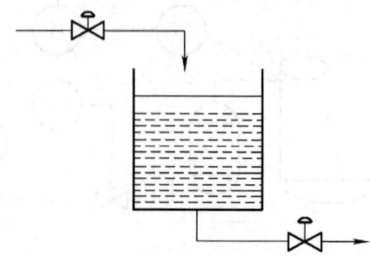

图 7-50 高位槽供水系统

1) 画出选择性控制系统框图。
2) 确定系统中调节阀的气开、气关形式。
3) 确定系统中控制器的正、反作用方式。
4) 确定选择器类型,并简述该系统的工作原理。

7-16 什么是积分饱和现象?在选择性控制系统设计中怎样防止积分饱和现象。

7-17 冷凝器温度前馈-反馈复合控制系统中,已知过程控制通道的传递函数为

$$G_0(s) = \frac{1.32}{1+45s}e^{-9s}$$

干扰通道的传递函数为

$$G_f(s) = \frac{2.14}{1+40s}e^{-5s}$$

且温度控制器采用 PI 控制,试求该复合控制系统中,前馈控制器的数学模型,并讨论其实现的可能性。

7-18 某加热器采用夹套式加热方式来加热物料,并要求严格控制物料温度。夹套通入的是加热器加热后的热水,而加热采用的是饱和蒸汽。其工艺流程如图 7-51 所示。要求:

1) 如果冷水流量波动是主要干扰,应采用何种控制方案?说明其原因。
2) 如果蒸汽压力波动是主要干扰,应采用何种控制方案?说明其原因。
3) 如果冷水流量和蒸汽压力都经常波动,应采用何种控制方案?说明其原因。

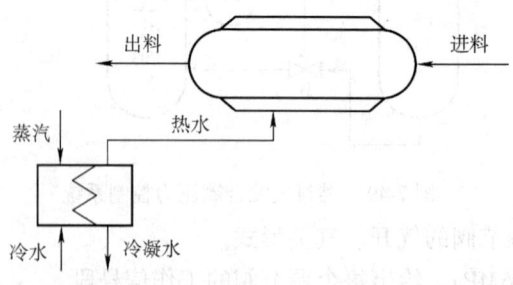

图 7-51 加热器工艺流程图

第 8 章 先进过程控制系统

一个良好的过程控制系统不但要具有稳定性、安全性，满足一定的约束条件，还应具有一定的经济和社会效益。然而随着生产过程的复杂化，工艺要求的提高，工业过程往往具有不确定性（环境结构和参数的未知性、时变性、随机性、突变性等）、非线性等特性，精确的数学模型难以获取，传统过程控制系统设计方法很难满足上述要求。因此，过程控制系统的设计迫切需要引入一些新的控制方法。预测控制、自适应控制等先进控制系统正是为解决上述问题提出的，它们能够很好地与现有装置和集散控制系统相结合，保证装置的平稳操作，实现产品质量的卡边操作，降低能耗，实现最优的生产条件。

8.1 预测控制

前述各种过程控制系统多数要依赖被控过程的数学模型，模型的准确性直接影响到系统的控制质量。而且，许多复杂工业生产过程的数学模型不仅难以建立，模型的结构和参数往往还存在一定的不确定性。为使系统在不确定因素影响下仍能具有良好的性能，且控制方法对模型的精度要求不高，在线实现方便，能基于计算机平台操作，于是预测控制应运而生。预测控制最早是由 Richalet 等人于 1978 年提出来的，之后相继发展了模型预测启发式控制（Model Predictive Heuristic Control，MPHC）、模型算法控制（Model Algorithmic Control，MAC）、动态矩阵控制（Dynamic Matrix Control，DMC）、预测控制（Predictive Control）等多种预测控制方法。

8.1.1 预测控制的基本原理

预测控制，也称作基于非参数模型的控制，以脉冲响应模型作为控制基础。它采用工业生产中易得到的过程脉冲响应或阶跃响应曲线，利用曲线的一系列采样值作为描述过程动态特性的预测模型，然后据此确定控制量的时间序列，使未来一段时间的被控量与期望轨迹之间的偏差最小，而且该最小化过程反复在线进行，如图 8-1 所示。图中，$u(k+i)$ 为优化控制规律；$y(k)$ 为当前的和过去的过程输出；$\hat{y}(k+i)$ 为过程模型预测的输出；y_d 为设定值；P 为预测步长。

预测控制与传统的 PID 控制不同。传统的 PID 控制，是根据过程当前和过去的输出测量值和设定值的偏差来确定当前的控制

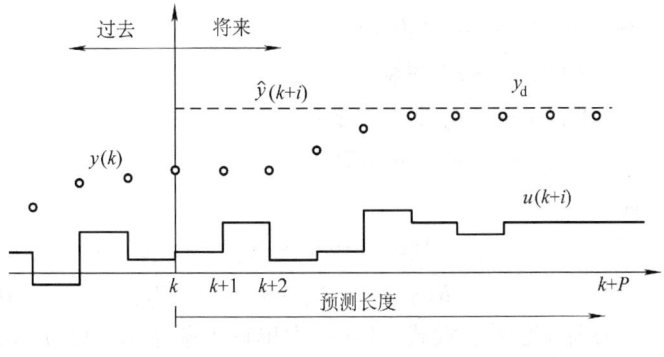

图 8-1 预测控制的基本思想

输入；而预测控制不但利用当前和过去的偏差值，而且还利用预测模型来预估过程未来的偏差值，以滚动确定当前的最优输入策略。因此，从基本思想看，预测控制优于 PID 控制。

预测控制由预测模型、参考轨迹、滚动优化、反馈校正等构成，如图 8-2 所示。可见，算法可分为两步来理解：在当前时刻，基于过程模型预测未来有限时域的过程输出，通过最小化输出响应与期望轨迹的偏差确定未来有限时域的控制增量；在所得到的控制增量中，只执行当前的控制量。

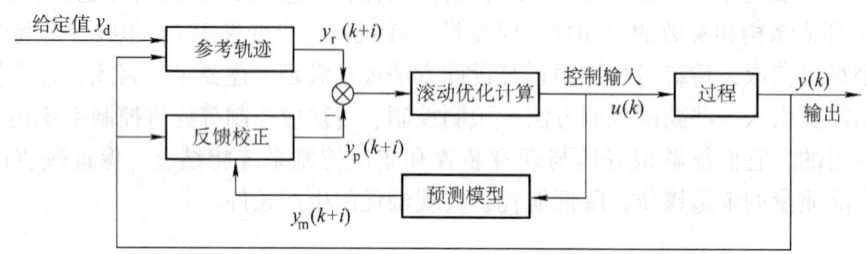

图 8-2 预测控制的结构

预测控制具有对数学模型要求不高、能直接处理具有纯滞后的过程、具有良好的跟踪性能和较强的抗干扰能力、对模型偏差具有较强的鲁棒性等优点。基于这些优点，预测控制更符合工业过程的实际要求，这是 PID 控制或现代控制理论所无法比拟的。因此，预测控制在实际工业过程中已得到广泛重视和应用，而且必将获得更大的发展。

8.1.2 预测模型

预测控制只适用于渐近稳定（即具有自衡能力）的工业过程，对于无自衡能力的过程，则需采用常规控制方法，如 PID 控制，使其特性稳定后再采用该算法。这里仅讨论渐近稳定的被控过程。

预测模型是一个描述系统动态行为的模型，在预测控制中具有重要的作用。常用的模型有脉冲响应模型、阶跃响应模型、可控自回归滑动平均模型（Controlled Auto-regressive Moving Average，CARMA）和可控自回归积分滑动平均模型（Controlled Auto-regressive Integrated Moving Average，CARIMA）等。不同预测控制的算法采用的预测模型不同。

设线性多变量系统的离散模型描述为

$$A(q^{-1})Y(k) = B(q^{-1})U(k-1) + W(k) \tag{8-1}$$

式中　$Y(k)$——n_a 维输出；
　　　$U(k)$——m_b 维输入；
　　　$W(k)$——n_a 维干扰量；
　　　q^{-1}——向后移位算子。

则有

$$A(q^{-1}) = I + A_1 q^{-1} + A_2 q^{-2} + \cdots + A_n q^{-n}, A_i \in R^{n \times n} \tag{8-2}$$

$$B(q^{-1}) = B_0 + B_1 q^{-1} + B_2 q^{-2} + \cdots + B_m q^{-m}, B_i \in R^{n \times n} \tag{8-3}$$

为简单起见，设式（8-1）为单输入单输出，即 $n_a = 1$、$m_b = 1$，有

$$A(q^{-1}) = 1 + a_1 q^{-1} + a_2 q^{-2} + \cdots + a_n q^{-n} \tag{8-4}$$

$$B(q^{-1}) = b_0 + b_1 q^{-1} + b_2 q^{-2} + \cdots + b_m q^{-m} \tag{8-5}$$

对于一个渐近稳定的被控过程,通过实验方法测定其阶跃响应曲线或脉冲响应曲线,分别记为 $\hat{a}(t)$ 和 $\hat{h}(t)$,如图 8-3 所示,其真实的响应分别为 $a(t)$ 和 $h(t)$ 。将曲线从时刻 $t=0$ 到趋于稳定时刻 $t=t_N$ 划分成 N 段。设采样周期为 $T=t_N/N$,对每个采样时刻 T_j ($j=0,1,2,\cdots,N$),其对应值为 $\hat{h}_j$,N 为截断步长或模型时域长度。这有限个信息 $\hat{h}_j$ 的集合就是预测模型。

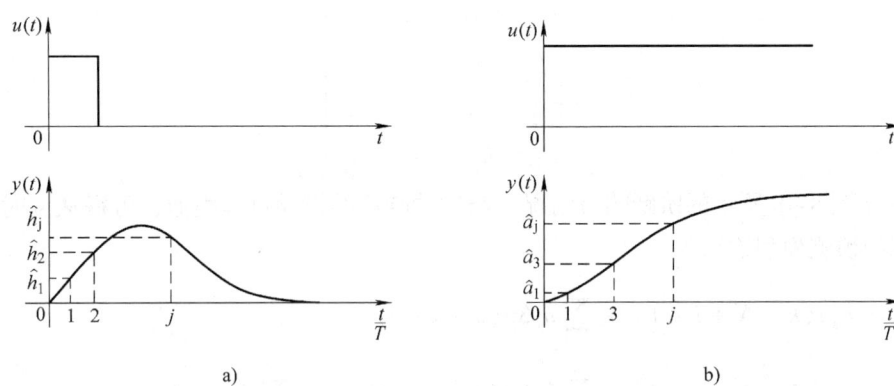

图 8-3 响应曲线

a) 脉冲响应曲线 b) 阶跃响应曲线

假设预测步长为 $P(P \leqslant N)$,则根据过去和未来的输入数据,由卷积方程计算出被控过程从 k 时刻起到 $k+P$ 时刻的输出 $y_m(k+i)$ 。

1) 对于图 8-3a 所示的脉冲响应情况,假设式 (8-1) 中的随机干扰 $W(k)=0$,则脉冲响应曲线与过程输出之间的关系为

$$y(k) = A^{-1}(q^{-1})B(q^{-1})u(k-1) = \sum_{j=1}^{\infty} \hat{h}_j q^{-(j-1)} u(k-1) \tag{8-6}$$

当系统具有渐近稳定特性时,有 $\lim_{k \to \infty} \hat{h}_j = 0$,即当 $j > N$ 时,$\hat{h}_j \approx 0$ 。由此上式可写为

$$y_m(k) = \sum_{j=1}^{N} \hat{h}_j q^{-(j-1)} u(k-1) = \sum_{j=1}^{N} \hat{h}_j u(k-j) \tag{8-7}$$

根据上式得到从 k 时刻起到 $k+P$ 时刻的预测模型输出为

$$y_m(k+i) = \sum_{j=1}^{N} \hat{h}_j u(k+i-j), i=1,2,\cdots,P \tag{8-8}$$

由此,得到预测模型的增量形式为

$$\Delta y_m(k+i) = \sum_{j=1}^{N} \hat{h}_j \Delta u(k+i-j), i=1,2,\cdots,P \tag{8-9}$$

式中

$$\Delta y_m(k+i) = y_m(k+i) - y_m(k+i-1)$$
$$\Delta u(k+i-j) = u(k+i-j) - u(k+i-j-1)$$

由式 (8-8) 还可得到预测模型的向量形式为

$$Y_m(k+1) = H_1 U_1(k) + H_2 U_2(k+1) \tag{8-10}$$

式中

$$Y_m(k+1) = [y_m(k+1), y_m(k+2), \cdots, y_m(k+P)]^T$$

$$U_1(k) = [u(k-N+1), u(k-N+2), \cdots, u(k-1)]^T$$
$$U_2(k) = [u(k), u(k+1), \cdots, u(k+P-1)]^T$$
$$H_1 = \begin{bmatrix} \hat{h}_N & \hat{h}_{N-1} & \cdots & \hat{h}_3 & \hat{h}_2 \\ 0 & \hat{h}_N & \cdots & \hat{h}_4 & \hat{h}_3 \\ \vdots & \vdots & & \vdots & \vdots \\ 0 & 0 & \cdots & \hat{h}_N & \hat{h}_{P+1} \end{bmatrix}_{P \times (N-1)}$$
$$H_2 = \begin{bmatrix} \hat{h}_1 & 0 & \cdots & 0 \\ \hat{h}_2 & \hat{h}_1 & \cdots & 0 \\ \vdots & \vdots & & \vdots \\ \hat{h}_P & \hat{h}_{P-1} & \cdots & \hat{h}_1 \end{bmatrix}_{P \times P}$$

2) 对于图 8-3b 所示的阶跃响应情况, 与脉冲响应的推导过程类似, 可得从 k 时刻起到 $k+P$ 时刻的预测模型输出为

$$\begin{aligned} y_m(k+i) &= \hat{a}_s u(k-N+i-1) + \sum_{j=1}^{N} \hat{a}_j \Delta u(k+i-j) \\ &= \hat{a}_s u(k-N+i-1) + \sum_{j=1}^{N} \hat{a}_j \Delta u(k+i-j)\big|_{i<j} + \sum_{j=1}^{N} \hat{a}_j \Delta u(k+i-j)\big|_{i \geq j} \end{aligned} \quad (8\text{-}11)$$

式中 $\Delta u(k+i-j) = u(k+i-j) - u(k+i-j-1)$ 。

上式前两项之和表示 k 时刻以前输入变化引起的输出响应的预测值, 第三项表示 k 时刻及其以后输入作用引起的输出响应的预测值, 即受到未来输入作用的输出响应的预测值。由式 (8-11) 得到预测模型的向量形式为

$$Y_m(k+1) = \hat{a}_s U(k) + A_1 \Delta U_1(k) + A_2 \Delta U_2(k+1) \tag{8-12}$$

式中
$$Y_m(k+1) = [y_m(k+1), y_m(k+2), \cdots, y_m(k+P)]^T$$
$$U(k) = [u(k-N), u(k-N+1), \cdots, u(k-N+P-1)]^T$$
$$A_1 = \begin{bmatrix} \hat{a}_N & \hat{a}_{N-1} & \cdots & \hat{a}_3 & \hat{a}_2 \\ 0 & \hat{a}_N & \cdots & \hat{a}_4 & \hat{a}_3 \\ \vdots & \vdots & & \vdots & \vdots \\ 0 & 0 & \cdots & \hat{a}_N & \hat{a}_{P+1} \end{bmatrix}_{P \times (N-1)}$$
$$\Delta U_1(k) = [\Delta u(k-N+1), \Delta u(k-N+2), \cdots, \Delta u(k-1)]^T$$
$$\Delta U_2(k+1) = [\Delta u(k), \Delta u(k+1), \cdots, \Delta u(k+P-1)]^T$$
$$A_2 = \begin{bmatrix} \hat{a}_1 & 0 & \cdots & 0 \\ \hat{a}_2 & \hat{a}_1 & \cdots & 0 \\ \vdots & \vdots & & \vdots \\ \hat{a}_P & \hat{a}_{P-1} & \cdots & \hat{a}_1 \end{bmatrix}_{P \times P}$$

式 (8-10) 和式 (8-12) 分别是根据脉冲响应和阶跃响应得到的在 k 时刻的预测模型, 它们依赖于过程的内部特性, 而与过程在 k 时刻的实际输出无关, 所以是基于非参数模型的开环预测模型。显然, 当被控过程存在随机干扰或不确定性、非线性等因素时, 预测模型

的输出与过程的实际未来输出之间存在偏差,不能满足控制精度要求。为此,采用反馈修正的方法对上述开环预测模型进行修正。

反馈修正就是将实际输出与预测输出的差值加到模型的预测输出上,再用得到闭环的预测值作为反馈。设闭环预测模型为 $Y_p(k+1)$,则有

$$Y_p(k+1) = Y_m(k+1) + H_0[y(k) - y_m(k)] \tag{8-13}$$

式中　　$Y_p(k+1) = [y_p(k+1), y_p(k+2), \cdots, y_p(k+P)]^T$;

$H_0 = [1, 1, \cdots, 1]^T$——加权系数向量;

$y(k)$——k 时刻实际过程的输出测量值;

$y_m(k)$——k 时刻预测模型的输出值。

由上式可见,由于引入了反馈校正,所以每一时刻的预测偏差 $[y(k) - y_m(k)]$ 都将在下一时刻预测中得到修正,这样就有效克服了模型的不精确性和系统中存在的不确定性所造成的不利影响,提高了系统的精度和鲁棒性。

8.1.3　参考轨迹

任何物理系统的输出都是不能跳变的。预测控制中,考虑到过程的动态特性,为避免过程输出的急剧变化,往往要求过程输出沿着事先指定的一条随时间而变化的轨迹达到设定值,这条轨迹就是参考轨迹。

参考轨迹可以采用不同形式表示,通常采用一阶指数曲线形式。设过程输出的设定值为 y_d,参考轨迹为 y_r,则以 k 时刻实际输出为起始,y_r 在未来 $k+i$ 时刻的值为

$$\begin{cases} y_r(k+i) = \alpha^i y(k) + (1-\alpha)^i y_d \\ y_r(k) = y(k) \end{cases} \quad i = 1, 2, \cdots, P \tag{8-14}$$

式中　　$\alpha = e^{-T/T_r}$;

T——采样周期;

T_r——参考轨迹的时间常数。

可见,参考轨迹将减小过量的控制作用,使系统的输出能平滑地到达设定值。而且,T_r 越大,α 越大,参考轨迹也越平滑,鲁棒性也越强,但是到达设定值的时间也越长,即控制的快速性变差。因此,α 是预测控制中的一个重要设计参数,需要兼顾快速性和鲁棒性。一般,在上述原则下预先设计和在线调整 α 的值。

8.1.4　控制算法

预测控制是一种最优化控制策略。控制算法就是找到一组能满足性能指标的控制作用 $U(k) = [u(k), u(k+1), \cdots, u(k+L)]^T$,使选定的目标函数最优。这里,$L$ 为控制步长,通常 $L<P$。目标函数 J 就是使某项性能指标最小,它可以采用多种形式,最常用的是二次型目标函数,表示为

$$J = \sum_{i=1}^{P} \omega_i [y_p(k+i) - y_r(k+i)]^2 \tag{8-15}$$

式中　　ω_i——非负加权系数,表示未来各采样时刻的偏差在目标函数 J 中所占的比重;

P——预测长度,表示优化所顾及的时段。

目标函数确定后，令 $\frac{\partial J}{\partial u}=0$，采用最小二乘法等最优化方法求解，就可以得到优化的控制作用序列。下面以模型算法控制（MAC）为例来说明优化算法的具体过程，如图8-4所示。

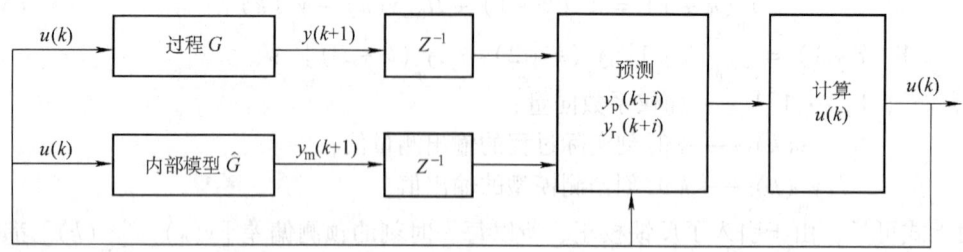

图8-4 预测控制优化算法原理图

假设预测步长 $P=1$，控制步长 $L=1$，即单步预测、单步控制。则目标函数 J 转化为

$$J = \omega_1 [y_p(k+1) - y_r(k+1)]^2 \tag{8-16}$$

令 $\frac{\partial J}{\partial u}=0$，可知最优控制策略应使 $y_p(k+1) = y_r(k+1)$。将式（8-13）代入，有

$$y_r(k+1) = Y_p(k+1) = y(k) + y_m(k+1) - y_m(k)$$

$$= \hat{h}_1 u(k) + \sum_{j=2}^{N} \hat{h}_j u(k+1-j) + [y(k) - y_m(k)] \tag{8-17}$$

由此得到

$$u(k) = \frac{1}{\hat{h}_1}[y_r(k+1) - \sum_{j=2}^{N} \hat{h}_j u(k+1-j) - y(k) + y_m(k)] \tag{8-18}$$

当 P 和 L 不等于1时，在一般情况下的 MAC 控制算法如下，选取目标函数为

$$J = \|Y_P(k) - Y_r(k)\|_Q^2 + \|U_2(k)\|_R^2$$

$$= [Y_P(k) - Y_r(k)]^T Q [Y_P(k) - Y_r(k)] + U_2^T(k) R U_2(k) \tag{8-19}$$

式中 Q——非负定加权对称矩阵；
R——正定加权对称矩阵。

采用最小二乘法求解最优解 $\frac{\partial J}{\partial U_2(k)}=0$，并将式（8-13）代入上式可得最优控制作用为

$$U_2(k) = [H_2^T Q H_2 + R]^{-1} H_2^T Q \{Y_r(k+1) - H_1 U_1(k) - h_0[y(k) - y_m(k)]\} \tag{8-20}$$

由此得到 k 时刻的最优控制作用为

$$u(k) = \{[H_2^T Q H_2 + R]^{-1} H_2^T Q\}^T \{Y_r(k+1) - H_1 U_1(k) - h_0[y(k) - y_m(k)]\} \tag{8-21}$$

上式需要求矩阵逆运算，但当 P 和 L 选定之后，权系数矩阵 Q 和 R 已知，H_2 矩阵是一个固定常数矩阵，因而只需离线进行一次矩阵求逆，而不必在每次采样时刻均进行求逆计算。因此，MAC最优控制作用 $u(k)$ 的在线计算非常简单。

在上述计算中，预测长度 P、控制长度 L 等参数的选取会对算法性能产生影响，下面对几个关键参数给予分析。

1）预测长度 P 要求必须覆盖整个响应曲线的主要部分。P 值大，预测控制系统的鲁棒性越强，但动态响应变差，计算量和存储容量也相应增大；P 值小，对干扰的鲁棒性变差。通常，选取 $P=2L$。

2）控制长度 L 值大，控制灵敏度高，系统稳定性和鲁棒性变差，计算量和存储容量也相应增大；L 值小，控制机动性差，灵敏度差。通常，选取 L 在 10 以下。

3）控制加权矩阵 R 和误差加权矩阵 Q 应该同时加以考虑。R 用于降低控制作用的波动，使控制作用平稳变化。通常，R 取较小的数值。

8.2 自适应控制

在过程控制系统中，当过程特性发生变化时，为保持系统的控制品质不变，必须对控制器参数进行重新整定。但是为适应环境条件的不断变化，不断重新整定控制器参数是不现实的。为此，提出自适应控制（Adaptive Control System），它根据参考模型的输出与实际过程的输出之差来溃动整定控制器参数，以适应过程特性或环境的变化。

8.2.1 自适应控制的基本原理

自适应控制系统至少由测量和估计环节、性能指标的评价环节、控制决策和自动调整环节等三个部分构成，如图 8-5 所示。

1）测量和估计环节。该部分用于辨识被控过程或环境的结构和参数，并建立被控过程的数学模型，估计模型参数。主要包括对被控过程的输入输出进行测量、过程参数的在线估计等。

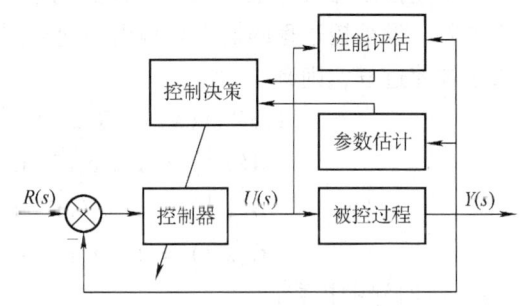

图 8-5　自适应控制系统结构

2）性能指标的评价环节。用于评估控制系统的性能指标是否满足所需的最优指标，以便判断控制系统是否已偏离最优状态。

3）控制决策和自动调整环节。该环节用于自动调整控制器的控制规律和参数，以保证控制系统在最优状态下运行。

由上可知，自适应控制系统实质上是在线辨识、优化与控制的有机结合。在工业过程中，自适应控制系统一般具有以下几种类型：

1）自整定控制器，即用专家经验规则辨识和整定 PID 参数的控制器。如 6.2.6 节介绍的极限环自整定 PID 控制方法。

2）自校正控制器，即采用在线辨识方法，实时获得过程数学模型的参数，并根据控制性能指标自行校正控制算法。

3）模型参考自适应控制系统，它建立具有预期性能指标的参考模型，并依据参考模型输出与过程输出之间的偏差来调整控制器的控制规律或参数，使过程特性尽量接近参考模型的特性。

8.2.2 自校正控制系统

自校正控制系统是在简单控制系统的基础上增加一个外回路，构成由内回路和外回路组成的系统，如图 8-6 所示。内回路是由控制器和被控过程组成的反馈控制回路；外回路由参数估计器、控制器、参数调整器组成，用于调整控制器的参数。

将被控过程的输入信号 u 和输出信号 y 送入参数估计器，在线辨识出被控过程的数学模型；参数调整器根据辨识得到的数学模型设计控制规律、计算和修改控制器参数，

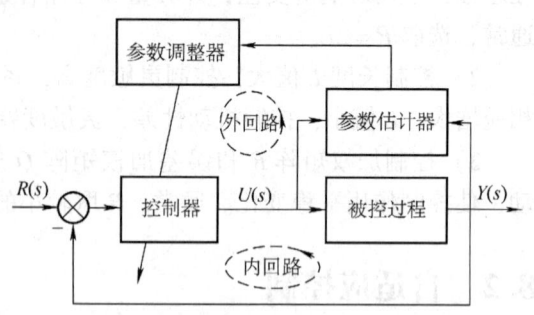

图 8-6 自校正控制系统框图

以保证在被控过程特性发生变化时，控制系统性能仍保持或接近最优状态。

自校正控制将过程模型参数的在线估计和实时最优控制有机结合，实现在线估计的参数估计器采用递推参数估计算法，常用的有递推最小二乘法、广义最小二乘法、辅助变量法等。最优控制器采用最小方差控制、线性二次型最优控制、极点配置和广义最小方差控制等。下面介绍最小方差控制器。

最小方差控制器就是根据被控过程的动态模型寻找控制器 $G_c(z^{-1})$，使目标函数最小，即最小方差。设被控过程的输入和输出序列分别为 $u(k)$ 和 $y(k)$，采用 n 阶自回归平均滑动模型表示被控过程，则有

$$A(z^{-1})y(k) = B(z^{-1})z^{-d}u(k) + C(z^{-1})\omega(k) \tag{8-22}$$

$$A(z^{-1}) = 1 + a_1 z^{-1} + \cdots + a_n z^{-n};$$

$$B(z^{-1}) = b_0 + b_1 z^{-1} + \cdots + b_n z^{-n};$$

$$C(z^{-1}) = 1 + c_1 z^{-1} + \cdots + c_n z^{-n}。$$

式中 d——时滞的拍数；

$\omega(k)$——白噪声序列；

整理上式，有

$$y(k+d) = \frac{B(z^{-1})}{A(z^{-1})}u(k) + \frac{C(z^{-1})}{A(z^{-1})}\omega(k+d) \tag{8-23}$$

由于在 k 时刻无法检测到噪声序列 $\omega(k+1), \omega(k+2), \cdots, \omega(k+d)$，所以将 $\frac{C(z^{-1})}{A(z^{-1})}$ 分解为

$$\frac{C(z^{-1})}{A(z^{-1})} = F(z^{-1}) + z^{-d}\frac{G(z^{-1})}{A(z^{-1})} \tag{8-24}$$

式中 $F(z^{-1}) = 1 + f_1 z^{-1} + \cdots + f_n z^{-n}$。

将式 (8-24) 代入式 (8-23)，化简得到

$$y(k+d) = F(z^{-1})\omega(k+d) + \frac{B(z^{-1})F(z^{-1})}{C(z^{-1})}u(k) + \frac{G(z^{-1})}{C(z^{-1})}y(k) \tag{8-25}$$

如果忽略 $\omega(k+1)$ 后的随机干扰，得到输出的预估值为

$$y(k+d) = \frac{B(z^{-1})F(z^{-1})}{C(z^{-1})}u(k) + \frac{G(z^{-1})}{C(z^{-1})}y(k) \tag{8-26}$$

选取目标函数为 $J = E\{[y(k+d) - y_r]^2\}$。假设 $y_r = 0$，根据目标函数最小满足 $\frac{\partial J}{\partial u} = 0$，推理得到最小方差控制器为

$$G_c(z^{-1}) = \frac{-G(z^{-1})}{B(z^{-1})F(z^{-1})} \tag{8-27}$$

8.2.3 模型参考自适应控制系统

模型参考自适应控制系统通过调整控制器参数或控制规律，使系统动态输出 y 与参考模型输出 y_m 尽可能一致。它由内、外两个控制回路组成，如图 8-7 所示。内回路为反馈控制系统；外回路用于调整内回路的控制器参数或控制规律，由参考模型、适应机构和控制器组成。参考模型用于描述所期望的系统动态特性，参考模型与控制系统并联运行，接受相同的给定信号 $r(t)$。

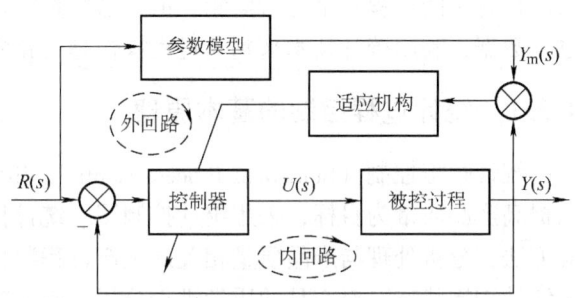

图 8-7 模型参考自适应控制系统框图

模型参考自适应控制系统不需要专门的在线辨识装置，调整控制系统控制规律和参数的依据是：被控过程输出 $y(t)$ 相对于参考模型输出 $y_m(t)$ 的偏差 $e(t)$，以使系统的实际输出 $y(t)$ 尽可能与参考模型输出 $y_m(t)$ 一致。

假设控制器的可调参数为比例增益 $K_c(t)$。选取模型误差平方的积分作为目标函数，即

$$J = \int_0^t e_m^2(\tau)\mathrm{d}\tau \tag{8-28}$$

采用梯度下降法，则 J 的最小值在负梯度方向，有

$$K_c - K_{c0} = -\alpha\frac{\partial J}{\partial K_c} = -B'\int_0^t e_m(\tau)\frac{\partial e_m(\tau)}{\partial K_c}\mathrm{d}\tau \tag{8-29}$$

上式对 t 求导，可得

$$K_c^* = -B'e_m(t)\frac{\partial e_m(t)}{\partial K_c} \tag{8-30}$$

假设 K_0 为被控过程的静态放大系数，断开自适应回路，由开环传递函数可以得到

$$P(D)\frac{\partial e_m(t)}{\partial K_c} = -K_0 q(D)r \tag{8-31}$$

假设 K_m 为参考模型的静态放大系数，模型输出满足

$$P(D)y_m(t) = K_m q(D)r \tag{8-32}$$

对比式（8-31）和式（8-32），可得

$$\frac{\partial e_m(t)}{\partial K_c} = -\frac{K_0}{K_m}y_m \tag{8-33}$$

将上式代入式（8-30），可得

$$K_c^* = -B' \frac{K_0}{K_m} e_m(t) y_m(t) \tag{8-34}$$

可见，控制器的比例增益可以按照式（8-34）进行实时调整。

8.3 统计过程控制

在工业生产过程中，要求将一些过程变量控制在一定范围内，当某些关键变量超出允许范围时，将会严重影响企业的生产安全、产品质量和经济效益等。因此，有必要对一些与产品质量有关的过程变量进行监测，但是这些量往往无法在线测量，这时就需要根据这些离散过程数据，利用统计技术来判断过程操作是否正常。

8.3.1 统计过程控制的基本原理

统计过程控制（Statistical Process Control，SPC）利用概率论和数理统计等统计学原理，以提高产品质量为目标，采用统计控制图、统计描述、统计相关分析、实验设计、回归分析等方法，分析处理与产品质量相关的生产过程数据，监视生产过程的进行，判断过程是否处于统计控制状态，对产品的质量进行分析，确定产品是否合格，并寻找改进途径等。统计过程控制的目标是提高产品质量和生产率。

统计过程控制主要针对过程的平均水平及过程的分散度进行控制，其理论基础是中心极限定理和 3σ 定理。根据中心极限定理，子组样本均值 $\bar{x}_i$ 随样本容量 n 的增加而趋近于服从正态分布 $N(\mu,\sigma^2)$。3σ 定理是指子组样本落在 $(\mu-3\sigma)$ 与 $(\mu+3\sigma)$ 区间的概率为 99.73%。

当从一个过程采集的数据服从单一分布（通常是正态分布），并具有一些理想特性，如产品性能指标符合规定时，说明这个过程处于受控状态，其均值、方差的大小及分布曲线形状保持一致。当过程受到某些确定性原因的影响，引起系统变化时，质量数据的分布曲线形状、均值、分散性等会随时间变化，超过 3σ 区间，这时，过程脱离统计过程控制，称为失控状态。

工业过程中的变化按产生原因可分为噪声变化、环境条件变化、过程本身条件变化和原料变化等。统计过程控制是监测、区分过程的各种变化，寻找产生原因的控制。

产生过程变化的原因有偶然因素和异常因素。偶然因素是指过程所固有的对过程影响较小、难于消除的因素。由偶然因素造成的质量随机波动称为正常波动；当仅有偶然因素存在时，产品质量处于正常波动范围，可以认为生产过程处于受控状态。异常因素是指非过程所固有、对质量影响较大的、可以消除的因素。由异常因素造成的质量波动称为异常波动。当异常因素的影响使质量特征值偏离规定的范围时，认为生产过程处于失控状态。

8.3.2 质量控制图

统计控制图就是为实现上述目的而提出的。下面介绍一类最常用的控制图——休哈特控制图，如图 8-8 所示。图中，纵轴表示标准差，横轴表示样本组，CL、UCL、LCL 分别为样本 x_i 均值的中线、上控制线和下控制线。根据控制图中方差和均值的变化就可以判断出过程处于受控或失控状态。由于偶然因素引起的波动在上下控制限内，而异常因素引起的过程波动在上下控制限外。

假设有 m 组样本，每组样本的均值为 $\bar{x}_i$，则有

$$CL = \frac{1}{m}\sum_{i=1}^{m}\bar{x}_i \tag{8-35}$$

$$\sigma = \sqrt{\frac{1}{m}\sum_{i=1}^{m}(\bar{x}_i - CL)^2} \tag{8-36}$$

$$UCL = CL + 3\sigma \tag{8-37}$$

$$LCL = CL - 3\sigma \tag{8-38}$$

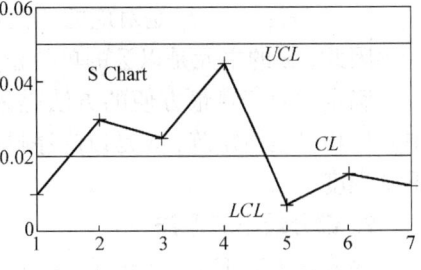

图 8-8　休哈特控制图

根据休哈特控制图，有判稳准则和判异准则。判稳准则为：连续 25 点，其中，界外点 $d=0$；连续 35 点，界外点 $d\leqslant 1$；连续 100 点，界外点 $d\leqslant 2$。判异准则为：连续 6 点具有相同的上升或下降趋势；点分布在 $CL\pm\sigma$ 的范围内；连续 9 点在中线 CL 的一侧，称为链；连续 11（或 14、16、20）点，至少有 10（或 12、14、16）点在中线 CL 的一侧，称为间断链；点的排列随时间推移而呈周期性；连续 3（或 7、10）点中至少有 2（或 3、4）点落在 2σ 和 3σ 控制界限间。

其他的控制图还有 $\bar{x}$ 图、R 图、移动平均图、累积和控制图、指数加权移动平均图等。其中，$\bar{x}$ 图用于控制过程的均值，能有效检测过程平均水平的突变；R 图用于控制过程的分散度，如果范围低于下控制限，说明过程的分散度减少或检测仪表失灵等。

控制图适用于具有统计特性和重复性的被控过程。应用控制图时应注意选择主要被控质量指标进行控制图分析和判别。控制图是用于分析过程状态是否失控的，一旦失控就要进行处理，消除异常因素。

8.3.3　其他统计过程控制技术

将高维数据空间的数据投影到低维特征空间的方法是多元投影方法。主元分析和部分最小二乘法属于多元投影方法，这些方法可用于多元统计过程控制。

1. 主元分析法

主元分析法（Principle Component Analysis，PCA）用几个综合变量反映原系统中较多的具有相关特征变量所包含的大部分信息。

设 $x = [x_1, x_2, \cdots, x_p]^{\mathrm{T}}$，其均值为 M，协方差矩阵为 Σ。考虑其线性组合 $t_i = r_{i1}x_1 + r_{i2}x_2 + \cdots + r_{ip}x_p = \boldsymbol{r}_i^{\mathrm{T}}\boldsymbol{x}$，则方差为 $\mathrm{Var} = \boldsymbol{r}_i^{\mathrm{T}}\Sigma\boldsymbol{r}_i$。考虑另一线性组合 $t_k = r_{k1}x_1 + r_{k2}x_2 + \cdots + r_{kp}x_p = \boldsymbol{r}_k^{\mathrm{T}}\boldsymbol{x}(i\neq k)$，则二者的协方差为 $\mathrm{Cov} = \boldsymbol{r}_i^{\mathrm{T}}\Sigma\boldsymbol{r}_k$。

如果 t_i 满足下列条件，则称其为第 i 个主元：t_i 与 t_k 不相关；t_1 是所有线性组合中方差最大的，t_2 是与 t_1 不相关的所有线性组合中方差最大的，以此类推，t_i 是与 t_1、t_2、$\cdots$、$t_{i-1}(i=1,2,\cdots,p)$ 都不相关的所有线性组合中方差最大的；$t_i = \boldsymbol{r}_i^{\mathrm{T}}\boldsymbol{x}$ 中，负荷向量 $\boldsymbol{r}_i$ 的系数满足 $\boldsymbol{r}_i^{\mathrm{T}}\boldsymbol{r}_i = 1$。可见，主元 t_i 具有以下性质：

1）主元 t_i 的方差为

$$\mathrm{Var} = \boldsymbol{r}_i^{\mathrm{T}}\Sigma\boldsymbol{r}_i = \lambda_i, i=1,2,\cdots,p \tag{8-39}$$

2）主元 t_i 与其他线性组合 t_k 的协方差为

$$\mathrm{Cov}(t_i, t_k) = \boldsymbol{r}_i^{\mathrm{T}}\Sigma\boldsymbol{r}_k = 0 \tag{8-40}$$

式中 $\lambda_1 \geq \lambda_2 \geq \cdots \geq \lambda_p \geq 0$ 是协方差矩阵的特征值；
r_1、r_2、$\cdots$、r_p 是对应的单位正交特征向量。

因此，x 的主元是以 Σ 的单位正交特征向量为系数的线性组合。

确定主元变量最方便的方法是采用奇异值分解。即数据矩阵 X 可分解为 $X = USV$，其中，U 和 V 是酉矩阵，S 是以降序排列的对角线矩阵，对角线元素就是各主元对线性组合的重要程度。

2. 部分最小二乘法

部分最小二乘法（Partial Least Squares，PLS）通过多元投影变换，分析两个不同矩阵中变量之间的相互关系。因此，可用于直接分析过程变量和质量变量间的映射关系。

假设可分解输入矩阵为 $X = t_1 p_1^T + E_1$，输出矩阵为 $Y = u_1 q_1^T + F_1$，$u_1 = f_1(t_1) + r_1$。向量 t_1 和 u_1 称为 X 和 Y 的第一主元评分向量，p_1 和 q_1 是与之相应的负荷向量。正交分解的目标是使 $\|E_1\| = \|X - t_1 p_1^T\|$、$\|F_1\| = \|Y - u_1 q_1^T\|$ 最小化，而函数 $f_1(*)$ 是使 $\|r_1\|$ 最小化。对 E_1 和 F_1 进行正交分解，直到第 k 主元时，残差矩阵 E_k 和 F_k 几乎不含有用信息为止。经过上述迭代计算，得到

$$X = TP^T + E_k = \sum_{i=1}^{k} t_i p_i^T + E_k \tag{8-41}$$

$$Y = UQ^T + F_k = \sum_{i=1}^{k} u_i q_i^T + F_k \tag{8-42}$$

$$U = f(T) + R = [f_1(t_1) f_1(t_2) \cdots f_k(t_k)] + (r_1 r_2 \cdots r_k) \tag{8-43}$$

PLS 的特征向量与主元直接相关，能用于非常复杂的混合情况下样本处理，但处理速度慢，模型抽象。

8.4 控制系统故障诊断和容错控制

随着现代工业及科学技术的迅速发展，生产设备日趋大型化、高速化、自动化和智能化，系统的安全性、可靠性和有效性日益重要和复杂，因此，故障检测和诊断也日益受到人们的重视和关注。

8.4.1 故障检测和诊断的基本概念

故障检测和诊断（Fault Detection and Diagnosis，FDD）是指对系统异常状态的检测、异常状态原因识别及包括异常状态预测在内的各种技术。

控制系统的故障是指系统状态出现不期望的、不能容许的且不能自恢复的偏差，这种偏差使系统出现异常特性，使之不能按预期要求正常工作。通常，控制系统的故障可划分为三类：被控过程的故障，即被控对象的某部分器件失效，如容器或管道的漏或堵；仪器仪表器件的故障，包括检测元件、变送器、执行器、连接管线、控制装置和计算机接口的故障等；软件故障，即计算机诊断程序、控制程序和系统程序等软件的故障。

产生上述故障的主要原因是：系统设计错误，包括测量和控制软件的不完善导致的故障；设备性能退化，包括被控对象和仪器仪表的性能退化；操作人员误操作，而容错功能又不完善。

针对控制系统中存在的故障，故障检测和诊断就是要对其进行故障建模、故障检测、故障分离和估计、故障评估和决策，如图8-9所示。

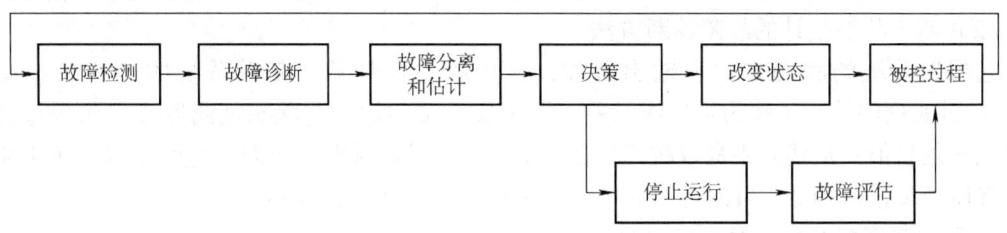

图8-9 故障检测和诊断过程

故障建模就是按照先验知识和输入/输出关系，建立系统故障的数学模型，作为故障检测和诊断的依据；故障检测则从可测或不可测的估计变量中，判断运行的系统在某一时刻是否发生故障。一旦系统发生意外变化，就要对故障进行分离，给出故障源，并区别出故障原因；在弄清故障性质的同时，故障估计要计算故障的程度、大小及故障发生的时间等参数。根据估计参数来判断故障的严重程度，故障对系统的影响和发展趋势；针对不同工况，提出相应的处理措施和方法，包括软件的补偿、硬件的替换，以便抑制和消除故障的影响，使系统恢复到正常工况。

为了使故障检测和诊断系统正常运行，对该系统可靠性要求通常高于一般的控制系统。故障检测和诊断系统应提高系统的故障正确检测率，降低故障漏报率（发生故障未报）和误报率（未发生故障而报警）。

8.4.2 故障检测和诊断的主要方法

根据系统采用的模型和决策方法的差异，形成了不同的故障诊断方法。通常可以将其划分为两类：依赖于模型的故障诊断方法和不依赖于模型的故障诊断方法。

1. 依赖于模型的故障诊断方法

该方法的核心思想是用解析冗余取代硬件冗余。解析冗余主要是通过构造观测器估计出系统输出，然后将它与输出的测量值作比较，从中取得故障信息。它又可以划分为两种：基于状态估计的故障诊断方法和基于参数估计的故障诊断方法。

假设非线性动态系统为

$$\begin{cases} x(k+1) = f[x(k),\theta(k),u(k)] + \omega(k) \\ y(k) = h[x(k),\theta(k),u(k)] + v(k) \end{cases} \quad (8\text{-}44)$$

式中 $x(k)$、$y(k)$——系统的状态向量和测量向量；

$\omega(k)$、$v(k)$——系统噪声和观测噪声，通常假设为零均值的高斯型白噪声；

$\theta(k) \in R^n$——系统参数向量；

$u(k)$——控制作用向量。

当发生故障时，参数向量 $\theta(k)$ 会显著变化，状态向量 $x(k)$ 会偏离正常值，按式(8-44)计算的滤波器信息（残差）将不再是白噪声，因此，可通过参数估计、状态估计等手段检测故障。

（1）基于参数估计的故障诊断方法

其实现思路是：由机理分析确定系统的模型参数和物理元器件参数之间的关系方程 $\theta(k) = f(P)$，由实时辨识求得系统的实际模型参数 $\hat{\theta}(k)$；再根据 $\theta(k)$ 和 $\hat{\theta}(k)$ 求解实际的物理元器件参数 $\hat{P}$，将 $\hat{P}$ 和 P 的标称值比较，从而确定系统是否存在故障及故障的程度。

（2）基于状态估计的故障诊断方法

它根据系统的状态方程和输出方程，采用状态估计器，获得系统估计的状态向量 $\hat{x}(k)$。其实现的核心步骤为：形成残差，即真实系统的输出与状态观测器或卡尔曼滤波器输出之间的差值；从残差中提取故障特征，进而实现故障诊断。针对确定性系统，可采用全阶或降阶龙贝格观测器；针对随机系统，可采用卡尔曼状态估计器。

2. 不依赖于模型的故障诊断方法

由于实际被控过程的精确数学模型不易获得，所以不依赖于对象精确数学模型的基于知识的故障诊断方法应运而生。

根据知识来源不同，其可以划分为基于专家经验知识等浅知识的故障诊断和基于诊断对象模型知识等深知识的故障诊断专家系统。基于浅知识的故障诊断系统具有知识表达直观、形式统一、模块化和推理速度快等特点，但局限性大，知识库不完备；基于深知识的故障诊断系统具有知识获取方便、维护方便、易于保证知识库的一致性和完整性等特点，但搜索空间大、推理速度慢。

（1）专家系统

用于故障诊断的专家系统具有下列特点：实时性强。专家系统采用结构化的知识库和规则方式，可以有效提高推理搜索速度；可靠性高。故障诊断系统需要准确发现故障，防止误报和漏报，为此，对系统的可靠性要求也更高；开放性。专家系统适用于不同过程和设备的类型，且独立于硬件类型之外，可以灵活进行参数调整。

（2）人工神经网络

人工神经网络用于故障诊断时，要求所建立的神经网络数学模型具有较好的数据正确性，而且该方法对故障程度无法判断。

人工神经网络可以以多种方式用于故障诊断过程：直接用神经网络进行故障诊断。它以故障征兆作为神经网络输入，诊断结果作为神经网络输出，用已有故障征兆和诊断结果对神经网络进行训练，经训练的神经网络可直接用于故障诊断；用神经网络产生残差。它用神经网络作为描述系统的解析模型，并产生残差；用神经网络评价残差。应用残差库和故障库对神经网络训练，用于对残差进行评价，判断系统是否发生故障及指出可能的故障源；神经网络用于自适应误差补偿。用神经网络自适应补偿方法消除模型误差对残差的影响，从而在存在未建模非线性情况下实现鲁棒故障诊断。

（3）基于限值条件和逻辑关系的故障诊断方法

该方法中，根据专家知识建立故障库，如产生式规则，并根据这些规则进行故障诊断。常用的故障树就属于该方法。

故障树是表示系统或设备特定事件或不希望事件与它的各个子系统或各个部件故障事件之间的逻辑结构图，通过这种结构图对系统故障形成的原因作出总体至部分按树状逐渐细化划分。故障树分析方法可对系统或机器的故障进行预测和诊断。

（4）基于模糊数学的故障诊断方法

一种方法是建立故障征兆与故障类型的因果关系矩阵，经模糊合成算子建立模糊关系，并用于故障诊断;另一种方法是建立故障与征兆的模糊规则库,进行模糊逻辑推理的故障诊断。

8.4.3 容错控制

容错控制(Fault Tolerant Control,FTC)是指通过控制策略或算法的合理设计,使控制系统在正常状态下或存在某些故障时,仍能保持稳定或必要的控制功能,确保系统仍能工作。实现容错控制后,即使出现某些故障,系统仍能自动运行,即将自动化推广到非正常工况,它对提高系统可靠性有很大帮助。

容错控制按设计方法的特点,可以划分为被动容错控制和主动容错控制。

1. 被动容错控制

被动容错控制是设计适当固定结构的控制器,该控制器除了考虑正常工作状态的参数值以外,还要考虑在故障情况下的参数值。不仅在所有控制部件正常运行时,而且在执行器、传感器或其他部件失效时,保障系统仍然具有稳定性和令人满意的性能。被动容错控制是在故障发生前和发生后使用同样的控制策略,不进行调节,具有使系统的反馈对故障不敏感的作用。

被动容错控制使用固定鲁棒性能的控制器以适应故障,确保系统的故障稳定性,但往往会牺牲系统的性能指标,且具有很大的保守性。被动容错控制大致可以分成可靠镇定、同时镇定、完整性控制、鲁棒容错控制等几种类型。

被动容错控制的优点是故障发生时,能够及时实现容错控制,不存在主动容错控制中因故障隔离延时而引起的控制性能变坏的问题。但这种控制器的设计方法只能适应较少的故障情况,不可能用一个控制器实现对所有故障的鲁棒性,且往往以牺牲系统的性能为代价。研究既能保证系统的容错能力,又能使系统保持一定的动态、稳态性能,同时用一个容错控制器实现尽可能多的故障容错是被动容错控制需要进一步解决的问题。

2. 主动容错控制

主动容错控制是通过故障调节或信号重构保证故障发生后系统的稳定性和性能指标。大多数主动容错控制需要故障诊断子系统;也有不需要故障诊断子系统的,但是需要知道故障的先验知识。

主动容错控制可以划分为两种类型:方法一,信号重构、故障补偿、增益调度的方法。在该方法中,预计算的控制律按照故障情况进行选择,即依赖于故障诊断子系统所隔离的故障类型;方法二,在线自动控制器设计方法。该方法包括新控制器的构造和控制器参数的计算,也称为可重构控制。为了获得重构控制,主动容错系统需要预料型故障的先验知识和未预料型故障的检测、隔离机制,相关的故障位置和性质等信息用于重新调整控制器功能。

可见,主动容错控制要解决故障诊断和容错控制两个问题。故障诊断系统能够对控制系统中的执行器、传感器和被控对象进行实时故障检测,并根据故障特征进行故障的动态补偿或故障源切换;容错控制器则根据故障检测环节所得到的故障特征作出相应的处理,对反馈控制的结构进行实时的重构,这种结构的重构可能简单到只从已计算的表中读出一组新的控制增益,即简单的增益调度,也可能复杂到实时地再设计,以保证系统在故障状态下仍能获得良好的控制效果。

主动容错控制的设计方法只要实时而准确地检测和隔离出故障,就可以采用工程技术人员所熟悉的各种控制器设计方法重构控制律；但该方法依赖于故障检测分离机制，而一般的故障检测机制在一定程度上存在误报和漏报的可能。一旦发生误报，可能导致整个控制系统失去稳定性；而且从故障发生到检测分离机制检测出故障存在一定的时延，如果这段时间过长，也会使系统性能变坏。故障诊断系统实现故障检测和分离的可能性、检测延时时间和误报等决定和影响主动容错控制系统的性能，是重构控制的关键技术。

综上所述，控制系统的故障诊断和容错控制的发展是相符相成的，故障诊断是容错控制的基础，容错控制的发展为故障诊断研究带来新的动力。

8.5 软测量和推理控制系统

在工业生产过程中，许多需要控制的过程变量，如精馏塔的产品组分浓度、生物发酵的菌体浓度、聚合物的平均分子质量、化学反应器的反应物浓度及产品分布等，难以通过传感器进行直接测量或快速在线测量。为了对这类过程变量进行实时控制或优化控制，通常采用两种方法：方法一，通过控制其他的可测变量，间接地保证质量要求，但很难达到要求的控制精度，如精馏塔通过控制塔顶温度来保证产品组分；方法二，采用在线分析仪表，但设备投资较大，维护成本高，测量滞后较大，从而使控制品质下降。为了解决上述问题，提出了软测量技术。

8.5.1 软测量技术

软测量技术，也称为软仪表技术（Soft Sensor Technique，SST），即选择与被估计变量相关的一组可测变量（常称为辅助变量或二次变量，如工业过程中容易获取的压力、温度等过程参数），依据这些可测变量与难以直接测量的待测过程变量（常称为主导变量）之间的数学关系（即软测量模型），通过各种数学计算和估计方法，间接得到主导变量的估计值。软测量模型的输出可以作为过程控制系统状态变量或输出变量的估计值，送入控制装置，参与反馈控制。

软测量技术由辅助变量选择、数据检测与处理、软测量数学模型建立和模型的在线校正等部分组成。

1. 辅助变量选择

软测量技术根据辅助变量与主导变量之间的数学模型进行推理，因此，辅助变量的选择关系到软测量技术的精确度。辅助变量的选择包括变量的类型、数目和测点位置的确定。

通常，辅助变量的选择遵循以下原则：过程适用性，即变量在工程上易于在线获取并有一定的测量精度；灵敏性，即对过程输出或不可测扰动能作出快速反应；特异性，即对过程输出或不可测扰动之外的干扰不敏感；准确性，即辅助变量本身要具有一定的测量精度要求；鲁棒性，即对模型误差不敏感；关联性，即辅助变量是与主导变量动态特性相近、关系紧密的可测参数。

辅助变量数目至少要等于主导变量的个数，但直接使用过多辅助变量会出现过参数化问题，其最佳数目的选择与过程的自由度、测量噪声以及模型的不确定性等有关。

2. 数据检测与处理

软测量技术是根据过程检测数据，经过数值计算，从而实现软测量，其性能在很大程度上依赖于所获过程检测数据的准确性和有效性，因此，对检测数据的处理是软测量技术的一个重要部分。

检测数据的处理包括检测误差处理和检测数据变换两部分。在实际应用中，过程数据来自现场，受测量仪表精度、可靠性和现场测量环境等因素的影响，不可避免地要带有各种各样的测量误差，采用低精度或失效的测量数据可能导致软测量性能的大幅下降，严重时甚至导致软测量的失败。对检测数据的误差处理就是采用各种方法提取、剔除和校正这些坏数据。一般采用的方法有数字滤波法、数据协调法、统计假设检验法、广义似然比法、贝叶斯法等。测量数据的变换包括标度、转换和权函数三个方面。过程检测数据可能有不同的工程单位，各变量在数值上差异较大，直接使用原始测量数据进行计算可能丢失信息和引起数值计算的不稳定，因此需要采用合适的因子对数据进行标度，以改善算法的精度和计算稳定性。转换包含对数据的直接转换和寻找新的变量替换原变量两方面，通过对数据的转换，可有效降低非线性特性，而权函数则可实现对变量动态特性的补偿。

3. 软测量数学模型建立

软测量模型本质上是由辅助变量构成的可测信息集 y_s 到主导变量估计 $\hat{y}$ 的映射，即 $\hat{y} = f(y_s)$。

软测量模型建立的方法多种多样，可以划分为工艺机理分析、回归分析、状态估计、模式识别、人工神经网络、模糊数学、过程层析成像、相关分析和现代非线性信息处理技术等9种。

1）基于工艺机理分析的软测量建模是运用化学反应动力学、物料平衡、能量平衡等原理，通过对过程对象的机理分析，找出不可测主导变量与可测辅助变量之间的关系，从而实现某一参数的软测量。这种方法简单，便于实际应用，但应用效果依赖于对工艺机理的了解程度。

2）基于回归分析的软测量建模是对工业过程历史数据中包含的特征信息进行浓缩、提取以获得数学模型。根据采用的数学方法不同，可分为线性回归方法和非线性回归方法。该方法简单、实用，但需要大量的样本数据，对测量误差较为敏感。

3）基于状态估计的软测量建模由于可以反映主导变量和辅助变量之间的动态关系，因此有利于处理各变量间动态特性的差异和系统滞后等情况。但是由于复杂工业过程的状态空间模型难以建立，以及过程特性的缓慢变化和干扰的影响，该方法可能会存在显著的误差。

4）基于模式识别的软测量建模是采用模式识别的方法对工业过程的操作数据进行处理，从中提取系统的特征，构成以模式描述分类为基础的模式识别模型。该模型是一种以系统的输入、输出数据为基础，通过对系统特征提取而构成的模式描述式模型，适用于缺乏系统先验知识的场合。

5）基于人工神经网络的软测量是近年来应用范围很广泛的一种软测量技术。由于人工神经网络具有自学习、联想记忆、自适应和非线性逼近等功能，所以基于人工神经网络的软测量可以在不具备对象先验知识的条件下，根据对象的输入输出数据直接建模（将辅助变量作为人工神经网络的输入，而主导变量则作为网络的输出，通过网络的学习来解决不可测变量的软测量问题）。基于此获得的模型在线校正能力强，并适用于高度非线性和严重不确定性系统，因此它为解决复杂系统过程参数的软测量问题提供了一条有效途径。采用人工神经网络进行软测量建模通常采用两种形式：一种是利用人工神经网络直接建模，用网络来代替常规的数学模型，描述辅助变量和主导变量间的关系，完成由可测信息空间到主导变量的映射；另一种是与常规模型相结合，用人工神经网络来估计常规模型的模型参数，进而实现软测量。虽然基于人工神经网络的软测量建模具有众多优点和显著的工业应用价值，但是在实际应用中，训练样本的数量和质量、学习算法、网络的拓扑结构和类型等都会对软测量性能产生重要影响，需要进行慎重选择。

6）基于模糊数学的软测量建模是一种知识性模型。该种软测量方法特别适用于复杂工业过程中被测对象具有不确定性、难以用常规数学定量描述的场合。

7）基于过程层析成像的软测量建模是一种以医学层析成像技术为基础，可在线获取过程参数二维或三维的实时分布信息的先进检测技术，即一般软测量技术所获取的大多是关于某一变量的宏观信息，而采用该技术可获取关于该变量微观的时空分布信息。

8）基于相关分析的软测量建模是以随机过程中的相关分析理论为基础，利用两个或多个可测随机信号间的相关特性来实现某一参数的在线测量。该方法的具体实现方法大多是互相关分析方法，即利用各辅助变量间的互相关函数特性来进行软测量。目前这种方法主要应用于难测流体流速或流量的在线测量和故障诊断等。

9）基于现代非线性处理技术的软测量建模是利用辅助变量，采用先进的信息处理技术，通过对所获信息的分析处理提取信号特征量，从而实现某一参数的在线检测或过程的状态识别。它所采用的非线性信息处理技术包括小波分析、混沌和分形技术等，适用于常规的信号处理手段难以适应的复杂工业系统。

4. 模型的在线校正

在工业生产过程中，随着操作条件的变化，被控过程特性不可避免地会发生变化和漂移，因此，在软测量过程中，必须对软测量模型进行在线校正才能适应新的工况。

软测量模型的在线校正包括模型结构的优化和模型参数的修正两方面。模型参数的修正常采用自适应法、增量法和多时标法等。为解决软测量模型结构在线校正和实时性两方面的矛盾，模型结构的优化包括短期学习和长期学习两种校正方法。短期学习是在不改变模型结构的情况下，根据新采集的数据对模型中的有关系数进行更新；而长期学习是在原料、工况等发生较大变化时，利用新采集的数据重新建立模型。

8.5.2 推理控制系统

在实际生产过程中，常常存在这样一些情况，即被控过程的输出变量不能直接测量或难以测量，使反馈控制无法实现；或者被控过程的干扰无法测量，使前馈控制不能实现。此时，采用辅助变量间接控制过程的主导变量，即推理控制系统（Inferential Control）。具体而言，就是根据过程输出的性能要求，在建立被控过程数学模型的基础上，通过数学推理，导出推理控制系统应该具有的结构形式。

推理控制系统的基本结构如图 8-10 所示。图中，$Y(s)$、$Y_s(s)$ 分别为主导变量和辅助变量；$G_0(s)$、$G_{0s}(s)$ 分别为过程主、辅控制通道的传递函数；$G_f(s)$、$G_{fs}(s)$ 分别为过程主、辅干扰通道的传递函数；$F(s)$ 为过程的不可测干扰；$U(s)$ 为过程的控制输入；$R(s)$ 为给定输入，$\hat{E}(s)$ 为估计器。设 $Y(s)$ 为不可测变量，$G_c(s)$ 为推理控制部分的传递函数。可见，推理控制部分的作用是用不可测干扰 $F(s)$ 对 $Y(s)$ 的影响推理出 $\hat{Z}(s)$，然后将 $\hat{Z}(s)$ 反馈到推理控制器 $G_c(s)$ 的输入端，产生控制作用 $U(s)$。

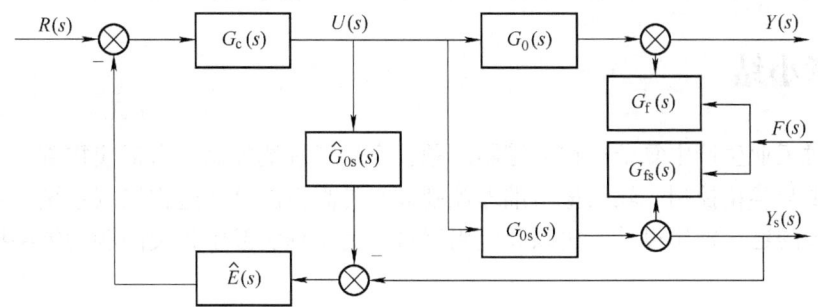

图 8-10 推理控制系统

分析表明，推理控制具有信号分离、估计器、推理控制器三个基本组成部分。

1. 信号分离

信号分离的目的是估计干扰对辅助变量的影响。由图 8-10 可知

$$Y_s(s) = F(s)G_{fs}(s) + G_{0s}(s)U(s) \tag{8-45}$$

当干扰对辅助输出通道的数学模型完全匹配时，即 $G_{f2}(s) = \hat{G}_{f2}(s)$，有

$$Y_s(s) - \hat{G}_{0s}(s)U(s) = F(s)G_{fs}(s) \tag{8-46}$$

2. 估计器

估计器 $\hat{E}(s)$ 是通过 $Y_s(s)$ 来确定不可测干扰 $F(s)$ 对主导变量的影响。已知估计器 $\hat{E}(s) = \hat{G}_f(s)/\hat{G}_{fs}(s)$，若 $G_{fs}(s) = \hat{G}_{fs}(s)$，$G_f(s) = \hat{G}_f(s)$，$G_{0s}(s) = \hat{G}_{0s}(s)$，则估计器的输出为

$$\hat{Z}(s) = \hat{E}(s)G_{fs}(s)F(s) = \frac{\hat{G}_f(s)}{\hat{G}_{fs}(s)}G_{fs}(s)F(s) = G_f(s)F(s) \tag{8-47}$$

可见，估计器的输出即为不可测干扰 $F(s)$ 对过程主要输出 $Y(s)$ 影响的估计值。

3. 推理控制器

在已知不可测干扰 $F(s)$ 对过程主要输出 $Y(s)$ 的影响后，通过设计推理控制器来使系统对设定值的变化有良好的跟踪能力，实现 $F(s)$ 对 $Y(s)$ 影响的完全补偿。由图 8-10 可知，推理控制器的输出为

$$Y(s) = \frac{G_c(s)G_0(s)}{1 + \hat{E}(s)G_c(s)[G_{0s}(s) - \hat{G}_{0s}(s)]}R(s) + \frac{G_f(s) - \hat{E}(s)G_c(s)G_{fs}(s)G_0(s)}{1 + \hat{E}(s)G_c(s)[G_{0s}(s) - \hat{G}_{0s}(s)]}F(s) \tag{8-48}$$

若模型完全匹配，即 $G_{fs}(s) = \hat{G}_{fs}(s)$，$G_f(s) = \hat{G}_f(s)$，$G_{0s}(s) = \hat{G}_{0s}(s)$，$G_0(s) = \hat{G}_0(s)$，且 $G_c(s) = 1/\hat{G}_0(s)$，则有

$$Y(s) = R(s) \tag{8-49}$$

可见，推理控制系统在模型正确无误的条件下，可以实现对设定值变化的完全跟踪，以及对不可测干扰影响的完全消除。

但是式（8-48）的推理控制器会出现高阶微分项，在物理上难以实现，为此，通常需要引入滤波器来降低微分项的阶次，即 $G_c(s) = G_1(s)/\hat{G}_0(s)$。此时，推理控制器的输出为

$$Y(s) = G_1(s)R(s) + G_f(s)[1 - G_1(s)]F(s) \tag{8-50}$$

可见，串联滤波器后，只有当滤波器的稳态增益为 1 时，系统才可以实现输出的稳态值

完全跟踪设定值的稳态值，但设定值变化的动态响应不能完全跟踪输出。

8.6 本章小结

本章针对工业生产中复杂过程的控制问题，介绍了预测控制、自适应控制、统计过程控制、故障诊断与容错控制、软测量与推理控制等5种高性能复杂过程控制系统，阐述了其基本原理、关键问题、常用设计方法以及应用背景，为工程实践中相关问题的解决提供了理论指导。

本章要求了解各类复杂控制系统的应用背景及要解决的问题，熟悉其基本原理、组成结构及特点，掌握其常用设计方法，重点掌握单步预测控制、模型参考自适应控制、容错控制、推理控制系统的设计方法，以及休哈特统计控制图的使用方法。通过本章学习，拓宽过程控制系统的设计方法，能正确分析不同工业过程的特性，并正确选择能满足工艺要求的控制系统。

8.7 习题

8-1 什么是预测控制，从系统结构和原理看，预测控制有何特点？

8-2 简述自适应控制的一般原理。

8-3 如何进行统计过程控制？

8-4 说明如何得到休哈特统计控制图。

8-5 简述故障诊断的常用方法。

8-6 容错控制有哪几类？各自有何特点。

8-7 什么是软测量技术，建立软测量模型与建立过程动态数学模型有何异同？

8-8 说明推理控制系统的工作原理。

8-9 推理控制系统有哪些基本特征，其设计的关键问题是什么？

8-10 已知某单输入-单输出过程的传递函数为 $G_0(s) = \dfrac{e^{-2s}}{8s+1}$，控制周期为 50s，试采用模型算法控制完成如下实验：

1）采用不同参数，进行仿真实验。

2）若过程的模型分别为 $\hat{G}_0(s) = \dfrac{1.5e^{-2s}}{8s+1}$、$\hat{G}_0(s) = \dfrac{e^{-3s}}{8s+1}$，进行仿真实验和控制效果分析。

第 9 章 计算机过程控制系统

计算机的应用改变了传统的工业生产方式,推动了生产过程自动化的发展。数字计算机在过程控制中的应用最早出现于 20 世纪 60 年代,用于替代常规仪表实现直接数字控制。随着微型计算机的出现,计算机过程控制从传统的集中控制系统变革为集散控制系统。伴随着计算机网络技术在工业过程领域的推广,以现场总线为标准、以微处理器为基础的现场仪表与控制系统之间进行全数字化、双向和多站通信的现场总线控制系统得到快速发展,为实现企业的综合自动化提供了实现基础。

9.1 计算机过程控制系统

计算机过程控制是计算机技术与工业生产过程相结合的产物,是生产过程自动化的基本内容。该类系统的特点是各类装置都以微处理器为核心。根据应用场合、规模和控制功能的不同,可以将其划分为:单回路或多回路控制器、可编程序逻辑控制器、工业控制计算机、集散控制系统和现场总线控制系统。

9.1.1 计算机过程控制系统结构

计算机过程控制系统的结构如图 9-1 所示。由图可见,计算机过程控制系统与简单控制系统一样,也由被控过程、检测变送单元、控制器和执行器组成。但与之不同的是,这里的控制器采用微处理器、单片机、可编程序逻辑控制器或微型计算机等实现,取代了简单控制系统的模拟控制器。由于计算机只能接受数字信号,而检测变送单元和执行器的接口信号为模拟信号,所以在上述两部分与计算机的中间存在模拟/数字转换器与数字/模拟转换器。

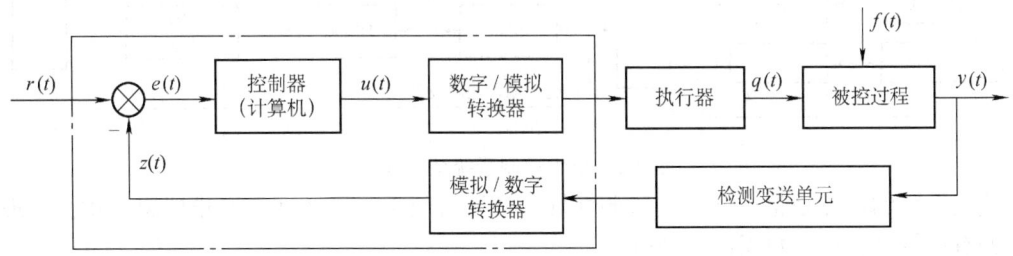

图 9-1 计算机过程控制系统结构框图

1. 计算机过程控制系统的结构特点

计算机过程控制系统相对于连续控制系统,具有以下主要特点:

1) 结构上,连续控制系统中各个环节都是用模拟器件实现;而计算机过程控制系统中,控制器采用计算机实现,检测变送单元和执行器多采用模拟器件。因此,计算机过程控制系统通常是由模拟和数字器件构成的混合系统。

2）信号形式上，连续控制系统中各点信号均为连续模拟信号；而计算机过程控制系统中存在多种信号形式，如连续模拟信号、离散模拟信号、离散数字信号、连续数字信号等。

3）工作方式上，连续控制系统中，一个控制回路仅有一个控制器；而计算机过程控制系统中，一个由计算机实现的控制器可以同时为多个控制回路服务，它采用依次巡回方式实现多路控制。为了节约巡回时间，充分发挥硬件作用，计算机控制器、模拟/数字转换器和数字/模拟转换器往往采用分时并行控制，即三个部件在同一时间针对三个不同回路工作。

4）控制算法上，计算机过程控制系统中的控制算法是通过计算机软件实现的，而数字计算机具有丰富的逻辑判断能力和大容量的信息存储单元，因此，它可以实现许多在模拟控制系统中不能或者很难实现的复杂控制策略，以及灵活的控制任务。

5）实现功能上，计算机过程控制系统的功能灵活，适应性强。连续控制系统中，控制算法越复杂，所需要的硬件也越多越复杂，而且如果要修改控制算法，就要改变硬件结构和参数；而计算机过程控制系统中，由计算机软件实现的控制算法修改方便，无需改变硬件。

2. 计算机过程控制系统体系结构的发展

计算机过程控制系统的体系结构发展经历了三个阶段：集中控制系统（Centralized Control System，CCS）、集散控制系统（Distributed Control System，DCS）、现场总线控制系统（Fieldbus Control System，FCS）。

（1）集中控制系统

如图9-2所示，集中控制系统由一台计算机、输入/输出设备和CRT、键盘、打印机等外围设备实现控制功能。计算机根据采集到的生产过程参数信息，按预先编制的控制算法，自动地进行信息加工和处理，并实时地输出控制信号。外围设备实现人机交互和计算机之间的信息交换；输入/输出设备实现计算机与生产过程之间的信息传递。

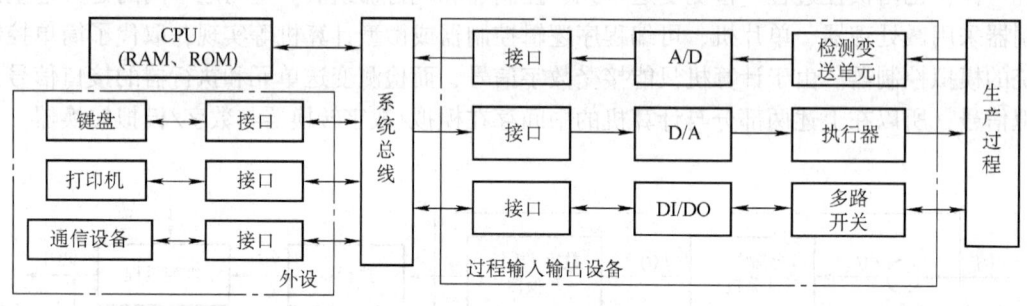

图9-2 集中控制系统结构框图

该类系统的优点是整体性好、协调性好。计算机便于统一调度和安排控制方式，实现数据库的有效管理，保证数据的一致性。

该类系统的缺点在于：由于各种功能集中在一台计算机上实现，所以当被控对象的任务数量增加时，系统的运行效率会下降，一旦计算机出现故障，可能会影响到正常的生产运行；软件的可靠性不高。大量复杂的软件由于设计不良或本身的缺陷，容易致使实际运行中出现故障；检测点和执行器距离主机较远，传输信息的线路费用较高。

（2）集散控制系统

集散控制系统针对集中控制系统中存在的问题，对集中控制系统进行合理的分解，形成了单回路、多回路分散控制与集中监视操作相结合的分布式体系结构，运用现代控制理论和大系统理论实现优化控制，实现分级协调控制和管理自动化，其体系结构如图9-3所示。

集散控制系统的核心思想是"信息集中，控制分散"。如图9-3所示，它一般由系统网络、现场控制站、操作员站和工程师站组成。其中，现场控制站、操作员站和工程师站都是由独立的计算机构成，完成数据采集、控制、监视、报警、系统组态、系统管理等功能。它们通过系统网络连接在一起，成为一个完整统一的系统，以此来实现分散控制和集中监视的目标。

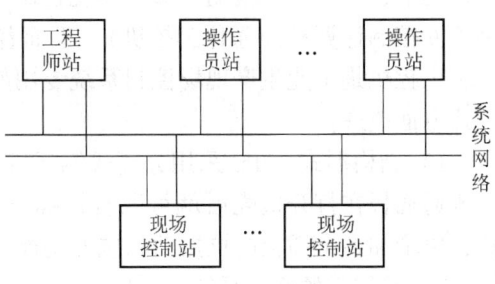

图9-3 典型的集散控制系统结构框图

集散控制系统在系统的处理能力、系统安全性和系统扩展性方面明显优于集中控制系统。集散控制系统通过多台计算机分担控制功能和范围，使处理能力大大提高，并将危险性分散；同时，系统扩充时，只要根据需要增加所需节点，并修改相应的组态，即可完成。

(3) 现场总线控制系统

随着传感器技术、通信技术、计算机技术的发展，传统的集散控制系统日益显露出其不足，如开放性差、分散不够；需要大量信号电缆及无法监控现场一次仪表设备；传输信号仍采用DC 4～20mA模拟信号等。由此，以工业现场总线为基础，以CPU为处理核心，以数字通信为变送方式的现场总线控制系统应运而生。

如图9-4所示，现场总线控制系统包括现场总线和节点。现场总线是系统的核心，它是连接现场智能设备与控制室之间的全数字式、开放、双向的通信网络。节点包括现场设备或现场仪表，如传感器、变送器、执行器等。这里不是指传统的单功能现场仪表，而是具有综合功能的智能仪表，如温度变送器不仅具有温度信号变换和补偿功能，还具有PID控制和运算功能。

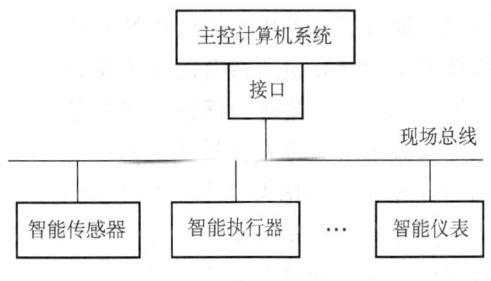

图9-4 现场总线控制系统结构图

现场总线控制系统与传统的集散控制系统相比，具有以下特点：

1) 系统结构实现全分散化，由现场设备或现场仪表取代了集散控制系统中的现场控制站和操作员站。

2) 信号传输实现了全数字化。

3) 技术和标准实现了全开放，现场设备具有互操作性，改变了集散控制系统中控制层的封闭性和专用性，不同厂家的现场设备既可互联也可互换，并可以统一组态，从而能降低系统投资成本，并减少运行费用。

4) 通信网络采用开放式互联网络，可极其方便地实现数据共享。

3. 计算机过程控制系统的计算机选择

计算机过程控制系统的核心部件是控制计算机。控制计算机可以采用单片微型计算机、工业控制计算机、可编程序逻辑控制器等。根据系统要求不同，可以作出不同的选择。对于被控变量较少、控制功能单一、不需要显示过多数据的场合，可以选用单片机或可编程序逻辑控制器；对于既要检测，又要实现控制，同时要显示、打印大量生产数据的场合，一般选用工业控制计算机（简称工控机）。下面着重介绍工业现场应用广泛的工控机。

工控机是工业生产现场控制系统专用的 PC 机，简称 IPC。IPC 在 PC 机的基础上作了以下几方面改进：

1）结构形式。IPC 采用分离式钢板机壳取代了 PC 的大盒盖，从而提高了可维修性，使得普通插板在打开机壳后就可以直接插拔更换。在各个插板的上方，增加了一条横放的压杆，以增加各个插板的抗振动和抗冲击能力。

2）采用无源底板系统。采用 LSI 技术将 PC 底板的功能集中。

3）防尘能力。机壳前部设置一个带过滤网的强力风扇，不仅加强散热，而且使机壳内形成正风压，增强了抵抗环境粉尘的能力。

4）增加扩展槽的数量。在无源底板上，扩展总线变成了具有几十个插槽的总线，从而大大提高了可插入的插板数量。

5）减小插板尺寸，增加导轨并采取紧固措施。把 PC 插板的规格制成欧洲总线双宽或单宽的结构，并将边缘连接器改为针型连接器。

由此，IPC 不仅具有普通 PC 的优点，而且增加了许多新功能，如实时响应处理、丰富的输入/输出接口等，特别适用于运行环境恶劣的工业生产现场。

9.1.2 数据采集及数据转换

在生产过程中，大量存在的是连续变化的物理量，如温度、压力、流量等。这些量为模拟量，而数字计算机所能处理的是数字量，为在计算机与生产过程间建立起一种信号桥梁，构建了工业计算机所特有的外围接口设备，即图 9-2 中的过程输入/输出设备，实现信号的变换、隔离、采集等。通过这些设备，生产过程中的所有工业参数（如模拟量、开关信号、脉冲与频率信号等）被转化为数字信号送入计算机；计算机发出的控制信号（如设定值、阀门开度等）转化为具体操作量送到执行器去控制生产过程。

按照信号流向与类型，可将过程输入/输出设备划分为模拟量输入、数字量输入、模拟量输出、数字量输出 4 种类型。

1. 模拟量输入

模拟量输入（Analog Input，AI）就是把来自于被控过程的温度、压力、流量、料位和成分等模拟量信号转换成计算机可以处理的数字信号。

模拟量输入的核心就是模/数转换器（Analog to digital converter，A/D 或 ADC），它用于实现模拟量向数字量的转换，其主要指标有：

（1）分辨力

从连续变化的模拟量转换成离散的数字量，包括采样与量化两个过程。采样是将模拟量转换为离散量；量化是用一个共同的单位量（称为量化单位）对每个采样值进行量化，以便进行数字编码（通常采用二进制编码），得到数字输出。显然，量化单位越小，输出数字变化一个最小位所需要的输入模拟量就越小，即 A/D 转换器的分辨能力越强。因此，称量化单位为分辨力，即 A/D 转换器的输出每改变 1LSB 所对应输入模拟量的最小变化值。

设 A/D 转换器的最大输入幅值为 V、位数为 n，其分辨力为 $1LSB = V/(2^n - 1)$。显然，分辨力与输入信号量程以及输出位数 n 有关，n 越大，分辨力越强。

（2）转换精度

它是指对应于一个给定数字量的实际模拟输入值与理论模拟输入值之间的差值，常用百分数表示。A/D 转换器的误差来源于零位误差、量化误差与非线性误差。其中，量化误差是由于采用有限数字对模拟数值进行离散取值而引起的，是 A/D 转换过程中不可避免的、不可能完全消除的主要误差。通过提高分辨力可减少量化误差。

（3）转换时间与转换速率

转换时间是 A/D 转换器完成一次转换所需的时间；转换速率是转换时间的倒数。一般位数越多，转换时间越长。显然，转换时间越短，在一定时间内，计算机可以接收的过程数据越多。

模拟量输入通道通常作成采集板或模块的形式。其结构如图 9-5 所示，一般由多路开关、前置放大器、采样保持器（S/H）、模/数转换器、接口与控制电路等组成。其中，前置放大器和采样保持器可根据需要来选择。如果模拟输入电压信号已满足 A/D 转换量程要求，则不必再用前置放大器；如果在 A/D 转换期间，模拟输入电压信号变化微小，且在 A/D 转换精度之内，则不必选用采样保持器。此外，A/D 转换模板应具有通用性，比如符合总线标准，用户可任选接口地址、选单端输入或双端输入、前置放大器增益等。

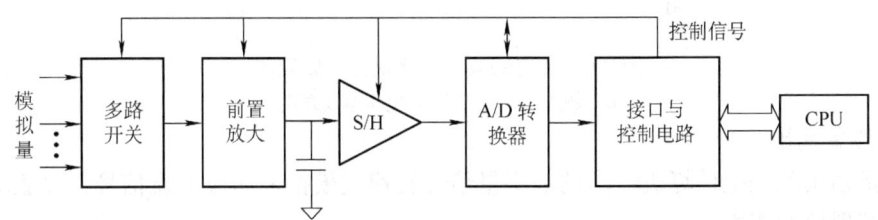

图 9-5 模拟量输入通道

模拟量输入通道的工作过程是：在 CPU 控制下，由接口控制电路控制多路开关将过程参数选中，经过前置放大器、采样保持器送到 A/D 转换器，并由控制电路启动 A/D 转换过程，转换完毕后，将结果经接口送入计算机。

模拟量输入通道的主要性能指标有：

1）输入通道数。通常有 4 路、8 路、16 路等。

2）输入信号。输入信号通常为电压信号（如 0～10V 或 1～5V）和电流信号（如 4～20mA）。

3）A/D 转换位数。通常为 8 位、10 位、12 位、14 位等。

4）转换精度。有 0.01%、0.1% 等。

5）线性度。理想的模拟量输入通道特性是线性的。在满刻度范围内偏离理想转换特性的最大误差称为线性误差，常用百分数表示。

6）采集时间或采集速度。采集一个有限数据所花的时间就是采集时间；采集速度是指每秒钟能采集的输入数据数目。

在选择模拟量输入通道时，不能盲目追求精度与速度，必须综合考虑，在满足需要的前提下，尽量选择性价比高的产品，这也是精度较高、速度较快的 12 位逐位逼近式 A/D 转换器在过程控制系统中得到广泛使用的原因。

2. 数字量输入

数字量又称开关量，是指生产过程中的电接点（通或断）信号或逻辑电平（0 或 1）信号。前者又称为触点式信号，后者又称为电压式信号。数字量输入就是将生产过程中的开关数字量传送到计算机里。

在数字量的采集过程中，为防止现场干扰信号窜入计算机，需采用隔离技术。通常使用光电耦合器实现数字输入信号的隔离，如图 9-6 所示。图 9-6a 为触点输入方式。当开关触点 K 闭合时，发光二极管亮，光敏晶体管导通输出高电平；反之，开关断开，发光二极管灭，光敏晶体管截止，输出低电平。图 9-6b 为电压输入方式。当输入电压 U_i 为高电平时，发光二极管亮，光敏晶体管导通，输出高电平；反之，开关断开，发光二极管灭，光敏晶体管截止，输出低电平。

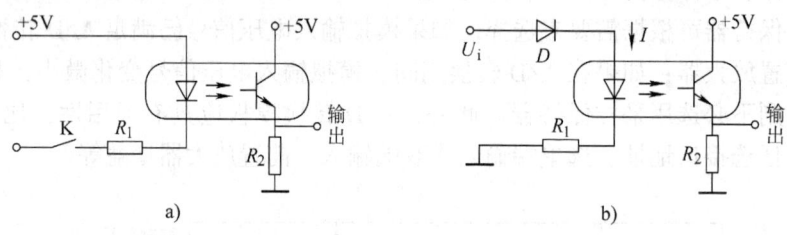

图 9-6 光电隔离型数字量输入原理图
a）触点输入方式 b）电压输入方式

3. 模拟量输出

模拟量输出就是把计算机输出的数字量信号转换成模拟电压或电流信号，以驱动相应的执行器，实现控制作用。

模拟量输出通道一般由接口电路、数/模转换器、输出电路等构成，如图 9-7 所示。其中，接口电路一般包括数据缓冲与寄存器、地址缓冲与译码器等；输出电路用于为执行器提供不同形式的输出信号。本电路的核心是数/模转换器（Digital to Analog Converter，D/A 或 DAC）。

图 9-7a 中，每个通道都有一个 D/A 转换器，因此不需要再采用保持器；而图 9-7b 中，所有通道共用一个 D/A 转换器。因此，它必须在计算机控制下进行分时工作，需要设置保持电路。图 9-7a 电路需要的 D/A 转换器多，但可靠性高、速度快；而图 9-7b 可节省 D/A 转换器，但速度慢、可靠性较差，所以不适用于快速系统。

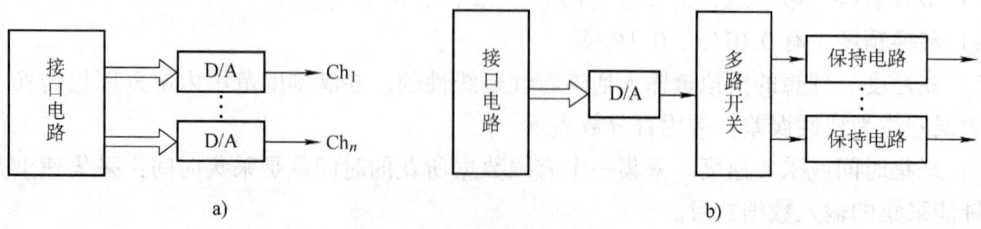

图 9-7 模拟量输出电路图
a）一个通道有一个 D/A 转换器 b）多个通道共用一个 D/A 转换器

模拟量输出通道的主要性能指标有:

1) 输出通道数。通常有4路、8路、16路等。
2) 输出信号。输出信号通常为电压(如0~10V或1~5V)和电流(如DC4~20mA)。
3) 转换位数。通常为8位、10位、12位等。
4) 转换精度。有0.01%、0.5%等。
5) 线性度。线性误差用最低有效位LSB的分数来表示。
6) 输出响应(稳定)时间。输出达到稳定所需的时间。

与模拟量输入通道选型一样,模拟量输出通道也应在满足需要的前提下,尽量选择性价比高的产品。

4. 数字量输出

数字量输出就是将计算机输出的0或1信号转换成电平信号和接点信号。

数字量输出通道如图9-8所示。根据实际情况,计算机可以通过I/O接口电路直接对执行器进行控制,也可以通过半导体开关、继电器或固体继电器等实现控制,也可以输出一系列脉冲驱动步进电动机工作。

与数字输入通道一样,为防止干扰窜入计算机,数字量输出通道需设置隔离电路。常见的隔离电路有光电隔离、脉冲变压器隔离及干簧继电器隔离等。

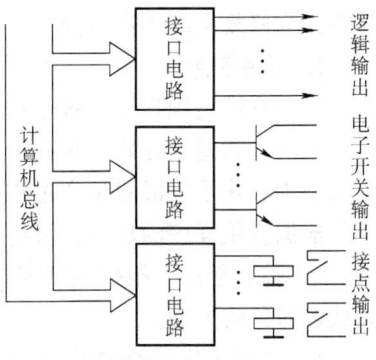

图9-8 数字量输出通道原理图

9.1.3 控制系统软件体系

计算机过程控制系统的软件包括系统软件和应用软件两部分。系统软件是指为提高计算机使用效率、扩展功能,为方便用户使用、维护、管理计算机所提供的程序总称;应用软件是用户为解决生产过程控制问题而提出的,一般由用户自行设计和编制,它是为完成特定控制功能而编写的各种程序的总称。

1. 系统软件

计算机过程控制系统是一个实时系统,要求软件具有实时性、可靠性、灵活性。实时性是指计算机对被控过程送来的信息能及时处理,并输出相应的信息,实现对被控过程的及时控制。因此,计算机应配备有实时监控程序或实时操作系统,实现对计算机资源、输入/输出接口和有关外设的管理,以及模块的调度和周期任务;同时,应具有处理中断的能力,以管理实时时钟、实时文件以及计算机通信。

根据计算机过程控制系统的要求,用户编写在计算机系统上运行的应用程序。因此,计算机的系统软件通常包括以下几类:

1) 编辑程序。用于对程序进行插入、增补、删除、修改、移动等编辑加工,并在磁盘上建立源程序文件。

2) 编译程序。计算机不能执行源程序,只能执行机器代码。编译程序就是把用户应用源程序"翻译"成机器代码;并在编译过程中,对用户程序进行语法检查并显示出错信息。

3) 连接程序。源程序进行编译后,形成浮动地址目标程序,而计算机最后执行的是绝对地址的目标程序。连接程序就是将浮动地址的目标程序连接起来,形成一个完整的绝对地址的目标程序。

4）调试程序。实现设置断点和启动地址、单步跟踪等跟踪功能，修改、检查内存和寄存器、移动内存内容的功能，读写磁盘的功能。

5）子程序库。由于有关外设（如打印机、键盘、磁盘、显示设备等）程序的编写较复杂，而且计算机中常常要有应用面广、使用频繁的算式和代码转换程序，所以为简化用户编程，系统程序中提供了这些应用的子程序库。子程序库是经过系统软件设计者仔细推敲并经长期运行考验后设计而成的，一般比较合理。用户只需了解这些子程序的功能和调用条件，就可以直接在程序中通过调用来使用了。

6）诊断软件。随着计算机结构的日益复杂，维修计算机也逐渐困难，因而需要系统软件中包括有诊断软件。当计算机发生故障时，诊断软件能迅速地指出故障类型和发生故障的部件，为修复系统提供方便。

2. 应用软件

应用软件是用户针对各个过程控制系统的任务特点和要求编制的，具有实时性和针对性强、灵活性和通用性好、多种输入/输出功能强、可靠性高等特点。目前，在计算机过程控制系统中，除了完成对生产过程的控制外，还要对生产过程进行管理。

根据应用程序的功能，可将应用程序划分为以下几类：

1）控制程序。根据控制理论设计所得的控制算法编制，编制相应的应用程序，以实现对被控对象的控制。

2）数据采集和处理程序。它包括数据可靠性检查程序、A/D 转换及采样程序、数字滤波程序、线性化处理程序等。其中，数据可靠性检查程序用于检查输入数据是可靠数据还是故障数据；数字滤波程序用于滤除干扰造成的错误数据或不宜使用的数据；线性化处理程序用于对检测元件或变送器的非线性进行补偿。

3）巡回检测程序。它包括画面显示程序、越限报警程序、事故预告程序等。其中，画面显示程序采用图、表等形式在显示器上形象地反映生产状况；越限报警程序用于对生产过程中某些超过限定值的量值进行报警；事故预告程序是指在生产过程中，某些量不允许超过限定值，若从这些量的变化趋势看，有可能超过限定值时，则发出事故预告信号。

4）数据管理程序。它包括统计报表程序、产品销售程序、生产调度程序、库存管理程序和产值利润预测程序等。其中，统计报表程序可以按生产管理部门的要求，生成并打印各种格式的报表。

通过上述应用软件，可以实现对实时数据的保存和处理，其操作过程如图 9-9 所示。

3. 系统组态

计算机过程控制系统的丰富功能是以软件为基础的。通常，软件功能靠软件人员编程实现，其工作量很大，且通用性差；针对不同控制系统，需重新修改或设计应用软件，从而使软件的可靠性降低。

系统组态是一个功能齐全、通用性强的组态工具软件，可以适应诸多类型的应用对象。系统组态中，可执行程序代码部分一般是固定不变的；针对各种不同

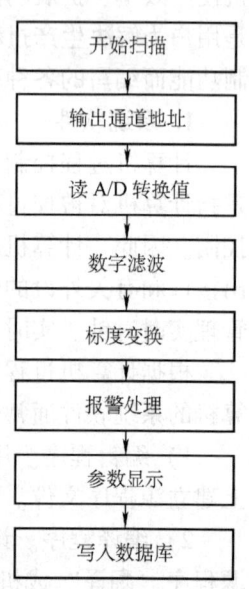

图 9-9 数据操作过程

的应用对象，只需要改变数据实体即可。这既提高了系统设计速度，又保证了软件的成熟性与可靠性。组态工具软件是将实时数据库、点记录、历史数据库、图形显示、控制回路等软件的结构与实现进行标准化、通用化，使执行软件固定化。因此，组态软件可以通过编辑方法，方便地生成这些数据记录。

系统组态功能包括：实时数据库生成、历史数据库生成、图形生成、报表生成、顺序控制生成、连续控制系统生成等。

(1) 实时数据库生成

它是最基本的组态功能，用于建立和修改实时输入/输出点记录，保存应用对象各种信号的综合信息。实时数据库的生成方法有：借助通用数据库工具，生成数据库文件，再用转换程序转换成计算机所需结构形式；用文本编辑器编辑一个 ASCII 码源文件，再用转换程序转换成可执行的数据记录格式；设计一个具有操作指导和提示的屏幕编辑器，将屏幕画面格式与数据格式相对应，从而为每一类数据点设置一幅编辑界面。

实时数据库设计时，要对每个测控点设计一项记录，每个记录用一个二进制数设置一个标识符（ID）。所有记录按照其标识的大小顺序排列，以便直接、快速地进行访问。

(2) 连续控制系统生成

用户利用系统提供的功能齐全、使用方便的组态软件，针对被控过程，构建控制回路结构，实现控制参数设定，并产生一个可供执行的目标文件，下装到计算机上。

(3) 图形生成

不同的组态软件为用户提供的组态操作方法不同。通常，组态软件使用图标表示各种功能模块，用连线表示功能模块之间的输入/输出关系。用户根据系统设计要求，选取需要的功能模块，点击并拖移模块图标到适当位置；再用连线将功能模块的输入/输出按照信息流的方向，顺序连接起来；确认之后便完成了图形组态。在图形组态的参数设计中，用户只需要双击模块图标，打开模块对应的参数设置对话框，完成并确定参数设置即可。

目前，国内外许多厂商都开发了功能强大的组态软件。例如：GE 公司的 Cimplicity，Intellution 公司的 FIX，iFIX，Rockwell 公司的 RSVIEW，Simens 公司的 Wincc，美国 NI 公司的 LabVIEW，国内的组态王等。本书附录 B 将对常用组态软件进行简要介绍。

总体而言，计算机过程控制系统的软件在实现过程中要求具有多任务结构。所谓多任务结构是指计算机并行地运行几个不同的程序，分别处理不同的事件和完成不同的任务。在多任务结构中，多个任务往往以某种方式分时占用 CPU。例如：电厂化学中和池的废水处理计算机控制系统。该系统具有两个主要任务：一是检测并记录中和池液位、pH 值和其他开关量状态；二是根据检测到的 pH 值，通过执行控制算法计算控制输出。计算机要完成上述两项任务，就需要采用多线程机制来实现多任务结构程序。

9.1.4 数字 PID 控制算法

PID 控制算法由于原理简单、易于实现、鲁棒性强等优点，在工业生产过程中得到广泛应用。当控制器采用数字计算机实现时，各种数据的处理在时间上是离散的，数据采样、控制运算、数据输出要在一个采样周期内完成，这与连续控制系统不同。因此，要求控制器的设计必须符合上述数字控制方式的要求。数字 PID 控制算法就是由模拟 PID 控制算法经数字化得到的。

由第 6 章可知，模拟 PID 控制算法表示为

$$u(t) = K_c\left(e(t) + \frac{1}{T_I}\int_0^t e(t)dt + T_D \frac{de(t)}{dt}\right) + u_0 \tag{9-1}$$

式中 $u(t)$——控制器输出量；
$e(t) = r(t) - y(t)$——被控量设定值与测量值之间的偏差；
K_c——比例增益；
T_I——积分时间常数；
T_D——微分时间常数。

由此，得到 PID 控制器的传递函数为

$$G_c(s) = \frac{U(s)}{E(s)} = K_c\left(1 + \frac{1}{T_I s} + T_D s\right) \tag{9-2}$$

设 T_c 为采样周期，若以矩形面积近似代替式 (9-1) 中的积分项，以一阶后向差分近似代替式 (9-1) 中的微分项，有

$$\begin{cases} \int_0^t e(\tau)d\tau = \sum_{i=0}^k T_c e(i) \\ \dfrac{de(t)}{dt} = \dfrac{e(k) - e(k-1)}{T_c} \end{cases} \tag{9-3}$$

式 (9-3) 即为将式 (9-1) 的模拟 PID 控制算法转变成为便于计算机实现的离散 PID 控制算法形式，一般有位置式、增量式、速度式三种。

1. 位置式 PID 控制算法

$$u(k) = K_c\left\{e(k) + \frac{T_c}{T_I}\sum_{i=0}^k e(i) + \frac{T_D}{T_c}[e(k) - e(k-1)]\right\} + u_0 \tag{9-4}$$

式中 $u(k)$——k 时刻数字 PID 控制器的输出。

它与执行器的位置相对应，故称为位置式 PID 控制算法。

位置式 PID 控制算法不能直接与执行器连接，必须经 D/A 转换器转化为模拟量，并经过保持电路，使输出信号保持到下一采样周期输出信号到来为止。由于计算机的输出直接与执行器位置相对应，如果计算机出现故障，$u(k)$ 发生大幅度变化，就会引起执行器的较大变化，使被控过程发生波动，不利于生产过程的安全稳定。另外，该算法在计算过程中需要累加输入误差 $e(i)$，不仅要占用较多的存储单元，而且计算费时、不便编程实现。

2. 增量式 PID 控制算法

增量式 PID 控制算法是指数字控制器的输出是控制量的增量 $\Delta u(k)$。根据式 (9-4) 可以得到 $(k-1)$ 时刻的控制输出，为

$$u(k-1) = K_c\left\{e(k-1) + \frac{T_c}{T_I}\sum_{i=0}^{k-1} e(i) + \frac{T_D}{T_c}[e(k-1) - e(k-2)]\right\} + u_0 \tag{9-5}$$

将式 (9-4) 减去式 (9-5)，得到 k 时刻的控制输出增量为

$$\Delta u(k) = K_c[e(k) - e(k-1)] + \frac{T_c}{T_I}e(k) + \frac{T_D}{T_c}[e(k) - 2e(k-1) + e(k-2)] \tag{9-6}$$

由于 $\Delta u(k)$ 是 k 时刻的控制输出增量，所以 k 时刻的实际控制输出量应为

$$u(k) = u(k-1) + \Delta u(k) \tag{9-7}$$

式(9-7)称为增量式数字 PID 控制算法。

虽与位置式数字 PID 控制算法相比只作了一点改变,但该算法具有以下优点:计算机只输出控制增量,如果计算机出现故障或误动作时,对被控过程的影响较小,必要时可增设逻辑保护;手动/自动切换方便,冲击小;算式不需要累加,只需记住 4 个历史数据,即 $e(k-2)$、$e(k-1)$、$e(k)$ 和 $u(k-1)$,占用存储空间较少,计算方便。

但是,需要注意的是,增量式数字 PID 控制算法必须采用具有保持历史位置的执行器,比如使用步进电动机作为执行机构时,将输出增量 $\Delta u(k)$ 变换成驱动脉冲,驱动步进电动机从历史位置正转或反转若干度。另外,由于积分截断效应大,存在静态误差。

3. 改进型 PID 控制算法

由于实际控制回路都可能存在高频干扰,所以几乎所有的数字控制回路都设有一级低通滤波器,以限制高频干扰的影响。设低通滤波器的传递函数为

$$G_1(s) = \frac{1}{T_1 s + 1} \tag{9-8}$$

则由低通滤波器和 PID 控制算法相结合构成系数的传递函数为

$$G(s) = \frac{U(s)}{E(s)} = \frac{K_c}{T_1 s + 1}\left(1 + \frac{1}{T_1 s} + T_D s\right) \tag{9-9}$$

若令 $T_1 = T_D/K_D$,其中 $K_D = K_c \dfrac{T_D}{T}$,将其代入式(9-6)可得改进型增量式数字 PID 控制算法为

$$\Delta u(k) = a_0 \Delta u(k-1) + a_1 e(k) + a_2 e(k-1) + a_3 e(k-2) \tag{9-10}$$

其中,$a_0 = \dfrac{d_1 - 1}{d_1}$;$a_1 = \dfrac{K_c}{d_1}\left(1 + \dfrac{T_c}{T_I} + \dfrac{T_D}{T_c}\right)$;$a_2 = -\dfrac{K_c}{d_1}\left(1 + \dfrac{2T_D}{T_c}\right)$;$a_3 = \dfrac{K_c T_D}{d_1 T_c}$;$d_1 = 1 + \dfrac{T_D}{K_D T_c}$。

为了改善数字 PID 控制的动态特性,通过在实践中不断摸索,总结经验,并结合计算机的特点,提出许多种改进的数字 PID 控制算法,如微分先行 PID 控制算法、带死区的 PID 控制算法、积分分离 PID 控制算法等。

9.2 集散控制系统

集散控制系统是以微型计算机为基础,将分散型控制装置、通信系统、集中操作与信息管理系统综合在一起的新型过程控制系统。它继承了常规仪表的控制分散和单元组合的优点,发挥了计算机控制的监视集中和使用灵活的长处,形成新一类性能优越、使用灵活、可靠性高的工业自动化产品。

9.2.1 集散控制系统组成

集散控制系统是一种利用控制技术、通信技术、计算机技术和 CRT 技术对生产过程进行集中监视、操作、管理和分散控制的过程计算机系统。它一般由集中操作与管理系统、分散控制单元和通信系统三部分组成,如图 9-10 所示。

分散控制单元是基于微处理器的过程控制单元，实现 DCS 与生产过程的接口，按地理位置分散于控制现场，实现对生产过程的控制。每个控制单元可以独立地控制一个或数个回路，具有几十种甚至上百种运算功能。

集中操作与管理系统由系统操作站、各种管理单元和管理计算机组成，用于系统的集中监视与操作、系统的组态与维护以及系统的信息管理和优化控制。

通信系统是 DCS 各单元的内联网络，用于连接系统各单元，完成数据、指令及其他信息的传递。

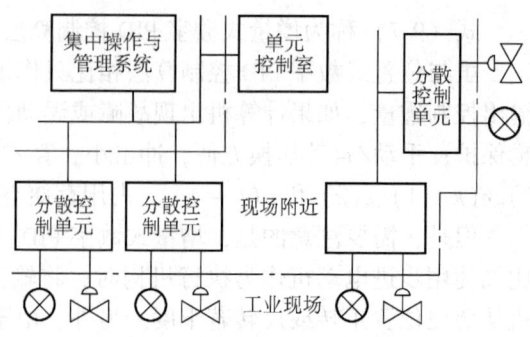

图 9-10　集散控制系统组成结构

1. 集散控制系统的特点

由图 9-10 可见，集散控制系统与常规仪表控制系统以及集中控制系统相比，具有以下几方面显著特点：

（1）功能分散

功能分散是指对过程参数的检测、运算处理、控制策略的实现、控制信息的输出及过程参数的实时控制等都是在现场的过程控制单元中自动进行，从而实现了功能的高度分散。一方面，控制和数据采集设备可以尽可能地接近现场安装，避免了模拟信号的远距离传输，提高了运行的可靠性；另一方面，所有的过程控制单元都由自身的计算机管理，使系统发生故障时影响面小，危险分散，提高了系统的安全性。

（2）信息综合与集中管理

集中监视可以提供丰富的显示手段和显示方式，给出全局和局部的运行信息，更好地监视和管理生产过程。集中管理与操作可以保证操作的一致性，改变系统运行条件的操作是由专门人员进行，减少了误操作的可能。

（3）开放的系统结构

集散控制系统的硬件和软件设计成模块式，具有较好的开放性、通用性，扩展方便；可以根据规模需求，灵活组建不同配置的系统。

（4）系统可靠性高

集散控制系统采用冗余（增加额外设备）技术和容错技术，各单元都具有自诊断、自检查和自修复功能，以及故障自动报警功能，大大提高了系统的可靠性。

2. 集散控制系统的发展

继美国 Honeywell 公司率先推出集散控制系统 TDC-3000 之后，美国、西欧及日本的其他公司也相继推出了自己的集散控制系统，如美国 Bailey 公司的 Network-90、INFI-90，Foxboro 公司的 Spectrum、I/A Series，日本横河公司的 Centum 等。各公司推出的集散控制系统风格各异，即使是同一厂家，早期产品和近期产品也有差异。在此期间，集散控制系统的发展大致经历了三个阶段。

（1）第一阶段：从 20 世纪 70 年代中期到后期

这一阶段的集散控制系统保留了直接数字控制的集中监视功能，将控制功能分散到现场去，通过总线将监视和控制两级连成整体，实现信息和数据的交换。它一般由过程控制单元、数据采集装置、CRT 操作站、监控计算机和数据传输通道 5 部分构成。其中，数据采集装置用于采集非控制变量并进行数据处理，然后将处理后的数据经数据传输通道传送给 CRT 操作站；CRT 操作站是系统的人/机接口装置，实现监控组态和数据查询、报警、管理等功能；监控计算机负责监视和管理系统中各个工作站的信息，实现整个系统的优化控制和管理。

该类系统的现场控制比较简单，没有高级控制算法，监视的功能较少，上下级之间的信息交换量少，通信速度相对较慢，主要功能还是集中在常规控制上。

（2）第二阶段：20 世纪 80 年代

随着大规模集成电路的发展，16 位以上微处理技术的成熟，以及局域网技术的应用，逐渐形成了以局域网构建的集散控制系统。系统中各单元都被看成网络节点的工作站，从而使通信能力大大增强。它一般由节点工作站、中央操作站、系统管理站、管理计算机、网关和局域网络 6 部分构成。其中，节点工作站是指过程控制站或现场控制单元，不仅具有连续控制功能，还具有数据采集、批量控制等功能；中央操作站通过画面对整个系统的信息进行综合管理，实现人/机交互；系统管理站实现全厂的优化控制、经营管理和生产管理等；网关用于实现局域网与其他工业网络的接口。

该类系统的监视和管理功能扩大，各节点工作站的控制功能增强，实时操作系统和图形显示技术更加完善，网络中的通信协议随标准化网络的应用而得到推广，数据传送也更加可靠、快速。

（3）第三阶段：20 世纪 80 年代后

在此阶段，集散控制系统不仅包含生产过程的控制和监视，还引入了更多的管理信息，使其成为过程自动化和管理自动化相结合的综合自动化系统。网络规模也明显扩大，包含服务于控制和监视的底层网和服务于信息管理的上层网。控制节点更引入了预测控制、自适应控制、智能控制等更多先进控制算法，从而大大提高了控制品质。同时，在系统中还采用了多层次的可靠性技术，以更好地满足复杂工业生产过程的可靠工作需求。

9.2.2 集散控制系统的递阶结构

集散控制系统的基本特征是分散控制、集中管理、具有多级递阶结构，即从上而下可以划分为经营管理级、生产管理级、过程管理级和过程控制级四层，如图 9-11 所示。

1. 过程控制级

过程控制级是集散控制系统的基础，是实现生产过程分散控制的关键。在这一级上，过程控制单元直接面向生产过程，完成以下主要任务：

1）实时过程数据的采集和处理。对生产过程的各个过程变量和状态信息进行实时数据采集，保证获得数字控制、设备监测、状态报告等所需要的现场信息。

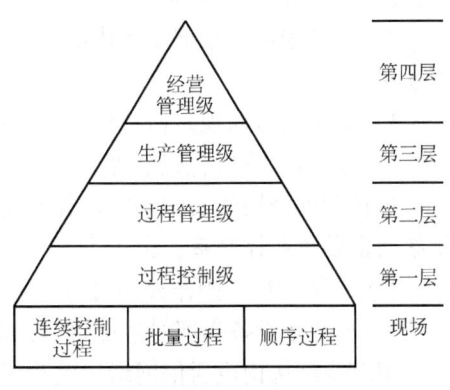

图 9-11　集散控制系统的分层结构

2）设备监测和系统测试与诊断。根据过程变量和状态信息，分析并确定是否对被控装置实施调节，并判断计算机系统硬件和控制板的状态和性能，在必要时进行报警或诊断报告等。

3）实施安全性、冗余化方面的措施。发现计算机系统硬件或控制板有故障时，及时切换到备用部件，以确保整个系统安全进行。

4）直接数字控制。根据系统需求，选择控制功能。一般过程控制级具有反馈控制、顺序控制和批量控制三种方式。反馈控制用于保证过程的关键变量按照工艺要求的规律变化，为提高控制品质，串级控制、预测控制等先进控制算法先后被引入现场控制中；顺序控制用于保证设备的状态如阀门的开闭、电动机的起停等，按照指定的逻辑顺序变化，一般采用按时间原则、按位置原则两种方式设计动作的顺序，通过可编程序逻辑控制器或专门软件实现；批量控制是针对冶炼过程、机械加工等间歇生产过程，将反馈控制与顺序控制相结合而构成。

构成过程控制级的硬件设备包括过程控制单元、过程输入/输出单元、信号变换器、备用盘装式仪表等。其中，过程控制单元一般采用框架式结构，即在一个控制柜中设有专门框架，内设若干个槽，每个槽内可插入一块指定功能的功能卡，各功能卡之间通过底板上的总线连接。槽数的多少就反映了其功能多少。例如，TD-3000 的基本控制器框架有 11 槽，可实现对 8 个回路的控制。不同的 DCS 产品，其功能卡上的功能划分及卡的结构不同，但通过组合后实现的任务是相同的。

过程控制级的软件主要是提供控制功能和通信功能，具体包括：数据采集和输入/输出处理，如滤波、线性化、工程单位换算等；极限检测和超限报警；反馈控制功能，包括 PID 控制及其改进；顺序控制及逻辑运算功能；数值计算功能，如算术运算、动态信号处理等；控制信号和指示信号的输出；控制单元之间以及控制单元内部的通信功能。

2. 过程管理级

过程管理级综合监视系统各控制单元，管理全系统的所有信息，完成集中显示操作、控制回路组态和参数修改等任务，通过它可实现全系统的最优控制和优化管理。其具体功能和主要任务为：

1）优化控制。当现场条件发生改变时，过程管理级计算机根据优化策略，进行分析计算，产生新的设定值和调节值交由过程控制级执行。

2）协调控制。根据单元内的产品、原材料、库存以及能源使用情况，以优化准则协调相互关系等。

3）系统运行监视。监视整个系统的运行参数、状态，制定生产记录报表，进行报警显示，故障显示、分析、记录等。

过程管理级用于实现集中操作和统一管理，主要由操作站、通信设备等构成。其中，操作站通常设置在控制室，由工业控制计算机或工作站、键盘、光标控制设备（鼠标或轨迹球）、大屏幕 CRT、操作控制台等硬件设备和软件组成，如图 9-12 所示。它利用 CRT 和键盘等人/机交互设备实现对生产过程的集中操作和监视，以及信息综合和集中管理。通信设备采用总线结构构成通信网络，实现过程管理级的信息传输。

根据操作人员的不同，操作站又可划分为操作员站和工程师站两类。

（1）操作员站

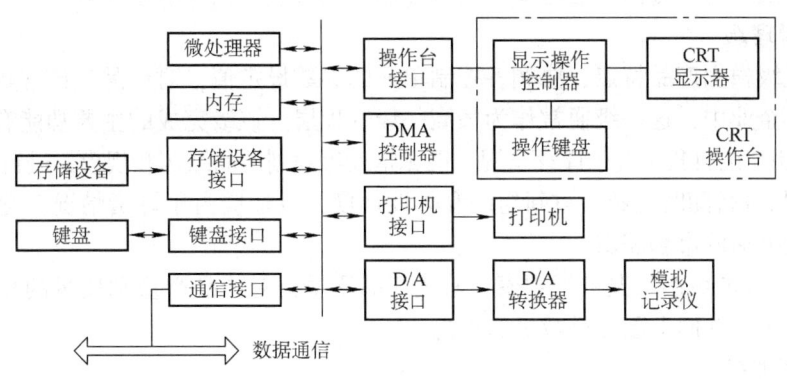

图 9-12 操作站结构框图

操作员站是系统与操作人员之间的接口，为操作人员提供现场运行的状态、参数的当前值以及是否有异常情况等的显示；同时提供系统相关操作，实现系统的管理。

显示是操作员站的基本功能，具体包括以下几类显示：工艺流程图和控制界面，要求按工艺流程显示系统整体的设备、控制点和监视点，并能方便地切换不同画面；报警提示界面，用于显示未被确认的报警信息；控制回路界面，用于显示系统中全部反馈控制回路的工况，并调整回路的设定参数；过程趋势界面，通常包括实时趋势图和历史趋势图，分别用于显示过程参数从某一时刻到当前时刻的变化曲线和过去某一段时间内的变化曲线；提示信息界面，用于显示已定义的工况信息；记录和表格界面，按用户定义格式输出记录数据和表格、报表。

操作员站的操作是用来管理系统的正常运行，通常包括：用户通过定义操作键盘上的功能键来实现特定操作命令；实现控制回路中设定值和控制参数的修改；通过打印机打印、磁盘保存等方式来输出状态信息、报警信息以及其他操作信息。

（2）工程师站

工程师站是面向工程师，提供对生产过程的监控操作，对系统进行离线配置、组态和编程，实现生产过程的优化控制等功能的网络节点。其具体功能为：

1）系统离线配置与组态功能

系统组态用于生成和变更操作员站和现场控制站的功能，通常包括以下几方面：硬件配置。定义各现场控制单元的站号，进行单元内 I/O 配置，如定义各 I/O 信号性质、信号调理类型等；数据库组态。定义系统数据库的各种参数。系统数据库包括实时数据库和历史数据库。实时数据库组态主要包括定义各过程参数的名称、工程量转换系数、上下限值、线性化处理、报警特性和条件等，历史数据库组态主要定义进入历史数据库的数据及保存周期等；回路组态。定义各控制回路的控制算法、调节周期、调节参数和有关系数等。

2）系统监控功能

系统监控功能用来检查组态后系统的工作状况，包括对各过程控制单元的运行状态、各操作员站的运行情况、网络通信情况等的监控，以便在发生异常时，能及时采取措施进行维护或调整，不至于造成生产过程失控或产生损失。

3）系统管理功能

它用来管理系统文件，一方面将组态文件自动加上信息，生成规定格式的文件，便于保存、检索和传送；另一方面对这些文件进行复制、列表、初始化或重建等。

3. 生产管理级

生产管理级根据产品特点，协调各控制单元的参数设定值，对产品生产进行总体协调和控制。在中小企业中，这一级通常作为最高一级管理层。该级完成的主要功能有：

1）根据用户的订货情况、库存情况、能源情况等规划产品结构和规模，进行生产调度。

2）对产品进行随时更新、重新组织和柔性调度，以适应由于订货情况变化所造成的不可预测事件及灵活的市场需求。

3）对工厂级的生产状况进行观察，监测产品质量，对产品产量和质量的相关数据进行统计和报表制定，并向上层传递数据和信息。

4. 经营管理级

经营管理级完成工程技术、商务事务、人事及经济等方面问题的集体协调和管理任务，实现整个系统的最优化。其典型功能包括：市场分析、用户信息的收集、订货统计分析、销售与产品计划、合同事宜、接收订货与期限监测、产品制造协调、价格计算、生产能力与订货的平衡、订货的分发、生产与交货期限的监视、生产与订货报告、财政报告等。这些功能通常被集成在管理软件系统中。

值得注意的是，并不是所有集散控制系统都具有4层功能，大多数中小规模系统只有一、二层，少数使用到第三层，大规模系统才具有第四层。

9.2.3 集散控制系统的通信网络

为了实现集散控制系统"分散控制，集中管理"的任务，要在系统的各节点之间建立信息交换通道，从而构成一个通信网络体系。

集散控制系统的通信网络具有以下特点：

(1) 实时性强

它要求能及时地传送现场过程信息和操作管理信息。通常其响应时间为 $0.01 \sim 0.5s$，底层的信息存取时间要小于 10ms。

(2) 长时间的高可靠性

系统中信息传送的正确与否直接关系到产品质量和设备、人员的安全，错误的信息可能会导致重大的经济损失和人员伤亡，因此，要求集散控制系统中的通信准确率达 100%。同时，由于生产过程是连续进行的，所以要求其通信具有长时间可靠性。

(3) 高抗干扰能力

工业现场的环境恶劣，存在多种干扰源，如电源干扰、雷电干扰、电磁干扰等。因此，要求铺设在现场的网络必须具有多种抗干扰措施，确保通信可靠。

(4) 网络结构的层次性和开放性

集散控制系统中，底层的数据网络随着现场总线技术的发展逐步得到完善；中层主要是以数据高速公路为主流的局域网；高层是以传送管理信息为主的管理信息网。随着各层网络标准的制定和统一，其开放性逐步提高，使网络的扩展能力以及与其他网络的连接能力得到改善。

目前，集散控制系统中采用的通信协议主要有 IEEE 802 标准、MAP 标准和 PROWAY 标准等。三种标准与开放系统互联模型（OSI）的对应关系如图 9-13 所示。

下面介绍 TDC-3000 和 CENTUM 两种集散控制系统的通信网络。

1. TDC-3000 系统

TDC-3000 系统中有三种通信网络：局部控制网络、万能控制网络和数据高速通道。前两种属于局域网，后一种用于支持设备间的点对点通信和资源共享。

局部控制网络采用两条冗余的同轴电缆作为传输介质，传输速率为 5Mb/s，通信协议采用 IEEE802 标准，介质存取方式采用令牌总线，采用循环冗余校验和重发纠错技术保证传送数据的正确性。

OSI 模型	MAP	PROWAY	IEEE802
应用层	应用层	端点用户层	
表示层		网络可寻址部件服务层	
会话层	数据流控制层		
传输层	传输层	传送控制层	
网络层	网络服务层	通路控制层	
数据链路层	数据链路层	数据链路层	逻辑链路
			媒体访问
物理层	物理层	物理层	物理层

图 9-13　三种标准与 OSI 模型的对应关系

系统中每个网络的模块数最多为 64，模块间传送信息的时间约为 1.8ms～0.42s。每个模块通过两个网络接口，对两条同轴电缆进行信息发送和接收，彼此互为备用，其占用介质发送时间为 30μs。

2. CENTUM 系统

CENTUM 系统中有两种通信网络：HF 总线和 SV-NET 总线。

HF 总线用于控制级通信。它采用同轴电缆或光纤作为传输介质，采用 PROWAY 标准，介质存取方式采用令牌总线，采用循环冗余校验保证传送数据的正确性。每条 HF 总线可挂接 32 个模块，通信接口和线路都采用双重化冗余配置，确保系统具有高可靠性。

SV-NET 总线用于管理级通信。它采用 MAP 标准，最多可挂接 100 个模块。

上述两级总线可以通过网桥与其他网络相连接，或构成独立的两级控制与管理系统。

9.2.4　集散控制系统的设计

集散控制系统的设计一般分为三个阶段：方案论证、方案设计、工程设计。

1. 方案论证

这是集散控制系统工程设计的第一步，其目的是完成系统功能规范的制定，选出一个最合适的集散控制系统，为后面方案设计、工程设计打下基础。方案论证阶段主要做两件事：一是制定系统功能规范；二是完成有关厂家的配置，拟定出若干配置的方案图。

（1）功能规范的确定

功能规范主要明确系统的具体目的和任务，为后续设计奠定基础。其主要内容包括系统功能、性能指标和环境要求等。

1）系统功能。包括功能概述、信号处理、显示功能、操作功能、报警功能、控制功能、打印功能、管理功能、通信功能、冗余功能和扩展功能。

2）系统的性能指标。可参照有关评价内容制定，各项技术性能的指标是将来系统验收的依据，所以确定必须慎重。

3）环境要求。集散控制系统为了适应不同的现场工作环境，其结构、模件都有不同的要求，价格也相应地有所差别。因此，需要在系统的功能规范中明确系统的环境要求，避免不必要的浪费。环境要求的具体内容是：温度和湿度指标，分别规定系统存放时和运行时的温度、湿度极限值；抗振动、抗冲击指标；电源电压的幅值、频率以及允许波动的范围；系统对接地方式和接地电阻的要求；电磁兼容性指标、安全指标、系统物理尺寸、防静电和防粉尘指标等。

(2) 系统配置

选择几类符合生产要求的集散控制系统，有针对性地进行系统硬件配置，确定操作站、现场控制站和 I/O 卡件等的数量和规格，拟定出几套配置方案。

(3) 评价及选型

集散控制系统的评价包括对系统技术性能、使用性能、可靠性和经济性等方面的评价，评价的目的是为了正确选择和确定用户所需的集散控制系统。

1) 技术性能评价包括现场控制站的评价、人机接口的评价、过程计算机的评价和通信系统的评价等。现场控制站的评价从结构分散性、现场适应性、信号处理能力、控制功能、冗余与自诊断等方面进行考虑；人机接口的评价从操作员站和工程师站的硬件配置及性能方面来考虑；过程计算机的评价从数据处理速率、标准程序执行时间等方面进行考虑；通信系统的评价从通信距离、网上最多可挂接的站数、信息传输协议、传输速率、数据校验方式以及通信系统的实时性、冗余性和可靠性等方面来考虑；系统软件的评价包括操作系统与其他系统的兼容性、组态软件组态的难易程度、用户界面是否友好、控制算法种类及先进程度等。

2) 使用性能评价包括系统技术的成熟性、系统的技术支持、系统的兼容能力等方面。系统技术的成熟性与技术的先进性存在矛盾，成熟的技术不一定是最先进的，因此不能盲目追求新技术；技术支持包括维修能力、备件供应能力、售后服务、软件升级以及培训等；系统的兼容能力是指与其他系统的兼容性。兼容能力越强，系统的可扩展性和适应能力越强，使用不仅方便，而且可省去许多复杂的接口配件，既经济又可靠。

3) 可靠性评价包括系统的平均故障间隔时间、系统的平均故障修复时间、冗余容错能力及安全性。

4) 经济性评价要全面考虑，不能单纯考虑报价最低的系统，还要考虑系统的运行费用。

2. 方案设计

在进行方案论证之后，集散控制系统设计的下一步是方案设计。在这一阶段，主要是针对选定的系统，依据系统功能规范作进一步核实，考核产品是否能完全符合生产过程提出的要求；核实无误后再作方案设计。

方案设计时根据工艺要求和厂方的技术资料，确定系统的硬件配置，包括操作站、工程师站、监控站、通信系统、打印机、记录仪端子柜、安全栅和 UPS 电源等。配置时除要考虑一定的冗余外，还要为今后控制回路和 I/O 点等的扩展留出 10% ~ 15% 的余量；另外，要留足三年左右维护期的备品、备件；最后制定出一张详细的订货单，与制造厂进一步进行实质性谈判，正式签订购买合同，合同中除了规定时间进度及厂商提供的技术服务、文档资料外，尤其要包含双方认可的系统功能规范。

3. 工程设计

在这一阶段中，各方人员要完成各类图纸、文档建立与设计、系统的应用软件和机房等基础设施的设计。

(1) 文档建立与设计

在工程设计阶段，首先应设计和建立应用技术文档。需完成的图纸及文档有：回路名称及说明表；工艺流程图，包括控制点及系统与现场仪表接口说明；特殊控制回路说明书；网络组态数据文件，包括各单元站号、各设备和 I/O 卡件编号，以及组态数据表、I/O 地址分配表；联锁设计文件，包括联锁表、联锁逻辑图；流程图画面设计，包括各流程画面布置图、图示和用色规范；操作编程设计书，包括操作编组、报警编组和趋势记录编组等；硬件连接电缆表，包括型号、规格、长度、起点和终点；系统硬件和平面布置图，硬件及备品件的清单；系统操作手册，介绍整个系统的控制原理及结构。

（2）集散控制系统的应用软件设计

集散控制系统的各种监测和控制功能都是通过软件来实现的，所以应用软件的设计是系统设计的关键。首先，要掌握生产商提供的系统软件功能和用法；然后，再结合实际生产工艺过程，进行集散控制系统的显示画面组态、动态流程组态、控制策略组态、报警组态、报表生成组态和网络组态等应用软件的设计；设计好的系统应用软件必须反复进行运行检查，不断修改至正确为止，最后生成正式的系统应用软件。

（3）集散控制系统的控制室设计

根据系统性能规范中关于环境的要求，应考虑 DCS 控制室的位置选择、房间配置要求、照明和空调要求，以及供电电源、接地、防雷和安全等各个方面。

9.3 现场总线控制技术

现场总线（Fieldbus）是在过程自动化和制造自动化中，实现智能化现场设备与高层设备之间互连、全数字、串行、双向传输、多分支结构的通信系统，它广泛用于制造业、流程工业、交通、楼宇等自动化系统中。

9.3.1 现场总线简介

现场总线本质为一种工业数据总线。按照国际电工委员会 IEC61158 标准，现场总线是一种安装在制造或过程区域的现场装置与控制室内的自动装置之间的数字式、串行、多点通信的数据总线。它是控制系统中底层的通信网络，遵循 ISO 的 OSI 开放系统互连参考模型的全部或部分通信协议，能实现双向数字传输，允许智能现场装置全数字化、多变量、双向、多节点，并通过某种传输媒体实现信息交换。

1. 现场总线的特点

（1）开放性

任何厂家的现场总线仪表产品，只要符合现场总线通信协议，就能方便地连接到现场总线通信网，彼此互连并实现信息交换。这种开放性使用户可以根据功能需求，自由选择不同厂商所提供的设备来集成系统。

（2）互操作性

由不同厂家生产的具有同一功能的同类设备之间可以互换；不同厂商的设备之间可以互连，实现点对点、一点对多点的数字通信。

（3）智能化

将专用微处理器置入传统测控仪表，使其具备检测、控制、运算、在线故障诊断等数字计算和数字通信功能。这种现场智能设备不需要单独的控制器、计算单元及信号调理设备，使接线简化，控制室占地面积减少，从而节省硬件数量与投资。智能设备具有自诊断与简单故障处理能力，使故障能在早期被发现并排除，从而缩短设备维护产生的停工时间，减少维护工作量。

(4) 分散化

作为现场总线网络中的一个虚拟控制站，现场智能设备将控制功能分散化，用户可以根据所需灵活选用设备，统一组态。由于一条现场总线上可挂接多个设备，当需要增加现场控制设备时，可就近连接在原总线电缆上，无需增加新电缆，从而使电缆、端子、槽盒用量大大减少，节省设计与安装费用。

(5) 环境适应性

现场总线是专为在现场环境下工作而设计的，可支持多种通信媒体，具有较强的抗干扰能力，特别是在电磁和无线电干扰的工业环境中具有连续、可靠完整传输数据的能力。采用二线制实现总线供电，保证现场设备满足本质安全防爆要求。

可见，现场总线使控制系统的设计、安装、调试、正常运行及检修维护工作更加简便、可靠。

2. 现场总线的发展

现场总线的发展是与计算机技术、通信技术、网络技术、控制技术、信息技术等新技术的发展紧密相连的。早期 Honeywell 公司的 Smart 智能变送器和 Rosemount 公司的 1151 智能变送器带有微处理器，具备信号转换和处理能力，为现场总线的产生奠定了基础。

随着计算机网络技术、数字通信技术的发展，现场总线在近 30 年得到迅猛发展，集中体现在总线标准的制定过程。现场总线的核心在于其通信协议，遵循国际标准化组织 ISO 的计算机网络开放系统互连的 OSI 参考模型，多数现场总线采用由物理层、数据链路层和应用层构成总线标准。但由于现场总线要求具有可操作性，因此其通信标准与计算机通信网络又有所不同。1984 年，国际电工委员会 IEC 与美国仪表学会 ISA 开始现场总线的标准制定工作。但由于各制造商的意见不一致，导致制定工作进展缓慢，直到 1993 年，现场总线物理层规范 IEC 61158.2 才正式通过。1994 年 ISA 成立非赢利性质的现场总线基金会，开启了现场总线标准制定的新时期。2000 年，IEC 和 ISA 联合制定的"工业控制系统现场总线"国际标准 IEC-61158 出台。目前，该标准容纳了 10 类互不兼容的现场总线。

类型 1　IEC 61158 技术规范，即 FF 基金会现场总线 H1。

类型 2　Control Net 现场总线，由美国 Rockwell 公司支持。

类型 3　Profibus 现场总线，由德国西门子公司支持。

类型 4　P-Net 现场总线，由丹麦 Process Data 公司支持。

类型 5　FF HSE 高速以太网总线，即原 FF H2，由美国 Fisher Risemount 公司支持。

类型 6　Swift Net 现场总线，由美国波音公司支持。

类型 7　Interbus 现场总线。

类型 8　WorldFTP 现场总线，由法国 Alstom 公司支持。

类型 9　IEC/ISA SP50 现场总线。

类型 10　Profinet 现场总线。

在现场总线标准的基础上，部分制造商开发出用于实际过程的现场总线标准。1991 年

Philips 公司制定了广泛应用于汽车行业的 CAN 现场总线，后成为国际标准 ISO 11898。同年，美国 Echelon 公司推出 LON 现场总线，采用 LonWorks 技术和 LonTalk 通信协议，被广泛应用于楼宇、工业过程和家庭的自动化系统中。DeviceNet 现场总线由 Allen Bradley 公司开发，被广泛应用于离散控制和低压电器中，后成为国际标准 IEC 62026。目前，现场总线技术已在石油、化工、制药、造纸、食品等企业中得到广泛应用，范围几乎覆盖了所有连续、离散工业领域。

中国的现场总线技术及其产品的开发工作起步较晚，没有自主定制的现场总线标准。但随着国际现场总线标准的制定，现场总线产品的研制与应用发展较快。目前，已成功运行的现场总线控制系统达百套。

现场总线在相关应用领域的成功应用，推动其在通信协议、软件、硬件等方面的进一步发展。在通信协议方面，要进一步适应控制系统的实时性要求，提高数据传输速率，降低误码率。同时，推进现场总线与互联网的通信能力。制定以 TCP/IP 为基础，实时性更强，具有互操作性的工业以太网标准。在硬件方面，推进基于无线通信媒体的现场总线技术，从而减少安装连接电缆，降低安装和维护费用。同时，多种现场总线并存的现状，使现场总线之间的接口或网关等转换设备显得格外重要。在软件方面，迫切需要适用于工业自动化开放网络的标准化软件。

9.3.2 常见现场总线

目前，现场总线的类型很多，各自具有其特点和优势。按照传输数据的大小来分，一般可划分为三类：传感器总线，其数据长度为位，如 AS-i、Seriplex；设备总线，其数据长度为字节，如 Interbus、CAN 等；数据流现场总线，其数据长度为数据块，如 FF、Profibus、World-FIP、P-Net、Lonworks、DeviceNet 等。其中，FF 和 Profibus-PA 适用于冶金、石油、医药等流程行业的过程控制，Profibus-DP 和 DeviceNet 适用于加工制造业，Lonworks、Profibus 等适用于楼宇、交通运输。

1. FF 现场总线

FF 是基金会现场总线（Foundation Fieldbus）的缩写，由现场总线基金会提出，其前身为 ISP 和 World FIP 协议。它遵循 OSI 参考模型，具有低速现场总线和高速现场总线两类通信速率。低速现场总线 H1 采用 31.25kbit/s 传输速率，支持总线供电，具有本质安全防爆能力；高速现场总线 HSE 采用 100Mbit/s 传输速率。

目前，已有 300 余家制造商支持 FF 现场总线，Siemens、Semiconductor 等十几家公司提供 FF 通信芯片。由于现场总线基金会强调中立与公正，因此，基金会现场总线具有一定权威性、广泛性与公正性，在过程自动化领域得到广泛支持，并具有良好发展前景。

2. Profibus 现场总线

Profibus 现场总线符合德国国家标准 DIN19245 和欧洲标准 EN50170。它包含 OSI 模型的物理层、数据链路层、应用层，支持主从方式、多主多从通信方式，主站对总线具有控制权，主站间通过传递令牌来传递对总线的控制权。目前，Profibus 包含三种类型：Profibus-DP（分散外围设备）、Profibus-PA（过程自动化）、Profibus-FMS（现场总线报文规范）。

目前，Profibus 已在制造自动化和过程自动化领域获得广泛应用，支持该现场总线的产品超过 1500 多种，在世界范围内已安装运行的 Profibus 设备已超过 200 万台。1989 年，

Profibus 还成立了用户组织 PNO，用于协调用户利益。目前，在世界各地相继建立了 20 个地区性的用户组织，PNO 的成员有 650 多家，Profibus 现场总线已发展成为现场总线领域内采用最多的总线之一。

3. LonWorks

LonWorks 是通用测控总线网，由美国 Echelon 公司于 20 世纪 90 年代初推出。其通信协议 LonTalk 遵循 ISO/OSI 参考模型，提供了 ISO 所定义的全部 7 层服务，因此，LonWorks 是现场总线中唯一提供全部服务的现场总线。

神经元芯片是 LonWorks 技术的核心，用于完成节点的事件处理和数据通信，实现 LonTalk 通信协议。神经元芯片内含三个 8 位的 CPU：第一个 CPU 为介质访问控制处理器，处理 LonTalk 协议的第一层和第二层；第二个 CPU 为网络处理器，实现寻址、事务处理、网络管理和路径选择等功能；第三个 CPU 为应用处理器，用于执行用户编写的代码及用户代码所调用的操作系统服务。

近年来，LonWorks 的用户、系统集成商和 OEM 产品生产商的队伍迅速扩大。据统计，已有 2600 多家公司使用 LonWorks 技术，1000 多家公司推出 LonWorks 产品。它已被广泛应用于楼宇自动化、保安系统、运输和石油、印染、造纸等工业控制领域。目前，LonWorks 已被美国暖通工程师协会定为建筑自动化协议 BACnet 的标准之一。

4. CAN

CAN 是控制器局域网络（Controller Area Network）的简称，由德国 Bosch 公司于 1983 年推出，是一种具有高可靠性、支持分布式实时控制的串行数据网络。它的最大特点是废除传统通信中的节点地址，采用通信数据块编码，并且要求具有高抗电磁干扰性、高传输速率和检错能力，因此，在汽车制造业和航空工业中得到广泛应用。

CAN 通信采用非破坏性的总线仲裁技术，根据节点的优先级，可以实现点对点、一点对多点和广播方式通信，并且各节点可以在任意时刻主动向网络发送消息。它采用短帧报文，抗干扰能力强、可靠性高，比较适用于开关量控制。目前，CAN 已被国际标准化组织认证，成为国际标准 ISO11898。

5. WorldFIP

WorldFIP 是工业控制领域的现场总线，是欧洲标准 EN50170 的第三部分。目前，WorldFIP 协会已拥有 100 多个成员，生产 350 多种 WorldFIP 现场总线产品。其产品被广泛用于发电与输配电、制造自动化、铁路运输、地铁等自动化领域。

WorldFIP 总线采用单一的总线结构来适用于不同应用领域的需求，而且没有任何网桥或网关。不同应用领域采用不同的总线速率，过程控制采用 31.25kbit/s，制造业采用 1Mbit/s，驱动控制采用 1~5Mbit/s。采用总线仲裁器和优先级来管理总线上各控制站的通信，可实现点对点、一点对多点、广播形式等通信形式。特别指出的是，WorldFIP 开发了低成本 Device WorldFIP 总线，以适应工业现场的各种恶劣环境。

6. HART

HART 是可寻址远程传感器数据通路（Highway Addressable Remote Transducer）的缩写。最早由 Rosemount 公司开发，得到 80 多家仪表公司支持。其主要特点是在现有模拟信号传输线上实现数字通信，属于模拟系统向数字系统转变过程中的过渡性产品。

HART 采用基于 Bell 202 通信标准的频移键控 FSK 技术，在标准 DC 4~20mA 模拟信号上叠加 FSK 数字信号，使模拟信号与数字双向通信能同时进行，且互不干扰。HART 采用统一的设备描述语言 DDL，主设备运用 DDL 技术来理解设备的特性参数，而不必为设备开发专用接口。正是由于采用模拟数字混合信号制，导致难以开发出一种满足各公司要求的通信接口芯片。

7. DeviceNet

DeviceNet 是基于 CAN 总线技术的设备级现场总线。它由嵌入 CAN 通信控制器芯片的设备组成，用于连接低压电器和低端工业设备，如接近开关、光电开关变频器、条形码读入器、电动机启动器、伺服启动器、阀门组、操作员接口等。

DeviceNet 采用基于连接的通信方式，数据传输速率不高，具有低成本、高效率、高可靠性、高性能的特点。DeviceNet 技术规范由开放式设备网络供货商协会进行管理。目前，已有 300 多家电器和自动化元件生产商支持该总线，包括 ABB、Rockwell、OMRON 等。

8. ControlNet

ControlNet 由 Rockwell 公司于 1995 年提出。它是一种具有高速、高度确定性和可重复性的网络，适用于 PLC 和计算机之间、逻辑控制和过程控制系统之间、对时间有苛刻要求的复杂应用场合的信息传输。

ControlNet 将总线上传输的信息分为两类：对时间有苛刻要求的控制信息和 I/O 数据。该类数据拥有最高的优先权，以保证不受其他信息的干扰，并具有确定性和可重复性；无时间要求的发送信息和上/下载程序被授予较低的优先权。对上述两类信息采用时间分片方式进行调度，以便于节点同步和网络维护。另外，它采用 Producer/Consumer 模式，允许网络上所有节点同时从单个数据源存取相同的数据，从而提高系统效率，实现精确同步。

9. Interbus

Interbus 总线由德国 Phoenix Contact 公司开发，是一种执行器传感器总线，广泛应用于制造业和加工工业。该总线已成为德国国家标准 DIN19258、欧洲标准 EN50254 和 IEC61158 标准。

Interbus 总线采用数据环结构，适用于分散输入/输出以及不同类型控制系统间的数据传输，它包括远程总线和本地总线。远程总线采用 RS-485、全双工方式进行远距离传输，网络本身不供电，远程总线数据通过总线终端转换为本地总线数据。Interbus 总线能够识别、确定安装错误和部件错误，具有很强的监视诊断功能，安全性高。

10. AS-i

AS-i 是执行器—传感器接口（Actuator-Sensor interface）的缩写。它支持控制器（主站）和传感器/执行器（从站）之间的双向信息交换，属于底层现场总线。目前已纳入 IEC62026 国际标准。

AS-i 总线主要用于具有开关量的传感器/执行器系统。它采用主/从式通信方式，每个网段由一个主节点和 31 个从节点组成，每个从节点可挂接 4 个开关量接口，提供与开关量设备的连接。主节点由带有 AS-i 的可编程序控制器或工业计算机构成；从节点包括智能型开关装置和专用 AS-i 接口"用户模块"两种。AS-i 采用总线供电，为现场设备提供 29.5～31.6V 的直流电源。

11. P-Net

P-Net 总线是一种多主控器的主从式总线，采用 ISO/OSI 模型中的物理层、数据链路层、网络层、服务器和应用层构成。它只提供一种传输速率,可以同时应用在一个复杂自动化系统的几个层次上,构成多网络结构。该结构中,各层次之间的通信不需要特殊的耦合器,各总线分段之间可实现直接寻址。

P-Net 总线访问采用一种虚拟令牌传递方式,总线访问权通过虚拟令牌在主站之间按时间依次循环传递。这种循环机制不需要任何总线仲裁机制,节省了主控制器的处理时间,提高了总线的传输效率。P-Net 不采用专用芯片,结构简单,易于开发和转化,现已成为欧洲标准 EN50170 和 IEC61158 标准。

12. SwiftNet

SwiftNet 由美国 SHIP STAR 协会制定,是一种执行器传感器总线,主要用于航空和航天等领域。该总线结构简单,采用分层总线式拓扑结构,仅包含 ISO/OSI 参考模型的物理层和数据链路层。SwiftNet 是一种具有高扫描频率的同步现场总线。它允许模拟 I/O 和离散 I/O 高速共享一条总线,从而保证高实时性,有效减少随机因素对总线的影响。

各现场总线的性能比较如表 9-1 所示。

表 9-1 现场总线性能比较

类 型	主 站	网络拓扑	网段最大长度	最大传输速率	最大站数	标 准
FF-H1	多	总线	2000m	31.25kbit/s	240	IEC61158
Profibus-DP	多	总线	1km	12Mbit/s	127	EN50170 IEC61158
Profibus-PA	单	总线	1.9km	31.25kbit/s	32	EN50170 IEC61158
LonWorks	多	总线/树	6.1km	1.2Mbit/s	2	EIA709
CAN	多	总线	300m	375kbit/s	64	ISO11898 ISO11519
WorldFIP	多	总线	1km	2.5Mbit/s	256	EN50170 IEC61158
DeviceNet	多	总线	500m 100m	125kbit/s 500kbit/s	64	IEC62026
ControlNet	多	总线/树	5Mm	5Mbit/s	99	IEC62026
Interbus	单	环	12.8km	500kbit/s	255	EN50253 IEC61158
AS-i	单	总线/树	100m	167kbit/s	32	EN50295 IEC61158
P-Net	多	总线/树	1200m	76.8kbit/s	32	EN50170 IEC61158
SwiftNet	多	总线	360m	5Mbit/s	>1024	EN50170 IEC61158

9.3.3 现场总线控制系统

现场总线控制系统（Fieldbus Control System，FCS）是一种开放、具有互操作性、彻底分散的分布控制系统，它突破了集散控制系统采用通信专用网络的局限，采用公开化、标准化的解决方案，克服了封闭系统所造成的缺陷；并采用全分布式结构，把控制功能彻底下放到现场。因此，开放性、分散性与数字通信是现场总线控制系统最显著的特点。

现场总线控制系统打破了传统控制系统的结构形式。传统控制系统采用一对一的设备连线，各控制回路独立连接，即位于现场的传感/变送器与位于控制室的控制器之间、控制器与位于现场的执行器之间均采用一对一的物理连接。现场总线采用智能现场设备，将控制功能和 I/O 功能嵌入现场设备，使位于现场的传感/变送器可以与执行器之间直接传送数据，从而使控制功能下放到底层设备，实现彻底的分散控制。传统控制系统采用模拟信号实现数据传输，现场总线控制系统则采用数字信号传输，无需传统控制系统中的 A/D、D/A 转换器件，且每对电缆上可传输多个信号，并为多个设备提供电源。

1. 系统结构

现场总线控制系统就是利用现场总线网络，连接作为网络节点的智能设备，构成开放、标准的自动化控制系统，使不同制造商的产品可以互连，从而简化系统结构，降低成本，提高系统运行可靠性，如图 9-14 所示。

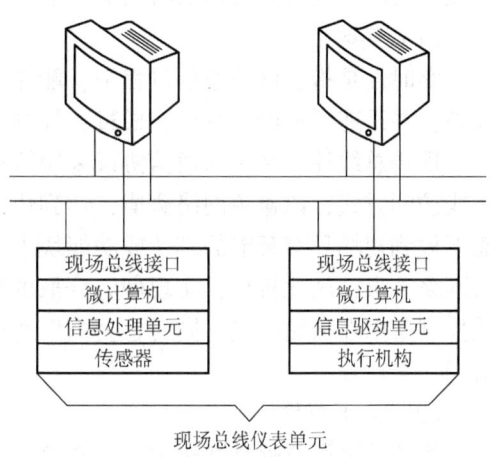

图 9-14 现场总线控制系统结构图

基于不同现场总线构成的现场总线控制系统的基本结构与图 9-14 类似，但各有不同。下面以基于 LonWorks 构成的现场总线控制系统为例，加以具体说明。由于 LonWorks 总线具有较强的网络功能，能支持多种现场总线和底层总线，所以凡是符合 LonWorks 总线自身规范的现场总线仪表，均可通过路由器连接到 LonWorks 总线网络上的其他现场总线（Profibus、DeviceNet 等），并可通过网关连接到 LonWorks 总线上，如图 9-15 所示。由于不同现场总线具有不同的通信速率，因此该 FCS 本质上是一个混合网络系统。

2. 系统主要设备

现场总线控制系统中的设备与常规过程控制系统不同，必须是数字化、智能化仪表，具有支

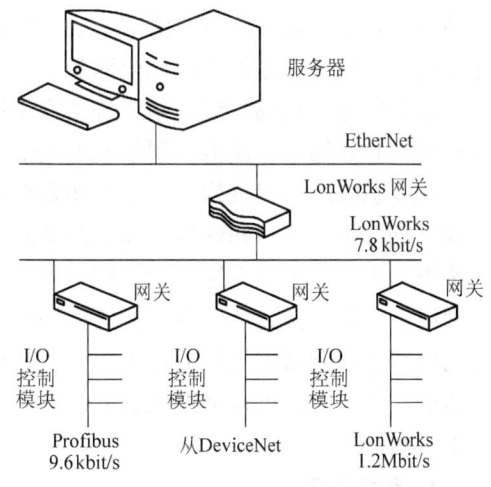

图 9-15 基于 LonWorks 的 FCS 结构图

持现场总线系统的接口和符合现场总线控制系统通信协议的运行程序。主要设备包括：检测变送器、执行器、服务器和网桥、辅助设备和监控设备等。

检测变送器和执行器都要求采用符合总线通信协议要求的智能设备,即除具有基本检测与变换、驱动与执行功能外,还要具有基本 PID 控制和运算、自检和自诊断等功能。智能设备中的 PID 控制,通过硬件组态可以方便地组成串级控制、前馈—反馈控制等多回路控制系统。但要实现自适应控制、推理控制等高级过程控制策略时,依靠设备中的 PID 单元是很难达到控制目的的,通常在监控计算机中通过软件实现。

辅助设备包括保证现场总线系统正常工作所需的各种转换器、总线电源、安全栅和便携式编程器等;监控设备包括实现各种硬件和软件组态、生产工艺操作的设备,以及用于过程建模、控制和优化调度的计算机工作站等。

3. 系统特点

现场总线控制系统要求在功能上管理集中、在控制上分散、在结构上横向分散并且纵向分级,同时系统具有快速实时的响应能力。

(1) 实时性

实时性是指在网络通信过程中,能在线实时采集过程的参数,实时对系统信息进行加工处理,并迅速反馈给系统以完成过程控制,满足过程控制对时间限制的要求。

现场总线控制系统的通信协议采用简化的 OSI 层协议,介质访问控制协议一般采用令牌总线访问方式,以避免网络碰撞,达到快速通信和较高的性价比。另外,FCS 把基本控制功能下放到现场具有智能的芯片或功能块中,将具有控制、测量、变送、通信功能的功能块作为网络节点,简化接口,实现彻底分散的控制。例如:Profibus 总线控制系统将底层的通信及控制集中在从站完成,同时各公司厂商提供较齐全的各类主站与从站系列芯片,便于实现组网。

(2) 高可靠性

系统的高可靠性是通过硬件、软件、系统结构等来加以保证的。硬件经过严格挑选,采用专用芯片和表面安装技术,并且可以在线快速排除故障,以强化硬件可修复性(如 I/O 模板可带电插拔),具有诊断故障显示、故障部件自动隔离等功能。系统软件采用分离化体系结构,功能模块化,定义清晰明确。例如:各过程站在地域上有各自独立的局部数据库,并经过通信网络在逻辑上形成全局数据库。

综上所述,现场总线控制系统实现了网络化和控制系统的扁平化,保证了各种控制系统的开放性和互连性,使得控制系统的组织重构和协调工作成为可能。

控制系统的组织重构是指用于实现各种控制作用的子系统或单元,能够根据不同的工作需要,进行重新组织和调整,以适应实际生产的需要。传统的计算机控制系统,结构固定,很难根据控制任务对系统进行组织重构。现场总线控制系统中,各功能子系统通过总线连接到网络上,其连接灵活,当有新的控制任务时,只要改变回路控制系统的配置文件,重新定义构成回路控制系统的有关仪表单元,就可以实现功能子系统和仪表单元的组织重构。这种灵活的组织重构,可以增强控制系统的适应性、可靠性,方便系统更换故障单元,保证系统的正常运行。

4. 系统组成

现场总线控制系统由测量系统、控制系统、管理系统三个部分组成。

(1) 测量系统

由采用数字信号,具有计算能力、高分辨率、高精确度、强抗干扰和畸变能力的测量仪表构成，实现多变量高性能测量。

（2）管理系统

现场总线控制系统可以提供设备自身及过程的诊断信息、管理信息、设备运行状态信息、厂商提供的设备制造信息等。例如 Fisher-Rosemoune 公司推出的 AMS 管理系统，它安装在主计算机内，由它完成管理功能，可以构成一个现场设备的综合管理系统信息库，在此基础上实现设备的可靠性分析以及预测性维护。

（3）控制系统

控制系统采用客户/服务器工作模式，通过系统管理主机、服务器、网关、协议变换器、集线器、客户计算机、底层智能化仪表口的硬件设备，以及组态软件、维护软件、仿真软件、设备软件和监控软件等，实现过程信息交换。

数据库是系统信息存储和交换的基础。系统能有组织地、动态地存储大量有关数据与应用程序，实现数据的充分共享、交叉访问。工业设备在运行过程中，参数连续变化、数据量大，操作与控制的实时性要求很高。因此，数据库系统的互操作性、分布性及实时性要求突出，常选用的数据库有 ORACLE、SYBAS、INFORMIX、SQL SERVER 等。

5. 实例分析

目前，现场总线控制系统已广泛应用于石油、化工、电力、食品、冶金、机械等行业中。下面以某化工厂的 FCS 为例说明系统组建和结构。

该厂有石灰车间、重碱车间、煅烧车间、盐硝车间、热电车间和压缩车间，且各车间分布较分散。经统计，该厂有温度、压力、流量、液位、物位、成分分析等热工参数和数字量、开关量检测点 800 多个和数百个控制回路。显然，利用传统的过程控制系统构成具有检测、控制和集中管理能力的系统是很困难的。这里介绍基于现场总线的控制系统是符合低成本、高效益的理想控制方案。

（1）现场总线选择

由于 Profibus 总线传输速率高、应用范围广，因此选择 Profibus 总线组建系统。但 Profibus 总线包含 Profibus-DP、Profibus-FMS 和 Profibus-PA 三类。考虑到 Profibus-DP 提供高速、价廉的通信连接，且具有专门为自动控制系统和设备分散的输入/输出量之间实现通信而设计的产品，所以本系统选用 Profibus-DP 构成，如图 9-16 所示。

（2）系统结构

系统可划分为现场过程控制级、车间监控级和集团公司管理级，并且各车间的网络布置基本相同，区别在于检测、控制设备个数。

现场过程控制级实现对生产过程中各种工艺参数的采集和控制。本系统中，生产过程的各种检测和控制设备都挂接在 ET200M 接口模块上，并通过 Profibus-DP 总线与中央微处理单元模块 CPU315-2DP 建立通信连接。ET200M 接口可扩展 8 个 I/O 模块，类型包括：AI/AO 模块 SM331/SM332、DI/DO 模块 SM321/SM322、热电阻模块 SM331-RT、热电偶模块 SM331-TPC、称重模块 SIWAREX-U 等。

车间监控级采用西门子 SIMATIC S7-300 系列 PLC、中央微处理单元 CPU315-2DP 和工业控制计算机等设备，实现硬件和软件组态、现场级的优化控制、与现场级和集团公司管理级的数据通信。CPU315-2DP 具有 Profibus-DP 标准接口，可用大规模分布式自动控制系统和通过 Profibus-DP 连接的控制设备。

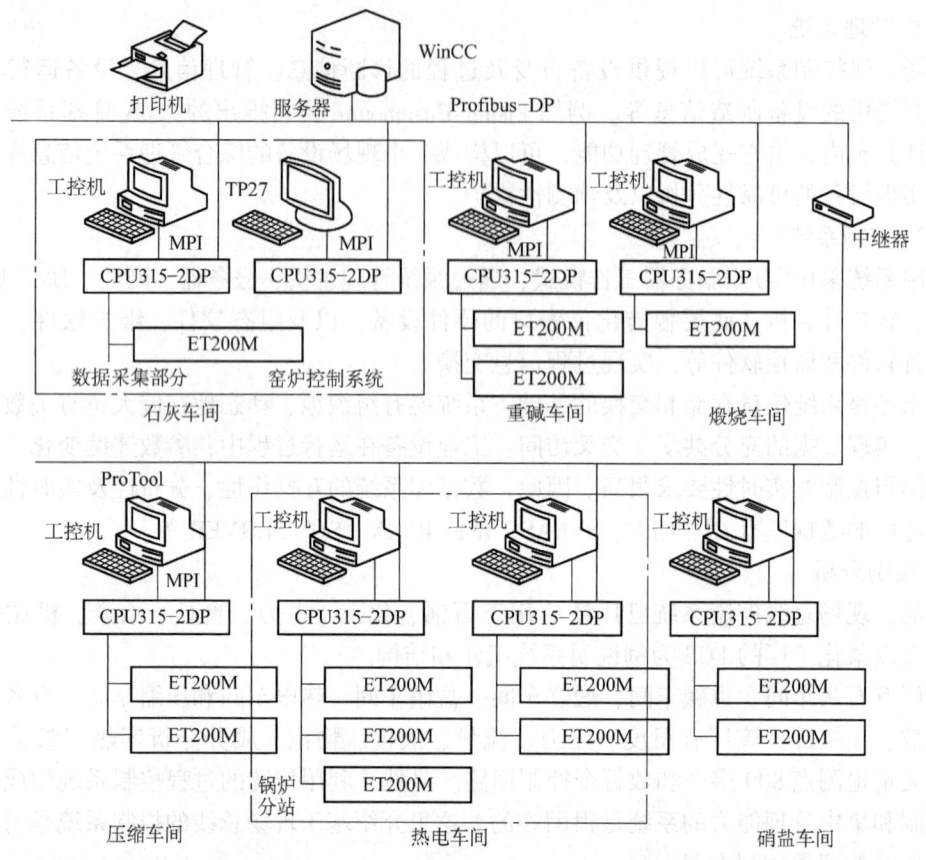

图 9-16 化工厂现场总线控制系统框图

集团公司管理级通过 Wincc 服务器，采用 Profibus-DP 总线实现与现场的通信连接。可见，本系统采用两种数据通信速率，各车间内部通信速率为 1.5Mbit/s，各车间到集团公司管理级的通信速率为 187.5kbit/s。

9.4 工业以太网控制系统

企业网络系统可以按功能从底向上划分为过程控制层、制造执行层和企业资源规划层，如图 9-17 所示。上两层采用以太网技术实现网络集成与信息交互，包含监控、调度、管理等功能；底层为现场总线控制网络，由现场总线设备、DCS、SCADA 等组成，以完成生产现场测量控制功能，提供生产过程与设备的各种信息。

在过程控制层，由于目前总线类型多种多样，且各种总线之间采用的协议和介质不同，

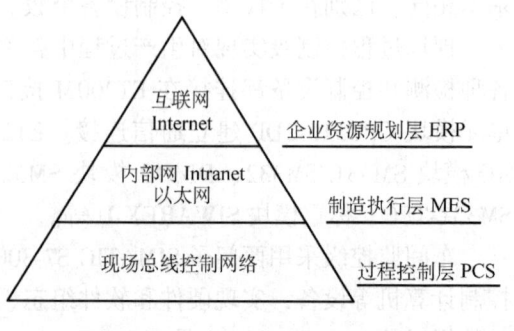

图 9-17 企业网络系统的结构图

使不同标准的总线设备之间实现互连和互操作存在困难。因此，市场和技术发展需要统一标准的现场总线。实践证明，标准 TCP/IP 协议使 Internet 网络得到高速发展，统一的超级 VCD 标准解决了 CVCD 和 SVCD 之争，带来了市场的繁荣。为了加快新一代控制系统的发展，工业以太网成为新型控制网络的解决方案。

9.4.1 工业以太网技术

工业以太网就是将以太网技术应用于控制器之间、甚至是现场设备之间的工业通信。在技术上，它与商用以太网标准兼容，满足工业控制网络通信的实时性、现场设备时间同步、频繁的小数据记录交换需求，可应用在工业自动化环境中。

以太网于 1976 年推出，1990 年该标准被国际化组织所采纳，正式成为 ISO/IEEE802.3 国际标准。在此期间，以太网从最初 10Mbit/s 发展到 100Mbit/s 快速以太网和交换式以太网，直至千兆以太网和光纤以太网。

但以太网进入工业自动化领域时，遇到了高可靠性与实时性要求的困难。随着计算机网络技术的发展，Profibus、Interbus、ControlNet、DeviceNet 和 LonWorks 等有关组织均出现支持以太网和 TCP/IP 的发展趋势，以支持开放、可互操作的网络，降低控制网络成本，满足现场设备对通信速率增加的要求。

目前，已推出满足以太网标准的 FF-HSE、ProfiNet 等。它们采用 TCP/IP 通信协议，配备 Web Server 功能以浏览 PLC 内容，提供现场总线级以太网络和 I/O 模块，并提供工业用集线器、交换机、收发器和电缆，使以太网不仅可以支持工业高层网络上的通信系统，还可以向下延伸到底层网络，与现场设备相连。

工业以太网采用 Ethernet + TCP/IP 形式，即底层是以太网标准，网络层和传输层采用 TCP/IP 协议组。它与计算机通信网络有所不同，主要体现在以下几方面：

1) 工业以太网要求数据传输的及时性和系统响应实时性。一般，过程控制系统的响应时间要求为 0.01~0.5s，制造自动化系统的响应时间为 0.5~2.0s，信息网络的响应时间为 2.0~6.0s。

2) 工业以太网强调在恶劣环境下数据传输的完整性、可靠性。控制网络应具有在高温、潮湿、振动、腐蚀、电磁干扰等工业环境中长时间、连续、可靠、完整地传送数据的能力，并能防止工业电网的浪涌、跌落和尖峰干扰。在易燃易爆场合，具有本质安全能力。

3) 在企业自动化系统中，由于分散的单一用户要借助控制网络进入某个系统，通信方式多使用广播或组播方式，信息网络中某个自主系统与另一自主系统一般要使用一对一通信方式。

目前，工业以太网逐渐在工业自动化和过程控制领域体现出广阔的应用前景。同时，随着智能仪表技术、网络技术的发展，也向工业以太网提出以下发展趋势：

1) 随着实时嵌入式操作系统和嵌入式平台的发展，嵌入式控制器、智能现场测控仪表和传感器将可以方便地接入工业以太网，与互联网相连。

2) 与 Web 技术相结合，实现生产过程的远程监控、远程设备管理、远程软件维护和远程设备诊断。

3) 与计算机网络集成，组建成统一的企业网络，从而把管理、决策、市场信息和生产控制信息结合起来，把各种应用协调为一个整体，实现产品生产加工、原料供应与生产储运、市场信息、企业管理、决策等过程的一体化。

9.4.2 工业以太网与现场总线

随着网络技术的发展，各种现场总线相继推出了基于互联网技术的新一代现场总线技术和产品，部分已进入实际应用和推广阶段。这些产品具有以下共性：

1）物理介质采用标准以太网连线。
2）使用标准以太网连接设备。
3）采用 IEEE802.3 物理层和数据链路层标准、TCP/IP 协议组。
4）兼容上一代现场总线系统甚至 DCS 系统。
5）将传统的三层网络模型简化为两层，甚至是一层。

下面以 FF 和 Ethernet/IP 为例，简要介绍现场总线与工业以太网之间的关系。

1. FF 与互联网结合的 FF-HSE

FF-HSE 是以太网协议 IEEE802.3、TCP/IP 协议组与 FF-H1 的结合体，用于实现控制网络与互联网的集成。H1 网段信息通过 HSE 链接设备传送到以太网主干上，再通过互联网传送到主控制室，并进一步传送到企业的管理系统，从而使操作员在主控制室可以直接使用网络浏览器查看现场运行情况，同时现场设备可以从网络获得控制信息，如图 9-18 所示。

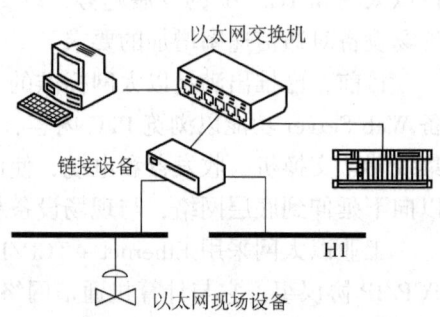

HSE 的核心部分是链接设备，它将 312.5kbit/s 的 H1 设备连接到 100Mbit/s 的 HSE 主干网，使系统能监控 HSE 设备和挂接在链接设备上的子系统。同时，HSE 还具有网桥和网关功能，能够连接多个 H1 网段，并将 H1 地址转化为 IP 地址，便于在互联网上传输报文。

图 9-18 FF-HSE 设备连接关系

2. Ethernet/IP

Ethernet/IP 由 Rockwell 公司推出，它采用以太网通信芯片和物理介质，利用以太网交换机构成星形拓扑结构，支持 10Mbit/s 和 100Mbit/s 数据传输速率，能实现各设备间的点对点连接和高速数据传输，其模型如图 9-19 所示。

Ethernet/IP 的最大特色是控制与信息协议 CIP，它一方面提供实时 I/O 通信，另一方面实现信息的对等传输，以提高设备之间的互操作性。其中，控制部分用来实现实时 I/O 通信，信息部分用来实现非实时的信息交换。Ethernet/IP 的许多模块具有内置网络服务器，支持 HTTP 功能，其产品能够通过 HTTP 提供数据读/写、电子邮件发送、组态数据编辑等功能。

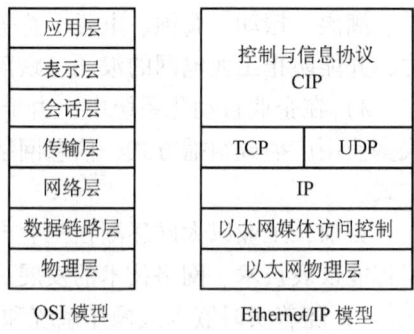

图 9-19 Ethernet/IP 模型图

9.4.3 基于网络的控制系统

基于网络的控制系统（Networked Control Systems，NCS）也称为网络控制系统，是指把实时通信网络作为数据通路而构成的反馈控制系统。它是现场传感变送单元、控制器、执行器和通信网络的集合，用以提供设备之间的数据传输，从而使不同地点的用户实现资源共享和协调操作，其典型结构如图 9-20 所示。

相对于传统的控制系统，网络控制系统具有系统连线少、效率高、可靠性较高、便

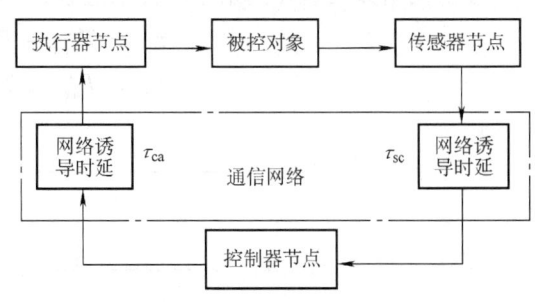

图 9-20 网络控制系统的结构图

于故障诊断和远程操作与控制、容易实现信息共享、易于维护和扩展等优点。

对 NCS 的评价通常有两个标准：网络服务质量和系统控制性能。前者的评价指标包括网络吞吐量、传输效率、误码率、延时可预测性和任务可调度性等；后者的评价标准，包括稳定性、能控性、快速性、平稳性等。

以 NCS 的两种评价标准为依据，可以从网络体系构架和控制器的设计两个角度对 NCS 进行分析和设计。前者围绕网络服务质量，从拓扑结构、网络调度和 MAC 协议等角度提出解决方案，补偿或减少网络诱导时延、数据包丢失等因素对控制系统的影响；后者将网络协议、拓扑结构、信道负载和网络时延等作为已知条件，根据传感器、控制器和执行器的不同驱动方式（时间驱动 TT 和事件驱动 ET），建立连续、离散或混杂系统模型，设计控制系统的控制算法，研究其稳定性、动态性能等问题。

由于网络技术的引入，网络控制系统也呈现出许多新特性，产生了很多新问题，主要包括：体系结构、通信协议、控制算法与调度算法、开放性与互操作性、实时性、安全性等。下面主要对网络控制系统的实时性、控制算法与调度算法进行讨论。

1. 时变传输周期

传统的计算机控制系统都假设对被控对象进行等间隔采样，然而等间隔采样在 NCS 分析中并不适用。

NCS 中信号的采样间隔是由控制网络的媒体访问控制协议（Medium Access Control，MAC）决定的。MAC 协议具有随机访问和调度访问两类，所以采样间隔可能是周期性的，也可能是非周期性的。不同网络拓扑结构具有不同的 MAC 协议，带冲突检测的载波侦听协议 CSMA/CD 常用于随机访问网络中，而令牌环协议 TP 和时间驱动的多路访问协议 TDMA 则常用于调度网络中。

2. 网络诱导时延

由于网络的承载能力和通信带宽有限，所以当 NCS 的传感器、控制器和执行器通过网络进行数据传输时，必然会有信息冲撞、重传等现象的发生，从而不可避免地引起信息传输的时延。由于受到通信协议、网络负载状况、网络传输速率、数据包大小等因素影响，时延呈现出固定或随机、有界或无界的特征，如在设计控制系统时，不考虑时延将降低控制系统的性能，甚至使控制系统不稳定，这给控制系统的分析与设计带来了很大的困难。

根据信息传递方向，网络诱导时延通常包括传感器—控制器时延 τ_{sc} 和控制器—执行器时延 τ_{ca}。在不同驱动方式下，时延示意如图 9-21 和图 9-22 所示。

按照网络数据包在网络中的传输过程，网络诱导时延 τ_{sc}、τ_{ca} 可以描述为

$$\tau_{sc} = T_{send}^{sc} + T_{wait}^{sc} + T_{ts}^{sc} + T_{rev}^{sc} \tag{9-11}$$

$$\tau_{ca} = T_{send}^{ca} + T_{wait}^{ca} + T_{ts}^{ca} + T_{rev}^{ca} \tag{9-12}$$

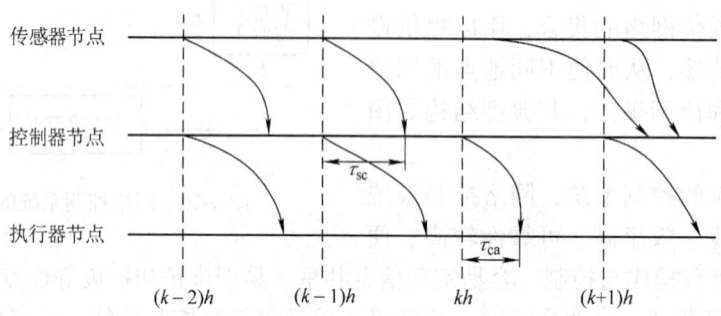

图 9-21　时间驱动方式下的信息传输时序图

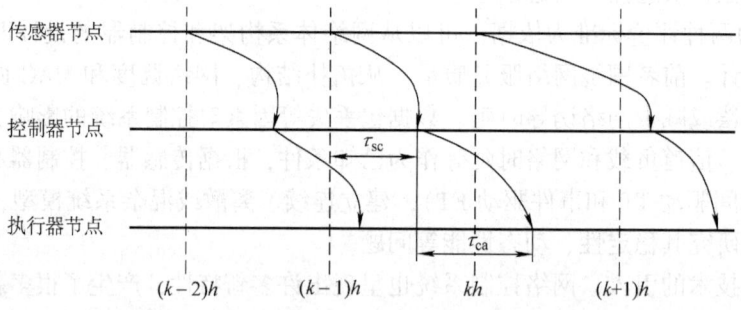

图 9-22　事件驱动方式下的信息传输时序图

可见，τ_{sc}、τ_{ca} 都由 4 部分构成，包括：发送处理时延 T_{send}，等待时延 T_{wait}，传输时延 T_{ts} 和接收处理时延 T_{rev}。其中，T_{send} 和 T_{wait} 称为源节点时延，T_{ts} 称为网络通道中的时延，T_{rev} 称为目标节点的时延。对于轮流访问网络，如令牌传送网络等，时延变化通常具有周期性和确定性；对于随机访问网络，如以太网等，时延变化都是随机的。

综上所述，网络诱导时延通常可以采用以下两种形式描述：

1) 常数时延，通过在系统的接收端设置缓冲区的方法，将随机的时延转化为确定性的时延，从而可以用确定性系统分析方法来对网络控制系统进行分析。

2) 随机时延，时延序列中的时延变量两两相互独立，或时延的概率分布由 Markov 链调节，用随机最优反馈控制理论进行分析。

在网络诱导时延存在的情况下，如何设计出稳定的、高性能的控制器，并找到使系统稳定的最大网络诱导时延上界，是一个非常重要且亟待解决的热点问题。

3. 数据包问题

由于网络的引入，节点需要通过共享网络来进行信息交换，作为信息载体的数据包具有单包传输、多包传输两种传输形式。

单包传输是将控制器或者执行器数据作为一个数据包同时传输；多包传输是将传感器或者控制器数据拆分成多个数据包进行传输，它们可能不会同时到达控制器和被控对象。多包传输的一个原因是由于数据分组大小的限制，在一个数据分组中报文分组交换网络仅能携带有限的数据。因此，数量大的数据必须拆分为多个包进行传输。另外一个原因是 NCS 中传感器、执行器和控制器分散在一个很大的物理区域，不可能把数据作为一个数据包进行传输。

NCS 网络中，控制系统节点在通过网络进行信息交换时，如果节点发生故障或者信息有冲撞时，数据包就会发生丢包现象。虽然大部分网络协议都具有重发机制，但存在允许重发上限，一旦超过该时限，数据包就要被丢弃。此外，对于实时反馈控制数据来说，丢弃过时的数据，始终发送最新的数据，不进行信息的重发，这样更有利于最新信息的利用，保证信息的实时性。

通常，反馈控制系统能够容忍一定的丢包率。但是研究系统稳定条件下的最大丢包率以及计算机系统可接受的最大丢包率也是很有意义的。在已有研究中，一般都假设网络诱导时延小于一个采样周期，针对单包传输和多包传输问题，采用混杂系统的分析方法对 NCS 进行分析。但如果网络诱导时延大于一个采样周期，如何对网络控制系统进行分析，是进一步需要研究的问题。

4. 调度算法

在 NCS 中，控制系统的闭环性能不仅依赖于控制器的设计，而且还依赖于共享网络资源的调度算法。网络控制系统的调度主要是分配网络资源，确定各个控制环的采样周期以及控制环中各个节点的起始采样时刻，使得控制系统能够满足采样周期和控制任务限制的实时要求，保证控制任务的信息传递在一定的通信时间内完成，从而提高网络的利用率。

调度算法关心的是：一个节点多久可以传输一次信息，以及以多高的优先级进行数据包的传送，并没有涉及到数据包如何更有效地从源端传送到目的端，以及路由拥塞后该怎么办。

根据网络访问形式不同，可以将调度算法分为静态调度和动态调度两种。

1) 静态调度，即网络节点按照固定的顺序访问共享网络，它要求网络时延是已知的、确定的，这简化了网络控制系统的分析和设计，但却使得网络资源的利用率大大降低，浪费了网络资源。单调速率调度是静态调度中的代表，它基于任务的周期赋予其优先级；周期越短，优先级越高。

2) 动态调度，即网络节点按照一定的性能指标动态地访问共享网络，它可以有效地利用网络资源，但却导致时变和未知的时延，使得整个控制系统性能下降甚至不稳定。最小截止期优先调度是动态调度中的代表，它基于任务时限的逼近程度赋予其优先级；越接近时限的任务，其优先级越高。

9.5　本章小结

本章围绕计算机过程控制系统，介绍了其基本构成原理、分类、硬件结构、软件体系和典型数字控制算法。着重讨论了集散控制系统和现场总线控制系统这两种类型，阐述了其基本结构、关键问题、常用类型及系统设计方法，为工程实践中上述系统的操作和使用奠定了理论基础。

本章要求掌握计算机过程控制系统的基本原理、硬件构成和数字 PID 控制算法，以及现场总线控制网络的关键技术，熟悉集散控制系统和现场总线控制系统的基本组成结构、特点及设计方法，了解集散控制系统的各级功能、现场总线的常用类型以及基于网络的控制系统中的关键问题。通过本章学习，建立计算机过程控制系统的基本概念，拓展过程控制系统的设计思路，为上述技术在工业现场的灵活使用提供理论指导。

9.6 习题

9-1 计算机过程控制系统与模拟过程控制系统有何异同？试画出计算机过程控制系统的结构框图。

9-2 模拟量输入通道的主要性能指标有哪些？

9-3 在数字量输入/输出通道中，为防止干扰，通常采取哪些措施？

9-4 计算机过程控制系统的软件体系包括哪几部分，分别由哪几类程序实现？

9-5 位置式和增量式数字 PID 控制算法有何不同，说明其适用场合。

9-6 简述集散控制系统与现场总线控制系统在结构上有何不同。

9-7 组态软件是什么样的软件，其基本功能是什么？

9-8 集散控制由哪几部分构成，各部分完成什么功能？

9-9 简述集散控制系统三个阶段的内容。

9-10 集散控制系统递阶结构中各级的主要功能是什么？

9-11 试说明集散控制系统工程化设计的内容和步骤。

9-12 为什么计算机过程控制系统采用实时多任务操作系统？

9-13 什么是现场总线，现场总线控制系统具有什么特点？

9-14 目前，常用的现场总线有哪几类，它们各自有什么特点，分别适应用于哪些场合？

9-15 影响网络控制系统性能的关键问题有哪些？

9-16 网络诱导时延对 NCS 的性能指标有哪些影响？

9-17 试以一个单回路控制系统为例，说明现场总线控制系统与其他控制系统在构成上有何不同。

第 10 章 过程控制系统设计及应用实例

工业生产过程及其工艺要求千变万化，一般可以将其划分为单输入单输出过程和多输入多输出过程两类。与之相对应，过程控制系统可以划分为单回路控制系统和多回路控制系统。

单回路控制系统是针对被控对象的某一个被控参数，采用一个检测变送单元、一个控制器、一个执行器构成的闭环负反馈控制系统，如图 10-1 所示；多回路控制系统内部包含两个以上的单回路系统，它针对过程中两个以上的参数进行闭环负反馈控制，以保证被控参数满足工艺要求。在过程控制系统分析、设计和整定中，单回路控制系统因结构简单、易于调整和投运，被广泛应用于惯性或纯滞后小、负荷和扰动变化较小、控制品质要求不高的场合。同时，其设计方法也是其他复杂过程控制系统分析与设计的基础。因此，本章着重讨论单回路控制系统的工程设计方法。

10.1 过程控制系统设计概述

分析、设计和应用一个过程控制系统，首先应全面了解被控生产过程，深入分析工艺过程；其次要根据工艺要求，确定最佳控制方案，选择合适的检测变送器和执行器；最后要根据具体控制性能指标要求，对过程控制系统进行控制器设计、参数整定和投运。本节围绕单回路控制系统设计，重点讨论过程控制系统工程设计中的一些共性问题，包括系统设计原则、控制方案设计、检测变送仪表和执行器选型、控制器参数整定及系统投运等内容。

10.1.1 过程控制系统设计的一般要求

工业生产过程多种多样（如化工、冶金、电力、石油等），不同的生产过程具有不同的工艺参数（如温度、压力、流量、液位、成分等），不同过程控制系统的要求也各不相同。一些系统要求克服外界扰动、稳定生产、工况最优，提高产品的质量和产量；一些系统要求提高劳动生产率，降低生产成本，节约能源，提高经济效益；一些系统强调安全生产、改善劳动条件，保护环境等。可见，系统要求一般可以归纳为三个方面：安全性、稳定性和经济性。

安全性是过程控制系统的最基本要求。它是指在整个生产过程中，确保人员、设备的安全。通常采用参数越限报警、事故报警、连锁保护等措施加以保证。

稳定性是系统能控的前提。它是指系统在一定的外界扰动下，在系统参数、工艺条件的一定变化范围内，能长期稳定运行的能力。除了要求系统满足稳定性要求外，还必须具有适当的稳定裕量、良好的动态响应特性，即准确性和快速性。准确性是指系统被控量的实际运行状况与希望状况之间的偏差要小，使系统具有足够的控制精度，一般通过余差和超调量来加以度量；快速性是指系统从一种工作状态向另一种工作状态过渡的时间要短，一般要求过渡过程是一个衰减振荡过程（特殊生产要求除外）。

经济性是指在提高产品质量、产量的同时，要降耗节能，提高经济效益与社会效益。通常，采用先进的控制手段，对生产子过程乃至整个过程进行优化控制，是满足工业生产对经济性要求的重要途径。

工程中，这些要求往往是互相矛盾的。例如：为了使系统的控制精度较高，系统的稳定性可能会受到影响；要保证系统的稳定运行，可能需要牺牲系统的快速性。因此，设计过程控制系统时，应根据实际情况，分清主次，确保满足最重要的质量和控制要求。

10.1.2 过程控制系统设计的基本方法与开发步骤

过程控制系统如图 10-1 所示，由被控过程、控制器、执行器、检测变送器等组成。由于被控过程是由生产工艺要求所决定而客观存在的，一旦确定下来就不能随意改变，因此，过程控制系统设计的主要任务在于确定合理的控制方案、选择正确的过程检测方法和检测仪表以及执行器的选型、控制器的参数整定等。其中，控制方案的确定和控制器的参数整定是系统设计过程中的两项重要研究内容。如果控制方案设计不合理，则仅凭控制器参数的整定无法获得良好的控制质量；控制方案很好，但是控制器参数整定得不合适，也不能使系统运行在最佳状态。

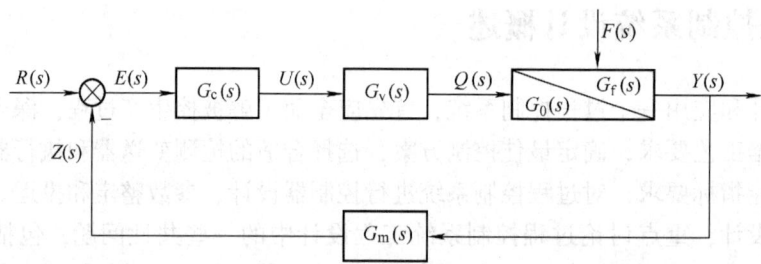

图 10-1　单回路控制系统框图

$G_c(s)$—控制器的传递函数　$G_v(s)$—执行器的传递函数　$G_m(s)$—检测变送器的传递函数
$G_f(s)$—被控过程（干扰通道）的传递函数　$G_0(s)$—被控过程（控制通道）的传递函数

过程控制系统设计从设计任务提出到系统投入运行，是一个从理论设计到工程实践，再从工程实践到理论设计的多次反复和试探过程。在系统设计过程中，会经过以下几个必要的步骤：

1. 熟悉系统的技术要求或性能指标

系统的技术要求或性能指标通常是由用户或被控过程的设计制造单位提出。系统设计者对此必须全面了解和掌握，这是控制方案设计的基本前提。技术要求必须切合实际，性能指标应有充足根据，否则就很难制订出切实可行的控制方案。

一个过程控制系统的性能取决于图 10-1 中各个组成部分的特性。因此，系统设计者要熟悉被控过程的静态与动态特性，以及存在的扰动情况，针对不同的被控过程、不同的生产控制要求，提出不同的设计性能指标。例如：

1）工业生产中常见的热交换过程，其滞后特性明显，通常要求进行温度控制，但不同的过程在控制方式和控制品质方面差异很大。裂解炉、烧结炉要求恒温控制；而热处理炉要求按一定的温度时间关系进行顺序控制。

2）要求进行液位控制的生产过程，其时间常数有的只有几秒钟，有的可达数小时。如锅炉水位控制，由于锅筒大小、容量的不同，其过程特性也有所不同。

3）许多工业生产中存在燃烧过程，由于使用的燃料（如煤、原油、天然气、工厂排出的可燃废气等）以及工业设备不同，其控制要求也不一样。有些系统要求负压控制，有些系统要求微正压控制，有些系统对燃料炉的气体还有特殊的控制要求（如还原性、氧化性）。另外，在燃烧过程中，还要求防止产生脱火和熄火现象。对于燃油锅炉，其燃烧过程还要求设计一些必要的逻辑控制策略，如在增加负荷时先增风后增油、在减负荷时先减油后减风等。

2. 建立被控过程的数学模型

被控过程的数学模型是过程控制系统理论分析和设计的基础。在过程控制系统设计中，首先要解决如何用恰当的数学关系式（即数学模型）来描述被控过程的特性。只有掌握了过程的数学模型，才能深入分析过程的特性和设计控制器。系统控制方案确定得合理与否在很大程度上取决于系统数学模型的精度，模型的精度越高，越符合被控过程的实际，方案设计就越合理。

3. 确定控制方案

不同的被控过程在控制方式和控制品质方面存在差异，即使是同一类型的被控过程，由于其规模、容量、干扰来源及性质的不同，控制要求也会存在差异。系统设计者需要根据这些差异，确定不同的控制方案。另外，生产过程中各个环节和设备之间存在关联和相互影响，在确定控制方案时，要从生产过程全局出发加以考虑。

系统的控制方案包括系统的组成、控制方式和控制规律的确定，这是控制系统设计的关键和核心。控制方案的确定不仅要依据被控过程的特性、设计任务和技术指标的要求，还要考虑方案的简单性、经济性及技术实施的可行性等，并经过反复研究与比较，才能制定出比较合理的控制方案。若控制方案设计不合理，则无论选用何种先进的过程控制仪表，都不可能使系统在工业生产过程中充分发挥作用，且不能满足系统的性能指标，甚至使系统不能运行。

4. 根据系统的动态和静态特性进行理论分析与综合

过程控制系统方案和数学模型确定后，要根据系统的技术指标，应用控制理论进行系统静态、动态特性分析计算，判定其稳定性、过渡过程特性等，为控制器的参数整定提供依据。系统理论分析与综合的方法很多，如经典控制理论的频率特性法、根轨迹法、现代控制理论的优化设计方法等，而计算机仿真和实验研究等为系统的理论分析与综合提供了更方便的手段。

5. 实验验证

实验验证是检验系统理论分析与综合设计正确与否的重要步骤。许多在理论设计中难以考虑或考虑不周的因素，可以通过实验加以补充完善，同时通过实验可以检验系统设计的正确性以及系统的性能，以便最终确定系统的控制方案并进行工程实施。计算机仿真工具MATLAB、LabVIEW等为实验验证提供了方便的实现平台。

6. 工程设计

在正确设计控制方案、确定各环节参数的基础上进行工程设计。它包括测量方式与测量点的确定、仪表的选型与采购、控制室和仪表盘的设计、仪表供电和供气系统的设计、信号及联锁保护系统的设计、电缆铺设线路设计、保证系统正常运行的相关软件设计、以及施工图的绘制等。值得注意的是，对于某些运行在恶劣或危险环境的过程控制系统，如石油化工企业中存在高温、高压、易燃、强腐蚀的生产过程，煤炭企业中存在的易爆生产过程等，要充分考虑系统的安全可靠运行。在设计时尽可能周密地考虑安全措施，如选用具有防腐、防爆、耐高温高压的仪器仪表和装置，采用安全布线方式，以及多级安全保护措施等。

7. 工程安装

过程控制系统的安装是依据施工图对控制系统进行具体实施。系统正确安装与否是保证系统正常运行的前提。因此，在系统安装完成后，要对每台仪表进行调校和对每个控制回路进行联调。

8. 控制器的参数整定

在控制方案设计合理、仪表工作正常、系统安装正确的前提下，控制器的参数整定是系统运行在最佳状态的重要保证，是过程控制系统设计的重要环节之一。

10.1.3 控制方案的确定

过程控制系统的控制方案设计包括合理选择被控参数和控制变量、检测信息的获取和变送、选择调节阀、确定控制器的控制规律及其正、反作用方式等。由于控制方案的确定不仅依赖于理论分析和计算，而且要结合工程实际经验，所以其设计过程中涉及的因素较多，这里仅给出其一般性设计原则。

1. 被控变量的选择

根据工艺要求选择被控变量是系统设计的重要内容。被控变量的选择对于稳定生产、提高产品的产量和质量、安全生产、改善劳动条件、保护环境及生产过程的经济运行等具有决定性意义。如果被控变量选择不当，则配备再好的自动化仪表，使用再复杂、先进的控制规律，也不能达到预期的控制效果。因此，应该从生产过程对控制系统的要求出发，深入分析工艺过程，合理选择被控变量。

影响生产过程正常操作的因素有很多，不同生产过程中的影响因素也千差万别，而且并非所有的影响因素都需要加以控制。如果根据工艺过程要求，被控参数的选择存在以下几种情况：被控变量可以选取直接影响工艺过程的直接可测变量，但是变量的检测信号微弱或者测量滞后较大；反映某项性能指标或质量指标的变量有好几个，如何选取一个在工艺上合理、独立可控的被控变量；直接反映质量指标的被控变量不能检测获得，如何选取间接反映质量指标的间接变量。针对以上问题，下面将通过实例来说明被控变量的选取原则。

例 10-1：要求对锅炉产生的饱和蒸汽质量进行控制。根据工艺过程，提出以下三种被控变量选取方案：

1) 选取压力和温度作为被控变量。
2) 选取温度作为被控变量。
3) 选取压力作为被控变量。

第一步：从工艺角度分析与饱和蒸汽质量相关的独立变量个数。假设独立变量数目（或自由度）为 F，组分数为 C，相数为 P，则根据相应关系确定独立变量数目为

$$F = C - P + 2 \tag{10-1}$$

其中，由于饱和蒸汽存在气、液两相，且组分都是水，所以 $P = 2$，$C = 1$，则计算得到

$F=1$，表明与饱和蒸汽质量相关的独立变量只有 1 个，即选用一个被控变量就可以充分反映饱和蒸汽质量。

第二步：确定被控变量是温度还是压力。综合考虑检测时间常数和检测器件的可靠性，一般选用压力作为被控变量。

例 10-2：在精馏塔的精馏过程中，塔顶或塔底产品的质量通过产品浓度直接反映。但是由于产品浓度不能直接检测，或者检测仪表的滞后较大；同时，考虑在塔压恒定的情况下，物料温度与产品浓度具有单值对应关系，所以通常选用塔顶馏出物或塔底残液的温度这一间接变量作为被控变量。

综上所述，得到被控变量选择的一般原则为：

1）尽量选用对产品的产量和质量、安全稳定生产、经济运行等具有决定性作用，并且可以直接检测的工艺参数作为被控变量（直接变量）。例如，蒸汽锅炉水位控制系统中，水位直接影响锅炉的安全运行，水位过高或过低都会造成严重事故，因此选取水位作为其被控变量。应当注意的是，被控变量要兼顾工艺的合理性和检测仪表的可行性、可靠性。

2）当直接变量难以获得，或检测滞后较大时，应选取与直接变量具有单值函数关系的间接变量作为被控变量。应当注意的是，间接变量对直接变量应具有较高的控制灵敏度。

3）当直接变量不可测量时，往往可以采用推断控制获得实际取值。寻找与直接变量存在一定函数关系、可靠、容易测量的辅助变量。通过测量辅助变量，再根据二者之间的函数关系，推算得到不可测直接变量的当前检测值。值得注意的是，推断控制中被控变量为不可测直接变量，它与辅助变量的对应函数关系可以根据经验、实验或理论方法获得。

2. 控制变量的选择

一个生产过程可能存在多个能够实现系统输出有效控制的变量，选择哪个（些）变量作为控制变量将会直接影响到控制方案的选取及其实施效果。要实现控制变量的合理选取，首先要掌握过程特性对系统控制品质的影响。

过程特性包含干扰通道特性和控制通道特性，如图 10-2 所示。控制作用 $Q(s)$ 通过控制通道 $G_0(s)$ 作用于被控变量；干扰 $F(s)$ 通过干扰通道 $G_f(s)$ 作用于被控变量。两条通道的过程参数不一定相同，对系统的影响也不一样。下面通过分析两类特性对系统控制品质的影响来确定控制变量选取原则。

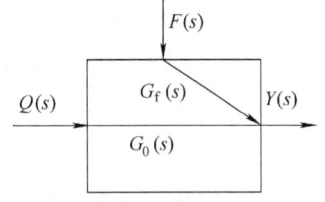

图 10-2 过程特性

（1）干扰通道特性 $G_f(s)$ 对控制质量的影响

在干扰作用下，被控变量会偏离设定值，从而影响控制质量。干扰对控制质量的影响程度直接与控制变量的选取有关。因此，为有效提高控制系统性能，必须对干扰通道特性进行深入分析。

以图 10-1 所示的单回路控制系统为例，其系统输出与干扰量之间的传递函数为

$$\frac{Y(s)}{F(s)} = \frac{G_f(s)}{1+G_c(s)G_v(s)G_0(s)G_m(s)} \tag{10-2}$$

若 $G_f(s)$ 是一个单容过程，其传递函数为

$$G_f(s) = \frac{K_f}{T_f s + 1} \tag{10-3}$$

将其代入式（10-2），可得

$$\frac{Y(s)}{F(s)} = \frac{1}{1+G_c(s)G_v(s)G_0(s)G_m(s)} \cdot \frac{K_f}{T_f s+1} \tag{10-4}$$

若干扰通道还具有纯滞后时间 τ_f，则有

$$\frac{Y(s)}{F(s)} = \frac{G_f(s)}{1+G_c(s)G_v(s)G_0(s)G_m(s)} e^{-\tau_f s} \tag{10-5}$$

根据上述干扰通道特性，具体分析其对控制质量的影响如下：

① 干扰通道静态增益 K_f 的影响

由式（10-4）可知，K_f 越大，由扰动引起的系统输出也越大，被控变量偏离设定值就越多。显然，这不利于系统控制。因此，在系统设计过程中，为减小干扰对被控变量的影响，应尽可能选择具有小静态增益的干扰通道。如果 K_f 无法改变，可以通过增强控制作用来抵消扰动的影响，减小扰动所引起的偏差；或者采用干扰补偿，及时消除扰动所引起的被控变量的变化。例如，当蒸汽加热器的蒸汽进入压力波动很大时，为保证达到预期的控制质量，可以设置压力前馈控制单元，根据压力这一扰动的大小提前实施控制作用。

② 干扰通道时间常数 T_f 的影响

在式（10-4）中，G_f 是一个惯性环节，其对干扰量 $F(s)$ 具有"滤波"作用，而且 T_f 越大，滤波效果就越明显。因此，干扰通道的时间常数越大，扰动对被控变量的动态影响就越小，更有利于提高系统控制质量。

③ 干扰通道滞后时间 τ_f 的影响

由式（10-5）可见，干扰通道纯滞后并不影响其传递函数的极点分布，所以不会对系统的稳定性产生影响。滞后时间 τ_f 的存在，仅仅会使干扰所引起的系统输出变化推迟一段时间 τ_f，即可以看作干扰间隔 τ_f 后才进入系统，而干扰在什么时候出现，本来就是无法预知的，所以 τ_f 并不影响控制系统的质量。需要注意的是，这里所指的控制系统是指反馈控制系统；若是针对 $F(s)$ 所设计的前馈控制系统，τ_f 还是对其控制质量存在影响的。

④ 干扰量进入系统的位置对控制质量的影响

对于图 10-1 所示的系统，假设干扰量 $F(s)$ 进入系统的位置不是在 $G_0(s)$ 之后，而是在 $G_0(s)$ 之前，则干扰通道特性为

$$\frac{Y(s)}{F(s)} = \frac{G_f(s)G_0(s)}{1+G_c(s)G_v(s)G_0(s)G_m(s)} \tag{10-6}$$

假设干扰通道和控制通道皆为单容过程，即 $G_f(s) = \dfrac{K_f}{T_f s+1}, G_0(s) = \dfrac{K_0}{T_0 s+1}$，则有

$$\frac{Y(s)}{F(s)} = \frac{1}{1+G_c(s)G_v(s)G_0(s)G_m(s)} \cdot \frac{K_f}{T_f s+1} \cdot \frac{K_0}{T_0 s+1} \tag{10-7}$$

对比式（10-4）和式（10-7）可见，后者增加了一个滤波项，表明干扰要多经过一次滤波后，才对系统输出的被控变量产生影响。显然，这有利于提高系统的抗干扰能力。因此，从动态控制性能角度来看，干扰进入系统的位置离被控变量越远，对系统的控制质量越好。但就系统的静态性能而言，式（10-7）的分子项增加了一个比例系数 K_0。当 $K_0 > 1$ 时，干扰所引起的被控变量与设定值的偏差增大，会影响系统的控制质量。因此，要综合考虑两方面性能，确定控制变量及相应的干扰。

（2）控制作用通道特性对控制质量的影响

控制作用总是以使被控变量有效跟踪设定值为目的，它是保证控制质量的核心。下面针对控制通道特性对控制质量的影响进行深入分析。

① 控制通道静态增益 K_0 的影响

在控制器的静态增益 K_c 一定的条件下，控制通道增益 K_0 越大，控制作用越强，克服干扰的能力越强，系统的稳态误差越小，被控变量对控制作用的响应越迅速、越灵敏；但是系统开环增益 K_cK_0 的增大，会对系统的闭环稳定性不利。因此，系统设计过程中，要综合考虑系统的稳定性、快速性和准确性。为兼顾上述性能要求，通常使系统的开环增益保持在一个恰当的数值上。这样，控制通道增益 K_0 越大，控制器的静态增益 K_c 越小，有利于控制器设计。

② 控制通道时间常数 T_0 的影响

控制器的控制作用是通过控制通道来影响被控变量的。如果控制通道的时间常数 T_0 过大，控制器对被控变量的调节作用不够及时，系统的过渡过程时间延长，导致控制质量下降；如果 T_0 过小，控制器对被控变量的调节作用过于灵敏，容易引起系统振荡，也不利于保证控制质量。因此，在系统设计过程中，应适度减小控制通道时间常数 T_0。如果 T_0 过大而又无法减小时，可以考虑在控制通道中增加微分环节对其加以补偿。

③ 控制通道滞后时间 τ_0 的影响

控制通道纯滞后时间 τ_0 产生的原因可能是：由信号传输时延导致，如在气动单元组合控制仪表中，气压信号在管路中传输会导致时间延迟；由信号的检测变送滞后导致，如对温度或成分的测量过程中，由于被控变量的分布参数特性或被控变量的非线性特性等因素，导致测量信号的起始部分变化比较缓慢，可近似视作纯滞后。

无论何种因素所引起的控制通道纯滞后，都会对控制质量产生不利影响。如果是检测环节引起的滞后，会使控制器不能及时察觉被控变量的变化，导致控制作用不及时；如果是控制作用执行环节的滞后，会使控制器输出的调节作用不能及时引起被控变量的变化。最终都会使系统的动态偏差增大，超调量增加，导致控制质量下降。根据控制理论中的频率特性分析可知，控制通道存在纯滞后，会增加开环频率特性的相角滞后，导致系统的稳定性降低。总之，为提高系统的控制质量，应设法减小控制通道的纯滞后时间。

在过程控制中，通常用 τ_0/T_0 来反映过程控制的难易程度。一般而言，如果控制通道特性 $\tau_0/T_0 \leq 0.3$，τ_0 对系统的相对影响较小，系统也比较容易控制；如果 $\tau_0/T_0 > 0.5$，τ_0 对系统的相对影响较显著，容易引起系统振荡，系统也比较难以控制，需要采用特殊控制措施。因此，在系统设计过程中，当 τ_0 难以减小时，如减小信号传输距离，就需要增加 T_0 来减小 τ_0/T_0，以保证控制质量。

④ 控制通道时间常数匹配的影响

实际生产过程中，广义被控过程（包含被控过程、检测环节和执行器）可近似看作由几个一阶惯性环节串联而成。以三阶系统为例，有

$$G_0(s) = \frac{K_0}{(T_{01}s+1)(T_{02}s+1)(T_{03}s+1)} \tag{10-8}$$

根据控制理论可以计算得到相应的临界稳定增益 K_0' 为

$$K_0' = 2 + \frac{T_{01}}{T_{02}} + \frac{T_{01}}{T_{03}} + \frac{T_{02}}{T_{03}} + \frac{T_{02}}{T_{01}} + \frac{T_{03}}{T_{02}} + \frac{T_{03}}{T_{01}} \tag{10-9}$$

显然，K'_0 的大小完全取决于三个惯性环节时间常数的相对比值，如表 10-1 所示。

表 10-1　不同时间常数对控制质量的影响

参数 变化情况	T_{01}	T_{02}	T_{03}	K'_0	ω_c	$K'_0\omega_c$
原始数据	10	5	2	12.6	0.41	5.2
减小 T_{01}	5	5	2	9.8	0.49	4.8
减小 T_{02}	10	2.5	2	13.5	0.54	7.3
减小 T_{03}	10	5	1	19.8	0.57	11.2
增加 T_{01}	20	5	2	19.2	0.37	7.1
减小 T_{02}、T_{03}	10	2.5	1	19.3	0.74	14.2

可见，时间常数相差的越大，临界稳定增益 K'_0 越大，对系统的稳定性越有利。也就是说，在保证系统具有相同稳定度的条件下，广义被控过程的时间常数错开得越多，系统开环增益提高得越多，对系统控制质量越有利。

在实际生产过程中，当存在多个时间常数时，最大的时间常数往往是核心生产设备的反映，不能随意改变。因此，往往通过减小广义被控过程的其他时间常数来保证控制质量。例如，采用快速检测仪表来减小检测变送环节的时间常数，或通过合理选型来减小执行器的时间常数等。

（3）控制变量的选取原则

综上所述，控制变量的选取可遵循如下一般性原则：

1）选择对被控变量影响比较大的变量作为控制变量，即控制通道的静态增益 K_0 要尽可能地大，时间常数 T_0 要选择适当，纯滞后时间 τ_0 要尽可能地小，且 τ_0/T_0 一般应不小于 0.3。当 τ_0/T_0 大于 0.3 时，需要采用特殊控制策略。

2）当广义被控过程包含多个串联的一阶惯性环节时，应该尽可能使几个环节的时间常数分开些，特别是最大与最小时间常数的比值要尽可能地大些。

3）干扰通道的静态增益 K_f 应该尽可能地小，时间常数 T_f 应该尽可能地大，扰动进入系统的位置应该尽量远离被控变量且靠近执行器。

4）考虑控制变量的工艺操作合理性、可行性和经济性等因素。

3. 被控变量的检测与变送

在过程控制系统中，如果检测变送环节的测量信号不能及时、正确地反映被控变量的变化，控制器就不能根据反馈到其输入端的测量信号来给出合理的调节作用，从而影响控制效果。

检测变送环节的作用是将被控变量转换为统一的标准信号反馈给控制器，其特性可以近似表示为

$$G_m(s) = \frac{Z(s)}{Y(s)} = \frac{K_m}{T_m s + 1} e^{-\tau_m s} \tag{10-10}$$

式中　K_m、T_m、τ_m——检测变送环节的静态增益、时间常数和纯滞后时间。

显然，检测变送环节是一个带有纯滞后的惯性环节。当 T_m、τ_m 不为零时，其输出不能及时地反映被测被控变量的变化，二者之间存在动态偏差。以检测变送环节对阶跃输入响应

为例，其输出响应曲线如图10-3所示。

由图可见，检测变送环节输出信号不能及时地反映输入信号的瞬间阶跃变化，二者存在明显的动态偏差。而且T_m和τ_m越大，这种动态偏差越大，从而对系统的控制质量造成不利影响。值得注意的是，这种动态偏差不能通过提高检测仪表的精度等级来减小或消除。

检测仪表自身存在测量误差，即稳态时检测信号与被测真实信号之间的偏差。它与仪表的精度有关，仪表精度越高，其测量误差越小。

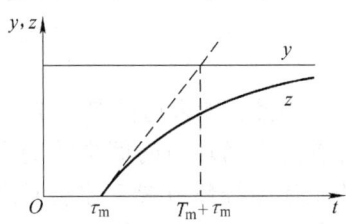

图10-3 检测环节阶跃响应

因此，为有效提高测量精度，减小动态偏差，应从以下几方面来考虑：

1) 考虑到仪表特性的固有性，需要选择快速检测仪表减小T_m和τ_m导致的动态偏差。
2) 正确安装检测仪表，避免安装不当引起不必要的测量误差。
3) 对测量信号进行必要的滤波和线性化处理。

在对过程被控变量的测量中，不可避免地会引入一些随机干扰。这些干扰可能是由于测量元件的结构或参数的随机变化引起的，也可能是由于测量环境中的电磁干扰所致。不管何种原因，这些干扰都会使测量结果偏离真实值。如果将这种测量结果不加任何处理直接反馈并参与控制，必然会使控制器发出错误的控制动作。因此，对测量信号一般都需要进行"滤波"，以剔除随机干扰。

测量信号还可能受到其他信号的影响，必须对其进行校正或补偿。例如发电厂过热蒸汽流量的检测，通常用标准节流元件。在设计参数下运行时，这种节流装置的测量精度较高；但是当参数偏离设定值时，测量误差较大，其主要原因是过热蒸汽流量受压力和温度的影响较大。因此，必须对其测量信号进行压力校正和温度补偿。

某些测量信号与被控变量之间呈非线性关系，需要对其进行线性化处理等。例如，采用热电偶检测温度时，输出热电动势与温度呈非线性关系。

需要注意的是，有些标准化检测仪表已经具备了信号补偿和线性化处理等功能，它们的输出信号可以直接使用，无需再作上述处理，但是必须弄清它们的使用范围和条件。例如，与热电偶配接的DDZ-Ⅲ型温度变送器具有对热电动势信号的线性化功能，从而使变送器的输出电流与温度之间呈线性关系，所以就不需要再对此检测变送环节进行线性化处理。

4) 为减小或消除纯滞后对系统控制质量的不利影响，可以对纯滞后采用补偿措施。如图10-4所示，根据信号等效原则，对存在纯滞后$e^{-\tau_m s}$的检测环节$G'_m(s)e^{-\tau_m s}$，为消除其纯滞后环节对输出信号的影响，增加补偿环节后，有

$$Z(s) = Y(s)G'_m(s)e^{-\tau_m s} + Y(s)G_s(s) \tag{10-11}$$

如果纯滞后环节得到完全补偿，则有$Z(s) = Y(s)G_m(s)$。由此，得到补偿环节特性为

$$G_s(s) = G'_m(s)(1 - e^{-\tau_m s}) \tag{10-12}$$

5) 为减小或消除时间常数对系统控制质量的不利影响，一般要求检测变送环节的时间常数小于控制通道最大时间常数的0.1倍。可以通过选用快速测量仪表来达到上述要求，但是受仪表固有特性的限制，往往不能获得满意的效果。为此，可以通过在检测环节的输出端

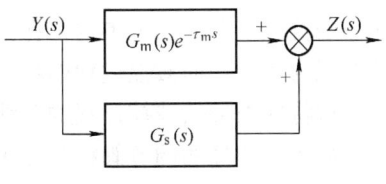

图10-4 纯滞后的补偿措施

串联一个微分环节来解决该问题,如图10-5所示。

图中的输出与输入信号之间的关系为

$$\frac{Z(s)}{Y(s)} = \frac{K_m}{T_m s + 1}(T_D s + 1) \tag{10-13}$$

显然,如果选择 $T_D = T_m$,在理论上就可以消除检测变送环节时间常数的影响。工程上,通常将上述微分环节置于控制器之后,从而在不影响其作用的同时,加快系统对设定值变化的动态响应能力。需要注意的是,微分环节不能消除纯滞后对系统的影响,因为纯滞后环节的参数变化速度为零。

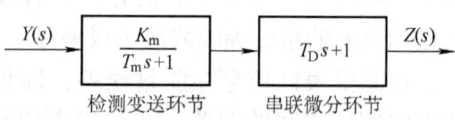

图 10-5 检测变送环节与串联微分环节

6) 信号传输时延也会对系统的控制质量产生影响。为此,可以采取以下改善措施:尽量缩短气压信号的传输距离。例如,测量信号为电信号时,可以将电—气转换器安装在气动仪表附近,从而缩短气压信号的传输距离。如果控制器输出信号为电信号,则可以将电—气转换器安装在气动执行器附近或采用电气阀门定位器;如果控制器输出信号为气压信号,可以在50~60m距离内增设继动器,以提高气压信号的传输速度,缩短传输时间。

4. 执行器的选择

执行器作为过程控制系统的重要组成部分,其性能直接影响到系统的控制质量。这里结合第4章内容,系统说明执行器的选择。

(1) 执行器的选型

过程控制系统中,选用较多的是气动执行器,其次为电动执行器。具体而言,应综合考虑生产过程的特点、对执行器推力的需求、被控介质的特性(高温、高压、易燃易爆、剧毒、易结晶、强腐蚀、高粘度等)以及安全性等因素来确定执行器类型。

(2) 气动执行器的气开、气关形式选择

气动执行器气开、气关形式的选择遵循以下原则:控制器输出信号为零或气源中断时使生产过程处于安全状态;在系统安全运行的条件下,综合考虑节能、控制便捷等因素。

(3) 调节阀尺寸的选择

调节阀尺寸主要包括调节阀的开度和口径大小。如果调节阀的口径选择过小,当系统受到较大扰动时,为快速抑制干扰作用,调节阀会运行在全开状态,从而导致系统暂时失控;如果调节阀的口径选择过大,会使调节阀长期运行在小开度状态,流体会对阀心和阀座频繁冲蚀,容易导致调节阀失灵。因此,在正常运行条件下,一般要求调节阀的开度为15%~85%。

(4) 调节阀流量特性的选择

从控制的角度来看,为了保证系统在整个工作范围内都具有良好的性能,应使系统总的开环增益在整个工作范围内都保持线性、恒定。通常,变送器、控制器和执行器的放大系数可近似为线性,而被控过程的特性一般具有非线性。为此,常常需要通过选择调节阀的非线性流量特性来补偿被控过程的非线性特性,从而使系统总的开环增益近似为线性。因此,具有对数流量特性的调节阀在实际中得到了广泛应用。

5. 控制器调节规律的选择

控制器的调节规律直接影响着系统的控制质量，其选择不仅要根据对象特性、负荷变化、系统干扰和控制要求等进行具体分析，还要考虑系统的经济性、安全性以及投运方便等因素。这里着重给出控制器正/反作用和调节规律选择的一般原则。

（1）控制器正/反作用方式的选择

执行器存在气开、气关两种形式，气开式执行器的静态增益 K_v 规定为正值；气关式的 K_v 为负值。与其相对应，被控过程和控制器也具有正作用和反作用两种方式。所谓正作用被控过程是指：当被控过程的输入量增加（或减小）时，过程的被控变量输出随之增加（或减小）；反作用被控过程特性与之相反。正作用被控过程的静态增益 K_0 规定为正值；反作用被控过程的 K_0 规定为负值。所谓正作用控制器是指：当反馈到控制器输入端的系统输出检测量增加（或减小）时，控制器的被控变量输出随之增加（或减小）；反之，为反作用控制器。正作用控制器的静态增益 K_c 规定为负值；反作用控制器的 K_c 规定为正值。检测变送环节的静态增益 K_m 规定为正值。

根据反馈控制的基本原理，要保证过程控制系统的正常工作，须要求系统闭环内各环节的静态增益乘积为正。因此，控制器正/反作用方式的确定方法为：首先根据生产工艺要求及安全等原则确定执行器的气开、气关形式，即 K_v 的正负；然后根据被控过程特性确定其正、反作用类型，即 K_0 的正负；最后根据系统开环传递函数中各环节静态增益的乘积为正这一原则来确定 K_c 的正负，最终确定控制器的正、反作用方式。

（2）调节规律选择的一般原则

1）当广义过程的控制通道时间常数较大或容量滞后较大时，应引入 D 调节；当工艺容许有静差时，应选用 PD 调节；当工艺要求无静差时，应选用 PID 调节。

2）当广义过程的控制通道时间常数较小、负荷变化不大且工艺要求允许有静差时，应选用 P 调节，如储罐压力、液位等过程。

3）当广义过程的控制通道时间常数较小、负荷变化不大，但工艺要求无静差时，应选用 PI 调节，如管道压力、流量等控制过程。

4）当广义过程的控制通道时间常数很大且纯滞后时间较大、负荷变化剧烈时，简单控制系统难以满足工艺要求，应采用复杂控制系统或其他控制方案。

5）若广义过程的传递函数具有以下形式

$$G_0(s) = \frac{K_0}{T_0 s + 1} e^{-\tau_0 s} \tag{10-14}$$

则可以根据 τ_0/T_0 来选择调节规律：

- 当 $\tau_0/T_0 < 0.2$ 时，可以选用 P 或 PI 调节规律；
- 当 $0.2 < \tau_0/T_0 < 1.0$ 时，可以选用 PD 或 PID 调节规律；
- 当 $\tau_0/T_0 > 1.0$ 时，简单控制系统一般难以满足要求，需要采用其他控制方式，如串级控制、前馈-反馈复合控制。

10.1.4 系统的工程设计

过程控制系统的工程设计是指用图样资料和文件资料表达控制系统的设计思想和实现过程，并能按图样进行施工。它是生产过程自动化项目建设中的一个重要环节，也是强化工程实际观念、运用过程控制的相关知识进行设计的重要实践环节。

工程设计中一般要求设计者掌握控制理论的专业理论知识，熟悉自动化技术工具和常用元件的性能、使用方法、型号、规格及价格等信息，了解设计过程和有关工程实践知识，如设计方法、仪表的安装及调校等，学习相关控制工程设计的指导性文件。

工程设计的主要内容包括：在熟悉工艺流程、确定控制方案的基础上，完成工艺流程图和控制流程图的绘制；在仪表选型的基础上完成有关仪表信息的文件编制；完成控制室的设计及其相关条件的设计；完成信号联锁系统的设计；完成仪表供电、供气关系图及管线平面图的绘制以及控制室与现场之间水、电、气的管线位置图的绘制；完成与过程控制有关的其他设备、材料的选用情况统计及安装材料表的编制；完成抗干扰和安全设施的设计；完成设计文件的目录编写等。

1. 工程设计的具体步骤

工程设计包括立项报告设计和施工图设计两个步骤。

1）立项报告设计用于为上级主管部门提供项目审批的依据，同时为订货做好准备。为保证立项报告的合理性和可行性，需要做好前期准备工作。一方面要进行深入充分的前期调查，了解国内外同类项目目前的自动化程度及发展趋势，搜集与项目设计有关的参考图样、设计手册及标准规范，从中吸取有益经验和参考依据；另一方面根据企业的实际情况，制定合理的质量目标和规划。

立项报告设计过程中需注意以下几个环节：控制方案以及电源、气源、仪表、控制室和仪表盘布置等的确定；确定企业自身及其协作单位的设计任务分工；说明设计依据及其在国内外同行业中的采用情况；提供设备清单（价格、供货商等）、经费预算、参加人员等说明；预测并分析系统的经济效益等。

2）施工图设计是用于系统实施的具体技术文件和图样资料，主要包括图样目录、说明书、设备汇总表、设备装置数据表、材料表、连接关系表、测量管路和绝热伴热方式表、信号原理图、平面布置图、接线图、空视图、安装图、工艺管道和仪表流程图、接地系统图等。其中，接线图在电气施工中尤为重要，它除了要求注明仪表与仪表之间的连线关系外，还要注明连接端子的编号、接头号、所在设备号、去向号等。

上述设计内容是工程设计的一般原则。根据实施项目的规模大小、复杂程度等可以进行适当的增减，切忌生搬硬套。

2. 控制系统的抗干扰和接地设计

仪表及控制系统的干扰会影响其工作精度，甚至造成系统瘫痪，产生安全事故。为此，分析干扰的来源，给出相应的消除措施，是工程设计的重要内容。

（1）干扰的来源

仪表及控制系统的干扰主要来自以下几方面。

1）电磁辐射干扰：它由雷电、无线电广播、电视、雷达及电力网络和电气设备的暂态过程产生，具有空间分布范围大、强弱差异大、性质复杂等特点。

2）引入线传输干扰：它主要通过电源引入线和信号引入线进入仪表和系统。一方面电网受到外部电磁波干扰和电力设备的影响，会产生感应（或冲击）电压和电流，并通过输电线路传至电源变压器一次侧，从而导致采用电网供电的工业控制机系统发生故障；另一方面受到空间电磁辐射和共用信号仪表的供电电源影响，信号引入线上会产生电磁感应和电网干扰，引起 I/O 接口工作异常和测量精度的降低，甚至损坏元器件。

3）接地系统干扰：工业控制系统中包括模拟地、逻辑地、屏蔽地、交流地和保护地等多种接地方式。接地系统混乱会使大地电位分布不均，导致不同接地点之间存在电位差，形成环路电流，影响系统正常工作。

4）系统内部干扰：它主要来自于系统内部元器件相互之间的电磁辐射，如逻辑电路相互辐射及对模拟电路的影响，模拟地与逻辑地的相互不匹配使用等。

（2）抗干扰措施

针对上述仪表及控制系统的干扰，主要有以下几类抗干扰措施

1）隔离：常用的隔离方法有：保证绝缘材料的耐压等级、绝缘电阻必须符合规定；采用尽量减少干扰对信号影响的布线方式。例如，在平行敷设的动力线和信号线之间保持一定的间距，保证交叉敷设的动力线和信号线之间垂直，金属汇线槽中的导线、电缆和电线要用金属板隔开；采用隔离变压器、光耦合隔离器等隔离器件将供电系统与电气线路隔断。

2）屏蔽：用金属导体将被屏蔽的元器件、电路、信号线等包围起来的方法。它用于抑制电容性噪声耦合。

3）滤波：对由电源线或信号线引入的干扰，可设计不同的滤波电路进行抑制。例如，在信号线和地之间并接电容，可减少共模干扰；在信号两极间加装 Π 型滤波器，可减少差模干扰。

4）避雷保护：通常将信号线穿在接地的金属管内，或敷设在接地的、封闭的金属汇线槽内，使雷击产生的冲击电压与大地短接。

（3）接地系统及其设计

接地系统的主要作用是保护人身与设备的安全和抑制干扰。不良的接地系统会影响系统的正常工作，严重的会导致系统瘫痪。

接地系统分为保护性接地和工作接地两类。保护性接地是指将电气设备、用电仪表中不应带电的金属部分与接地体之间进行良好的金属连接，以保证这些金属部分在任何时候都处于零电位。在过程控制系统中，需要进行保护性接地的设备有：仪表盘及底盘，各种机柜、操作站及辅助设备，配电盘，用电仪表的外壳，金属接线盒、电缆槽、穿线管、铠装电缆的铠装层等。工作接地可以抑制干扰，提高仪表的测量精度，保证仪表系统能可靠地工作。它包括：信号回路接地。由仪表本身结构所形成的接地和为抑制干扰而设置的接地。如 DDZ-Ⅲ型仪表放大器公共端的接地；屏蔽性接地。对电缆的屏蔽层、仪表外壳、汇线槽等所做的接地处理；本质安全接地。本质安全仪表系统为了抑制干扰和具有本质安全性而采取的接地措施。

接地系统由接地线、接地汇流排、公用连接板、接地体等构成，如图 10-6 所示。在设计中，接地连接方式和接地体的选择是核心问题。

接地连接方式的选择通常包括三部分：保护性接地方式。将用电仪表、PLC、集散控制系统、工业控制机等电子设备的接地点与厂区电气系统接地网相连；工作接地。当厂区电气系统接地网接地电

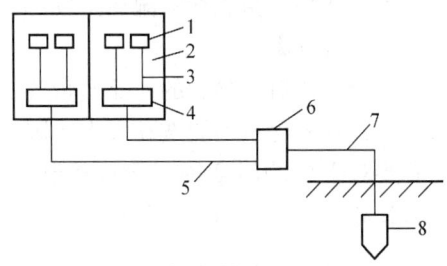

图 10-6 接地系统示意图
1—仪表 2—表盘 3—接地支线 4—接地汇流盘
5—接地分干线 6—公用连接板 7—接地总干线
8—接地体

阻较小、设备制造厂无特殊要求时，工作接地直接与电气系统接地网相连，如果电气系统接地网接地电阻较大或设备制造厂有特殊要求时，则独立设置接地系统；特殊要求接地方式。本质安全仪表应独立设置接地系统，并要求与电气系统接地网相距 5m 以上。同一信号回路、同一屏蔽层、各仪表回路和系统只能用一个（信号回路）接地点，各接地点之间的直流信号回路需隔离。仪表类型不同，信号回路的接地位置也不同。如二次仪表的信号公共线、电缆屏蔽线在控制室接地；接地型一次仪表则在现场接地。

接地体是指埋入大地并和大地接触的金属导体。接地线是指用电仪表和电子设备的接地部分与接地体连接的金属导体，一般使用多股铜芯绝缘电缆。接地电阻是指接地体对地电阻和接地线电阻的总和。接地电阻越小，接地性能越好，但受到技术和经济因素制约，因此需确定其合理的数值：保护性接地电阻一般为 4Ω，最大不超过 10Ω；工作接地电阻需根据设备制造厂要求和环境条件确定，一般为 1~4Ω，而且工作接地的接地线应接到接地端子或接地汇流排（25mm×6mm 铜条）。

10.2 干燥过程的控制系统设计

10.2.1 干燥过程的工艺要求

图 10-7 为乳化物干燥过程示意图。由于乳化物属于胶体物质，激烈搅拌容易固化，也不适于用泵来抽送，所以采用高位槽。浓缩的乳液由高位槽流经过滤器 A 和 B，滤除凝结块和杂质，再从干燥器顶部由喷嘴喷下。空气由鼓风机送至换热器，经蒸汽加热后，再与来自鼓风机的空气混合，经风管送至干燥器。干燥器内，混合热空气从容器底部自下而上吹入，蒸发掉喷洒下乳液中的水分，使之成为粉状物，由底部随湿热空气一起送出进行分离。

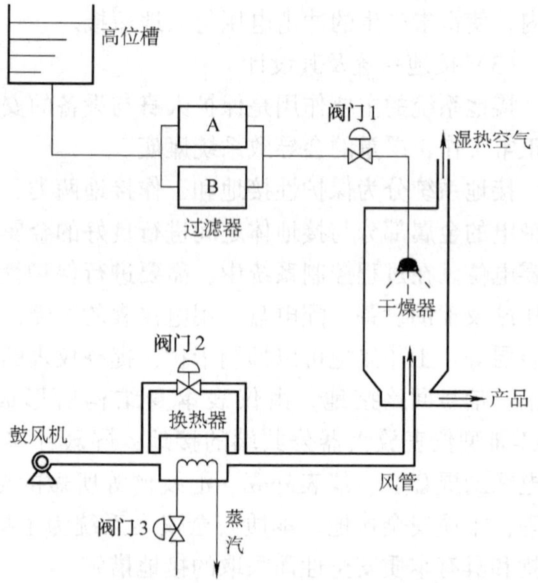

生产工艺对干燥后的产品质量要求较高，水分含量不能波动太大，因此需要对干燥的温度进行严格控制，要求其波动要在 ±2℃ 范围内。

图 10-7 乳化物干燥过程示意图

10.2.2 控制方案设计

1. 被控变量的选择

根据生产工艺过程，产品质量取决于粉状物的水分含量。但是考虑到水分检测仪表的精度较低、测量时延较大，所以选用间接变量作为被控变量。经分析，水分含量与干燥温度密切相关且具有一一对应关系,温度又便于测量,因此,选用干燥器温度作为被控变量。系统要求温度必须控制在一个定值上,且波动范围为 ±2℃。

2. 控制变量的选择

根据工艺可知,影响干燥器温度的主要因素有乳液流量 $q_1(t)$、旁路空气流量 $q_2(t)$ 和加热蒸汽流量 $q_3(t)$。其中任何一个变量都可以作为控制变量,构成温度控制系统。

1)选择乳液流量作为控制变量。如图 10-8 所示,乳液直接进入干燥器,控制通道的滞后最小,对干燥温度的校正作用最灵敏,而且干扰进入系统的位置远离被控量,所以将乳液量作为控制变量应该是最佳的控制方案。但是,由于乳液流量是生产负荷,工艺要求必须保持产量稳定,若作为控制变量,则很难满足工艺要求。因此,不宜选用乳液流量作为控制变量。

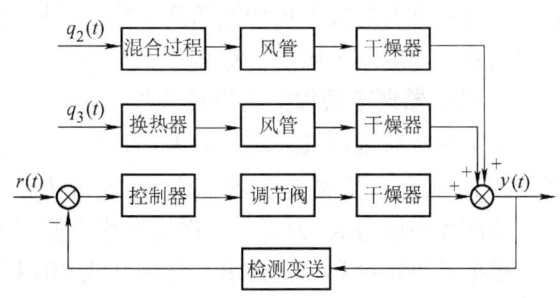

图 10-8 乳液流量作为控制变量时的系统框图

2)选择风量作为控制变量。如图 10-9 所示,旁路空气与热风相混合,经风管进入干燥器。相比图 10-8 所示方案,它的控制通道存在纯滞后,对干燥温度校正作用的灵敏度较差,但可以通过缩短传输管道来减小纯滞后时间。

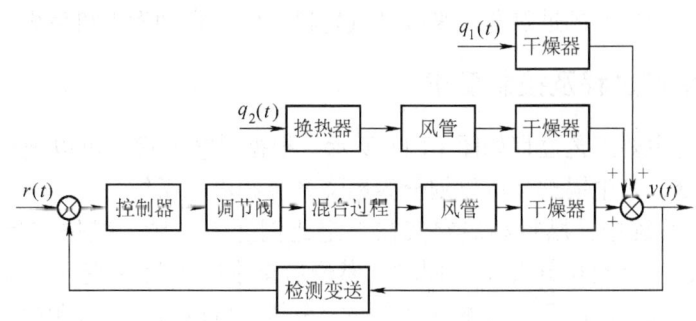

图 10-9 风量作为控制变量时的系统框图

3)选择蒸汽量作为控制变量。如图 10-10 所示,蒸汽需要经过换热器的热交换,才能改变空气温度。由于换热器的时间常数大,此方案的控制通道既存在容量滞后,又存在纯滞后,因此对干燥温度的校正作用灵敏度最差。

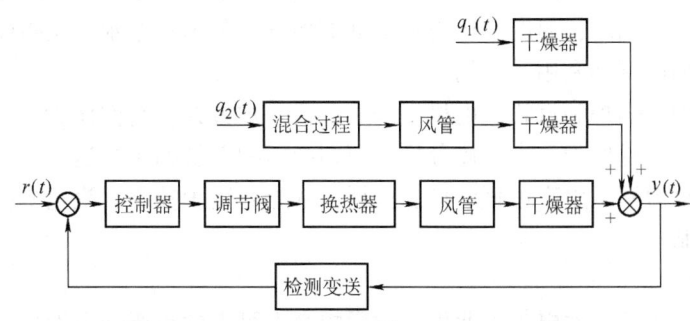

图 10-10 蒸汽量作为控制变量时的系统框图

综上所述，选择旁路风量作为控制变量比较合适。

3. 过程检测变送元件的选择

考虑到干燥器温度通常在 600℃ 以下，所以选用热电阻温度检测仪表。为提高检测精度，采用三线制接法，配接 DDZ-Ⅲ型温度变送器。

4. 执行器的选择

为确保生产过程安全，根据执行器选取原则，选用气关式执行器。根据过程特性和控制要求，选用具有对数流量特性的调节阀。根据被控介质流量的大小和调节阀流通能力及其尺寸的关系，确定调节阀的公称直径和阀芯的直径。

5. 控制器调节规律的选择及参数整定

由于执行器选用气关式，故 K_v 为负；当被控过程的输入空气增加时，干燥器的温度降低，故 K_0 为负；检测变送环节的 K_m 通常为正，所以为保证整个系统总的开环增益为正，控制器的静态增益 K_c 为正，即选用反作用控制器。

根据过程特性和工艺要求，选用 P 或 PID 控制规律，采用已介绍过的任何一种整定方法对控制器参数进行整定。

10.3 电厂燃煤锅炉控制

火力发电是我国电力能源的主要来源。大型火力发电机组是由锅炉、汽轮发电机组等设备构成，它利用锅炉生产的过热蒸汽来推动汽轮机运转，带动发电机发电。

10.3.1 电厂生产过程及控制要求

火力发电厂的主要工艺过程如图 10-11 所示。根据工艺流程，可以把它划分为锅炉和汽轮发电机组两部分，其中锅炉又可以划分为燃烧系统和汽水系统。

1）锅炉燃烧系统中，燃料和热空气按一定比例送入炉膛，燃烧产生的热量传递给锅筒，通过热交换，生成饱和蒸汽 D_g。同时，燃烧后剩余的烟气（废气）通过烟道，经引风机送往烟囱，排入大气。由于烟气本身具有一定余热，可以通过空气预热器为输入的冷空气加热，获得的热空气又可以循环送入燃烧系统，从而节约能源。

2）锅炉汽水系统中，给水经省煤器预热后进入锅筒，再经过与燃烧系统的热交换过程，产生饱和蒸汽；然后经多级过热器，形成具有一定气温和压力的过热蒸汽 D，汇集至蒸汽母管，推动单元机组工作。

3）汽轮发电机组接受锅炉提供的过热蒸汽，推动高压汽轮机转子，进而带动发电机转子转动，产生电能。同时，温度和压力都降低的蒸汽冷凝为凝结水，又被作为给水进入锅炉汽水系统，从而加以循环利用，节约资源。

火力发电厂中，锅炉和汽轮发电机组采用一机一炉方式。它们作为蒸汽的供需双方，必须保持一定平衡，并且作为一个整体分析，否则会影响系统的正常运行。

综上所述，火力发电生产过程的控制包括三部分：锅炉控制、汽轮机控制、锅炉与汽轮机之间的协调控制。

1. 锅炉控制

锅炉是化工、炼油、发电等工业生产过程中必不可少的重要动力设备。锅炉控制的目的

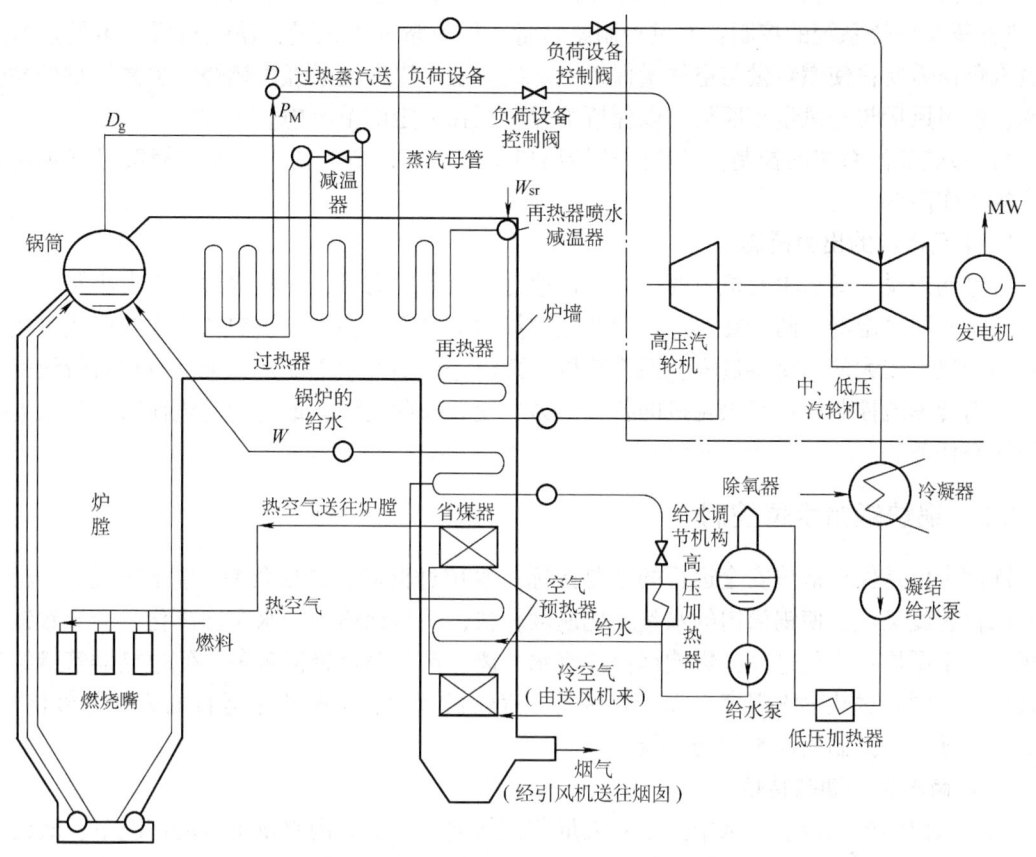

图 10-11 火力发电厂主要工艺流程图

是供给合格的蒸汽,使锅炉产汽量适应负荷需要,同时保证燃烧的经济性、安全性。要实现该控制目的,必须对锅炉生产过程中的各个主要工艺参数进行严格控制。

锅炉设备是一个复杂的被控对象,主要输入变量包括负荷的蒸汽需求量、给水量、燃料量、减温水量、送风量和引风量等;主要输出变量有锅筒水位、蒸汽压力、过热蒸汽温度、炉膛负压、过剩空气(烟气含氧量)等,图 10-12 所示为输入变量与输出变量之间相互关联。如果蒸汽负荷变化或给水量发生变化,会引起锅筒水位、蒸汽压力和过热蒸汽温度等的变化;而燃料量的变化不仅影响蒸汽压力,还会影响锅筒水位、过热蒸汽温度、过剩空气和炉膛负压。

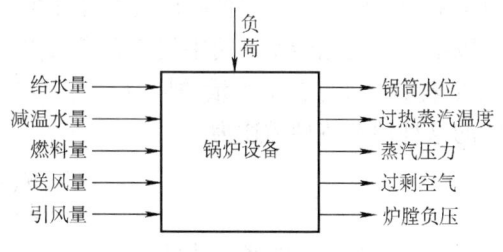

图 10-12 锅炉的输入/输出变量示意图

可见,锅炉是一个具有多输入/多输出变量,且变量之间相互关联的被控对象,其主要控制系统如下。

1)锅炉锅筒水位的控制:锅筒水位是保证锅炉、汽轮机安全运行的必要条件之一,是锅炉正常运行的重要指标。其控制目的是基于锅筒内部的物料平衡关系,使给水量满足锅炉的蒸汽量需求（即负荷要求），并将锅筒中水位维持在工艺允许的范围内。

2）锅炉燃烧系统的控制：通过控制燃料量、送风量和引风量，使燃料所产生的热量适应蒸汽负荷需要；使燃料量与空气量保持一定的比值，以保证最经济燃烧，提高锅炉的燃烧效率；使引风量与送风量相匹配，以保持炉膛负压在一定的范围内。

3）过热蒸汽系统的控制：维持过热器出口温度在允许范围内，并保证管壁温度不超过允许的工作温度。

2. 单元机组的出力控制

对电网来说，要求单元机组的出力能快速适应负荷的需求，而机组的出力大小是由锅炉和汽轮机共同决定的。两者在适应负荷变化的能力上有很大差别：锅炉从给水到形成过热蒸汽是一个惯性较大的热交换过程，而汽轮机从蒸汽进入到产生电能是一个反应相对较快的环节。如何合理地控制锅炉和汽轮机的各自出力，使其彼此适应，最终满足负荷需求是出力控制的核心任务。

10.3.2 锅炉锅筒水位控制

锅筒水位是保证锅炉安全运行的重要指标。水位过低时，如果负荷（蒸汽用量）较大，水的汽化速度又快，使锅筒内的水量变化速度较快，一旦锅筒内的水全部汽化，会导致锅炉烧坏，甚至爆炸；水位过高，影响锅筒的汽水分离，产生蒸汽带液现象，使过热器管壁结垢导致损坏，同时过热蒸汽温度下降，容易损坏汽轮机叶片，影响机组运行的安全和经济性。因此，必须严格控制锅筒水位的高低。

1. 锅筒水位的动态特性

锅筒水位的最大特点是水中夹带着大量蒸汽气泡。在锅筒内水量不变的情况下，蒸汽气泡体积的变化会引起锅筒水位的变化。蒸汽气泡的体积取决于锅筒压力、锅筒内水温和负荷需求。因此，影响锅筒水位主要有给水量、蒸汽用量等因素。

（1）给水量

当给水量变化时，锅筒水位的响应曲线如图 10-13 所示。锅筒和给水系统可看作单容无自衡对象，则理论上水位响应过程如图中曲线 H_1。由于给水温度低于锅筒内的饱和水温度，所以给水量变化会使锅筒中气泡含量减少，从而导致水位下降。实际水位响应曲线如图中曲线 H 表示，可见在给水量增加后，锅筒水位经过一段时间延迟 τ 才呈现升高趋势，二者之间的这种动态特性描述为

$$\frac{H(s)}{W(s)} = \frac{\varepsilon_0}{s} e^{-\tau s} \qquad (10\text{-}15)$$

式中 ε_0——水位的飞升速度。

给水温度越低，纯滞后时间 τ 亦越大。一般 τ 为 15~100s。

（2）蒸汽用量

在燃料量维持不变的条件下，蒸汽用量的增加使锅筒水位降低。但是由于锅筒的汽水混合特性，在蒸汽用量突然增加时，锅筒压力会瞬时下降，使锅筒内水的沸腾骤然加剧，水中气泡迅速增加，导致整个水位瞬间升高，形成虚假的水位上升现象，即所谓"假水位"现象。

图 10-14 描述了蒸汽用量发生阶跃变化时的水位变化情况。可见，当蒸汽用量 D 突然

增加时，由于假水位现象，在响应前期水位先上升，后下降。实际水位的变化 H，是由未考虑水中气泡容积变化的水位变化 H_1，与水中气泡容积变化所引起的水位变化 H_2 的叠加

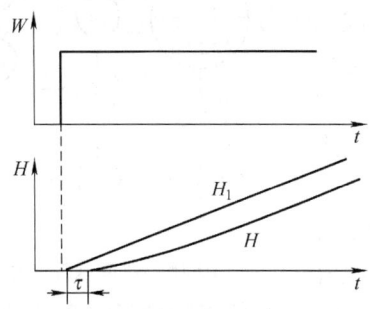

图 10-13 给水流量作用下水位的阶跃响应曲线

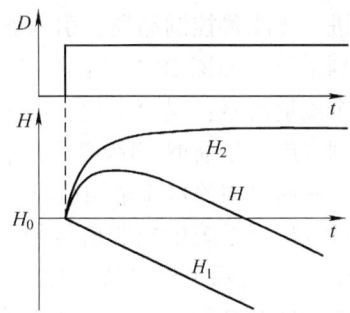

图 10-14 蒸汽用量扰动下水位的阶跃响应曲线

$$H(s) = H_1(s) + H_2(s) \tag{10-16}$$

$$\frac{H(s)}{D(s)} = \frac{H_1(s)}{D(s)} + \frac{H_2(s)}{D(s)} = -\frac{\varepsilon_o}{s} + \frac{K_2}{T_2 s + 1} \tag{10-17}$$

式中　ε_o——反映物质平衡关系的水位飞升速度；

　　　K_2、T_2——H_2 的增益和时间常数。

假水位变化的大小与锅炉的工作压力和蒸发量等有关，例如一般 100～300t/h 的中高压锅炉，当负荷突然变化 10% 时，假水位可达 30～40mm。

2. 锅筒水位的控制方案

根据锅筒水位特性，选取锅筒水位为被控量，给水量为控制量，蒸汽用量等为干扰量，通过控制给水量来使锅筒水位维持在满足负荷需求的高度。同时，为保证锅炉安全生产，调节给水量的执行机构选取气关式；但若考虑汽轮机的安全运行，调节给水量的执行机构选取气开式为宜。

（1）单冲量控制系统

所谓单冲量就是指锅筒水位，构成的控制系统如图 10-15 所示。可见，它根据当前锅筒水位来确定给水量，是一个单回路控制系统。

当蒸汽用量突然增加时，应该加大给水量以满足负荷需求；但是由于假水位现象，导致控制器会先减小给水量来抑制瞬间的水位升高，随着假水位消失，锅筒水位会在负荷增加和给水量减少的双重作用下，产生严重的水位下降，甚至发生危险。因此，该控制方案不适用于负荷变动较大的情况。

（2）双冲量控制系统

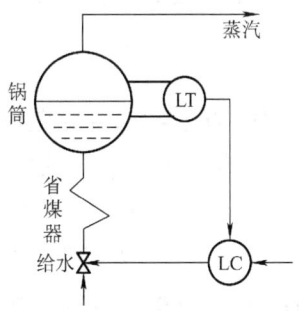

图 10-15 单冲量控制系统

蒸汽用量是影响锅筒水位最主要的扰动，也是造成假水位的主要因素。如果将蒸汽流量这一可测不可控的干扰作为前馈引入单冲量控制系统，就可以有效避免假水位引起的误动作，并及时控制水位，减小水位波动。由此，构成如图 10-16 所示的双冲量控制系统，其本质为前馈-反馈复合控制系统，即给水量不仅取决于锅筒水位，还受到蒸汽用量影响。

可见，该控制方案能有效适应负荷需求变化，但对给水系统中的水压等干扰因素造成的波动不能及时抑制。

（3）三冲量控制系统

为进一步改善控制品质，引入给水流量信号，构成三冲量控制系统，如图 10-17 所示。所谓三冲量，指的是引入了三个测量信号：锅筒水位、给水流量和蒸汽流量。三冲量控制本质上是前馈-串级复合控制系统：主回路实现水位调节，副回路使给水流量能适应负荷和水位要求。

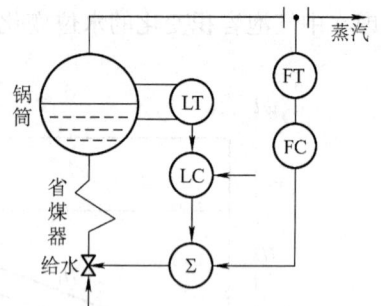

图 10-16　双冲量控制系统

三冲量控制系统中控制信号的连接关系如图 10-18 所示。图中，O_L 表示水位控制器 LC 的输出；O_{F1} 表示蒸汽流量前馈控制器 F_1C 的输出；C_0 为一常数以保证正常负荷下，其值能近似抵消负荷的前馈控制输出；C_1 为水位控制器输出的比例系数，由于水位为主控参数，因此 C_1 通常取 1 或稍小于 1 的值。

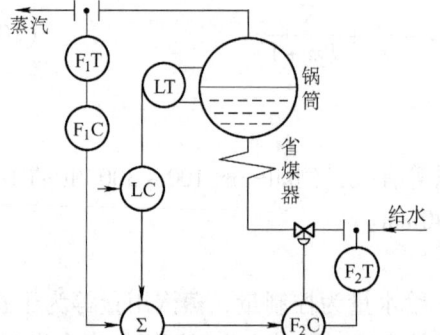

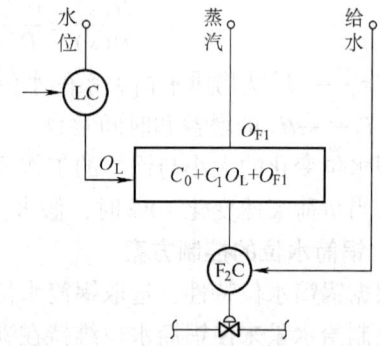

图 10-17　三冲量控制系统　　　　图 10-18　三冲量控制系统连接关系

三冲量控制系统中，水位控制器和流量控制器的参数整定方法与一般串级控制系统相同，蒸汽流量前馈控制器中的静态增益一般依据下式选取

$$K_{F_1C} = \frac{\beta}{K_v} \cdot \frac{(D_{\max} - D_{\min})}{(W_{\max} - W_{\min})} \tag{10-18}$$

式中　$D_{\max} - D_{\min}$——蒸汽流量变送范围；

　　　$W_{\max} - W_{\min}$——给水流量变送范围；

　　　K_v——阀门安装特性工作点斜率；

　　　β——一个等于 1 或稍大于 1 的系数。

10.3.3　锅炉燃烧过程控制

锅炉燃烧过程控制系统的基本任务是使燃料所产生的热量能够满足蒸汽负荷的需求，同时要保证燃烧的经济性和锅炉的安全性。为达到上述目的，该系统划分为以下三个子系统，分别实现维持汽压、保持最佳空燃比和保证炉膛负压不变的控制任务。

1）蒸汽压力控制系统。蒸汽压力反映了锅炉生产的蒸汽量和汽轮机消耗的蒸汽量相适应的程度。当负荷变化时，通过调节燃料量使蒸汽压力稳定。

2）经济燃烧控制系统。当燃料量改变时，必须按照一定的比例调节送风量，以保证充分燃烧和经济性。

3）炉膛负压控制系统。炉膛压力的高低关系到锅炉的安全经济运行，燃烧控制系统必须配合引风量与送风量，以保证炉膛压力稳定。

1. 主蒸汽压力的动态特性

汽压调节对象结构如图 10-19 所示。可见，主蒸汽压力主要受到燃料量和汽轮机耗汽量的影响。

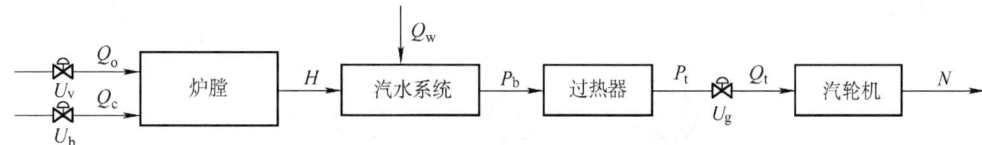

图 10-19 汽压调节对象示意图

Q_c—燃料量　Q_o—进风量　H—炉膛发热量　Q_w—进水量　P_b—锅筒压力
P_t—主蒸汽压力　U_g—汽轮机进汽阀开度　Q_t—汽轮机耗汽量　N—机组实发功率

燃料热值或成分的变化，会引起燃料供热量的变化。如果燃料量增加，炉膛热负荷随之增加，锅筒压力 P_b 升高。在保持汽轮机进汽阀开度 U_g 不变的条件下，主蒸汽压力 P_t 将随着蒸汽的累积而升高。

当电网负荷变化时，改变汽轮机进汽阀开度 U_g，使汽轮机耗汽量发生突然改变，主蒸汽压力也相应发生变化。如果汽轮机进汽阀开度加大，则汽轮机耗汽量会增加，主蒸汽压力随之降低。

为克服燃料量和蒸汽负荷对主蒸汽压力产生的扰动，在蒸汽压力发生波动时，通过控制燃料量来满足控制要求，这种单回路控制系统虽然简单，但适用于蒸汽负荷及燃料量波动较小的情况。当燃料量波动较大时，为及时抑制燃料量自身扰动，采用蒸汽压力-燃料量构成的串级控制。

2. 经济燃烧控制

经济燃烧以燃料量跟踪蒸汽负荷需求为前提，保证空气量（进风量）能与燃料量满足一定比例关系，使燃烧过程充分，从而以最经济的燃料供给量提供最大的燃烧热。因此，燃料量与进风量之间采用比值控制，其中，燃料量跟随蒸汽负荷变化而变化，为主流量；进风量为副流量。其控制方案如图 10-20 所示。

图 10-20a 是将蒸汽压力控制器 P_tC 的输出同时作为燃料量控制器 F_bC 和进风量控制器 F_iC 的设定值。这种控制方案可以保持蒸汽压力的稳定，空燃比通过 F_bC 和 F_iC 的正确动作而间接得到保证；图 10-20b 中蒸汽压力与燃料量构成串级控制，进风量跟随燃料量变化而变化，从而确保空燃比。这种控制方案在负荷发生变化时，进风量的变化落后于燃料量，会导致燃烧的不完全，为克服上述两种控制方案的不足，图 10-20c 在控制方案 a 的基础上增加了选择性控制。当负荷减少时，通过低值选择器 LS，先减少燃料量，后减少空气量；当负荷增加时，通过高值选择器 HS，先增加空气量，再加大燃料量，从而保证充分燃烧。

上述燃烧控制方案虽然考虑了燃料量与进风量的比例，但不能保证在整个生产过程中始终保持最经济的燃烧。这是因为：在不同的负荷下，两流量的最优化比值是不同的；燃料成

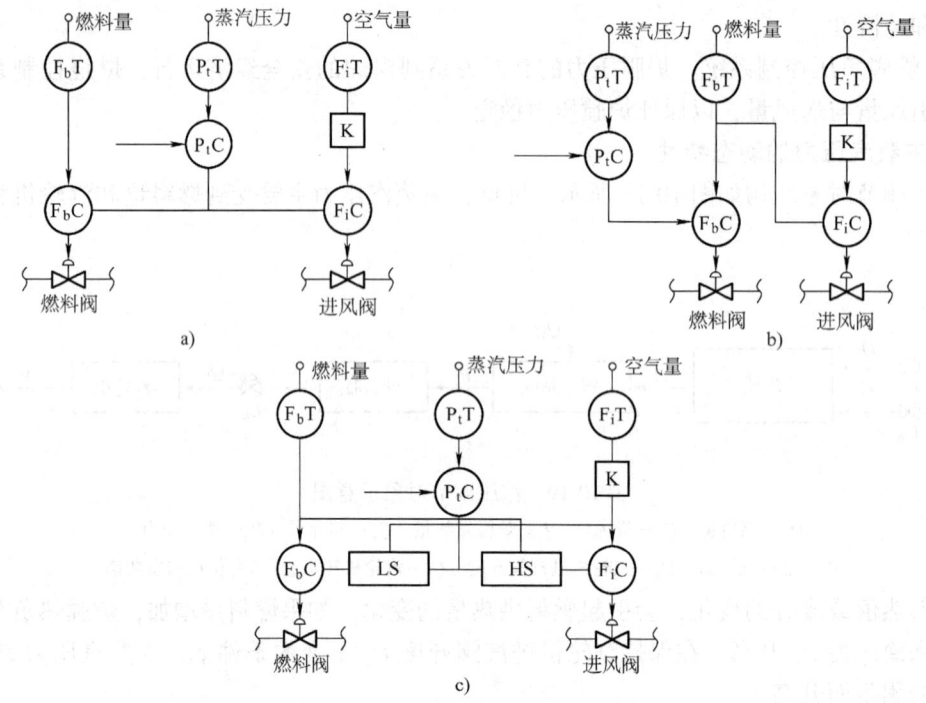

图 10-20 经济燃烧控制方案
a) 一般控制 b) 增加串级控制 c) 增加选择性控制

分（如水分、灰分的含量）和热值有可能会变化；流量测量得不够准确。这些因素都会不同程度地引起空气过量或燃烧不完全，造成锅炉热效率下降。因此，有必要选择一个指标来检验空燃比是否恰当，并通过校正进风量来修正空燃比。目前，常选用烟气中的含氧量作为衡量空燃比的指标。

理论和实践已证明，烟气中的各种成分，如 O_2、CO_2、CO 和未燃烧烃的含量，基本上可以反映燃料燃烧的情况，最简便的方法是用烟气中的含氧量 A 来表示。根据燃烧时的化学反应方程式，可以计算出使燃料完全燃烧所需的含氧量，进而可以折算出所需的空气量，称为理想空气量，用 Q_T 表示。但实际上完全燃烧时所需的空气量 Q_P，要超过理论计算的 Q_T，即要有一定的过剩空气量。由于烟气的热损失占锅炉热损失的绝大部分，当过剩空气量增多时，会使炉膛温度降低，同时使烟气热损失增加。因此，过剩空气量对不同的燃料都有一个最优值，以达到最优经济燃烧。

过剩空气量常用过剩空气系数 α 来表示，即实际空气量 Q_P 与理想空气量 Q_T 之比

$$\alpha = \frac{Q_P}{Q_T} \tag{10-19}$$

因此，α 是衡量经济燃烧的一种指标。保证锅炉热效率最高的 α 值称为最佳 α 值，最佳 α 值与锅炉负荷有关，一般 $\alpha = 1.2 \sim 1.4$。但是，α 很难直接测量，需要利用它与烟气含氧量之间的近似关系来间接计算

$$\alpha = \frac{21}{21-A} = 1 + \frac{A}{21-A} \tag{10-20}$$

由上式可以折算出最佳 α 值：α = 1.2～1.4，此时，烟气含氧量 $A = 3.5\%$～6%。因此，烟气含氧量也可以作为一种衡量经济燃烧的指标。根据烟气含氧量对图10-20中的送风量加以校正，构成图10-21所示的最优经济燃烧控制系统。

为保证不同负荷下，锅炉始终保持最优经济燃烧，根据烟气含氧量与蒸汽流量（负荷）之间的近似关系（见图10-22所示），获得当前负荷条件下的烟气含氧量设定值。氧含量成分控制器再根据该最佳值对过剩空气量进行校正，使锅炉在不同负荷下始终处于最优过剩空气量下运行，从而保证锅炉燃烧的经济性最高，热效率最高。

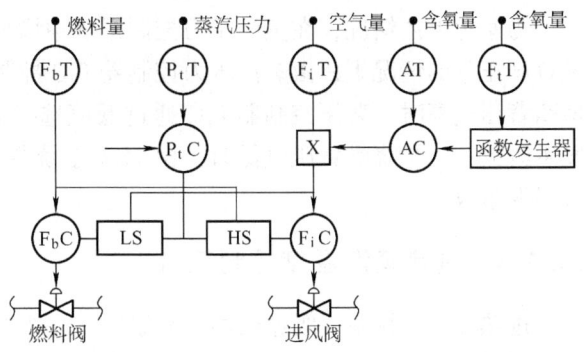

图 10-21　锅炉最优经济燃烧控制方案

3. 炉膛压力控制

为了保证炉膛安全，一般要求炉膛压力略低于大气压力，保持在微负压：-8～$-2\mathrm{mmH_2O}$（$1\mathrm{mmH_2O} = 9.80665\mathrm{Pa}$）。若炉膛负压太小，炉膛内热烟气甚至火焰会向外冒出，危及人员设备安全；若炉膛负压太大，冷空气会进入炉内，使热量损失增加，热效率降低。

炉膛压力控制可以通过调节烟道引风机开度来改变引风量，维持炉膛负压一定。但由于炉膛压力不仅受到引风量的影响，还对送风量很敏感，特别是当锅炉负荷变化较大时，送风量变化会引起炉膛负压的较大波动。为此，引入送风量 F_iT 作

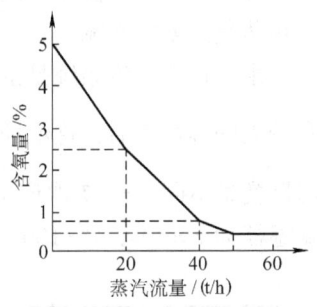

图 10-22　负荷与 A 的近似关系

为前馈信号，与引风量 F_oT 单回路控制系统共同构成前馈-反馈复合控制系统，从而有效维持引风量与送风量之间的平衡关系，其控制结构原理如图10-23所示。

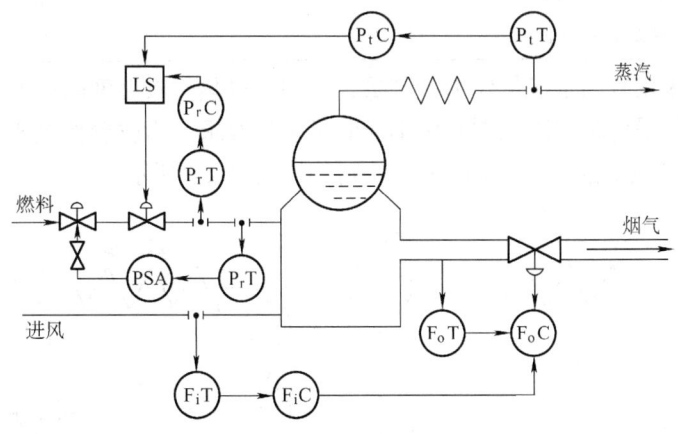

图 10-23　炉膛负压控制系统

4. 安全保护系统

燃烧嘴背压大小直接影响到燃料给入系统的安全。燃烧嘴背压过高，容易引起脱火现

象；燃烧嘴背压过低，会导致回火。

为避免上述情况，在蒸汽压力控制系统中增加安全保护措施，如图 10-23 所示。在燃烧嘴背压正常的情况下，由蒸汽压力控制器 P_tC 控制燃料给入量，维持主蒸汽压力稳定；当燃烧嘴背压过高时，背压控制器 P_rC 通过低值选择器 LS，减小燃料阀开度，降低背压，避免发生脱火；当燃烧嘴背压过低时，由 PSA 系统带动联锁装置，切断燃料上游阀门，避免回火引发事故。

10.3.4 过热蒸汽温度控制系统

过热蒸汽系统由一级过热器、减温器、二级过热器构成。其中，过热器工作在高温高压条件下，过热器出口温度是全厂设备温度的最高点，在正常运行时已接近材料允许的最高温度。如果过热蒸汽温度过高，容易烧坏过热器，还会引起汽轮机内部零件过热，影响生产过程顺利进行；温度过低则会降低全厂热效率，引起汽轮机叶片磨损。因此，必须对过热蒸汽温度加以严格控制，一般电厂锅炉要求过热蒸汽温度偏差保持在 ±5℃ 以内。

影响过热蒸汽温度的因素较多，如蒸汽流量、燃烧工况等。表 10-2 列出了几种扰动对过热蒸汽温度的影响。

由于过热蒸汽系统是由多个热交换设备构成，因此，系统除存在较多干扰因素外，还具有较大的容量滞后，这给控制带来困难。一般，过热蒸汽系统可用 $\dfrac{K}{Ts+1}e^{-\tau s}$ 来近似。根据减温器类型不同，τ、T 取值也有所不同，如表面式减温器的参数为 $\tau=60s$、$T=130s$，混合式减温器为 $\tau=30s$，$T=100s$。

表 10-2　过热蒸汽温度和扰动因素关系

扰 动 因 素	温度变化/℃
锅炉负荷 ±10%	±10
炉膛过量空气系数 ±10%	±（10~20）
给水温度 ±10℃	±（4~5）
燃煤水分 ±1%	±1.5
燃煤灰分 ±10%	±5

目前，广泛采用减温水流量作为控制量，实现对过热蒸汽温度的调节。但该控制通道的容量滞后较大，仅采用单回路控制系统不能满足生产要求。为改善控制质量，采用减温器后蒸汽温度 T_2 与过热蒸汽温度 T_1 构成串级控制，如图 10-24 所示。

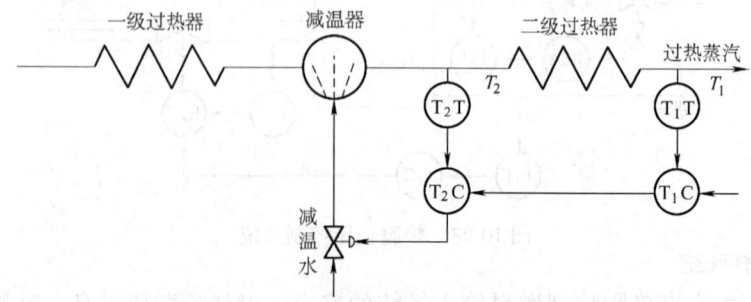

图 10-24　过热蒸汽温度串级控制

可见，主回路以维持过热蒸汽温度稳定为目标。副回路中，T_2 能发现反映减温水压力等扰动对蒸汽温度的影响，并通过副回路控制器 T_2C 及时抑制这些扰动。需注意的是，该串级控制方案使用的前提条件是减温器出口允许安装测温元件。

10.3.5 机炉协调控制

单元机组由锅炉和汽轮机构成，其控制任务是及时适应外界负荷需求，并保持主汽压稳定。

由于锅炉和汽轮机在动态性能上存在较大差异，使单元机组控制存在困难。汽轮机是个快变对象，当电网负荷改变时，只要改变控制阀的开度，就可以迅速改变蒸汽量，立即适应负荷需求；而对于锅炉，在负荷变化时，即使立即调整了燃料量和给水量，由于燃烧过程和过热系统所具有的大容量滞后和时滞，使供给汽轮机的蒸汽量并不能立即变化。因此，如果汽轮机的进汽阀开度已改变，流入汽机的蒸汽量也随之改变，而锅炉提供的蒸汽量还未变化，就需要利用主汽压力的改变来弥补这种供需差额，从而导致主汽压力产生较大波动。可见，提高机组的适应能力和保持汽压稳定这两个控制目标之间存在着矛盾。

为适应电网负荷变化，根据单元机组的结构特点，设计出三种不同的负荷控制方式：炉跟机运行方式、机跟炉运行方式和机炉协调运行方式。

1. 炉跟机运行方式

当出力指令变化时，首先通过调节蒸汽控制阀，改变蒸汽机进气量，使发电机输出功率与出力指令一致，以迅速满足电网负荷要求。同时，蒸汽控制阀开度的改变，使主蒸汽压力也随之改变。主蒸汽压力作为锅炉燃烧控制的主要信号，将通过改变燃料量来保持其稳定，并跟踪汽轮机的负荷变化。显然，这种控制方式是先由汽轮机跟踪外界负荷需求，再让锅炉跟随汽轮机的变化。因此，称为"炉跟机"方式，其原理如图 10-25 所示。

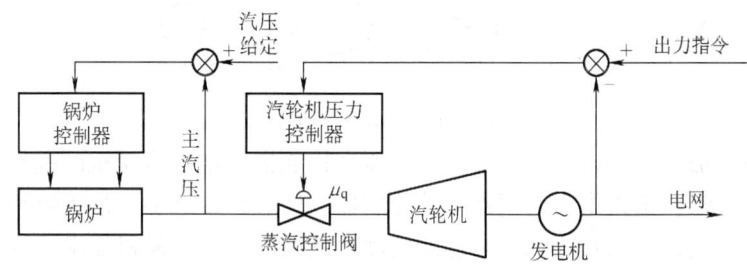

图 10-25 炉跟机运行方式

这种控制方式充分利用了锅炉的蓄热能力，使机组能较迅速地跟踪出力指令的变化。在出力指令变化比较小时，锅炉的蓄热能力可以满足快速反应需求；但当出力指令变化比较大时，由于锅炉的蓄热能力有限和锅炉的大惯性特性，使主蒸汽压力波动较大，不能及时满足汽轮机负荷需求，不利于锅炉的安全运行。因此，它适用于参加电网调频的机组。

2. 机跟炉运行方式

根据电网负荷要求，直接控制锅炉的燃料量。锅炉受热量的变化，引起主蒸汽压力改变。汽轮机压力控制器通过调节蒸汽控制阀开度来维持主蒸汽压力稳定，同时改变机组出力，使发电机出力适应电网负荷需求。显然，这种控制方式是先由锅炉跟踪外界负荷需求，再让汽轮机跟随锅炉的变化。因此，称为"机跟炉"方式，其原理如图 10-26 所示。

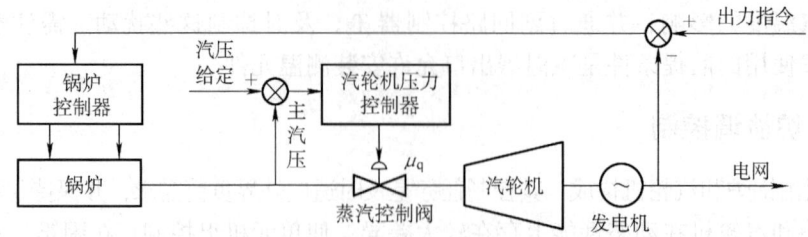

图 10-26 机跟炉运行方式

这种控制方式主蒸汽压力比较稳定，但是由于没有充分利用锅炉的蓄热量和燃烧延迟，使机组对出力指令的响应缓慢，负荷适应性不好。它适用于带基本负荷的机组上。

3. 机炉协调控制运行方式

为兼顾锅炉和汽轮机对电网负荷的适应能力，出力指令和主蒸汽压力信号同时作用到汽轮机压力控制器和锅炉控制器，如图10-27所示。这种控制方式既避免了"炉跟机"方式中调用锅炉需热量过大而导致过大的主蒸汽压力波动，又克服了"机跟炉"方式中负荷变化响应缓慢的缺点。

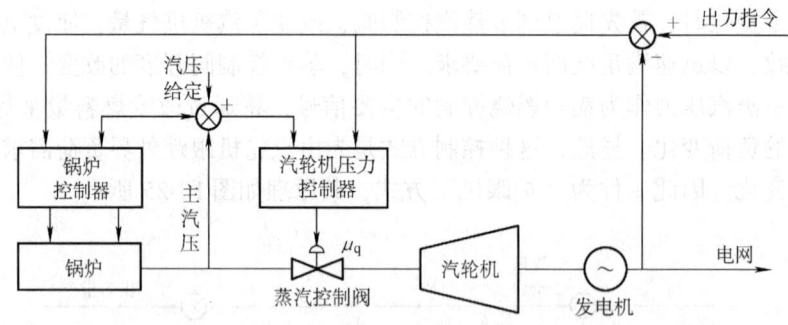

图 10-27 机炉协调控制运行方式

当电网负荷增加时，出力指令通过汽轮机压力控制器，增加汽轮机的进气量，充分利用锅炉蓄热能力。同时，出力指令作用到锅炉控制器，使燃料量增加，加大锅炉的出力。由于锅炉的容量滞后较大，所以其蒸汽量增加的速度不能及时满足汽轮机需求，导致主蒸汽压力降低。而主蒸汽压力变化又同时作用到汽机压力控制器和锅炉控制器上，一方面使锅炉的燃料量进一步加大，另一方面减小蒸汽控制阀开度，限制主蒸汽压力的下降幅度。

这种运行方式还可以有效抑制锅炉自身扰动引起的出力波动。当锅炉燃料量自发增加时，主蒸汽压力升高，通过锅炉控制器减少燃料量，同时通过汽轮机压力控制器加大蒸汽控制阀开度，增加汽轮机进气量，从而迅速抑制主蒸汽压力的波动。

可见，这种运行方式综合了"炉跟机"和"机跟炉"各自的优点，兼顾了出力需求和主蒸汽压力稳定两方面，能确保机组在安全的前提下最大限度地适应负荷的需要。

10.4 选煤过程控制

原煤在生产过程中混入了各种矿物杂质，在开采和运输过程又不可避免地混入顶板和底板的岩石和其他杂质，从而使原煤中矸石量增加、灰分提高、末煤及粉煤含量增长、水分提高。为减少原煤中的杂质，使煤炭按质量和规格分成各种产品，就需要采用选煤加工过程。

选煤就是利用煤炭所具有的与其他矿物质不同的物理、化学性质，应用物理或化学方法使原煤中的灰分、硫分和矸石等杂质的含量降低，并加工成质量均匀、用途不同的成品煤的加工技术。它是合理利用煤炭资源、保护环境最经济有效的技术途径。选煤厂作为煤炭企业的重要组成部分，掌握以洗选过程（如跳汰、重介、浮选）为核心的多种工艺与技术。

因此，选煤厂的全厂监控和管理，主要工艺过程参数的检测，对于稳定产品质量、提高精煤产率、减轻工人劳动强度、改善作业环境，具有重要的意义。

10.4.1 选煤生产过程及控制要求

选煤的主要产品是精煤，副产品有中煤、煤泥等，选后的废弃物是矸石和尾煤。选煤厂为实现原煤到上述各类产品的分选，生产工艺流程复杂，通常包括受煤系统、重介系统、跳汰系统、浮选系统、浓缩压滤系统和装车系统等子系统，由分级筛、跳汰机、重介旋流器、离心机、脱介筛、浓缩机和压滤机等工艺设备构成，其工艺设备流程如图10-28所示。

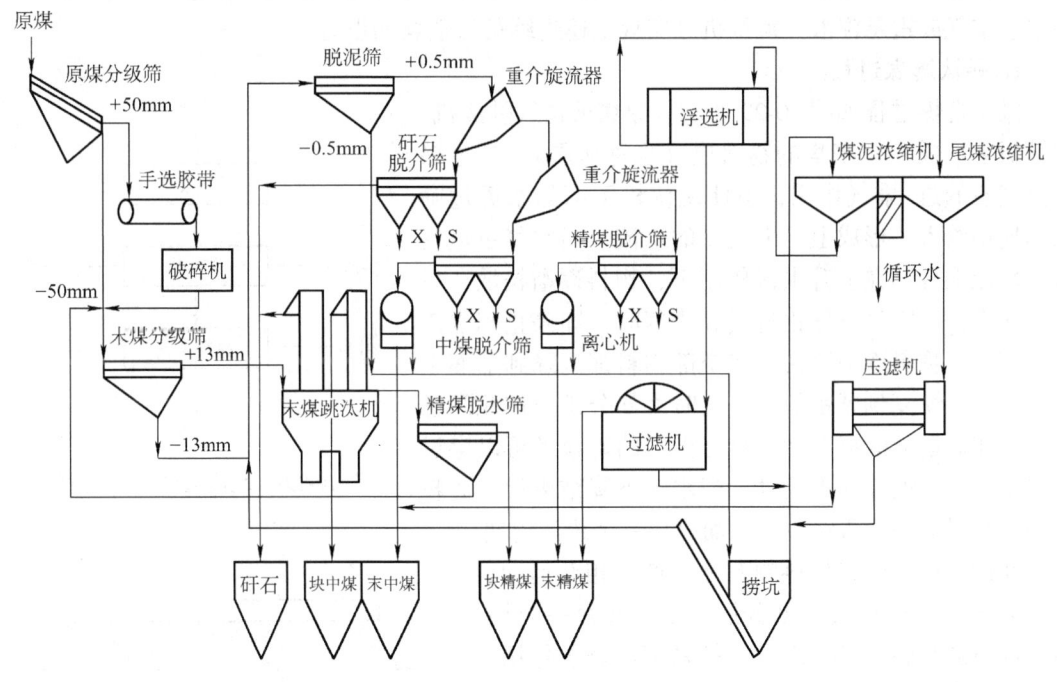

图 10-28　选煤厂工艺设备流程图

由图可见，原煤经过原煤分级筛进行粗选，粒度 > 50mm 的原煤通过手选过程去除杂质，并经破碎后，与粒度 < 50mm 的原煤一起送入末煤分级筛；通过二级细粒度筛分，将粒度 > 13mm 的原煤送入末煤跳汰机进行排矸和分选，得到块中煤和块精煤，并排出矸石；0.5mm < 粒度 < 13mm 的原煤被送入重介旋流器，通过一级重介进行排矸，二级重介实现分选，得到末中煤和末精煤；最后，粒度 < 0.5mm 的煤泥通过浮选，得到尾煤。

上述过程中，跳汰选煤和重介选煤都属于重力选煤方式。它根据煤和矸石的密度差别，实现煤和矸石的分选，一般煤的密度为 1.2~1.8g/cm³，矸石的密度大于 1.8g/cm³。浮选方式则与前者不同，它依据煤和矸石表面润湿性的差别，分选粒度 <0.5mm 的煤。

可见，选煤生产过程是由多个自动化短流程生产过程构成，其特点是生产集中、连续；设备多，且设备故障对生产影响大；巡检与维修工作量大；工艺和质量指标多；实时性要求高；影响生产流程的参数和外部因素较多；产品的品种与配比具有多样性和生产灵活性；产品的数量、质量与效益受到多种因素的制约。

具体而言，选煤过程要求：
1) 除去原煤中的杂质，降低灰分和硫分，提高煤炭质量，适应用户需求。
2) 把煤炭分成不同质量、规格的产品，适应用户需要，以便合理有效地利用煤炭。
3) 去除煤炭中的矸石，减少无效运输。
4) 去除煤炭中大部分的灰分和 50% ~ 70% 的黄铁矿硫，减少燃煤对大气的污染。

为实现上述控制目的，需要对选煤厂整个系统实施有效的自动控制。下面着重介绍选煤厂几个重要的生产控制子系统。

10.4.2 跳汰机自动控制系统

跳汰选煤就是在垂直脉动的介质中按颗粒密度差别进行选煤的过程。这里，介质通常采用水、空气或重悬浮液。跳汰机是实现上述连续跳汰选煤的设备。

1. 跳汰选煤过程

跳汰选煤过程如图 10-29 所示。原煤被送入跳汰机，在筛板上形成一个密集的物料层（也称床层），通过筛下空气室的进/排气作用，迫使跳汰机下部的水透过筛板周期地给入，形成上、下交变的水流。当空气室进气时，水流上升，在上升水流作用下，物料逐渐松散，呈悬浮状态；当空气室停止进气和排气时，即停止和水流下降期间，物料逐渐紧密，待全部物料都沉降到筛面上时，物料又恢复到紧密状态，这时大部分矿粒彼此间已丧失了相对运动的可能性，只有极细的矿粒尚可以穿过物料层的缝隙继续向下运动。当水流下降结束后，矿粒之间的相对运动暂告结束，从而完成一个跳汰周期。

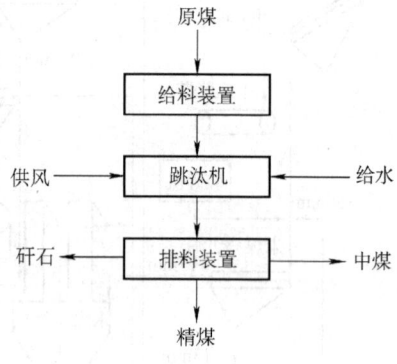

图 10-29 跳汰选煤过程示意图

在这个过程中，物料颗粒之间产生相对运动，在重力作用下物料按密度分层。物料在每一个周期中都只能受到一定程度的、按密度的分选作用，但经过多次重复后，分层逐渐完善。最后，密度低的煤粒集中在最顶层，密度高的矸石则集中在最底层，如图 10-30 所示。

在垂直脉动水流以外，还存在水平水流。它用于实现物料的向前输送。随着物料前移，逐渐完善按密度分层。当各密度的物料层累积到一定的厚度时，在适当的位置上，把它们分别地排出跳汰机，从而完成煤炭的分选过程。

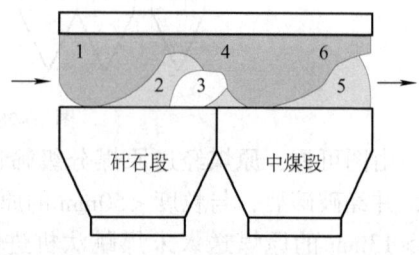

图 10-30 分层状态示意图
1—原煤 2—中煤和矸石的混合物 3—矸石
4—精煤和中煤的混合物 5—中煤 6—精煤

综上所述，在跳汰分选中，主要包含有两个过程：

1）分层过程。垂直升降的变速脉动水流是物料在跳汰机中按密度分层的主要动力。可以通过控制各空气室的进/排气过程，达到控制脉动水流的目的。但是，分层过程本身较复杂，且密度层间的界限相对模糊，分层状态只具有统计学上的意义，因此，采用简单的PID控制器很难得到好的控制效果。

2）产品分离（即排料）过程。可以根据床层状态控制排料时机，以降低错配物比例，减少精煤流失。但是，排料过程对行进中的物料分层必然产生干扰，因此，必须严密地监测密度分层的状态，才能实现排料和密度分层过程之间的协调优化控制。

2. 跳汰选煤过程的影响因素

跳汰选煤过程是一个非常复杂的、液固两相流相互作用的动态过程，受到很多因素的影响。其中，最主要的是给煤量、给风量、给水量、床层厚度、床层松散度和分层后产品的分离，它们是相辅相成的。只有上述参数最佳配合，才能使跳汰分选过程稳定、连续、良好地运行。下面对几个重要影响因素进行具体分析。

1）床层松散度：反映床层状态，是整个床层中孔隙体积占床层体积的百分比。若松散度过小，床层跳动不起来，就不能使物料按密度分层，导致分层状态变差；反之，若松散度过大，则床层跳动幅度太大，会导致同性颗粒散乱，也不利于分层或使已分好层的床层受到破坏。

2）床层密度：反映床层状态。理想的分层状态是同一密度级物料无一例外地进入床层中某一特定的区域，床层由上到下，物料密度由低到高排列，相互间不发生干扰。通常采用γ射线密度检测仪动态检测不同层面上的物料密度值。

3）床层厚度：影响床层分层。床层厚，则不易松散，对分层不利；床层薄时，若脉动水流特性不能及时调整，会造成松散过度，使床层紊乱。通常采用浮标传感器测得。

4）脉动水流参数：脉动水流是床层脉动的动力源，是床层松散的先决条件。床层脉动水流的速度和加速度与床层松散度基本呈一定的比例关系。

5）水压、风压：水压、风压大，使床层跳动有力，脉动幅度高；但过大，又不利于分层或使已分好层的床层受到破坏。通常采用压阻式压力变送器测量。

3. 跳汰机控制系统

跳汰机控制系统主要包括给煤量控制、风水控制和排料控制三个环节。

(1) 给煤量控制

给煤量控制就是在排料控制的基础上，利用排料量的大小和煤质的好坏来控制给煤量的大小，其控制目的在于保证跳汰机内给煤量的稳定。

当原煤性质发生变化，如给煤的粒度分布与密度分布发生变化时，会影响跳汰机工作过程。因此，在原煤性质变化很大的情况下，必须调整跳汰机给煤量。一般通过测量床层水平推力的大小，来判别原煤的粒度大小。

实现给煤量控制的方法是以检测到的原煤粒度和排料量作为输入，确定给煤量设定值；然后通过改变变频调速器的频率，来控制电动机，实现给煤机振动频率的调节，以跟踪给煤量设定值的变化。实际给煤量通过采集变频调速电动机输出的电流信号获取。

(2) 风水控制

跳汰机有几个空气室，每个空气室包括一个进气电磁阀和一个排气电磁阀，它们的结构完全相同，不同之处在于二者的工作环境，进气电磁阀的风箱与工作风包相连，而排气电磁阀的风箱则通过排风管引至环境大气中。所有电磁阀进行有序工作，产生周期脉动的上下交变水流，使床层物料交替松散、密实，从而在重力作用下逐渐按密度分层。

风水控制的目的就是优化这种密度分层的过程，主要是根据各种检测参数，设定各气室进、排气的最佳循环，包括周期长短、一个周期内进气—休止—排气各阶段所占时间以及各空气室间循环周期的相位关系，如图 10-31 所示。通常，根据确定的相位周期，通过控制进气电磁阀和排气电磁阀来实现上述循环周期。

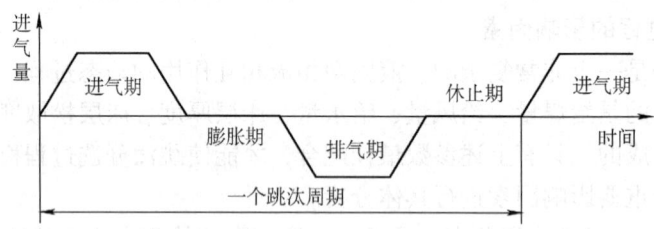

图 10-31 跳汰周期示意图

一般，根据给煤粒度、密度和给煤量来确定给水量的设定值，通过控制总水门电磁阀开度，来实现给水量的自动控制。根据床层密度、床层厚度和给煤量来确定给风量的设定值，通过调节总风门开度大小，使风箱内风压稳定，实现给风量的自动调节。

（3）排料控制

跳汰机排料控制的目的是将跳汰床层中按密度分层的物料，沿某一层位分离成轻、重两个产品。通常包含矸石段和中煤段两段排料控制。

排料控制是根据跳汰床层底流层的厚度，通过控制器调节排料叶轮的转速，实现跳汰机排料量的控制，达到稳定跳汰机床层的目的。通常，床层厚度通过浮标传感器来检测；控制器的输出控制作用通过改变晶闸管的导通角，调节直流电动机的励磁电流，驱动排料叶轮改变转速。

考虑到排料过程受分层状态的影响，同时又会影响到分层状态，所以采用两级集散型控制结构实现跳汰机的整体控制。底层采用独立的控制单元实现排料过程控制、跳汰周期控制、给风量和给水量控制、给煤量控制等子系统，要求各子系统能跟随设定值的变化，具有良好的稳定性和动态品质；上层用于实现各子系统中被控变量的相互协调，即根据当前床层状态，确定底层各子系统的设定值。系统可以采用若干个 PLC 控制器和一个主工控机构成两级集散型控制系统，主控计算机与底层 PLC 控制器之间通过远程通信接口和电缆实现双向通信。

10.4.3 重介质选煤监测与控制系统

重介质选煤就是在密度 >1g/cm³ 的介质（悬浮液）中，按颗粒密度的差异进行选煤。设悬浮液中颗粒所受的力为 F，ρ_1 为颗粒密度，ρ_2 为悬浮液密度，则有

$$F = V(\rho_1 - \rho_2)g \tag{10-21}$$

可见，当 $\rho_1 > \rho_2$ 时，颗粒下沉；当 $\rho_1 < \rho_2$ 时，颗粒上浮；当 $\rho_1 = \rho_2$ 时，颗粒呈悬浮状态。重介质选煤就是依据该原理，将浮物和沉物相分离。

影响重介质选煤分选效果的主要因素有：悬浮液密度、悬浮液煤泥含量、旋流器入口压力、介质桶液位、原煤入选量和原煤可选性的变化等。因此，重介质选煤控制系统包括悬浮液密度控制、悬浮液煤泥含量控制、合格介质桶液位控制等子控制系统；另外，系统还设有旋流器入口压力监测与报警、原煤入选量的监测与报警。系统总体方案如图10-32所示。

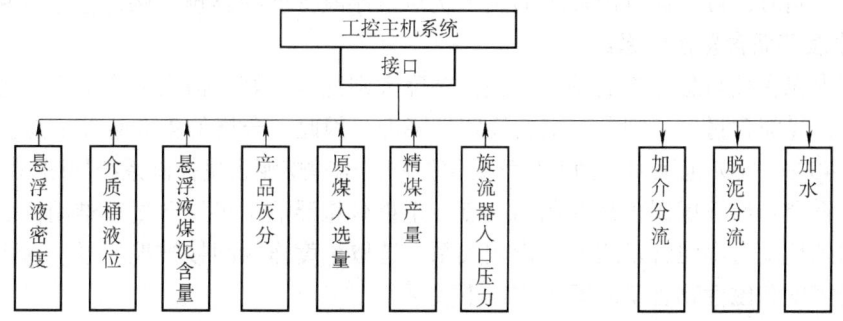

图10-32　重介质选煤监测与控制系统总体方案

1. 悬浮液密度控制系统

由式（10-21）可知，悬浮液密度是直接影响重介质选煤分选效果的重要因素。一般，悬浮液密度是根据原煤可选性与精煤灰分要求来确定的。但是由于各种干扰因素，悬浮液密度经常会超出工艺要求，使精煤的产品质量和产率难以保证。因此，有必要对悬浮液密度进行控制。

悬浮液密度是单位体积悬浮液内加重质与水的质量之和。设 ρ_1 为水密度，ρ_2 为加重质密度，λ 为悬浮液中固体的容积浓度，则悬浮液密度 ρ 为

$$\rho = \rho_1 + \lambda(\rho_1 - \rho_2) \tag{10-22}$$

因此，可以通过调节水量和加重质量来改变悬浮液密度。

悬浮液密度控制要求：一方面根据产品灰分来动态修正悬浮液密度设定值，另一方面悬浮液密度能跟踪设定值的变化，一般密度波动范围要求 $< \pm 0.1\text{g/cm}^3$。因此，悬浮液密度采用串级控制方式。选取产品灰分作为主被控变量，悬浮液密度作为副被控变量，通过控制加水阀和分流箱开度来实现密度调节，如图10-33所示。

由于悬浮液密度与原煤可选性、精煤灰分有关，因此主回路根据产品灰分来确定悬浮液密度设定值。采用同位素在线测灰仪检测得到的产品灰分与给定灰分信号相比较，通过主控制器调节悬浮液密度设定值，并送入副回路；副回路根据密度计检测得到的悬浮液密度实际值与设定值的偏差，来分别控制加水阀和分流箱输出介质流量。

当精煤灰分偏低时，要求提高悬浮液密度，因此增大悬浮液密度给定，并通过控制分

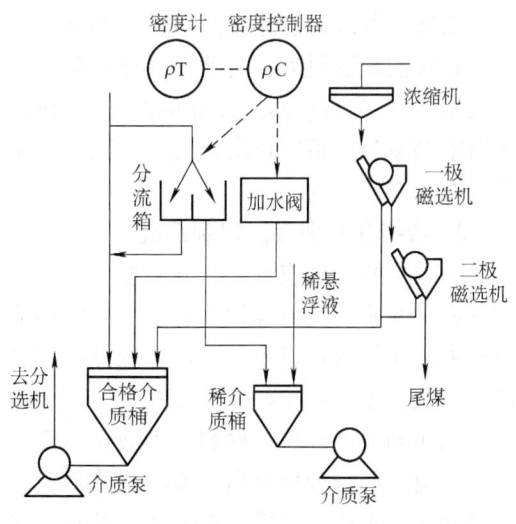

图10-33　悬浮液密度控制原理图

流箱的电动执行器加大分流量，将更多的浓介质送入稀介质系统，使悬浮液密度提高；当精煤灰分偏高时，要求降低悬浮液密度，因此减小悬浮液密度给定，并通过控制电动加水阀增加水量，使悬浮液密度降低。

可见，通过系统外环可以及时修正由于原煤性质变化而产生的产品灰分波动，使产品灰分趋于稳定；同时，可以通过内环来抑制干扰对悬浮液密度的影响，保持悬浮液密度一定。

2. 悬浮液煤泥含量控制系统

悬浮液煤泥含量与悬浮液的粘度相关，粘度大则稳定性好，但煤泥含量高，会影响矿物的分选效果；煤泥含量低，则悬浮液的稳定性降低。因此，合格的重介悬浮液煤泥含量一般要求稳定在40%~50%范围内。为实现该定值控制，构建煤泥含量控制系统如图10-34所示。

可见，重介悬浮液煤泥含量控制的难点在于重介悬浮液中煤泥含量很难用仪表直接测量得到。考虑到粘度与煤泥含量之间的影响关系，选取粘度作为间接被控变量。悬浮液的粘度与悬浮液的密度和磁性物含量之间存在以下关系

$$C = \frac{(K_1 D + K_2 D_M - K_3)}{D_M} + (K_1 D + K_2 D_M - K_3) \tag{10-23}$$

式中 K_1、K_2、K_3——与煤泥密度和磁性物密度有关的系数；
D——悬浮液密度；
D_M——悬浮液磁性物含量。

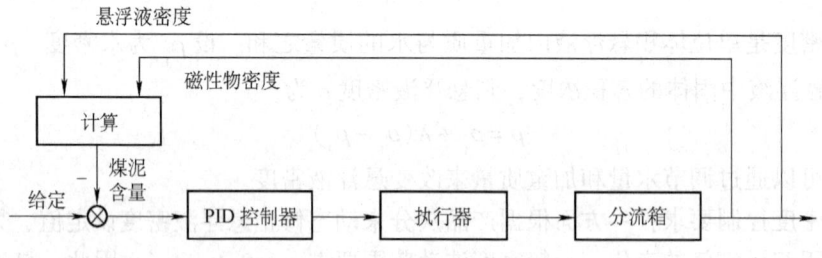

图 10-34 悬浮液煤泥含量控制系统框图

因此，可以通过悬浮液的密度和磁性物含量折算得到重介悬浮液中煤泥的含量。

系统控制过程为：借助密度计和磁性物含量计测量得到悬浮液的密度和磁性物含量；然后根据式（10-23）间接计算得到悬浮液的粘度；根据粘度计算值与设定值的偏差，通过控制器来调节分流箱中合格介质分流到稀介质桶中的介质流量，从而使分选悬浮液的煤泥含量稳定在规定范围内。

3. 合格介质桶液位控制系统

介质桶的液位应有高、低限位，低位应保证介质泵的进料压力，高位应保证停车时设备及管道中介质的回流容量。通常，介质桶液位高低取决于系统的磁铁矿粉总量。液位过低，说明磁铁矿粉总量过少，应增加浓介质或磁铁矿粉。因此，可以通过控制分流箱输出介质流量来实现介质桶液位调节，如图10-35所示。

采用超声波液位计检测得到液位高度。当液位高于设定值时，通过控制器调节介质分流量，分流一部分合格介质，使液位降低；当液位过低时，发出报警，并通过控制加水阀或分流箱来增加水或浓介质。需要注意的是，增加水或浓介质会引起悬浮液密度的改变，因此，介质桶的液位控制应与悬浮液密度控制统一考虑。例如：密度偏低且液位过低时，应增加介

质，而不是加大分流量。

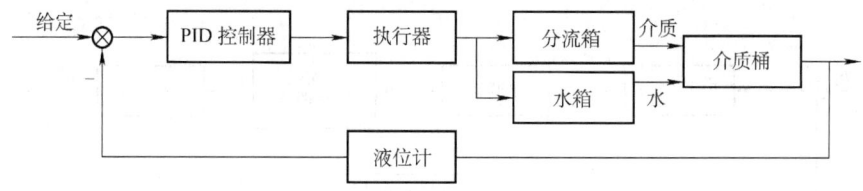

图 10-35　介质桶液位控制系统框图

10.4.4　真空过滤机液位控制系统

真空过滤机用于实现精煤和水分离的脱水过程。由于选煤厂的分选过程主要是在水中进行的，因而选煤产品在出厂前需进行脱水，以满足用户和运输要求。我国现行产品目录规定精煤水分一般不超过 12%～13%。

真空过滤机是利用过滤介质两侧的压力差，采用真空泵抽吸的方式，将煤泥中的水和固体颗粒分离。过滤机的处理能力直接体现在其液位变化上。当来料多时，容易产生溢流，使溢流中的煤泥返回浮选系统，造成煤泥积累，导致减产；当来料少时，如果过滤机的处理量不变，液位会下降，导致真空度降低，造成上饼困难。因此，为改善过滤机的脱水效果，提高其处理量，必须保证过滤机保持合理的液位，即液位要求长期稳定在既不溢流又不会泄漏真空度的区间内。

根据生产工艺可知，过滤机滤盘转速与真空度、处理量、滤饼水分之间存在以下关系：

1）过滤机真空度随滤盘转速的增大而提高。根据真空泵性能特性曲线（见图 10-36）可知，滤盘转速提高，使每块滤板一次通过过滤区的时间缩短，过滤表面的滤液流量增加，真空泵抽气速度下降，使过滤机真空度提高。

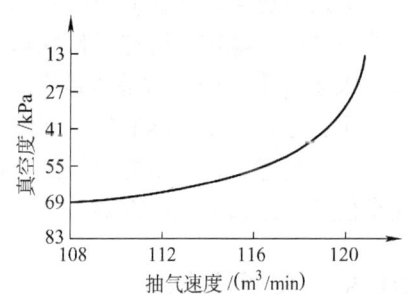

图 10-36　真空泵性能特性曲线图

2）过滤机处理量随滤盘转速的提高而增加。过滤机的处理量用单位时间内脱水后的干物料 M 表示为

$$M = r_{oc} nF\left(\frac{100-w}{100}\right)\sqrt{2pt/\mu r} \tag{10-24}$$

式中　n——滤盘转速；

p——压力差；

t——过滤过程持续时间。

可见，处理量随转速的提高而增大。滤盘转速提高后，滤液通过量增加；同时真空度提高，吸浆强度增加，处理量增加。

3）滤饼水分随滤盘转速的提高而降低。随着转速增加，干燥时间加长，滤饼厚度增加，滤饼的水分降低。

可见，滤盘转速的增加，使过滤机真空度提高，处理量增加，滤饼水分下降。但是转速提高到一定程度后，上述特性变化不再明显。因此，要根据处理能力和产品水分，使过滤机工作在最佳转速。

根据过滤机处理量与转速的关系，构成液位自动控制系统。它由单管差压计、PI 控制器、v-f 调频器等环节组成，如图 10-37 所示。

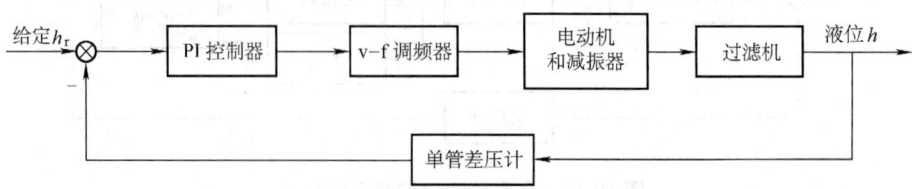

图 10-37　过滤机液位自动控制系统框图

控制系统中，单管差压计的主要功能是将被检测的液位转换成电流信号输出，其检测原理与电容式差压液位计类似。变频器以 50Hz 三相电压为电源，用 1~5V 或 4~20mA 弱电作信号，来控制输出三相电源的频率，使电动机的转速随频率的变化而变化。由于要求液位能稳定在某个设定值上，所以控制器采用 PI 控制算法，即根据液位高度的偏差信号进行比例积分运算，并输出控制信号，以保证液位控制精度。

在控制系统作用下，当浮选来料减少时，过滤机处理能力不降低，实际液位将低于给定液位，PI 控制器输入端呈现负偏差信号，输出信号减少，通过变频器使过滤机转速降低，减小过滤机的处理量，从而使液位逐步回升；反之，如果浮选来料增大，过滤机处理能力不适应，必然会造成实际液位高于给定液位高度，PI 控制器输入端出现正偏差信号，输出信号增大，变频器输入电压上升，输出频率增加，滤盘转速提高，以增大处理量抑制液位上升。

上述转速与处理量的增减变化是连续不断的，直到入料量与过滤机的处理量达到平衡，过滤机的液位稳定在给定工作区域为止。需要注意的是，过滤机的最大（最小）入料量要求不大于（不小于）过滤机最高（最低）转速所对应的最大（最小）处理量，否则通过控制作用，也不能使实际液位达到给定的液位高度。

综上所述，该控制方式的控制精度较高，跟踪应变性能较强，不会造成工艺间的失调，完全能适应浮选的生产需要。

10.5　本章小结

本章给出过程控制系统的一般设计要求，阐述其设计方法和步骤，着重分析了控制方案，确定这一核心设计环节和工程设计中的关键问题；通过干燥过程、电厂锅炉和选煤过程分析，举例说明了不同过程控制系统的具体设计方法。旨在通过该部分内容，使读者对过程控制系统的设计有一个完整、系统的掌握，对本书前几章内容有一个概括性的复习。

本章要求重点掌握过程控制系统的一般工艺要求及控制方案设计的各个环节，了解系统设计的基本步骤，区分工程设计中一些容易混淆的概念和技术，熟悉电厂锅炉控制系统中锅筒水位控制、燃烧控制的基本控制策略。

10.6　习题

10-1　过程控制系统设计的一般要求有哪些？

10-2　过程控制系统方案设计的主要内容有哪些，一般应如何选择被控变量？

10-3 控制通道 τ_o/T_o 的大小如何反映控制难易程度，一般应怎样选择控制变量？

10-4 控制器正反作用方式的定义是什么，在方案设计中如何确定控制器的正反作用方式？

10-5 仪表及控制系统存在哪些干扰，克服这些干扰的主要措施有哪些？

10-6 在接地系统中，什么是保护性接地，如何实现？

10-7 工程设计的主要内容有哪些？

10-8 在过程控制系统设计中，"有效接地"的意义是什么？

10-9 为什么说锅炉是一个典型的多变量被控过程，它有哪些输入变量和输出变量，在具体设计时是否将它看成是一个整体（多变量过程）来配置控制系统？

10-10 在锅炉水位控制中，可能的控制方案有哪些？比较其优缺点。

10-11 锅筒水位的虚假水位现象是指什么，它在何种情况下产生，具有什么危害？

10-12 选煤厂控制的基本任务是什么，它有哪些主要的控制系统？

10-13 如图 10-38 所示的换热器，用蒸汽将进入其中的冷水加热到一定温度。生产工艺要求热水温度维持在一定范围（$-1℃ \leq \Delta T \leq 1℃$）内，试设计一个简单的温度控制系统，并指出控制器类型（说明调节规律的正反作用）。

10-14 如图 10-39 所示的水槽，用泵将水打入水槽中，要求流量控制范围在 $q_{min} \sim q_{max}$ 且无稳态偏差，试设计一个简单流量控制系统，并指出所用控制器的类型；说明系统中泵 I 和泵 II 的关系。

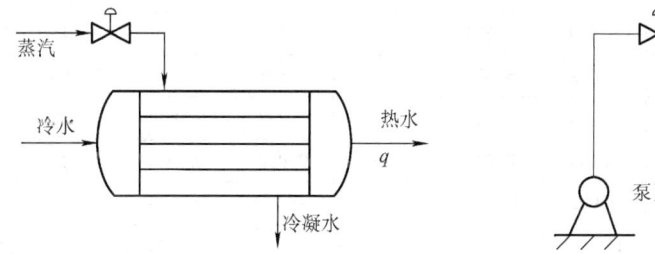

图 10-38 换热器原理图

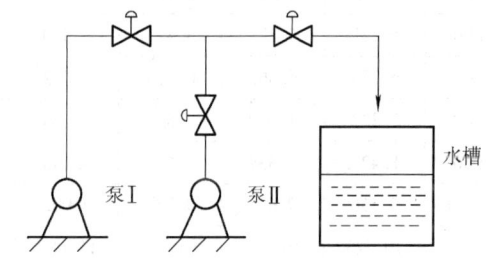

图 10-39 水槽原理图

10-15 如图 10-40 所示，由于减温器的结构形式不同，过热蒸汽温度控制通道的动态特性存在差异。试采用 MATLAB 语言编写程序，仿真比较两种情况下烟气温度受到阶跃干扰时的控制质量。

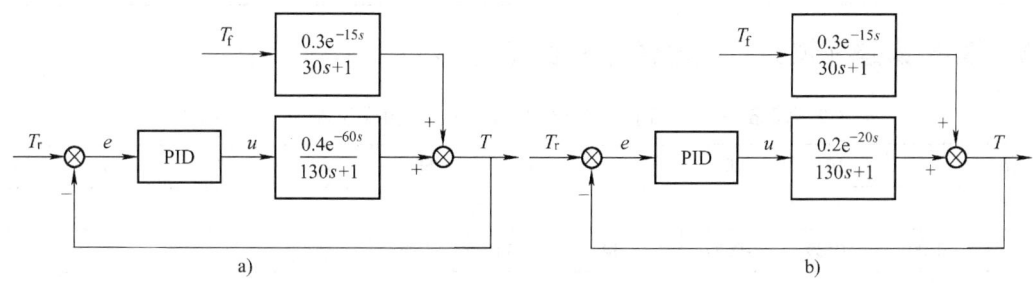

图 10-40 过热蒸汽温度控制

附　　录

附录A　仪表分度表

A.1　铂铑$_{10}$-铂热电偶分度表（表A-1）

表A-1　铂铑$_{10}$-铂热电偶分度表（自由端温度为0℃）（S）

工作端温度/℃	0	10	20	30	40	50	60	70	80	90
	热电动势/mV									
0	0.000	0.056	0.113	0.173	0.235	0.299	0.364	0.431	0.500	0.571
100	0.643	0.717	0.792	0.869	0.946	1.025	1.106	1.187	1.269	1.352
200	1.436	1.521	1.607	1.693	1.780	1.867	1.955	2.044	2.134	2.224
300	2.315	2.407	2.498	2.591	2.684	2.777	2.871	2.965	3.060	3.155
400	3.250	3.346	3.441	3.538	3.634	3.731	3.828	3.925	4.023	4.121
500	4.220	4.318	4.418	4.517	4.617	4.717	4.817	4.918	5.019	5.121
600	5.222	5.324	5.427	5.530	5.633	5.735	5.839	5.943	6.045	6.121
700	6.256	6.361	6.466	6.572	6.677	6.784	6.891	6.999	7.105	7.213
800	7.322	7.430	7.539	7.648	7.757	7.867	7.978	8.088	8.199	8.310
900	8.421	8.534	8.646	8.758	8.871	8.985	9.098	9.212	9.325	9.441
1000	9.556	9.671	9.787	9.902	10.019	10.136	10.252	10.370	10.488	10.605
1100	10.723	10.842	10.961	11.080	11.198	11.317	11.437	11.556	11.676	11.795
1200	11.915	12.035	12.155	12.275	12.395	12.515	12.636	12.756	12.875	12.996
1300	13.116	13.236	13.356	13.475	13.595	13.715	13.835	13.955	14.074	14.193
1400	14.313	14.433	14.552	14.671	14.790	14.910	15.029	15.148	15.266	15.385
1500	15.504	15.623	15.742	15.860	15.979	16.097	16.216	16.334	16.451	16.596
1600	16.688									

A.2　镍铬-镍硅（镍铝）热电偶分度表（表A-2）

表A-2　镍铬-镍硅（镍铝）热电偶分度表（自由端温度为0℃）（K）

工作端温度/℃	0	10	20	30	40	50	60	70	80	90
	热电动势/mV									
−0	−0.00	−0.39	−0.77	−1.14	−1.50	−1.86				
+0	0.00	0.40	0.80	1.20	1.61	2.02	2.43	2.85	3.26	3.68
100	4.10	4.51	4.92	5.33	5.73	6.13	6.53	6.93	7.33	7.73

(续)

工作端温度/℃	0	10	20	30	40	50	60	70	80	90
	热电动势/mV									
200	8.13	8.53	8.93	9.34	9.74	10.15	10.56	10.97	11.38	11.80
300	12.21	12.62	13.04	13.45	13.87	14.30	14.72	15.14	15.56	15.99
400	16.40	16.83	17.25	17.67	18.09	18.51	18.94	19.37	19.79	20.22
500	20.65	21.08	21.50	21.93	22.35	22.78	23.21	23.63	24.05	24.48
600	24.90	25.32	25.75	26.18	26.60	27.03	27.45	27.87	28.29	28.71
700	29.13	29.55	29.97	30.39	30.81	31.22	31.64	32.06	32.46	32.87
800	33.29	33.69	34.10	34.51	34.91	35.32	35.72	36.13	36.53	36.93
900	37.33	37.73	38.13	38.53	38.93	39.32	39.72	40.10	40.49	40.88
1000	41.27	41.66	42.04	42.43	42.83	43.21	43.59	43.97	44.34	44.72
1100	45.10	45.48	45.85	46.23	46.60	46.97	47.34	47.71	48.08	48.44
1200	48.81	49.17	49.53	49.89	50.25	50.61	50.96	51.32	51.67	52.02
1300	52.37									

A.3 铂铑$_{30}$-铂铑$_6$ 热电偶分度表（表 A-3）

表 A-3 铂铑$_{30}$-铂铑$_6$ 热电偶分度表（自由端温度为 0℃）（B）

工作端温度/℃	0	10	20	30	40	50	60	70	80	90
	热电动势/mV									
0	0.000	-0.001	-0.002	-0.002	0.000	0.003	0.007	0.012	0.018	0.025
100	0.034	0.043	0.054	0.065	0.078	0.092	0.107	0.123	0.141	0.159
200	0.178	0.191	0.220	0.243	0.267	0.291	0.317	0.344	0.372	0.401
300	0.431	0.462	0.494	0.527	0.561	0.596	0.632	0.670	0.708	0.747
400	0.787	0.828	0.870	0.913	0.957	1.002	1.048	1.096	1.143	1.192
500	1.242	1.293	1.345	1.397	1.451	1.505	1.560	1.617	1.674	1.732
600	1.791	1.851	1.912	1.973	2.036	2.099	2.164	2.229	2.295	2.362
700	2.429	2.498	2.567	2.638	2.709	2.781	2.853	2.927	3.001	3.076
800	3.152	3.229	3.307	3.385	3.464	3.544	3.624	3.706	3.788	3.871
900	3.955	4.039	4.124	4.211	4.297	4.385	4.473	4.562	4.651	4.741
1000	4.832	4.924	5.016	5.109	5.203	5.297	5.393	5.488	5.585	5.683
1100	5.780	5.879	5.978	6.078	6.178	6.279	6.380	6.482	6.585	6.683
1200	6.792	6.896	7.001	7.106	7.212	7.319	7.426	7.533	7.611	7.749
1300	7.858	7.967	8.075	8.186	8.297	8.408	8.519	8.630	8.742	8.851
1400	8.967	9.080	9.193	9.307	9.420	9.534	9.649	9.763	9.878	9.993
1500	10.108	10.224	10.339	10.455	10.571	10.687	10.803	10.919	11.035	11.151
1600	11.263	11.384	11.501	11.617	11.734	11.850	11.966	12.083	12.199	12.315
1700	12.431	12.547	12.663	12.778	12.894	13.009	13.124	13.239	13.354	13.468
1800	13.582									

A.4 工业铂热电阻分度表（表A-4）

表A-4 工业铂热电阻分度表

分度号：Pt100　　　　　$R_0 = 100\Omega$　　　　　$\alpha = 0.003850$

T/℃ IPTS-68	0	10	20	30	40	50	60	70	80	90
					电阻值/Ω					
-200	18.49	—	—	—	—	—	—	—	—	—
-100	60.25	56.19	52.11	48.00	43.87	39.71	35.53	31.32	27.08	22.80
-0	100.00	96.09	92.16	88.22	84.27	80.31	76.33	72.33	68.33	64.30
0	100.00	103.90	107.79	111.67	115.54	119.40	123.24	127.07	130.89	134.70
100	138.50	142.29	146.06	149.82	153.58	157.31	161.04	164.76	168.46	172.16
200	175.84	179.51	183.17	186.32	190.45	194.07	197.69	201.29	204.88	208.45
300	212.02	215.57	219.12	222.65	226.17	229.67	233.17	236.65	240.13	243.59
400	247.04	250.48	253.90	257.32	260.72	264.11	267.49	270.86	272.22	277.56
500	280.90	284.22	287.53	290.83	294.11	297.39	300.65	303.91	307.15	310.38
600	313.59	316.80	319.99	323.18	326.35	329.51	332.66	335.79	338.92	342.03
700	345.13	348.22	351.30	354.37	357.42	360.47	363.50	366.52	369.53	372.52
800	375.51	378.48	381.45	384.40	387.34	390.26	—	—	—	—

A.5 工业铜热电阻分度表（表A-5）

表A-5 工业铜热电阻分度表

分度号：Cu50　　　　　$R_0 = 50\Omega$　　　　　$\alpha = 0.004280$

T/℃ IPTS-68	0	10	20	30	40	50	60	70	80	90
					电阻值/Ω					
-50	39.24	—	—	—	—	—	—	—	—	—
-0	50.00	47.85	45.70	43.55	41.40	39.24	—	—	—	—
0	50.00	52.14	54.28	56.42	58.56	60.84	62.84	64.98	67.12	69.26
100	71.40	73.54	75.68	77.88	79.98	82.13	—	—	—	—

分度号：Cu100　　　　　$R_0 = 100\Omega$　　　　　$\alpha = 0.004280$

T/℃ IPTS-68	0	10	20	30	40	50	60	70	80	90
					电阻值/Ω					
-50	78.49	—	—	—	—	—	—	—	—	—
-0	100.00	95.70	91.40	87.10	82.80	78.49	—	—	—	—
0	100.00	104.28	108.56	112.84	117.12	121.40	125.68	129.96	134.24	138.52
100	142.80	147.08	151.36	155.66	159.96	164.27	—	—	—	—

附录 B 常用监控软件介绍

随着工业控制系统对用户操作界面越来越高的要求,要求采用性能更强的图形界面组态软件。组态软件是面向监控与数据采集(Supervisory Control And Data Acquisition,SCADA)的软件平台,提供良好的人机图形界面(Human Machine Interface,HMI),支持多种输入/输出设备,具有实时数据库、实时控制、通信及联网等功能,可以使用户在生成适合需要的应用系统时不需要修改软件程序的源代码。

组态软件由实时数据库系统、图形界面系统、I/O 设备驱动和通信程序组件等构成,其基本结构如图 B-1 所示。其中,实时数据库系统是软件的核心。

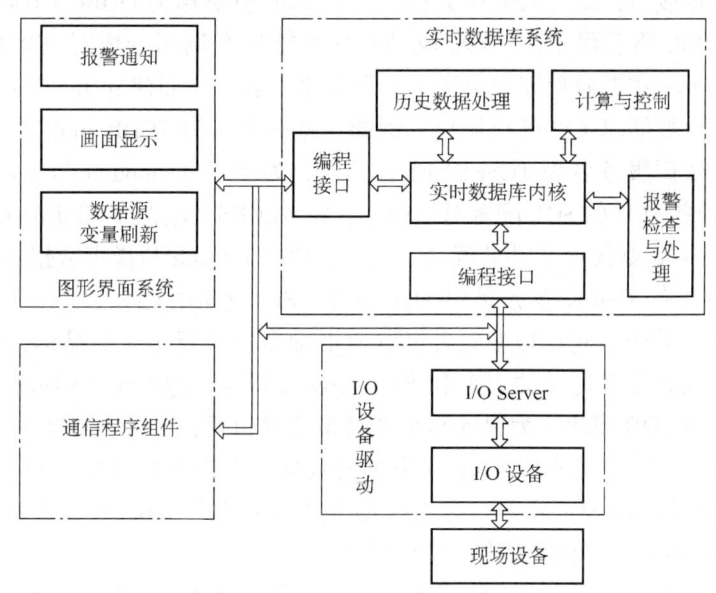

图 B-1 组态软件组件结构图

组态软件一般包含两部分:基本配置的组态和应用软件的组态。基本配置的组态包含系统的配置信息,如系统各种站点的个数及其索引标志、每个站点的最大输入/输出点数、最短执行周期、最大内存配置等;应用软件的组态则包含数据库、历史库、趋势图、图形生成、控制组态等。实现上述诸多功能的多个任务,一般是在同一台计算机上同时运行,这种实时多任务能力就是组态软件的最突出特点。

组态软件的数据调用与数据交换,一般采用动态数据交换(Dynamic Data Exchange,DDE)、开放式数据库连接(Open DataBase Connectivity,ODBC)和 SQL 接口。

(1) DDE 接口

DDE 是 Windows 环境下应用程序之间使用的数据交换协议。Windows 提供 DDE 通信管理库函数,应用程序通过调用这些库函数实现 DDE 通信服务。这种应用程序之间的数据交换需要定义应用名、对话主题、项目等对话信息,采用客户/服务器方式进行。必须注意,数据交换速度在点数较多时会受到限制,否则会出现丢失信息、连接中断等问题。

下面详细阐述 DDE 对话过程。在数据库中,定义输入数据点的类型和设备地址,其中驱动类型选择 DDE。当组态软件处于运行方式时，会向 DDEML 申请服务，与服务器 TCApp 建立连接，从而激活一个 DDE 对话。对话连接建立后，只要有数据变化，服务器（客户）就会将更新数据发送给客户（服务器）。组态软件一般都具有专用组件来监视和管理 DDE 客户任务，查看是否有错误发生，如 Intouch 中的 DDEclientTask。

（2）ODBC 和 SQL 接口

ODBC 是微软和其他公司共同建立的与不同类型数据库建立连接的标准接口。目前，各种流行数据库都提供 ODBC 接口，如 Access、Excel、SQL Server、FoxPro 等，以支持用户对数据库的访问。这些 ODBC 驱动程序是在软件安装时一起安装在 Windows 环境下的，可以在控制面板中的 ODBC 数据源管理，查看已安装的 ODBC 驱动程序。

下面以 Intouch 软件中的 SQL 模块为例，说明数据调用过程。SQL 模块支持使用 SQL 语言调用 ODBC 数据接口，以访问商业数据库。该 SQL 模块作为 ODBC 的应用客户，会发出 ODBC 调用给 ODBC 驱动程序，ODBC 驱动程序再把这个调用变成对具体数据库的特殊操作。首先，在 ODBC 数据源管理中定义一个数据服务名，从而建立 Intouch 与该数据库文件的关联，以便对该数据库文件进行操作。例如：将一个名为 TCDB.mdb 的 Access 数据库文件作为数据源，数据服务名为 TCSERVER；其次，为了建立 Intouch 与指定数据库的连接，在 Intouch 组态任务 SCU 的 SQL 配置对话框中，将 ACCESS 类型的 TCSERVER 服务加入，启动 Intouch 数据库对该数据库文件的读写；最后，建立 Intouch 与指定数据信息的连接。

Intouch 软件中的 ODBC 服务是由 SQL Task、SQT（SQL 触发模块）、SQD（SQL 数据块）三部分组成。其中，SQL Task 负责读取 SQL 命令并执行相应的操作，SQT 定义 SQL 命令和触发条件，SQD 定义传送的点名和方向。SQT 模块与 SQD 模块构成一个数据链，SQT 模块的后续模块是 SQD 模块。为保证 SQL 功能的正确执行，必须在 SCU 的任务组态中加载 SQL 任务，在数据库中定义 SQT 和 SQD 类型的数据块。当 SQT 中定义的触发条件满足后，就会执行 SQLLIB 表中的 SQL 命令，建立 SQD 模块中定义的 Intouch 数据与外部数据库之间的联系，实现 Intouch 与商业数据库的信息交换。

目前，国外已经推出了许多功能强大、性能可靠、较成熟的组态软件，如表 B-1 所示。其中，美国 Intellution 的 iFIX、WonderWare 公司的 Intouch 和 NI 公司的 LabVIEW 虚拟仪表平台已成为当前三大流行组态软件。这些通用组态软件也被一些大公司作为标准软件应用于集散控制系统，如美国 Honeywell 公司在其 R150 集散控制系统的上位机中采用了 FIX 组态软件。国内许多公司也推出了自己的组态软件产品，如亚控科技的组态王、力控软件等。组态软件对工业生产综合自动化具有重要推动作用，已被广泛应用于冶金、工业、化学、机械、制药等行业。

表 B-1 典型组态软件

软件名称	所属公司	国 别	软件名称	所属公司	国 别
Intellution	iFIX, FIX	美国	Intouch	WonderWare	美国
LabVIEW	NI	美国	WinCC	Simens	德国
Cimplicity	GE	美国	Genesis	Iconics	美国
Citech	Citech	澳大利亚	Paragon	Nema Soft	美国

下面简要介绍三种典型国内外组态软件。

B.1 iFIX 组态软件

iFIX 是由美国 Intellution 公司推出的一种实现现场数据采集、过程可视化及过程监控功能的高性能工业自动化软件。它为包括离散/连续生产制造、包装、食品饮料、石油、化工、制药和环保在内的多种行业提供了一系列完整的工业自动化监控及行业自动化解决方案。

iFIX 可以实现精确地监视、控制生产过程，并优化生产设备和企业资源管理，能够对生产事件快速反应，减少原材料消耗，提高生产率，从而加快对市场的反应速度，提高用户效益。它具有以下特点：

1）功能强大。可以实现过程可视化；数据采集和数据管理、报警和报警管理；生成综合报表；用户的分级安全管理；支持 OPC（OLE for Process Control）、ActiveX 控件；内置 VBA 开发环境，支持众多 VB 函数，利于功能扩展；历史数据库；实时和历史趋势显示；独立的报警监视程序。编辑与运行可以进行状态切换，有利于保障现场生产安全。

2）真正的组件技术。iFIX 是 Intellution Dynamics 工业自动化软件家族中的 HMI/SCADA 解决方案，用于实现过程监控。另外，它还包括高性能的批次控制组件、软逻辑控制组件及基于 Internet 的组件功能。所有组件功能无缝地集成为一体，实时、综合地反映复杂的动态生产过程。

3）分布式的网络结构。iFIX 提供分布式客户/服务器结构，它包括可灵活构造的服务器（SCADA Server）和客户端（iClient、iClientTS 和 iWebServer）。无论 Server 和 Client 运行在单一计算机上以实现简单的单机人机界面，还是复杂的分布式多 Server 和多 Client 数据采集和控制系统，iFIX 都可以保证优异的性能。另外，该结构为系统提供最大的可扩展性。iFIX 中的数据通过标识服务器节点名、数据点名及数据域（如 CV 表示当前值）识别。当添加新节点时，只需将新的服务器连接到网络上即可。添加或更改数据点时，只需在数据源进行更改，系统就会自动地更新整个系统，且无需更改系统中其他节点的设置。每一节点的数据对整个系统的用户都是可见的。

4）图形功能丰富。iFIX 支持多种图形格式，图形库内容丰富，嵌入图形不会因放大缩小而失真。提供全局性的变量组态方案，供画面组态调用，从而实现一改全改的功能，而且全局性的变量不占用 Tag 点。不改变成组对象的组态，使状态变化丰富多彩。具有画面分层功能，运行时可以根据程序很方便地更换对象的连接数据源。可同时使用 256 种颜色，其中有 64 种颜色可用彩虹色调色，组成各种调色方案。具有查找替换功能，可以替换整个图画以及画面中对象的属性、组态点信息。

iFIX 采用树形结构图，使所有图形对象和组态信息能够方便地浏览。从树的顶部依次显示本地节点名文件夹及 iFIX 应用如表 B-2 所示。

过程数据库是 iFIX 的核心。来自于 OPC Server 或传感器、电动机、开关等过程硬件设备的过程信息，被保存在一个或几个 SCADA 服务器的过程数据库里，并以报表、图像、数据文档、报警、消息和统计图表等多种形式提供给用户。各数据块定期读写 I/O 硬件设备接口，确定是否超限报警，并将其传递给相关联数据块构成数据链，最后将各数据块的过程信息和报警信息输出给画面显示、报警文档等组件，如图 B-2 所示。

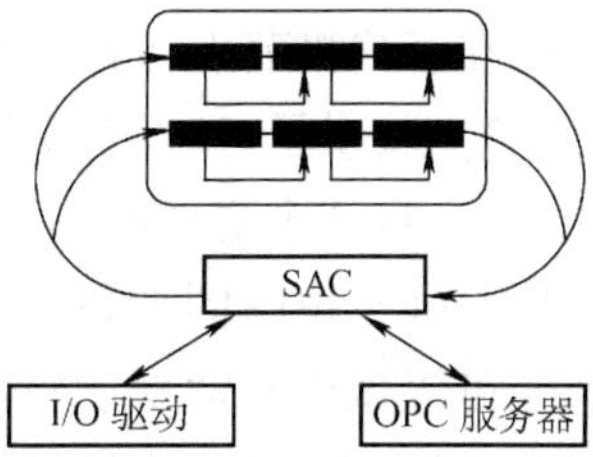

图 B-2 数据处理过程

表 B-2　iFIX 树形结构图

名　称	功能描述	名　称	功能描述
报警历史	可显示最近的 200 个报警和本地节点收到的消息	安全策略管理	安全策略 login 程序，定义安全策略，并登录到本地节点
文档夹	创建任何 Word 和 Excel 文件，并把这些文件存在 APP 路径中	任务控制	监视背景任务。包括：历史数据收集、I/O 驱动、自动报警管理、报警 ODBC 服务和扫描、报警和控制程序
图符库	系统图符库	数据库管理器	创建和修改过程数据库
历史分配	定义历史收集组	全局变量	全局变量、自定义变量、阀值变化表
画面目录	画面文件	报表	包含由用户生成的报表
FIX 配方	包含主配方和控制配方	调度管理	包含用户生成的调度事件
I/O 驱动	本地节点的 I/O 驱动程序设置	系统配置	配置本地节点

B.2　InTouch 组态软件

InTouch 是美国 WonderWare 公司开发的世界上第一个集成的、基于组件的人机接口界面系统——Factory Suite 2000 中的一个核心组件。它具有先进的 HMI、面向对象的图形开发环境、强大的动画功能和较高的可靠性，便于高效、快捷地配置用户的应用程序。InTouch 由 InTouch 应用程序管理器、WindowMaker 和 WindowViewer、诊断程序 WonderwareLogger 三个主要程序构成，提供组态和运行两种环境。组态环境下实现系统定制，进行数据库组态、画面组态，定义系统的数据采集和控制任务。在运行环境中实施组态环境下定制的任务，并将数据实时传输给本站的其他任务和网上其他工作站。

具有以下突出特点：

1）易使用和掌握。InTouch 具有非常简单的组态方法，易于被非计算机专业的工程人员，任何专业的工程技术人员和维修人员掌握，从而可以缩短应用开发周期，方便用户修改和开发上位组态图形。

2）提供强有力的图形方法以浏览和配置程序，可以方便地访问最常用的命令和功能。支持运行和开发环境之间的快速切换。每个客户机结点上建立主应用的一个本地副本，用户可以在客户机节点上接收 InTouch 应用的变化，而不必停止其运行。

3）提供了各种强大功能，完全可以满足用户操作、显示、记录的各种特殊要求。

4）灵活丰富的图形用户界面（GUI）。具有多种绘图工具和丰富的图形库，提供标准的图形组件、位图图像以及高级图形库（Symbol Factory），利用数以千计的预先配置工业图形，可以做出非常易于操作和动感的画面。可实现多种形式的数据记录、实时与历史趋势、报警监视和事件检测等多种功能，极大地方便了对系统的监控。

5）具有强大的网络功能，支持多种网络，组网方便。支持 DDE 接口，提供 DDE 动态数据交换（DDEClient）模块，用于与其他应用软件之间进行实时和历史数据交换；通过DDEServer实现实时数据库与报表软件之间的数据交换。支持标准的ActiveX技术，使得用户可以轻松地为自己的应用程序开发各种网络多媒体功能。支持动态网络应用开发，通过网络服务器集中维护InTouch应用。

6）数据库功能。InTouch除了自身带有数据库以外，还支持通过ODBC和SQL语言访问各种类型的数据库，便于系统的综合管理。

7）系统的开放性。InTouch具有600种通信协议转换软件（I/O Server），提供与不同工业自动化控制设备的通信功能，如与Siemens、Modicon、ABB、GE等公司的PLC产品的通信。

8）完善的报警机制。及时获得系统报警信息和确认这些报警信息有助于公司避免代价昂贵的停工。为了最大限度地减少损失和追查损失责任，在整个制造过程中，操作员需要始终观察报警和跟踪系统中出现的事件。InTouch提供了分布式的报警显示、报警日志、报警观察器控件三种不同的报警视图，还具有报警确认、SuiteLink时间戳等扩展报警功能。

InTouch组态软件优化了核心代码，运行效率高、可靠性和稳定性高，适合部署在分布式的服务器/客户机体系结构中，也可以作为使用终端业务的瘦客户机应用。目前，在世界上已有12万套InTouch系统在运行。

B.3 组态王软件

组态王是亚控科技公司开发的运行于Windows环境的工业控制组态软件。它采用最新的JAVA 2核心技术，使每一个生产细节在任何时间、任何地点均可被实时掌控，现场的流程画面、过程数据、趋势曲线、生产报表（支持报表打印和数据下载）、操作记录和报警等均轻松浏览。整个企业的自动化监控将以一个门户网站的形式呈现给使用者，并且不同工作职责的使用者使用各自的授权口令完成各自的操作，这包括现场的操作者可以完成设备的起停，中控室的工程师可以完成工艺参数的整定，办公室的决策者可以实时掌握生产成本、设备利用率及产量等数据。

1）图形功能完善，图形编辑功能强大。组态王提供多种基本元素，并配置调色板以及多种线型和填充物，利用键盘和鼠标可以绘制各种复杂的工业界面。提供丰富的动画连接方式，包括移动、变大小、填充、闪烁、用户自定义操作等。同一图素可以支持多个连接，以满足工业上的动画显示需要。支持大画面、导航图，用户可以制作任意大小的画面，利用滚动条和导航图控制画面显示内容；绘制、移动、选择图素时，画面自动跟踪滚动。能在自定义菜单上定义二级子菜单，使菜单功能更丰富，使用更方便。

2）数据库功能完善。支持毫秒级高速历史数据的存储和查询功能，例如一个月内数据（单点，记录间隔10s）按照每小时间隔，在百毫秒内即可完成查询。具有历史库数据的数据追记和数据合并功能，可以将特殊设备中存储的历史数据片段通过组态王驱动程序，完整地合并到历史数据服务器中；也可以将远程站点上的组态王历史数据片段合并到历史数据服务器上。采用最新数据压缩和搜索引擎技术，数据压缩比优于20%，节约用户硬件成本。

3）组态王遵循Windows的动态交换协议，借助DDE可以与I/O服务程序及其他软件进行通信。从提高系统实时性出发，组态王为用户提供了一个开发I/O服务程序的辅助软件包Block DDE Toolkit，利用该工具开发的服务程序，其性能更优于标准的DDE。它还提供了 NETDDE，可以在工业标准的网络下实现资源共享。

4）扩展功能众多。支持视频显示，可记录现场实时生产过程画面，提供本地或远程画面的实时播放、保存、多画面、回放。通过远程控制云台和摄像头实现超视距的现场监控。支持短信息报警，内容包括报警对象、短消息的发送时间、接收对象、发送内容等，发送给指定人员。支持电子邮件报警，内容包括报警对象、电子邮件地址、邮件服务器地址、发送内容等，发送给指定人员。支持语音报警，可以在报警产生时呼叫事前设置好的电话号码，提供报警确认和报警状态查询。通过上述扩展功能，可以使用户在任何时间、任何地点掌握现场设备的运行情况。

5）非线性转换表实现重用。非线性表具有导入导出功能，能导出以逗号分隔的 *.csv 文件。该文件可以文本状态编辑或传送，编辑完成后可重新导入，实现不同工程中非线性表的重复利用。

6）网络状态的控制和显示。通过引用网络上计算机的"＄网络状态"变量得到网络通信的状态。同时，能够对网络的通信状态进行控制。

7）结构变量的定义更简洁。结构变量可以直接定义成员的变量基本属性，如报警属性、记录属性等。在数据词典中，增加普通变量的变量描述列，可以任选多个变量进行变量共有属性的修改，可以按照列表中的任意一项内容进行排序。

8）灵活的 web 版本。采用画面分组式发布、网站式浏览的方法，使用户操作更快捷、更方便。数据的浏览和控制严格按照用户权限进行，保证安全性。可在 web 页上实现报表的查询、打印和下载。

参 考 文 献

[1] 金以慧. 过程控制 [M]. 北京：清华大学出版社，1993.
[2] 邵惠鹤. 工业过程高级控制 [M]. 上海：上海交通大学出版社，1997.
[3] 俞金寿. 过程自动化及仪表 [M]. 北京：化学工业出版社，2003.
[4] 何衍庆，俞金寿，蒋慰孙. 工业生产过程控制 [M]. 北京：化学工业出版社，2004.
[5] 王树青，等. 工业过程控制工程 [M]. 杭州：浙江大学出版社，2003.
[6] 施仁. 自动化仪表与过程控制 [M]. 北京：电子工业出版社，2003.
[7] 侯志林. 过程控制与自动化仪表 [M]. 北京：机械工业出版社，2004.
[8] Dale E Seborg，Thomas F Edgar，Duncan A，王京春，王凌，金以慧，等. 过程的动态特性与控制 [M]. 北京：电子工业出版社，2006.
[9] 潘永湘，杨延西，等. 过程控制与自动化仪表 [M]. 北京：机械工业出版社，2007.
[10] 张井岗. 过程控制与自动化仪表 [M]. 北京：北京大学出版社，2007.
[11] 王再英，刘淮霞，陈毅静. 过程控制系统与仪表 [M]. 北京：机械工业出版社，2005.
[12] 邵裕森，戴先中. 过程控制工程 [M]. 北京：机械工业出版社，2000.
[13] 林锦国. 过程控制 [M]. 南京：东南大学出版社，2006.
[14] 邵裕森. 过程控制及仪表 [M]. 上海：上海交通大学出版社，1995.
[15] 吴勤勤. 控制仪表及装置 [M]. 北京：化学工业出版社，2007.
[16] 卢本，魏华胜. 检测与控制工程基础 [M]. 北京：机械工业出版社，2001.
[17] 徐建平. 仪表本安防爆技术 [M]. 北京：机械工业出版社，2002.
[18] 张永德. 过程控制装置 [M]. 北京：化学工业出版社，2006.
[19] 林德杰. 过程控制仪表及控制系统 [M]. 北京：机械工业出版社，2004.
[20] F G Shinskey. 过程控制系统：应用、设计与整定 [M]. 萧德云，等译. 北京：清华大学出版社，2004.
[21] 李言俊，张科. 系统辨识理论及应用 [M]. 北京：国防工业出版社，2003.
[22] 王毓芳，肖诗唐. 统计过程控制的策划与实施 [M]. 北京：中国经济出版社，2005.
[23] Ray W H. 高级过程控制 [M]. 邵惠鹤，俞金寿，译. 北京：烃加工出版社，1987.
[24] 王桂增. 高等过程控制 [M]. 北京：清华大学出版社，2002.
[25] 胡昌华，许化龙. 控制系统故障诊断与容错控制的分析和设计 [M]. 北京：国防工业出版社，2000.
[26] 朱大奇. 计算机过程控制技术 [M]. 南京：南京大学出版社，2001.
[27] 阳宪惠. 现场总线技术及其应用 [M]. 北京：清华大学出版社，1999.
[28] 王慧锋，何衍庆. 现场总线控制系统原理及应用 [M]. 北京：化学工业出版社，2006.
[29] 何衍庆，俞金寿. 集散控制系统原理及应用 [M]. 北京：化学工业出版社，2002.
[30] 岳东，彭晨，Qinglong Han. 网络控制系统的分析与综合 [M]. 北京：科学出版社，2007.
[31] 俞金寿，蒋慰孙. 过程控制工程 [M]. 北京：电子工业出版社，2007.
[32] 孙优贤，邵惠鹤. 工业过程控制技术：应用篇 [M]. 北京：化学工业出版社，2006.
[33] 吴式瑜，岳胜云. 选煤基本知识 [M]. 北京：煤炭工业出版社，2003.
[34] 王亚民，陈青，刘畅生，等. 组态软件设计与开发 [M]. 西安：西安电子科技大学出版社，2003.
[35] 马国华. 监控组态软件及其应用 [M]. 北京：清华大学出版社，2001.